Hans-Joachim Kursawa-Stucke arbeitet seit 1980 in Berlin an Fragen des ökologischen Alltagskonsums. Schwerpunkt seiner Arbeit ist die ökologische und gesundheitliche Beurteilung von Produkten. Er ist als Autor und Mitautor von Veröffentlichungen und Medienprojekten zu diesem Thema tätig und seit 1993 selbständig. Arbeitsschwerpunkte: Bildungs- und Seminartätigkeit, Forschungsaufträge und ökologische Betriebsberatungen sowie Publikationen als Journalist. Bei Knaur veröffentlichte er als Mitautor 1990 das Buch »Umweltfreundlich einkaufen. Von Shampoo bis Champagner«, 1991 »Der Supermarktführer. Umweltfreundlich einkaufen von allkauf bis Tengelmann«, 1993 »Das Umweltbuch für Eltern 1994 »Der Grüne Punkt und der Recycling-Schwindel. Abfallwirtschaft in der Krise« und im Verlag E. Blottner 1992 das »Adreßbuch Umwelt-Experten«.

Volkmar Lübke ist seit 1980 in der Verbraucher- und Umweltarbeit der Bundesrepublik tätig. Als Fachautor, Dozent und Trainer beschäftigt er sich vor allem mit den Themen »Qualitätsaspekte der Verbraucher- und Umweltberatung« sowie »Umwelt- und Sozialverträglichkeit des privaten Konsums«. Bei Knaur veröffentlichte er als Mitautor 1990 das Buch »Umweltfreundlich einkaufen. Von Shampoo bis Champagner« und 1991 »Der Supermarktführer. Umweltfreundlich einkaufen von allkauf bis Tengelmann«. Seit 1992 leitet er ein Projekt in Hannover, bei dem es um die Bewertung von Unternehmen nach sozialen Kriterien geht.

Dr. rer. nat. Hans-Jürgen Nantke studierte von 1973 bis 1978 Chemie an der Freien Universität Berlin. 1979 bis 1984 war er wissenschaftlicher Mitarbeiter am Institut für Anorganische und Organische Chemie der Freien Universität Berlin; 1984 wissenschaftlicher Mitarbeiter des Umweltbundesamtes. Von 1984 bis 1988 arbeitete er dort im Fachgebiet »emissionsrelevante Produkte«. Von 1988 bis 1992 war er mit den Aufgaben des Pressesprechers im Umweltbundesamt betraut und ist heute wissenschaftlicher Direktor und Leiter des Fachgebiets Grundsatzfragen und Umweltschutzstrategien im Umweltbundesamt in Berlin.

Gottfried May-Stürmer hat in Tübingen und Freiburg Biologie mit dem Schwerpunkt Gewässerbiologie studiert. Er ist seit 1985 Geschäftsführer des BUND-Regionalverbands Franken in Heilbronn und bearbeitet für den BUND-Landesverband Baden-Württemberg die Themen Landwirtschaftspolitik, Flurbereinigung und Grundwasserschutz.

Von Hans-Joachim Kursawa-Stucke bzw. Volkmar Lübke sind außerdem erschienen:

Der Supermarktführer (Band 7880)
Umweltfreundlich einkaufen (Band 82016)
Das Umweltbuch für Eltern (Band 7938)
Der Grüne Punkt und der Recycling-Schwindel (Band 80039)

Dieses Buch wurde auf chlor- und säurefreiem Papier gedruckt.

Originalausgabe Mai 1994

Umschlaggestaltung: Manfred Waller, Reinbek
Umschlagfoto: Karl-Heinz Disselhoff, Hamburg
Herstellung und Satz: Buchherstellung Bad Cannstatt, Schramberg
Reproduktionen: H&N-Repro, Stuttgart
Druck und Bindung: Ebner Ulm
Printed in Germany
ISBN 3-426-82043-9

5 4 3 2 1

Hans-Joachim Kursawa-Stucke
Volkmar Lübke
Hans-Jürgen Nantke
Gottfried May-Stürmer

Knaurs Umweltlexikon

Knaur®

Abbeizer

Bei vielen Renovierungsarbeiten müssen alte Farbschichten ganz oder teilweise entfernt werden. Häufig werden dafür chemische Abbeizer eingesetzt, die organische →Lösemittel oder anorganische Laugen sowie weitere Zusatzstoffe (→Tenside, Verdickungsmittel) enthalten. Alle diese Mittel können die Umwelt und die Gesundheit gefährden.

Am weitesten verbreitet sind Abbeizer mit →Dichlormethan als wirksamem Bestandteil, einem →chlorierten Kohlenwasserstoff (CKW), der unter Krebsverdacht steht. CKW-freie Abbeizer mit organischen Lösemitteln enthalten Methanol und ÄKohlenwasserstoffe. Bei der Anwendung verdunsten große Teile der Lösemittel, in geschlossenen Räumen kann es dadurch zu gefährlich hohen Konzentrationen kommen. Abbeizer auf der Basis anorganischer Laugen (auch als Abbeizer-Strips angeboten) enthalten Natron- oder Kalilauge bzw. Ammoniak (Salmiakgeist). Diese Mittel sind stark ätzend und können leicht zu Haut- und Augenverletzungen führen.

Was tun?

- Alte Farben und Lacke kann man auch ohne viel Chemie entfernen. Glatte Flächen können geschmirgelt und geschliffen oder mit einer Ziehklinge bearbeitet werden. Aber auch bei diesen Arbeiten muß man auf den Umwelt- und Gesundheitsschutz achten: Der Schleifstaub kann giftige →Schwermetalle oder krebserzeugende Bestandteile, z. B. aus Korrosionsschutzanstrichen, enthalten. Sie sollten deshalb auf jeden Fall einen Mundschutz tragen und den Schleifstaub sorgfältig zusammenkehren und entfernen.
- Sie können auch eine Heißluftpistole benutzen, mit deren Hilfe die Farbschicht so erweicht wird, daß sie mit einem Spachtel abgestoßen werden kann. Dabei werden Temperaturen bis ca. 600 °C erreicht. Aus dem alten Anstrich können gesundheitsschädliche organische Zersetzungsprodukte entstehen. Sie sollten mit diesem Gerät deshalb nur im Freien arbeiten!
- Falls Sie dennoch mit einem flüssigen Abbeizer arbeiten müssen, sollten Sie Haut und Augen schützen (Gummihandschuhe, Schutzbrille).

  Arbeiten Sie damit am besten im Freien (Boden mit Folie abdecken) oder allenfalls in sehr gut gelüfteten Räumen. Dichlormethanhaltige Abbeizer sollten Sie auf jeden Fall meiden.

Abfall

Abfälle definiert das Abfallgesetz (AbfG) als bewegliche Sachen, deren sich der Besitzer entledigen will oder deren geordnete Entsorgung zur Wahrung des Wohls der Allgemeinheit, insbesondere des Schutzes der Umwelt, geboten ist. Als Abfallentsorgung gilt danach das Gewinnen von Stoffen oder Energie aus Abfällen (→Abfallverwertung) und das Ablagern von Abfällen sowie die hierzu erforderlichen Maßnahmen des Einsammelns, Beförderns, Behandelns und Lagerns. Die Abfallwirtschaft soll den vorhandenen Abfall bewirtschaften, d. h. ihr wirtschaftliches Interesse läuft dem Prinzip der Abfallvermeidung prinzipiell entgegen.

In Großstädten liegt das Abfallaufkommen bei etwa 400 Kilogramm je Einwohner pro Jahr für Haus- und Sperrmüll. Für hausmüllähnliche Gewerbeabfälle kommen etwa weitere 100 Kilogramm je Einwohner pro Jahr hinzu. Während der Anteil von Bauschutt und Bodenaushub ca. 48 Prozent des Müllaufkommens ausmacht, gefolgt von produktionsspezifischen Reststoffen aus der Industrie und dem Gewerbe, rangieren die privaten Haushalte als Abfallproduzenten erst an vierter Stelle. Neben den industriellen Sondermüllproblemen mit teilweise erheblichem Schadenspotential kommen weitere Müllfraktionen hinzu: Straßenkehricht mit Reifenabrieb, Laub, Markt-, Garten- und Parkabfälle, Krankenhausabfall, Bauschutt und Bauabfälle sowie Altreifen.

Das Abfallgesetz schreibt in seiner Zielhierarchie vor:

- Abfallvermeidung geht vor
- Abfallverwertung, diese wiederum geht vor
- Abfallentsorgung.

(→Abfallbeseitigung, →Abfallerfassung im Haushalt, →Abfallgesetz, →Abfallverwertung.)

Abfallbeseitigung

Als Form der Abfallbeseitigung gelten im wesentlichen die Ablagerungen auf Deponien (Deponietechnik) und die thermische Abfallbehandlung in Müllverbrennungsanlagen.

Die Müllverbrennung beeinträchtigt wie die Deponietechnik in unterschiedlichem Maße die Umwelt durch Emissionen.

Die Verbrennung reduziert das zu deponierende Müllvolumen und die enthaltenden organischen Schadstoffe erheblich. Die Verbrennungswär-

me läßt sich zur Stromerzeugung und zu Heizzwecken verwenden. Die stark schadstoffbelastenden Filterstäube aus der Rauchgaswäsche müssen jedoch auf Sonderdeponien gelagert werden. Aus dem Rauchgas können auch nicht alle Schadstoffe entfernt werden: so werden u. a. extrem giftige →Dioxine emittiert. Die Nachrüstung mit entsprechenden Filtern wird noch Jahre dauern. Zur Zeit werden in Gesamtdeutschland neun Millionen Tonnen Haushaltsabfälle in 49 Abfallverbrennungsanlagen verbrannt. Etwa 28 Prozent aller Haushalte sind an diese Anlagen angeschlossen.
In der Pyrolysetechnik werden organische Abfallfraktionen unter Wärmewirkung bei Luftabschluß beseitigt. So werden außer Hausmüll auch hausmüllähnliche Industrie- und Gewerbeabfälle sowie Klärschlämme bei einer Temperatur von 450 Grad Celsius bei Sauerstoffmangel zu Gas und Reststoff verschwelt. Die Pyrolysetechnik ist technisch aufwendig und hat noch nicht den hohen Entwicklungsstand der Müllverbrennung erreicht.
Im Schwelbrennverfahren wird der Müll zunächst verschwelt, danach werden Metalle und Inertstoffe, d. h. Stoffe, die sich nicht verbrennen lassen, aussortiert und der Rest wird endgültig verbrannt. Das komplizierte Verfahren muß noch seine großtechnische Bewährung beweisen.
Heute werden immer noch die meisten Abfälle deponiert. 1993 gab es in Gesamtdeutschland 546 Hausmülldeponien, von denen jedoch mehr als die Hälfte bis ins Jahr 2000 wegen Erreichen der Kapazitätsgrenze schließen muß. Bei allen technischen Verfahren fallen immer wieder in mehr oder weniger großen Mengen Reststoffe an, die deponiert werden müssen. Hausmülldeponien bilden demnach das letzte Glied einer Abfallbehandlungskette. Recycling, Aufbereitung, Sortierung und Verbrennung sind ihr vorgeschaltet. Da innerhalb einer Deponie komplexe chemisch-physikalische und biologische Prozesse ablaufen, die besonders innerhalb der ersten zehn Jahre nach dem Zeitpunkt der Abfallablagerung zu hohen Emissionen (Deponiegas, Sickerwasser) führen, sind Hausmülldeponien oder gar Sondermülldeponien häufig eine Zeitbombe.

Was tun?

- Vereinbaren Sie einmal einen Termin zur Besichtigung einer Hausmülldeponie oder einer Müllverbrennungsanlage, um sich ein Bild von den täglich anfallenden gewaltigen Müllbergen zu machen.
- Versuchen Sie, abfallarm einzukaufen, indem Sie z. B. auf Produkte mit Mehrfachverpackungen verzichten und Mehrwegsysteme wo immer möglich nutzen.
- Im Garten sind Küchenabfälle kompostierbar.

Was lesen?

- Volrad Wollny: Abschied vom Müll. Perspektiven für Abfallvermeidung und eine ökologische Stoffflußwirtschaft. Göttingen 1992.
- Thilo C. Koch, Jürgen Seeberger, u. a.: Ökologische Müllverwertung. Handbuch für optimale Abfall-Konzepte. Karlsruhe 1992.
-

Abfallerfassung im Haushalt

Die umweltfreundliche Erfassung von Hausmüllabfällen beginnt meistens in der Küche. Allerdings ist hierzu ein besonderes Abfalltrennungs- und Müllsammelsystem notwendig, wie es die meisten modernen Küchenhersteller und Versandhäuser inzwischen anbieten (Küchenabfälle). Neben den öffentlich aufgestellten Sammelbehältern für Glasflaschen, Batterien oder Altpapier (Bringsystem) werden Zeitungen und Zeitschriften sowie Kleidung an der Haustür abgeholt (Holsystem). Organische Küchenabfälle können in manchen Gemeinden in die Bio-Tonne gegeben werden oder werden zur Eigenkompostierung verwendet.

Als Problemmüll bzw. Wertstoffe fallen im Haushalt an:

Batterien und Akkus: Sie können teilweise noch giftiges Cadmium oder Quecksilber enthalten. Verbrauchte Haushaltsbatterien und Akkus werden in Fachgeschäften zurückgenommen oder können in die Batteriesammlung gegeben werden.

Lacke: Sie enthalten Lösemittel und andere Schadstoffe und stellen auf Mülldeponien eine Gefahr für das Grundwasser dar. Farb- und Lackreste gehören in die Sondermüllsammelstelle.

Glas: Der Rohstoff Glas ist fast vollständig wiederzuverwerten. Einwegflaschen gehören in den Glascontainer.

Kosmetika: Kosmetika können in Spuren noch Schwermetalle enthalten. Apotheken und Drogerien nehmen Reste zurück.

Kunststoffflaschen: Kunststoffflaschen als Einwegprodukt werden im gelben Kunststoffsack oder in der gelben Tonne im Rahmen des →Grünen Punkts gesammelt. Ein vollständiges Kunststoffreycling wird jedoch heute bei weitem nicht erreicht. Auch deshalb sollten Getränke nur in Mehrweg-Pfandflaschen gekauft werden.

Leuchtstoffröhren: Sie enthalten giftige Schwermetalle wie Cadmium und Quecksilber. Leuchtstoffröhren sowie Halogen- und Metalldampflampen gehören in die Sondermüllsammelstelle.

Medikamente: Als Vorsichtsmaßnahme (Kinder!) sollten Altmedikamente in Apotheken zurückgegeben werden.

Öl: Motoren- und Getriebeöl verschmutzen schon in geringsten Mengen das Grundwasser. Altöl muß von den Verkaufsstellen (Tankstellen, Kaufhäuser, Heimwerkermärkte) zurückgenommen werden. Sollten sie sich weigern, beschweren Sie sich beim Umweltamt. Leere Ölbehälter und -filter kommen zur Sondermüllsammelstelle.
Papier: Altpapier und Pappe sind Recycling-Rohstoffe. Altpapier immer getrennt sammeln und in spezielle Altpapiercontainer oder zu Hausabholungen geben.
Pflanzenschutzmittel: Reste von giftigen Pflanzenschutzmitteln müssen zum Sondermüll bzw. können beim Fachhändler zurückgegeben werden.

Was tun?

- Ein umweltfreundlicher Haushalt vermeidet Abfälle und Problemstoffe im Haushalt, wo immer dies geht. Dazu gehört auch ein mengenangepaßter Einkauf, damit keine unnötigen Reste entsorgt werden.

Was lesen?

- Jörg Weber: Was wir alle täglich tun können. 365 Öko-Tips in Haushalt, Schule, Beruf und Freizeit. Frankfurt 1992.
- Barbara Zeschmar-Lahl: Der umweltfreundliche Haushalt. Tips, Ideen, Informationen. Niedernhausen 1991.
- Petra Juling: Haushalt ohne Gift. Tips für ein gesünderes und natürlicheres Zuhause. Köln 1990.
- John Elkington, Julia Hailes u. a.: Umweltfreundlich einkaufen. Von Shampoo bis Champagner. München 1992.

Abfallgesetz

Das Abfallgesetz (AbfG) regelt als Rahmengesetz des Bundes die grundsätzlichen abfallwirtschaftlichen Fragen. Durch Rechtsverordnungen, Verwaltungsvorschriften (VwV) und ergänzende oder ausfüllende Länderbestimmungen wird es konkretisiert.
Es enthält ein Verwertungsgebot, d. h. die Abfallverwertung hat Vorrang vor der sonstigen Entsorgung, wenn sie technisch möglich ist, die hierbei entstehenden Mehrkosten im Vergleich zu anderen Verfahren der Entsorgung nicht unzumutbar sind und für die gewonnenen Stoffe oder Energie ein Markt vorhanden ist oder insbesondere durch Beauftragung Dritter geschaffen werden kann. Dabei sind die Abfälle so einzu-

sammeln, zu befördern, zu behandeln und zu lagern, daß die Möglichkeiten der Abfallverwertung genutzt werden können. § 4 AbfG ermächtigt die Bundesregierung, allgemeine Verwaltungsvorschriften über die Anforderungen an die Entsorgung von besonders gefährlichen Sonderabfällen nach dem Stand der Technik zu erlassen. Diese Ermächtigung ist in der TA Abfall umgesetzt. Die Länder müssen nach dem AbfG Abfallentsorgungspläne aufstellen.
Besonders wichtig unter dem Aspekt der Abfallvermeidung und -verwertung ist der § 14 II AbfG, wonach durch Rechtsverordnungen Ziele zur Vermeidung und Verringerung von Abfallmengen angeordnet werden können. Dabei geht es um die Kennzeichnungspflicht, Regelungen zugunsten von Mehrweg- vor Einwegverpackungen, Verpflichtung zur Rücknahme zu Recyclingzwecken und zur Getrenntsammlung sowie die Einschränkung des Inverkehrbringens. Hiervon wurde 1988 mit der Getränkeverpackungsverordnung (GetrVerpV) Gebrauch gemacht: Damit wurden Verkäufer verpflichtet, Kunststoffverpackungen für Getränke vom Endverbraucher wieder zurückzunehmen und ein Pfand zu erheben. Mit der Verpackungsverordnung (VerpackV) wurde 1990 angeordnet, gegen die steigende Flut von Verpackungsmaterial vorzugehen, das bereits 50 Volumenprozent und 30 Gewichtsprozent des Hausmülls ausmacht. Die Rücknahme dieser Verpackungen übernahm das →Duale System Deutschland für Hersteller und Handel.

Was tun?

- Prüfen Sie kritisch Ihren eigenen Verpackungsberg beim täglichen Einkauf! Verzichten Sie – wo immer möglich – auf besonders aufwendige und umweltschädliche Verpackungsarten (z. B. Verbundverpackungen aus mehreren Verpackungsstoffen). Lassen Sie alle Einwegverpackungen in den Regalen stehen, sofern gleichwertige Produkte in Mehrwegsystemen angeboten werden. (→Abfallvermeidung, →Abfallverwertung)
- Informieren Sie sich bei Umwelt- und Verbraucherverbänden kritisch über die Ziele des Dualen Systems Deutschland. Da der Anspruch des Grünen Punkts auf ein flächendeckendes Recycling weit davon entfernt ist, alle eingesammelten Verpackungsstoffe zu recyceln, ist Abfallvermeidung die sinnvollere ökologische Lösung.

Was lesen?

- Matthias Baerens, Ulrich von Arnswald: Die Müll-Connection. Entsorger und ihre Geschäfte. München 1993.

- Winfried Schnurbus: Deutscher Müll für alle Welt. Die dunklen Geschäfte der Müllschieber. München 1993.
- Hans-Joachim Kursawa-Stucke, Nicola Liebert u. a.: Der Grüne Punkt und der Recycling-Schwindel. Abfallwirtschaft in der Krise. München 1994.

Abfallvermeidung

Zu einer integrierten Abfallwirtschaft gehört die systematische Prüfung der Vermeidbarkeit von Abfällen. Die Umweltpolitik kann es sich heute nicht mehr leisten, Abfälle zu entsorgen, ohne auf die Entstehung Einfluß zu nehmen. Produkte und Produktionsverfahren sind daher »vom Ende her« zu planen. Die Entsorgung der Reststoffe ist bei der Entwicklung von Gütern von Anfang an mit einzubeziehen. So ist die Lebensdauer der Produkte im Produktionsverfahren zu erhöhen und Verschleißteile sind so herzustellen, daß Güter umweltverträglich repariert werden können und immer weniger Wegwerfprodukte anfallen. Aufgabe des Konsumenten ist es zusätzlich, durch möglichst umweltbewußtes Kauf- und Verbrauchsverhalten abfallarm einzukaufen. Ein großes Abfallvermeidungspotential liegt im Verpackungsbereich.

Allgemein wird Abfallvermeidung als die Verringerung der Abfallmenge durch den Produzenten/Dienstleister und Konsumenten verstanden. Das →Abfallgesetz (AbfG) versteht unter Abfallvermeidung die Summe der Maßnahmen und Handlungsmöglichkeiten, die ein Entstehen von Abfällen beim Abfallproduzenten verhindern. Abfallvermeidung geht vor Wiederverwertung und Entsorgung.

Dabei geht es nicht nur um die Reduzierung der Abfallmengen (quantitative Abfallvermeidung), sondern um die Reduzierung der umweltbelastenden Schadstoffe im Abfall (qualitative Abfallvermeidung). Es gilt das Prinzip der umweltverträglichen Erfüllung von Bedürfnissen und Funktionen durch Produkte und Dienstleistungen mit einem Minimum an Verbrauch von Rohstoffen und Energie (primäre Abfallvermeidung). Es muß verhindert werden, daß Produkte, Produktionsreststoffe und Altstoffe Abfall werden oder bleiben (sekundäre Abfallvermeidung/Sekundärrohstoffwirtschaft). Dieser Bereich setzt sich zusammen aus der Erfassung und der Wiederverwertung (Recycling) von Wertstoffen aus Abfall. Die Möglichkeiten des Recycling sind im wesentlichen abhängig von einer recyclinggerechten Konstruktion der Güter bzw. von einem Markt für Recyclingprodukte.

Die freiwillige Konsumentscheidung zugunsten umweltverträglicher

Produkte und Dienstleistungen ist ein Beitrag, den jeder leisten kann. Dabei kann der Konsumverzicht auf ein bestimmtes Produkt bzw. eine Produktgruppe ein schlagkräftiges Argument gegen umweltschädliche Güter und Dienstleistungen sein.

Was tun?

- Kaufen Sie abfallarm ein, indem Sie auf überflüssige und aufwendige Verpackungen verzichten. Kaufen Sie Produkte der Saison und möglichst unverpackte Produkte, wo immer dies möglich ist.
- Fordern Sie Ihren Supermarkt/Ihr Kaufhaus auf, verpackungsaufwendige Produkte nicht mehr zu führen.
- Unterstützen Sie Abfallvermeidungsaktionen des Handels und bevorzugen Sie Kaufhäuser/Supermärkte und Einzelhändler mit eindeutigem Engagement gegen die Verpackungsflut. Informationen zum umweltfreundlichen Supermarkt erhalten Sie bei der Verbraucher-Initiative, Breite Straße 53, 53111 Bonn.

Was lesen?

- Hans-Joachim Kursawa-Stucke, Volkmar Lübke: Der Supermarktführer. Von allkauf bis Tengelmann. München 1992.
- Matthias Baerens, Ulrich von Arnswald: Die Müll-Connection. Entsorger und ihre Geschäfte. München 1993.

Abfallverwertung

Die Weiter- oder Wiederverwertung von Wertstoffen (Recycling) aus Abfällen und deren Rückführung in den Stoffkreislauf wird in vielen Produktionsbereichen (Papier und Schrott) schon aus Kostengründen seit langem praktiziert. In anderen Bereichen (Kunststoffe und Schwermetalle) ist die technologische Entwicklung und betriebswirtschaftliche Bedeutung noch nicht so weit fortgeschritten. Das Recycling trägt dazu bei, daß Primärrohstoffe geschont werden und weniger Energie verbraucht wird.

Im Primärrecycling fallen die Wertstoffe in der Regel sortenrein aus Produktionsrückständen an. In der getrennten Sammlung können in Betrieben und teilweise auch aus privaten Haushalten Wertstoffe relativ rein gesammelt werden. Wenn Wertstoffe aus dem Abfall-Rückstandsgemisch z. B. dem Hausmüll stammen, ist das Sekundärrecycling problematisch, weil vor der Verwertung aussortiert werden muß. Hierzu

ist auch eine eindeutige Stofferkennung und -kennzeichnung erforderlich. Innerhalb der Sammelsysteme werden die klassische Mülltonne (Umleersysteme) von 60 Liter bis 240 Liter Fassungsvermögen sowie für größere Wohneinheiten bis 1,1 m^3 Fassungsvermögen und fahrbare Großmüllbehälter im Holsystem eingesetzt. Das Gewerbe setzt Abfallcontainer (Gefäßsammelsysteme) bis zu 20 m^3 Inhalt ein. Hin und wieder eingesetzt werden für den Hausmüll auch Einweg-Kunststoff- bzw. -Papierbeutel.
Der gelbe Einweg-Kunststoffbeutel ist neben der gelben Tonne das Sammelsystem für Produkte mit dem Grünen Punkt.
In der Wertstofferfassung vor der Müllabfuhr werden Holsysteme (Wertstofftonne bzw. -beutel) und Bringsysteme (Sammel- oder Depotcontainer auch als Mehrkammersystem) eingesetzt. Verbreitet ist die grüne oder braune Tonne für den organischen Biomüll. In der Regel existieren sowohl Hol- als auch Bringsysteme in unterschiedlicher Form nebeneinander. Sie ergänzen sich. Bringsysteme sichern im allgemeinen eine höhere Sortenreinheit des Abfalls.
Die Getrennterfassung setzt ein hohes Maß an Motivation und Kooperation der Bevölkerung voraus. Sie ist nur sinnvoll, wenn ein Markt für die erfaßten bzw. wiederaufbereiteten Stoffe besteht.
Wertstoffe aus Abfällen können allerdings auch ohne getrennte Sammlung aus dem Hausmüll gewonnen werden (Sekundärrecycling). In einem technisch oder manuell aufwendigen Verfahren (Handauslese, Siebanlagen, magnetische Abscheidung und mechanische Zerkleinerung) wird der Müll sortiert bzw. aufbereitet. Ein solches Verfahren ist auf Dauer nicht wirtschaftlich.
Teilweise oder vollständig funktionierende Recyclingverfahren existieren für Altpapier, Altglas, Kunststoffe, Metalle, Batterien und Akkumulatoren, quecksilberhaltige Leuchtstofflampen, Bauschutt und Straßenaufbruch, Transformatoren und Kondensatoren, Autowracks, Altreifen und sonstige Gummiprodukte sowie für High-Tech-Schrott (Computer, Drucker, Fernseher). Weitere Verfahren werden zur Zeit im Versuchsstadium gefahren.

Was tun?

- Informieren Sie sich bei Ihrer zuständigen Gemeinde über die bestehenden Angebote zum Abfallrecycling.
- Die Entscheidungen für oder gegen bestimmte Abfallverwertungsverfahren fallen in der Gemeinde- bzw. Kreisverwaltung. Achten Sie bei den nächsten Wahlen darauf, wer die Ihnen richtig erscheinenden Positionen auf diesem Gebiet vertritt und fragen Sie die Kandidaten danach.

- Lassen Sie sich (gegebenenfalls gemeinsam mit anderen) eine Restmülltonne oder eine Wertstofftonne aufstellen bzw. geben Sie Altpapier und Einwegflaschen in die Sammelcontainer.

Was lesen?

- Lesen Sie die Informationsbroschüren Ihrer Gemeinde bzw. fordern Sie weitere Informationen beim Umweltbundesamt, ZAD, Postfach 330022, 14191 Berlin, an.
- John Elkington, Julia Hailes u. a.: Umweltfreundlich einkaufen. Von Shampoo bis Champagner. München 1992.

Abfluß- und Rohrreiniger

Abfluß- oder Rohrreiniger werden im Haushalt eingesetzt, um Verstopfungen in Rohrleitungssystemen auf mechanische Weise oder durch Chemikalien zu beseitigen. Chemisch werden ätzende Natron- und Kalilaugen verwendet. Flüssige Rohrreiniger stellen ein besonderes Gesundheitsrisiko dar, weil die Gefahr besteht, daß Spritzer auf die Haut und in die Augen geraten. Sie sollten deshalb auf keinen Fall zusammen mit mechanischen Reinigungsmitteln (Spiralen, Saugglocken usw.) eingesetzt werden.
Der Verband der Chemischen Industrie (VCI) hat sich verpflichtet, freiwillig nur noch kindersichere Verschlüsse zu verwenden, die wegen ihrer komplizierteren Handhabung einen unsachgemäßen Gebrauch durch Kinder verhindern.
Chemische Abfluß- oder Rohrreiniger belasten das Abwassersystem, denn Produkte in kristalliner Form enthalten vor allem Salze, die flüssigen oftmals Tenside und →Desinfektionsmittel.

Was tun?

- Kleine Haarsiebe aus dem Sanitärfachhandel vor den Abflußöffnungen in Waschbecken, Spülen, Duschen und Badewannenabflüssen verhindern Verstopfungen im Rohrsystem. Sie lassen sich regelmäßig und leicht reinigen.
- Besonders hartnäckige Verstopfungen lassen sich mit chemischen Rohrreinigern auch nicht beseitigen. Empfehlenswert sind mechanische Reinigungsmittel wie Saugglocke, Spiralfeder oder das Öffnen des Siphons mit geeignetem Werkzeug, um die Verstopfung zu entfernen.

- Das häusliche Abwassersystem ist kein Müllschlucker! Feste Abfälle (Katzenstreu, Windeln, Binden) gehören nur in den Mülleimer.
- Falls Sie dennoch chemische Rohrreiniger im Haushalt haben: Bewahren Sie diese Produkte bitte unerreichbar für Kinder auf. Jährlich müssen Hunderte von Kleinkindern mit verätzter Speiseröhre in Krankenhäusern behandelt werden.

Was lesen?

- Umweltbundesamt (Hrsg.): Was Sie schon immer über Wasser und Umwelt wissen wollten. Berlin 1992. Kostenlos beim ZAD, Umweltbundesamt, Bismarckplatz 1, 14193 Berlin.
- Horst Speichert, Frank Brettschneider: Öko-Rat von A bis Z. Frankfurt 1990.
- Hans-Joachim Kursawa-Stucke, Volkmar Lübke: Das Umweltbuch für Eltern. München 1993.
- Öko-test (Hrsg.): Sonderdruck »Der Öko-Putzschrank«. Frankfurt 1992.
- John Elkington, Julia Hailes u. a.: Umweltfreundlich einkaufen. Von Shampoo bis Champagner. München 1992.

Abgasreinigungsverfahren

Bei allen Verbrennungvorgängen, aber auch bei vielen Prozessen in Industrie und Gewerbe treten Abgase auf, die Schadstoffe enthalten. Zur Reduzierung von Umweltbelastungen wurden zahlreiche Verfahren entwickelt, um diese Schadstoffe zurückzuhalten: Gewebe- und Elektrofilter für Stäube, Wäscher, Nachverbrennungsanlagen, Katalysatoren, Biofilter, Aktivkohle- und andere Adsorptionsfilter für gasförmige Schadstoffe. Der Einsatz eines Reinigungsverfahrens muß auf das konkrete Problem zugeschnitten sein. Zur Einhaltung vieler gesetzlicher Bestimmungen (z. B. TA Luft, Großfeuerungsanlagen-Verordnung, Verordnung für Verbrennungsanlagen) sind Abgasreinigungsanlagen erforderlich. Abgasreinigungsverfahren können aber unter Umständen auch überflüssig sein, wenn von vornherein schadstoffarme Einsatzstoffe verwendet werden (z. B. lösemittelfreie Druckfarben). →Autoabgase werden mit speziellen →Katalysatoren gereinigt.

Für die Abgasreinigung bei Kohle- und Ölkraftwerken werden Staubfilter, Entschwefelungsanlagen und Entstickungsanlagen eingesetzt. Der abgeschiedene Staub wird Baustoffen zugesetzt. Bei der Entfernung des

Schwefeldioxids fällt REA (Rauchgas-Entschwefelungs-Anlagen)-Gips an, der ebenfalls als Baustoff Verwendung findet. Die Entstickung produziert entweder elementaren Stickstoff (katalytische Entstickung, DENOX-Verfahren) oder stickstoffhaltigen Dünger. Andere Abgasreinigungsprodukte, wie z. B. der Staub aus Müllverbrennungsanlagen, müssen als Sondermüll entsorgt werden.

Abgasrückführung

Die Abgasrückführung ist eine Methode zur Verminderung des Schadstoffgehaltes im Abgas von Kraftfahrzeugen.
Dabei wird bei Otto- und Dieselmotoren ein Teil des Abgases wieder in die Verbrennungszylinder zurückgeführt. Die Temperatur im Brennraum sinkt und die Entstehung von Stickstoffoxiden wird vermindert. Allerdings können dadurch der Benzinverbrauch erhöht und die Fahreigenschaften des Fahrzeugs verschlechtert werden.
Die Schadstoffminderung bei Fahrzeugen mit Benzinmotor ist nicht so effektiv wie durch einen geregelten Drei-Wege-Katalysator. Bei Diesel-PKW ist die Abgasrückführung aber das einzige technische Verfahren zur Verminderung der Stickstoffoxidemissionen.

Abwärme

Bei technischen oder chemischen Prozessen fällt als (unerwünschtes) Nebenprodukt Wärmeenergie an, die mit Gasen, Dämpfen, Flüssigkeiten oder Feststoffen in die Umgebung abgeht. Insbesondere bei der Energieerzeugung stellt die Abwärme ein besonderes Problem dar: ca. 60 bis 75 Prozent der eingesetzten Primärenergie gelangen als Abwärme in die Atmosphäre bzw. in die Gewässer. Wo es technisch möglich und zumutbar ist, ist die Abwärmenutzung gesetzlich vorgeschrieben.
Die klassische und heute leider immer noch weit verbreitete Methode des Umgangs mit überschüssiger Wärme aus technischen Prozessen ist die der Kühlung mit Luft oder Kühlwasser. Das Kühlwasser wird zumeist aus Oberflächengewässern entnommen, oder aber es arbeitet in geschlossenen Kühlwassersystemen, die ihre Wärme wiederum an die Atmosphäre abgeben. Die entstehende Wärmebelastung kann in Gewässern zu einer Senkung des Sauerstoffsättigungswertes und zu einer Beschleunigung der Abbauprozesse führen. Während sich also die Lebens-

bedingungen für Fische verschlechtern, wachsen die Mikroorganismen und Algen schneller (→Eutrophierung). In der Atmosphäre kann Abwärme zu Änderungen des Kleinklimas führen.
Die Nutzung der bei allen Prozessen der Energieumwandlung entstehenden Abwärme kann eine wesentliche Verbesserung von Wirkungsgraden und die Einsparung erheblicher Energiemengen bewirken. Bei einem relativ hohen Temperaturniveau (höher als 100 °C) lohnt es sich z. B., Abwärme direkt für die Raumheizung nutzbar zu machen. Auch bei niedrigerem Temperaturniveau ist z. B. die direkte Aufwärmung von Gewächshäusern und anderen Räumen, die vor Frost geschützt werden müssen, möglich. In anderen Fällen muß zunächst eine Abwärmeaufwertung (z. B. durch Wärmepumpen) vorgenommen werden.
Ein Problem der Abwärmenutzung ist häufig die zeitliche und örtliche Ungleichheit zwischen dem Anfall von Abwärme und dem Wärmebedarf. Hier müssen Techniken der Wärmeleitung bzw. Wärmespeicherung eingesetzt werden.
Der Anteil der Abwärme ist bei Kraftwerken – die einen maximalen Wirkungsgrad von 40 Prozent erreichen – besonders groß. Bei gleichzeitiger Nutzung der Abwärme für →Fernwärme kann der Wirkungsgrad bis auf ca. 80 Prozent gesteigert werden.
Bei klimatisierten Gebäuden gehört heute eine Wärmerückgewinnung durch Wärmeaustauscher und Wärmepumpen zum Stand der Technik. Entsprechendes gilt für große Kälteanlagen, wie sie im gewerblichen Bereich eingesetzt werden.

Was tun?

- Lassen Sie sich bei der Bau- oder Modernisierungsplanung für Ihr Eigenheim von Energiefachleuten beraten. Auch im privaten Bereich gehen heute die Möglichkeiten der Abwärmenutzung bereits sehr weit – bis zur Nutzung von Kaminwärme für die Warmwasserbereitung und die Raumheizung im Haushalt.

Was lesen?

- Dieter Seifried: Gute Argumente: Energie. München 1988.

Abwasser

Das Wasser, das durch häuslichen, gewerblichen, industriellen, landwirtschaftlichen und sonstigen Gebrauch in seiner natürlichen Zusammensetzung verändert wurde, nennt man Abwasser. Auch der aus bebauten Gebieten und versiegelten Flächen abfließende Niederschlag wird zum Abwasser gezählt. Da das Abwasser vielfältige Verunreinigungen und Schadstoffe enthalten kann, muß es vor der Rückführung in den Wasserkreislauf möglichst intensiv gereinigt werden (→Abwasserreinigung).

Die Belastungs- und Schadstoffgruppen im Abwasser lassen sich vor allem einteilen in

- leicht abbaubare organische Stoffe
- schwer abbaubare organische Stoffe
- Pflanzennährstoffe
- Schwermetallverbindungen
- Salze
- Abwärme.

Je nach der Schädlichkeit des von einem Einleiter verursachten Abwassers wird aufgrund des →Abwasserabgabengesetzes die Höhe der Abwasserabgabe berechnet, die dafür zu zahlen ist.

Nach Schätzungen des Umweltbundesamtes gelangen in den alten Bun-

Abwässer – alles klar?

So werden die Abwässer der privaten Haushalte in öffentlichen Kläranlagen gereinigt (in Prozent):

desländern ca. 15 Prozent und in den neuen Bundesländern bis zu 40 Prozent der Abwässer ohne eine unter heutigen Bedingungen als notwendig erachtete mechanisch-biologische Abwasserbehandlung in die Gewässer.
Das Abwasseraufkommen der Bevölkerung blieb seit Mitte der siebziger Jahre in etwa konstant. Das Abwasseraufkommen des produzierenden Gewerbes stieg durch den erhöhten Bedarf an Kühlwasser ingesamt an, während der Anfall von Abwasser aus Produktionsprozessen sank. Der Kühlwasserbedarf macht allein 95 Prozent des Abwasseranfalls aus. Produktionsabwässer stammen vor allem aus der chemischen Industrie sowie der Zellstoff- und Papiererzeugung.

Was tun?

- Verzichten Sie möglichst auf aggressive chemische Putz- und Reinigungsmittel, um das Abwasser nicht auch noch damit zu belasten.
- Bringen Sie alte Chemikalien zur Sondermüllsammelstelle und »entsorgen« Sie sie nicht selbst über den Abfluß.

Was lesen?

- Bundesministerium für Umwelt, Naturschutz und Reaktorsicherheit (Hrsg.): Was Sie schon immer über Wasser und Umwelt wissen wollten, Stuttgart, Berlin, Köln, 1992.

Abwasserabgabengesetz

Nach dem Abwasserabgabengesetz müssen Einleiter schädlicher Abwässer (sog. Direkteinleiter, also u. a. Kommunen oder Industriebetriebe, die ihr Abwasser direkt in ein Gewässer einleiten) je nach Schädlichkeit des Abwassers eine Abgabe zahlen, die in Schadeinheiten berechnet wird. Eine Schadeinheit entspricht in etwa der Schädlichkeit des ungereinigten Abwassers eines Einwohners pro Jahr (Einwohnergleichwert). Die Abwasserabgabe soll so dazu anreizen, die Schädlichkeit der Abwässer zu vermindern.
Für die Bestimmung der Schädlichkeit werden die Abwassermenge, die enthaltenen oxidierbaren Stoffe (dargestellt als →Chemischer Sauerstoffbedarf), der Gehalt an →Schwermetallen (Blei, Cadmium, Chrom, Kupfer, Nickel, Quecksilber) und organischen Halogenverbindungen (→Halogenkohlenwasserstoffe) sowie die Fischgiftigkeit (Fischtest) herangezogen. Werden Menge und Schädlichkeit des Abwassers ent-

sprechend den sogenannten Mindestanforderungen nach § 7a →Wasserhaushaltsgesetz oder den in der wasserrechtlichen Erlaubnis enthaltenen strengeren Anforderungen verringert, ermäßigen sich die Abgabesätze um die Hälfte. Bei Einhaltung des Standes der Technik ist sogar eine Reduzierung auf bis zu 20 Prozent möglich. Die erzielten Einnahmen müssen zweckgebunden für Maßnahmen des Gewässerschutzes eingesetzt werden.
Die geplante Novelle des Abwasserabgabengesetzes wird Verschlechterungen für die Umwelt bringen, da sie ein langsameres Ansteigen der Abgaben als ursprünglich geplant beinhaltet.

Was tun?

- Siehe die Empfehlungen zum Stichwort »Abwasser«.

Was lesen?

- Bundesministerium für Umwelt, Naturschutz und Reaktorsicherheit (Hrsg.): Was Sie schon immer über Wasser und Umwelt wissen wollten, Stuttgart, Berlin, Köln, 1992.

Abwasserreinigung

Zur Abwasserreinigung werden verschiedene Techniken zur Verringerung von Abwasserinhaltsstoffen durch mechanische, biologische und/oder chemische Verfahren eingesetzt. Die Abwasserreinigung wird meist in einer Kläranlage durchgeführt. Kommunale Abwässer und die Abwässer vieler Industrieanlagen (die überwiegend organische Inhaltsstoffe enthalten) müssen heute in der Regel zumindest vollbiologisch behandelt werden. Bei besonders starker Verschmutzung sind sogar Anlagen der »weitergehenden Abwasserbehandlung« notwendig.
Kläranlagen arbeiten in mehreren Stufen. Im Vorklärbecken werden mittels Rechen und Sandfang die groben Verunreinigungen entfernt. In der biologischen Klärstufe werden die organischen Verbindungen mit Hilfe von Mikroorganismen abgebaut. In der weitergehenden Abwasserreinigung werden mit Hilfe chemischer Verfahren bestimmte Problemstoffe wie z. B. Phosphate oder Schwermetalle ausgefällt oder ausgeflockt. Bei der Klärung entstehen große Mengen an Klärschlamm, die ausgefault werden müssen (Biogas-Gewinnung) und anschließend umweltschonend beseitigt (z. B. durch Klärschlammverbrennung) oder

nutzbringend verwendet werden (Klärschlamm als Bodenverbesserungsmittel, sofern nur eine geringe Konzentration von schädlichen Stoffen wie Schwermetallen enthalten ist). Die Klärschlammverordnung regelt die Verwendung von Klärschlamm. 1987 waren im alten Bundesgebiet 92,5 Prozent der Bevölkerung an Kläranlagen angeschlossen. In den öffentlichen Kläranlagen wurden insgesamt 8,8 Milliarden Kubikmeter Abwasser behandelt, davon 87,3 Prozent vollbiologisch und 4 Prozent nur mechanisch. In der DDR waren im gleichen Zeitraum nur 54 Prozent der Einwohner an die öffentliche Kanalisation angeschlossen.

Was tun?

- Siehe die Empfehlungen zum Stichwort »Abwasser«.

Was lesen?

- Bundesministerium für Umwelt, Naturschutz und Reaktorsicherheit (Hrsg.): Was Sie schon immer über Wasser und Umwelt wissen wollten. Stuttgart, Berlin, Köln, 1992.

ADI-Wert

Stoffe müssen nicht unbedingt in jeder Konzentration giftig wirken (→Vergiftung). Die Menge, die man täglich noch aufnehmen kann, ohne daß sich negative gesundheitliche Folgen bemerkbar machen, wird im Englischen als »acceptable daily intake«, abgekürzt ADI, bezeichnet. Bezogen wird der Wert meistens auf einen gesunden Erwachsenen. Kinder, alte Menschen oder Kranke können durchaus wesentlich empfindlicher reagieren, so daß für diese Personen niedrigere Aufnahmewerte veranschlagt werden müssen.
ADI-Werte werden häufig aus Tierversuchen (→No-effect-level) und aus der Exposition von Arbeitnehmern am Arbeitsplatz gegenüber schädlichen Stoffen abgeleitet.

Äquivalenzdosis

Die Äquivalenzdosis bezeichnet in der Kernphysik das Produkt aus Energiedosis und einem unter anderem von der Strahlenart abhängigen Bewertungsfaktor. Da dosisabhängig unterschiedlich große

Strahlenschäden entstehen, wurden in gesetzlichen Vorschriften (Strahlenschutzverordnung) Grenzwerte für bestimmte Situationen bzw. Gewebearten eingeführt. Die Bestimmung dieser Grenzwerte ist wissenschaftlich äußerst umstritten.

Die Äquivalenzdosis ist das Maß für die Wirkung einer ionisierenden Strahlung auf den Menschen. Die Äquivalenzdosis wird in Sievert (Sv) gemessen. Das Sievert hat die alte Einheit Rem abgelöst : 1 Rem (rem) = 10 Millisievert (mSv). Sie geht aus der rein physikalisch zu bestimmenden Energiedosis (gemessen in Gray) hervor, indem diese mit einem für verschiedene Strahlenarten unterschiedlichen Bewertungsfaktor multipliziert wird. Man kann die daraus errechenbaren Risikofaktoren als »Lebenszeit-Krebsmortalität pro Sievert« bezeichnen.

Frühe Konzepte zur Ermittlung von Grenzwerten gingen von den Erfahrungen aus, die mit kurzzeitigen Expositionen mit relativ hohen Dosen (wesentlich bei den Überlebenden von Hiroshima und Nagasaki sowie Opfern von Unfällen in Atomkraftwerken) gemacht wurden. Die Frage, ob diese Konstellation überhaupt mit dem Normalfall (der über lange Zeiten verteilten niedrigen Exposition) zu vergleichen ist, führte 1990 dazu, daß die internationale Strahlenschutzkommission (ICRP) in ihren Berechnungen einen »dose and dose rate effectiveness factor« einführte, der (willkürlich) mit 2 angesetzt wurde und zu einer deutlichen Verringerung des geschätzten »Normalrisikos« führte. Neuere Untersuchungen über die längerfristige Wirkung von Niedrigstrahlung haben die Kritik an diesem Schritt unterstützt. Insbesondere das mit der Radiologie befaßte medizinische Fachpersonal und Patienten, die sich einer größeren Strahlenbelastung aussetzen müssen, sind davon direkt betroffen. Schon bei einer Äquivalenzdosis von 0,5 Prozent tritt als Strahlungssyndrom Übelkeit und Durchfall auf. Ab zwei Sievert kann die Dosis tödlich sein, ab fünf Sievert ist sie es zwingend. Zehn Millisievert verschieben im genetischen Gleichgewicht das Risiko zugunsten neuer Mutationen um 0,2 Prozent zu Lasten des alten Chromosomenbestandes einer Population.

Was tun?

- Versuchen Sie, Strahlenbelastungen zu vermeiden oder zu vermindern, wo immer Sie können. Dies betrifft sowohl die immer wieder auftauchenden Erkenntnisse über Belastungen von Lebensmitteln, häufige Röntgenaufnahmen oder die Risiken, die aufgrund der Nähe einer atomtechnischen Anlage entstehen können. Auch wenn wissenschaftlich bestimmte Zusammenhänge evtl. immer noch nicht endgültig bewiesen sein sollten, ist das Prinzip der konsequenten Risikovorsorge wohl in keinem anderen Bereich so angebracht wie hier.

- Sollten für Sie Risiken aufgrund einer überhöhten Strahlenbelastung bestehen, lassen Sie in Ihrem Haus eine →Radonmessung durch ein darauf spezialisiertes Institut durchführen, um zusätzliche Belastungen aus dieser Quelle möglichst auszuschließen.

Was lesen?

- Jürgen Kiefer: Zeitliches Bestrahlungsmuster und Strahlenschädigung. in: Ärzte gegen den Atomkrieg, Sondernummer 1992.

Aerosol

Kleine Flüssigkeitströpfchen oder feste Teilchen können in der Luft – oder allgemein: in Gasen – so fein verteilt sein, daß sie sich nicht mehr von selbst trennen. Man spricht dann von Aerosolen, bei Flüssigkeitströpfchen speziell von Nebel, bei Partikeln von Rauch. Viele Schadstoffemissionen treten als Aerosole auf. Wenn die Schwebeteilchen klein genug sind, können sie bis in die Lungenbläschen vordringen.

Aflatoxine

Als Aflatoxine werden 10 chemisch nah verwandte Gifte bezeichnet, die von Schimmelpilzen, vor allem von Aspergillus flavus gebildet werden. Aflatoxine wirken in sehr niedrigen Konzentrationen leberschädigend und krebserzeugend.

Aflatoxine können über von Schimmelpilzen befallene Lebensmittel in die menschliche Nahrung gelangen, aber auch über verschimmelte Futtermittel in die Milch.

Besonders gefährdet sind Erdnüsse (als Nahrungs- oder Futtermittel), aber auch Mais, Sojabohnen, Reis, Sorghum, Weizen und Baumwollsamen können befallen sein.

Nach einer Untersuchung wurden 2,2 Prozent des mit dem Futter aufgenommenen Aflatoxin B_1 von Kühen als Aflatoxin M_1 mit der Milch ausgeschieden. Wichtigste Quelle für Aflatoxin in Milch dürften importierte Futtermittel wie Erdnuß- oder Sojaschrot sein. Außerdem kommt verdorbene Silage als Quelle in Frage.

Bei einer im Auftrag der Zeitschrift ÖKO-TEST durchgeführten Untersuchung wurde 1989 in mehreren Trinkmilchproben Aflatoxin M_1 nachgewiesen. Inzwischen scheinen die Molkereien dieses Problem weitgehend in den Griff bekommen zu haben.

Was tun?

- Essen Sie keine ver- oder angeschimmelten Lebensmittel. Achten Sie speziell bei Erdnüssen auf verdorbene Ware. Dies gilt auch für Para- und Cashewnüsse.
- Fragen Sie den Abfüller Ihrer Milchmarke einmal nach Untersuchungen auf Aflatoxin M_1.

Was lesen?

- E. Lindner: Toxikologie der Nahrungsmittel. Stuttgart, 3. Aufl. 1986, S. 97 ff.
- Test Milch. In: ÖKO-TEST, Heft 7/90.

Algenpest

Unter dem Begriff Algenpest wird die explosionsartige Vermehrung von Algenarten in Gewässern aufgrund ökologischer Belastungen und/oder bestimmter klimatischer Bedingungen verstanden. Die öffentliche Aufmerksamkeit erregte insbesondere durch die in den Jahren 1988/89 an Badestränden der Adria auftretende Algenpest, da enorme kommerzielle Nachteile für die Tourismus-Industrie die Folge waren.

Algen sind niedrige pflanzliche Organismen, die hauptsächlich im Wasser leben und dort frei schweben oder festgewachsen sind. Die gegenwärtig ca. 25 000 bekannten Arten reichen von Einzellern wie Kieselalgen bis zu hochentwickelten »Großalgen«. Ihre organische Struktur bauen Algen aus Wasser, Kohlendioxid, organischen Nährsalzen und Lichtenergie auf. Je nach Art benötigen sie zum Wachstum außerdem Stickstoff, Phosphor oder Silizium.

Im Jahresrhythmus schwankt das Algenvorkommen in den Gewässern deutlich. Im Winter sind ihre Bestände wegen der geringen Lichtintensität und wegen der niedrigeren Wassertemperatur relativ klein. Im Frühjahr beginnt mit der Zunahme von Temperatur und Licht die sogenannte Frühjahrsblüte, in der die in der kalten Jahreszeit angereicherten Nährstoffe verbraucht werden.

Insofern stellt die Eutrophierung der Gewässer durch den Menschen einen wichtigen Faktor dar. Abhängig von der Nährstoffmenge und -zu-

sammensetzung kann es nämlich zu einer explosionsartigen Zellvermehrung kommen. Bei der Zersetzung dieser organischen Stoffe auf dem Grund der Gewässer werden große Mengen des im Wasser gebundenen Sauerstoffs verbraucht und es kann ein für die gesamte Lebenswelt im Gewässer bedrohlicher Sauerstoffmangel auftreten (Hypertrophierung). Die Algenarten, die immer wieder Probleme an den Badestränden verursachen, produzieren beim Zersetzungsprozeß außerdem eiweißartige Substanzen, die sich als Schaum oder Schleim auf der Wasseroberfläche absetzen.
Als Hauptquelle für die »Überdüngung« der Gewässer ist die intensive Landwirtschaft anzusehen. Demgegenüber hat der Phosphateintrag aus der Waschmittelnutzung in den letzten Jahren stark abgenommen.

Was tun?

- Vermeiden Sie phosphathaltige Wasch- und Reinigungsmittel.
- Kaufen Sie Produkte der ökologischen Landwirtschaft, welche die Gewässer weniger belasten als konventionelle Anbaumethoden.
- Teilen Sie es zuständigen Behörden mit, falls Sie wegen der Algenproblematik ihren Urlaubsort gewechselt haben. So kann politischer Druck zum Bau notwendiger Kläranlagen verstärkt werden.

Was lesen?

- Greenpeace Österreich (Hrsg.): Kloake Mittelmeer. Wien, o. J.

Alkohol

Der Sammelbegriff Alkohol bezeichnet organische Chemikalien, die sich von →Kohlenwasserstoffen ableiten. Ein oder mehrere Wasserstoffatome sind bei diesen Stoffen durch eine sogenannte funktionelle Gruppe, in diesem Fall eine Sauerstoff-Wasserstoff-Gruppe (OH-Gruppe, Hydroxyl-Gruppe), ersetzt. Vom Kohlenwasserstoff Methan leitet sich der einfachste Alkohol ÄMethanol ab (chemische Formel: CH3OH). Der bekannteste Alkohol, der im allgemeinen Sprachgebrauch auch mit der gesamten Stoffgruppe gleichgesetzt wird und der für die »berauschende Wirkung« in Wein, Bier und Spirituosen verantwortlich ist, ist Ethanol (Ethylalkohol, »Spiritus«; CH_3CH_2OH, abgeleitet von Ethan CH_3CH_3). Alkohole sind farblose Flüssigkeiten, die brennbar sind und sich mit Wasser mischen lassen. Sie haben häufig einen aromatischen Geruch.

Alkohole werden sowohl aus Mineralöl durch chemische Synthese als auch aus landwirtschaftlichen Produkten durch Gärungsprozesse (»Bioalkohol«) hergestellt.
Sie werden als →Lösemittel für →Lacke, →Klebstoffe, Reinigungsmittel und andere verbrauchernahe Produkte und als Treibstoff (Benzinersatz) für Kraftfahrzeuge verwendet (Brasilien, USA). Entsprechende Versuche in der Bundesrepublik Deutschland, vor allem durch die Energiekrisen in den siebziger und achtziger Jahren ausgelöst (»Methanolauto«), sind nicht weiter verfolgt worden.
Ethanol findet auch als Konservierungsmittel für Lebensmittel und Lösemittel für Medikamente Anwendung.
Alkohole wirken auf den Menschen narkotisierend. Wie andere organische Stoffe auch können sie beim Einatmen in höheren Konzentrationen über längere Zeit zu bleibenden Organschäden führen (Leber, Zentralnervensystem). Die direkte Aufnahme über den Magen-Darm-Trakt kann tödlich verlaufen (Alkoholvergiftung). Alkohole wirken entfettend auf die Haut und werden auch über die Haut aufgenommen.
Alkohol-Emissionen in die Luft sind Teil der allgemeinen Luftbelastung mit organischen Stoffen, die über Photooxidantien (→Sommer-Smog) zu →Kohlendioxid und Wasser abgebaut werden. Alkohole im Abwasser werden durch Kläranlagen mit biologischer Reinigungsstufe entfernt.

Was tun?

- Lassen Sie Alkohole nicht in größeren Mengen und über längere Zeit auf die Haut kommen.
- Wenn Sie Alkohole (z. B. Spiritus) als Lösemittel in geschlossenen Räumen verwenden, sollten Sie für eine gute Durchlüftung sorgen.
- Besonders bei Kindern, aber auch bei alkoholkranken Personen muß darauf geachtet werden, ob in Lebensmitteln oder Medikamenten Ethanol verwendet worden ist.

Allergie

Eine Allergie ist die Neigung des Körpers, auf bestimmte Reize anders zu reagieren, als es der Norm entspricht. Die Reizstoffe werden Allergene genannt. Allergene können natürliche Stoffe wie Pollen, Katzenhaare oder Hausstaub, aber auch künstliche Stoffe wie Lebensmittelfarbstoffe, Stoffe zur Behandlung von Textilien oder Pestizide, Gase wie Ozon oder sogar nichtstoffliche Einflüsse wie Sonnenlicht sein.

Allergien äußern sich in vielfältigen Symptomen von Hautausschlägen und Schleimhautreizungen (»Heuschnupfen«) über Fieber und Krämpfe bis zum Schock.
Der Zusammenhang zwischen Umweltbelastung und Allergien ist vielfältig: Umweltschadstoffe können direkt Allergien auslösen, sie können aber auch die Bereitschaft für Allergien gegenüber natürlichen Stoffen steigern (dies gilt z. B. für Dieselruß und manche Pestizide). Schließlich kann Streß durch Umweltschadstoffe dazu führen, daß Pflanzen mehr allergen wirkende Eiweißverbindungen produzieren. Dies ist z. B. für Birken nachgewiesen.
Allergien haben während der letzten Jahrzehnte erheblich zugenommen. Da an dieser Zunahme auch Allergien gegen natürliche Stoffe, die es schon seit Jahrtausenden gibt, beteiligt sind, muß die Förderung der Allergiebereitschaft durch vom Menschen erzeugte Stoffe dabei eine wichtige Rolle spielen.

Was tun?

- Meiden Sie, soweit möglich, den Kontakt mit und die Aufnahme von Stoffen, die häufig Allergien auslösen oder die Allergiebereitschaft fördern. Lesen Sie dazu das Kleingedruckte auf Lebensmittelverpackungen. Die Zutatenliste der Verbraucherzentrale gibt dabei Hilfestellung.
- Suchen Sie bei Allergien einen sachkundigen Arzt oder Heilpraktiker auf.
- Falls Sie an einer Hausstauballergie leiden: Schaffen Sie möglichst staubfreie Oasen – am besten im Schlafzimmer – mit Böden, die sich feucht wischen lassen, und ohne staubfangende Gegenstände (Textilien, Bücher). Eine Staubsauganlage im Haus, die den Staub ins Freie bläst, kann helfen.

Was lesen?

- Theron Randolph, Ralph W. Moss: Allergien. Folgen von Umweltbelastung und Ernährung. Karlsruhe 1984.
- Verbraucherzentrale Hamburg: Lebensmittel-Zutatenliste. Hamburg, 47. Auflage 1992.

Allzweckreiniger

Haushaltsreiniger, Universalreiniger und Allzweckreiniger werden heute auf allen abwaschbaren Flächen in Küchen und Bädern eingesetzt. Ein flüssiger Allzweckreiniger kann heute bis zu zehn Prozent Tenside als waschaktive Substanzen, Citrat, Cluconat oder Soda, bis zu einem Prozent Salze und bis zu 30 Prozent organische →Lösemittel und Lösungsvermittler enthalten. In geringen Mengen werden →Konservierungsmittel, Duft- und →Farbstoffe zugesetzt. Allzweckreiniger werden heute als sogenannte Seifen- oder Essigreiniger angeboten. Alkoholreiniger enthalten bis zu 30 Prozent Alkohol.

Bei einer Gebrauchstauglichkeitsprüfung hat die Stiftung Warentest festgestellt, daß zwischen herkömmlichen und alternativen Allzweckreinigern, zwischen Neutralseifen, Schmierseifen und Flüssigseifen sowie Seifenflocken kein Unterschied beim Gebrauch festzustellen ist. Unter Umweltgesichtspunkten schneiden allerdings die Produkte mit echten Seifen (nicht Neutralseifen) am besten ab.

»Alternative« oder Bioprodukte enthalten oft Seife, Lecithin, Pottasche, Kochsalz und Citrat. Aber auch Milchsäure (ohne umweltbelastenden Milchzucker) und vergorene Molke, Citronensäure, Alkohole oder Essigsäure werden eingesetzt. Unter Umwelt- und Gesundheitsaspekten sind diese Produkte akzeptabel, aber oft teurer als ähnliche herkömmliche Produkte.

Was lesen?

- Umweltbundesamt (Hrsg.): Was Sie schon immer über Wasser und Umwelt wissen wollten. Berlin 1992. Kostenlos beim ZAD, Umweltbundesamt, Bismarckplatz 1, 14193 Berlin.
- Horst Speichert, Frank Brettschneider: Öko-Rat von A bis Z. Frankfurt 1990.
- Hans-Joachim Kursawa-Stucke, Volkmar Lübke: Das Umweltbuch für Eltern. München 1993.
- Öko-test (Hrsg.): Sonderdruck »Der Öko-Putzschrank«. Frankfurt 1992.
- John Elkington, Julia Hailes u. a.: Umweltfreundlich einkaufen. Von Shampoo bis Champagner. München 1992.

Altglas

1991 wurde 4,2 Millionen Tonnen Behälterglas abgesetzt, davon 3,7 Millionen Tonnen in Deutschland. Im selben Jahr wurden zwei Millionen Tonnen Verpackungsglas gesammelt. Etwa 100 000 Depotcontainer stehen dafür zur Verfügung. Seit den siebziger Jahren zählt das Sammeln und Verwerten von Behälterglas (Getränkeflaschen, Konservengläser) zu den weit verbreiteten Recyclingbereichen. Heute werden mehr als 40 Prozent der Inlandsproduktion durch Altglas abgedeckt. Bei Grünglas liegt der Altglasanteil bereits bei 90 Prozent. Obwohl 50 Prozent des produzierten Glases Weißglas ist, liegt der Recyclinganteil nur bei 20 Prozent. Die Erfassung in unterschiedlichen Altglascontainern im Bringsystem sichert eine relativ hohe Sortenreinheit und wird von der Bevölkerung bei einem fast flächendeckenden Netz vor allem in größeren Orten gut angenommen. 1991 wurden ingesamt 73,5 Prozent aller Massengetränke in Mehrwegflaschen abgefüllt. Mineralwasser zu 92 Prozent, Bier zu 85 Prozent, kohlensäurehaltige Erfrischungsgetränke zu 76 Prozent, Wein zu 50 Prozent und kohlensäurefreie Erfrischungsgetränke zu 42 Prozent. Der Mehrweganteil von Frischmilch liegt bei etwa 20 Prozent.

Das heute praktizierte Einwegglasrecycling hat in erster Linie den von der Industrie erwünschten Effekt, das an sich verschwenderische und umweltfeindliche Einwegsystem zu Lasten des Mehrwegsystems zu stabilisieren. Ein Recycling, das die Einwegproduktion bei Behälterglas stützt, kann nur die zweitbeste Lösung sein. Es ist bei angemessenen Distributionsverfahren sowohl unter energetischen als auch unter abfallwirtschaftlichen Gesichtspunkten unsinnig: Die Scherbenrückführung wird mit hohem Sammel-, Transport- und Technologieaufwand an ein unsinniges und auf Verschwendung basierendes Einwegsystem angepaßt und zu dessen Aufrechterhaltung mißbraucht. Die Errichtung eines funktionierenden Mehrwegsystems zumindest für alle Behälterglasflaschen ist der richtige Weg aus der Einwegsackgasse.

Was tun?

- Kaufen Sie möglichst keine Einwegflaschen. Wenn kein Mehrwegangebot vorhanden ist, nutzen Sie die Altglassammelstellen zum Recycling.
- Werfen Sie keine grünen und braunen Gläser in die Glascontainer für weißes Behälterglas. Die Sammelfraktion wird dadurch unbrauchbar.

Altlasten

Altlasten sind Standorte nicht ausreichend gesicherter Müllkippen oder ehemalige Betriebsgelände (z. B. Kokereien, Gaswerke), auf denen flüssige und feste Abfälle oder Abwässer unsachgemäß gelagert oder beseitigt wurden. In den Boden können durch unsachgemäße Behandlung wassergefährdende Stoffe eingedrungen sein.
Die Gefährdungsabschätzung und Sanierung von Altlasten ist oft technisch aufwendig und teuer. (Beispiel Mülldeponie Hamburg-Georgwer-

	Arbeitsschritt	Ziel
1	Entdeckung der Verdachtsfläche, zufällig oder systematisch	
2	Vorerkundung mit Ortsbegehung	Klärung der Notwendigkeit von Sofortmaßnahmen
3	ggf. Durchführung von Sofortmaßnahmen	Abwehr akuter Gefahren
4	Erfassung des Problems durch Zusammentragen aller verfügbaren Daten über den Standort	Aufbau des Altlastenkatasters
5	Erstbewertung (vorläufige Gefährdungsabschätzung)	Prioritätenentscheidung über Standortuntersuchungen
6	abgestufte Standort-untersuchungen	aktuelle Daten, Verdachts-konkretisierung
7	Gefährdungsabschätzung	Prioritäten bzgl. Sanierungs-maßnahmen
8	Festlegung der Sanierungsziele	Auswahl der Sanierungstechnik
9	Durchführung der Sanierung	Dekontamination des Bodens
10	Bewertung der Sanierungs-maßnahmen	weitere Maßnahmen, weitere Überwachung oder Entlassung aus der Überwachung

Grober Ablaufplan der Altlastenerfassung und -sanierung (Matthias Bank: Basiswissen Umwelttechnik, 2. Auflage 1994, Würzburg: Vogel Verlag)

der bzw. ganze inzwischen bebaute Stadtteile von Bielefeld und Dortmund). So kosten biologische Reinigungsverfahren etwa 150 DM/m^3, chemische bis zu 200 DM/m^3 und die Einkapselung der Altlastenfläche bis zu 2000 DM/m^2. Die Kosten dafür trägt der Verursacher, falls er zu ermitteln ist. Bis 1992 wurden in den alten Bundesländern nach Angaben des Umweltbundesamtes etwa 89 000, in den neuen Bundesländern bis 1990 etwa 49 000 Verdachtsflächen ermittelt. Bei einem Verdacht auf Altlasten wenden Sie sich bitte an das Umweltamt.

Was lesen?

- Frank Wille: Bodensanierungsverfahren. Würzburg 1993.
- Bundesministerium für Umwelt, Naturschutz und Reaktorsicherheit, Bonn (Hrsg.):

Rat der Sachverständigen für Umweltfragen: Kurzfassung des Sondergutachtens Altlasten. Bonn 1989.

Altöl

Wenn Altöl als gefährlicher Sonderabfall in den Boden eindringt, kann bereits ein Liter eine Million Liter Wasser vergiften. Die Altölverordnung schreibt seit 1987 vor, daß Öle ohne (Motorenöle) und mit (Hydraulik-, Transformatoren- oder Turbinenöle) polychlorierten Biphenylen (PCB) getrennt zu sammeln und zu entsorgen sind, was jedoch in der Praxis nicht immer reibungslos funktioniert.
Altöle aus Automotoren werden überwiegend wiederverwertet, aber nur etwas mehr als die Hälfte des gesamten Altölaufkommens wurde 1988 stofflich verwertet. Verkaufsstellen (Tankstellen, Kaufhäuser und Heimwerkermärkte) müssen Altöle annehmen (Kaufbeleg mitbringen!) bzw. auf eine Annahmestelle in der Nähe hinweisen.

Was tun?

- Lassen Sie am besten den Ölwechsel in einem Fachbetrieb machen. Hier muß das Altöl gesichert aufgefangen und zur Wiederaufbereitung gebracht werden.
- Wenn Sie Ihren Ölwechsel unbedingt selbst machen wollen, fangen Sie das Altöl gesichert auf und bringen es zusammen mit dem Kaufbeleg zur Wiederaufbereitung/Entsorgung zu Ihrer Verkaufsstelle zurück.

- Öldosen und Ölfilter gehören zum Sondermüll, weil sie noch immer Ölreste enthalten.
- Bevorzugen Sie deshalb möglichst Öl in Mehrweggebinden oder aus Zapfanlagen in Tankstellen.

Was lesen?

- Bund für Umwelt und Naturschutz Deutschland e. V. (BUND) (Hrsg.): Deponie Erde. Das große Buch vom Müll. Freiburg 1991.

Altpapier

In den alten Bundesländern stieg der jährliche Papierverbrauch von 32 Kilogramm pro Einwohner im Jahr 1950 auf 210 Kilogramm im Jahr 1989. In der früheren DDR lag der Papierverbrauch 1988 bei 84 Kilogramm pro Einwohner. Die Altpapierverwertung wird in Deutschland seit langem praktiziert. Mindestens 50 Prozent des Papierrohstoffes werden so abgedeckt. Wegen unterschiedlicher Aufnahmefähigkeit des Altpapiermarktes und eines starken Preisverfalls treten zeitweise stark schwankende Verwertungsraten auf. Aus privaten Haushalten stammen etwa 33 Prozent, aus der Druck- und Papierverarbeitung etwa 20 Prozent und aus sonstigem gewerblichem Abfall etwa 47 Prozent des Altpapiers. Insgesamt 7,5 Millionen Tonnen Druck- und Presseerzeugnisse, Verpackungsmaterial und Schreib-/Kopierpapier aus privaten Haushalten und gewerblichen Betrieben wurden 1991 gesammelt. Deutsche Betriebe verarbeiteten 1991 davon lediglich 6,4 Millionen Tonnen.

Bei der Altpapierverwertung müssen alle unerwünschten und papierfremden Substanzen zur Erhöhung der Papierqualität entfernt werden (Schmutzstoffe, Deinking-Verfahren zum Entfernen der Druckerschwärze). Altpapier wird vorwiegend für Zwecke eingesetzt, bei denen es weniger auf die optischen Eigenschaften ankommt (Recycling-Schreibpapier, Packpapiere, Pappen). Der Altpapiereinsatz beträgt bei Verpackungsmaterial bis 80 Prozent, bei grafischen Papieren 10 Prozent und bei Hygiene- sowie technischen Papieren und Pappen etwa 40 Prozent. Eine weitere Steigerung ist vor allem bei den grafischen Papieren möglich (Zeitungs- und Zeitschriftendruck). Im Vergleich der Umweltbelastung bei der Herstellung von Kopierpapier als grafisches Recyclingpapier verringert sich der Energiebedarf um etwa 80 Prozent. Der Frischwasserverbrauch wird um 90 Prozent geringer. Die weiterhin zunehmende Verwendung von Recyclingpapieren in Behörden, öffentlichen Einrichtungen und Unternehmen weist in die richtige Richtung.

Was tun?

- Geben Sie Ihr Altpapier in die Altpapiersammlung bzw. in den Altpapiercontainer.
- Verwenden Sie im privaten Bereich möglichst nur Recyclingpapierprodukte. Sie werden in ausreichendem Maß als Schreib-, Verpakkungs- und Hygienepapier angeboten. Alle Papierwarenhändler und Kaufhäuser bieten eine entsprechende Vielfalt an.
- Motivieren Sie alle Mitarbeiter am Arbeitsplatz, möglichst nur Recyclingpapiere zu kaufen und einzusetzen.
- Machen Sie sich im Büro für ein Altpapiersammelsystem stark (Papierkörbe, Computerlisten usw.).

Was lesen?

- Informieren Sie sich bei Ihrer Umwelt- und Verbraucherberatungsstelle über die zahlreichen Möglichkeiten, Altpapier zu sammeln und Recyclingpapiere im Haushalt zu verwenden. Sie haben ein großes Angebot von Broschüren und Faltblättern.

Aluminium

Aluminium finden Sie als Leichtmetall in Autos, Fahrrädern, Flugzeugen und zahlreichen Haushaltsgeräten und als Verpackungsmaterial im Haushalt.

Für die Aluminiumproduktion ist ein sehr hoher Energieeinsatz notwendig. Die Herstellung von Aluminiumdosen für Mineralwasser ist fast fünfzigmal energieaufwendiger als für Glas-Mehrwegflaschen. Beim Aufschluß von Aluminiumgrundstoffen (Bauxit) fallen giftige Rotschlämme und bei der Elektrolyse Luftbelastungen durch Fluorverbindungen an. Selbst im Recyclingprozeß entsteht gefährlicher Sonderabfall (Salzschlacke).

Jährlich gelangen 700 000 Tonnen Aluminium in den Hausmüll. Da Aluminium nicht magnetisch ist, ist eine Aussortierung schwierig. Die Aluminium-Recyclingquote in Deutschland ist äußerst gering. Wegen starker Verunreinigungen werden gebrauchte Aluminiumdeckel von Joghurtbechern und Reste von Aluminium-Haushaltsfolien praktisch industriell nicht angenommen und verarbeitet.

Dabei ist das Recycling von Aluminium sehr energiesparend: 95% weniger Energie werden benötigt.

Was tun?

- Lassen Sie kurzlebige Produkte aus Aluminium in den Regalen stehen! Für Wegwerfprodukte ist der Rohstoff zu energieaufwendig produziert.
- Aluminium als Verpackungsmaterial ist überflüssig. Auf Aluminiumdosen können Sie leicht verzichten, da umweltfreundliche Glasmehrwegangebote fast überall zu haben sind.
- Auch Verbundverpackungen aus Aluminium und Kunststoffen sind umweltfeindlich. Eine sortenreine Trennung und Verwertung der Materialien ist praktisch nicht möglich.
- Für das Schulbrot braucht man keine Alufolie, sondern Butterbrotpapier bzw. die mehrfach verwendbare Brotdose.

Was lesen?

- The Earthworks Group (Hrsg.): Kinder machen 50 starke Sachen, damit die Umwelt nicht umfällt. Hamburg 1991.
- John Elkington, Julia Hailes: Unsere Welt muß grün bleiben. Handbuch für junge Umweltschützer. München 1991.

Arbeitsschutz

Obwohl Millionen Menschen täglich am Arbeitsplatz Gefahren ausgesetzt sind, die sie persönlich nicht beeinflussen können, spielt der Arbeitsschutz in der öffentlichen Diskussion eine vergleichsweise geringe Rolle. Neben dem Schutz vor der Einwirkung giftiger Stoffe gehören zum Arbeitsschutz auch die Verhütung von Unfällen am Arbeitsplatz, die Sicherheit von Arbeitsmaschinen, die ergonomisch richtige Ausgestaltung von Arbeitsplätzen und anderes mehr.

Viele Erkenntnisse über die Giftigkeit von Stoffen in der Umwelt sind im Arbeitsschutzbereich gewonnen worden, weil Arbeitnehmer der Wirkung dieser Stoffe in relativ hohen Konzentrationen ausgesetzt waren (z. B. Asbest, Dioxine). Zum Schutz der Arbeitnehmer werden Grenzwerte für die Konzentration von Stoffen am Arbeitsplatz festgelegt (→MAK [maximale Arbeitsplatz-Konzentration]-Werte) und nach definierten Meßvorschriften kontrolliert. Für Schwangere und Jugendliche gibt es spezielle verschärfte Vorschriften. Die Überwachung obliegt einerseits den Betrieben (»Selbstkontrolle«), andererseits den Berufsgenossenschaften und der staatlichen Gewerbeaufsicht. Wichtige Regelungen zum stofflichen Arbeitsschutz sind in der →Gefahrstoffverordnung festgelegt.

Armaturen

Wassersparende Armaturen sind technische Hilfsmittel, die den →Wasserverbrauch bei der normalen Nutzung reduzieren sollen, ohne dabei Komfortverluste zur Folge zu haben. Wassersparende Armaturen lassen sich einteilen in: elektronische Wasserfluß-Steuerungen, Einhandmischer, Düsenbrausen, Thermostat-Armaturen, Durchflußminderer, Durchflußregler und Wasserstopper. Daneben gibt es noch komplette wassersparende Sanitäranlagen wie wassersparende Spülkästen, wassersparende Druckspüler und Wasserspar-Umrüstsätze für Ausstattungen mit alten Armaturen. Für zahlreiche der genannten Produkte hat die Jury Umweltzeichen inzwischen festgelegt, unter welchen Bedingungen die Geräte das Umweltzeichen erhalten.

Bei elektronischen Wasserfluß-Steuerungen werden die Armaturen mit Sensoren ausgestattet, die ermitteln, ob sich jemand in ihrem Einzugsbereich befindet oder nicht. Wenn niemand mehr in der definierten Nähe ist, schalten sie den Wasserfluß automatisch ab.

Die sogenannten Einhandmischer reduzieren die Verluste, die auftreten, wenn man mit Zweihand-Mischbatterien die richtige Temperatur einstellt. Thermostat-Armaturen vermeiden ebenfalls diese Verluste. Sie regeln das Mischungsverhältnis zwischen kaltem und warmem Wasser selbsttätig mittels eines eingebauten Sensors. Gleichzeitig regulieren sie die Durchflußmenge des Wassers.

Bei Düsenbrausen ist die durchfließende Wassermenge im Gegensatz zu den einfachen Lochbrausen fast unabhängig vom Wasserdruck der Leitung. Wenn Düsenbrausen nicht mehr als zehn bis zwölf Liter Wasser pro Minute durchlassen, werden sie von der Jury Umweltzeichen als »wassersparend« eingestuft.

Durchflußminderer und Durchflußregler verringern den Querschnitt des Rohres oder des Schlauches und sorgen so dafür, daß in der gleichen Zeit weniger Wasser hindurchströmt. Dabei verengen die Durchflußminderer den Querschnitt konstant. Durchflußregler passen sich auch einem schwankenden Wasserdruck an und halten so die Durchflußmenge

konstant. Nach Herstellerangaben können durch den Einsatz von Durchflußreglern 20 bis 40 Prozent des Wasserverbrauchs beim Duschen oder Händewaschen eingespart werden.
Mit Wasserstoppern kann man den Wasserzufluß unterbrechen (ohne daß man z. B. bei Zweihandmischern an der Einstellung der Hähne etwas verstellen muß). Beim Einsatz in Kombination mit einem Duschschlauch ist darauf zu achten, daß der Stopper vor dem Schlauch installiert wird, da sonst der Schlauch ggf. unter dem Wasserdruck platzen könnte. Bei drucklosen Warmwasserbereitern dürfen sie nicht verwendet werden.

Was tun?

- Falls Sie noch über keine wassersparenden Armaturen verfügen sollten, lassen Sie sich im Fachhandel beraten.
- Achten Sie beim Kauf derartiger Armaturen möglichst auf das Umweltzeichen, das Ihnen einen Hinweis auf einen ausreichenden Wirkungsgrad der jeweiligen Armaturen gibt.

Was lesen?

- Fachinformationszentrum Karlsruhe (Hrsg.): Wassersparende Sanitäranlagen und Armaturen. Karlsruhe 1991.
- Tips zum Wassersparen: test spezial Haushalt und Umwelt, 3/93.

Aromatische Kohlenwasserstoffe

Besonders stabile organische Verbindungen entstehen unter bestimmten Bedingungen aus Kohlenstoff und Wasserstoff, wenn eine ringförmig geschlossene Kohlenstoffkette vorliegt. Bekanntester Vertreter dieser aromatischen Kohlenwasserstoffe ist das →Benzol (chemische Formel: C_6H_6). Durch den Ersatz von Wasserstoffatomen am Kohlenstoffring leiten sich weitere Aromaten, wie Toluol (chemische Formel: $C_6H_5CH_3$) oder Xylol (chemische Formel: $C_6H_4(CH_3)_2$) ab, die auch als →Lösemittel für →Lacke eingesetzt werden. Benzol und andere Aromaten sind auch Bestandteile des Benzins (→Kraftstoffe) Die Verbindung mehrerer Benzolmoleküle miteinander führt zu →polycyclischen aromatischen Kohlenwasserstoffen.

Aromatische Kohlenwasserstoffe haben häufig eine größere gesundheitliche Bedeutung als andere organische Stoffe: Benzol und verschiedene polycyclische aromatische Kohlenwasserstoffe können beim Menschen

Krebs erzeugen. Die als Lösemittel verwendeten Aromaten wirken entfettend auf die Haut und narkotisierend. Sie können in größeren Konzentrationen bei längerem Einatmen zu bleibenden Organschäden führen (Leber, Zentralnervensystem).
Die Freisetzungen von aromatischen Kohlenwasserstoffen (unter anderem Verdunstung von Benzin und als Verbrennungsprodukt) sind Teil der Luftbelastung mit organischen Stoffen (→Kohlenwasserstoffe), die über Photooxidantien (→Sommer-Smog) zu →Kohlendioxid und Wasser abgebaut werden.

Was tun?

- Vermeiden Sie es, aromatische Kohlenwasserstoffe einzuatmen und auf die Haut zu bekommen, z. B. als Inhaltsstoff von Benzin. Tanken Sie deshalb an modernen Tankstellen, die über eine Gaspendelanlage (»Saugrüssel«) verfügen.
- Viele Konsumentenprodukte können Toluol oder Xylol als Lösemittel enthalten (z. B. konventionelle Lacke, Klebstoffe, Reinigungs- und Pflegemittel). Sorgen Sie bei der Verwendung derartiger Produkte für ausreichende Lüftung.
- Verwenden Sie umweltfreundliche Lacke mit dem Umweltengel (in der Regel frei von Aromaten).

Arsen

Alle Arsenverbindungen, vor allem das bekannte Arsenik (Arsentrioxid), sind sehr giftig. Schon etwa 0,1 Gramm dieser Verbindung wirken bei oraler Aufnahme (Verschlucken) beim erwachsenen Menschen tödlich. Aber auch unterhalb dieser Menge treten durchaus Vergiftungssymptome auf: Erbrechen, Durchfall, oft Blut im Stuhl, Muskelkrämpfe und Anomalien der Herztätigkeit. Darüber hinaus erzeugt Arsen beim Menschen erwiesenermaßen Krebs (→MAK-Werte-Liste, Abschnitt III A 1).
Arsen kann chemisch wie ein Metall und wie ein Nichtmetall reagieren, es wird daher als Halbmetall bezeichnet (chemisches Symbol: As). In der Bundesrepublik Deutschland (alte Bundesländer) werden jährlich weniger als 500 Tonnen gezielt eingesetzt, u. a. zur Zinkgewinnung, Bleiglasherstellung und als Holzschutzmittel (sogenannte CKA-Salze). Die Anwendung als Schädlingsbekämpfungsmittel ist in der Bundesrepublik verboten. Trotzdem gelangen in der Bundersrepublik Deutschland jährlich mehr als 5000 Tonnen Arsen in die Umwelt, weil es als

Spurenelement in mineralischen Rohstoffen (z. B. Nichteisenmetall-Erze) und Brennstoffen (Steinkohle, Braunkohle) vorkommt und bei deren Verwendung freigesetzt wird. Da für Emissionen von Arsen aus Industrieanlagen, Kraftwerken (Großfeuerungsanlagen) und Abfallverbrennungsanlagen Grenzwerte zwischen 0,5 und 1 mg/m^3 festgelegt wurden, liegt der größte Teil gebunden an Filterstäube vor.

Was tun?

- Verbraucher können nur noch in Holzschutzmitteln direkt mit Arsenverbindungen in Berührung kommen. Wenn Sie auf arsenhaltige Holzschutzmittel verzichten, gehen Sie dem Risiko aus dem Weg.
- Bei bereits industriell mit Holzschutzmitteln behandelten Hölzern können Sie in der Regel kaum erfahren, woraus die Holzschutzmittel bestanden. Deshalb: Die Haut schützen, Stäube, z. B. bei der Bearbeitung, nicht einatmen und das Holz nicht verbrennen.

Artenschutz

Artenschutz ist das Bemühen, das Aussterben von Pflanzen- und Tierarten zu verhindern und ausreichend stabile Populationen möglichst aller Pflanzen- und Tierarten zu erhalten.
Am Anfang der Artenschutzbemühungen stand der Schutz besonders auffälliger, ästhetisch besonders ansprechender oder als nützlich anerkannter Arten. Bei diesem selektiven Artenschutz machte es durchaus Sinn, z. B. Habichte abzuschießen, um Birkhühner zu schützen.
Später wurde erkannt, daß die wichtigsten Ursachen für den Artenrückgang Veränderungen von Lebensräumen sind und daß Tier- und Pflanzenarten daher zusammen mit ihren Lebensräumen geschützt werden müssen. Die Ausweisung von Naturschutzgebieten wurde zu einem wichtigen Instrument auch des Artenschutzes.
Erst in den letzten Jahrzehnten setzt sich die Erkenntnis durch, daß viele Pflanzen- und Tierarten in kleinflächigen Reservaten nicht ausreichend geschützt werden können und daß Artenschutz in abgestufter Intensität auf der ganzen Fläche erfolgen muß. Eine Konsequenz daraus ist der pauschale Schutz bestimmter →Biotoptypen, der derzeit in die Naturschutzgesetze aufgenommen wird.
Schutzmaßnahmen für bestimmte Arten behalten vor allem dort ihren Sinn, wo einzelne Arten durch menschliche Nachstellungen gefährdet sind (Silberdistel und Edelweiß als Schmuck, Falken als Jagdhelfer, Großkatzen und Robben für Kleidung, Krokodile für Modeaccessoires,

Nashörner für Aphrodisiaka, Papageien als Haustiere). Diesem Ziel dient das internationale Washingtoner Artenschutzabkommen von 1973. Ein Beispiel für erfolgreiche Artenschutzmaßnahmen ist die Wiederausbreitung des Wanderfalken in Baden-Württemberg, der dort kurz vor dem Aussterben gestanden hatte, durch konsequenten Schutz der Horste durch die Arbeitsgemeinschaft Wanderfalkenschutz.
Artenschutz läßt sich utilaristisch (Stabilität von Ökosystemen, Erhaltung des Genpools) und ethisch (Lebensrecht aller Arten, Bewahrung der Schöpfung) begründen.

Was tun?

- Kaufen Sie keine Kleidung oder Gebrauchsgegenstände, die aus Körperteilen, z. B. Häuten, gefährdeter Arten hergestellt sind. Im Zweifelsfall besser verzichten!
- Geben Sie im →Garten freilebenden Tier- und wildwachsenden Pflanzenarten eine Chance.
- Unterstützen Sie Naturschutzverbände, -vereine und -initiativen.

Was lesen?

- Wolfgang Fremuth u. a.: Naturschutzpolitik, eine gesellschaftliche Aufgabe. BUND-Position 18, Bonn 1989
- Dieter Korneck, Herbert Sukopp: Rote Liste der in der Bundesrepublik Deutschland ausgestorbenen, verschollenen und gefährdeten Farn- und Blütenpflanzen und ihre Auswertung für den Artenschutz. Schriftenreihe für Vegetationskunde, Heft 10, BFANL, Bonn 1988.

Arzneimittel

Arzneimittel sind Stoffe, die zur Verhütung und Behandlung von Krankheiten und Schmerzen dienen sowie operative Eingriffe möglich machen. Als Arzneimittel werden Pflanzenteile oder ihre Auszüge, isolierte pflanzliche Wirkstoffe, Stoffwechselprodukte von Mikroorganismen (z. B. Antibiotika), Hormonpräparate und eine große Zahl synthetischer anorganischer und organischer chemischer Verbindungen verwendet. Neben der erwünschten Wirkung haben Arzneimittel in der Regel Nebenwirkungen. Daher sollten Arzneimittel nur auf ärztlichen Rat eingenommen werden.
Eine Reihe von Arzneimitteln kann abhängig machen. Dies betrifft vor allem, aber nicht nur Schlaf- und Beruhigungsmittel. Selbst Abführmit-

tel können abhängig machen. Die Zahl der Arzneimittelabhängigen dürfte in Deutschland die Zahl der von illegalen Rauschgiften Abhängigen deutlich übertreffen.
In der homöopathischen Medizin wird eine begrenzte Anzahl anorganischer und organischer Substanzen nach dem Prinzip »Similia similibus curentur« (Ähnliches soll mit Ähnlichem geheilt werden) eingesetzt. In der Regel werden diese Substanzen »potenziert«, d. h. in bestimmter, genau vorgeschriebener Weise mit Zucker oder Alkohol verdünnt). Grundlage ist eine ausführliche Diagnose und eine Beurteilung des Reaktionstyps des Patienten durch den Arzt.
Während in der Homöopathie Einzelsubstanzen eingesetzt werden, setzt die anthroposophische Medizin, die auf der Homöopathie beruht, auch Mischpräparate ein.

Was tun?

- Nehmen Sie Arzneimittel nur auf ärztlichen Rat ein. Fragen Sie ruhig nach, was ein verschriebenes Arzneimittel bewirken soll und wie es wirkt.
- Lesen Sie die Beipackzettel gründlich durch.
- Teilen Sie dem Arzt Nebenwirkungen, die auf ein Arzneimittel zurückgehen könnten, sofort mit.
- Achten Sie auf suchterzeugende Stoffe in Mischpräparaten. (Was macht Codein in einer Schmerztablette?)
- Geben Sie Arzneimittel mit abgelaufenem Verfallsdatum bei der Apotheke oder bei Sondermüllsammlungen ab.

Was lesen?

- Kurt Langbein, H. P. Martin, Hans Weiss: Bittere Pillen. Nutzen und Risiken der Arzneimittel. Ausgabe 1993-1995. Köln 1993.

Asbest

Das faserförmige natürliche Mineral Asbest (Hauptvorkommen: Kanada, Südafrika, ehemalige Sowjetunion) kann schwere gesundheitliche Schäden hervorrufen (Krebs, Asbestose). Es gehört aufgrund seines breiten technischen Einsatzes in Industriestaaten zu den häufigsten krebserzeugenden Stoffen in der Umwelt. Von den sechs unterschiedlichen Asbestarten wurden industriell in erster Linie Chrysotil (Weißasbest) und Krokydolith (Blauasbest) in ca. 3000 verschiedenen Produktarten eingesetzt: als Verstärkungsfaser

für Asbest-Zement-Produkte (Haupteinsatzgebiete Dach- und Fassadenplatten, Frischwasser- und Abwasserrohre, Blumenkästen, Minigolfbahnen, als Wärme- und Elektroisolationsmaterial (z. B. Spritzasbest für Stahlträgerkonstruktionen im Hochbau, Feuerschutzkleidung, Löschdecken, verschiedene Elektrogeräte wie Haartrockner oder Nachtspeicherheizungen) und in verschiedenen Einzelprodukten, wie Brems- und Kupplungsbelägen, Fußbodenbelägen aus PVC, Autoreifen und Straßendecken. Asbest kann heute in allen Produkten durch weniger gefährliche Fasern bzw. durch andere Stoffe oder Verfahrensweisen ersetzt werden.

Von schweren gesundheitlichen Schädigungen durch das Einatmen asbesthaltiger Feinstäube wird bereits seit Anfang des 20. Jahrhunderts berichtet (England). Durch hohe und langanhaltende Asbest-Konzentrationen in der Atemluft, z. B. bei der Asbestgewinnung und -verarbeitung, kann es zu einer häufig tödlich ausgehenden Lungenerkrankung, der Asbestose, kommen. Schon durch geringere Konzentrationen ist die Entstehung verschiedener Krebsarten (Lungen-, Rippenfell-, Bauchfellkrebs) möglich. Ausgelöst durch die öffentliche Diskussion über die Krebsgefahren von Asbest und mit Unterstützung durch einzelne Produktverbote hat in den alten Bundesländern in den achtziger Jahren ein Ersatz von Asbestprodukten angefangen, die 1993 mit der Einstellung der Produktion asbesthaltiger Rohre im wesentlichen beendet war (Übergangsfristen für die neuen Bundesländer: plus ein Jahr). Arbeitnehmer dürfen seit 1990 Asbeststaub beruflich nicht mehr ausgesetzt sein (Expositionsverbot). Ausnahmeregelungen gibt es z. B. für Sanierungsmaßnahmen.

Das Asbestproblem ist aber mit dem Ersatz dieses Stoffes in neuen Produkten nicht erledigt: Asbest wurde häufig für Baustoffe und andere langlebige Güter verwendet (Dacheindeckungen, Heizungen, Isolationsmaterial). Durch die zum Teil massive Freisetzung von Fasern treten auch heute noch Belastungen auf, ein Zustand, der wegen des großen Investitionsbedarfs für Ersatzprodukte noch viele Jahre anhalten wird. Besonders hohe Konzentrationen entstehen aufgrund der fehlenden »Verdünnung« bei Freisetzungen in Innenräumen, z. B. aus Spritzasbest oder anderen leichtgebundenen Asbestprodukten (Asbestpappen, Asbesttextilien). Derartige Asbestquellen müssen entfernt werden (Asbestsanierung). Die mengenmäßig größten Asbestemissionen treten dagegen durch die Verwitterung von Asbest-Zement-Produkten im Freien auf (unbeschichtete Asbest-Zement-Flächen in Deutschland: alte Bundesländer ca. 300 Millionen Quadratmeter, neue Bundesländer ca. 500 Mio m^2). Die dadurch entstehenden Konzentrationen in der Luft sind aber geringer als bei der Freisetzung in Innenräumen (»Verdünnung«).

Ein Grenzwert (Immissionswert) für Asbestfasern in der Luft ist bisher nicht festgelegt worden (wie im übrigen für andere krebserzeugende Stoffe auch nicht). In Deutschland wird im allgemeinen eine Konzentration von ungefähr 100 Fasern der »kritischen Dimension« (siehe unten) pro Kubikmeter Luft festgestellt. Für Belastungen am Arbeitsplatz gibt es zur Einleitung von Schutzmaßnahmen und gesundheitlichen Überwachungen eine »Technische Richtkonzentration« (TRK-Wert).
Von Asbest-Zement-Rohren können Asbestfasern auch an das Trinkwasser abgegeben werden. Eine krebserzeugende Wirkung durch die Aufnahme dieser Fasern mit dem Trinkwasser oder anderen Nahrungsmitteln oder Medikamenten (orale Aufnahme) ist jedoch bisher nicht nachgewiesen worden.
Da die krebserzeugende Wirkung von Asbest beim Einatmen auf die faserförmige Struktur dieses Minerals zurückgeht, muß auch bei anderen natürlichen und künstlichen Mineralfasern vergleichbarer Dimension und Beständigkeit mit einer entsprechenden Wirkung gerechnet werden. Besonders wirksam sind lange, dünne Nadeln; bei Umwelt- oder Arbeitsplatz-Konzentrationsangaben werden die Fasern gezählt, die länger als 5 Mikrometer und dünner als 3 Mikrometer sind und ein Längen-Durchmesser-Verhältnis von mehr als 3:1 haben.
Asbest-Zement-Produkte wurden in der ehemaligen DDR in sehr viel größerem Umfang als in den alten Bundesländern auch im Innenausbau, unter anderem in Sandwich-Konstruktionen bei der Altbausanierung und als Wand- und Deckenverkleidung verwendet. Die Gefahr von Faserfreisetzungen beim mechanischen Bearbeiten (z. B. Bohren) und bei Erschütterungen (z. B. Türenschlagen) ist besonders hoch.
Eine weitere Besonderheit beim Asbesteinsatz in der ehemaligen DDR ist die verbrauchernahe Verwendung von Produkten für den Innenausbau, die Asbest mit nur einem geringen Bindemittelanteil – also schwach gebunden – enthalten (»Sokalit-Platten«). Sie finden sich als mobile Trennwände im Wohnungs- und Industriebau (sog. »MLK-Gebäude«), als Dämmplatten bei sanierten Wohnungsgebäuden, im Ofenbau und in Fußböden. Bei bestimmten Wohnungstypen, die Anfang der siebziger Jahre gebaut wurden, bestehen die gesamten vorgefertigten Küchen- und Sanitäreinheiten (»Naßzellen«) aus diesem Produkt. Bei Feuchteinwirkung kommt es zu Reaktionen mit dem Bindemittel, so daß Faserfreisetzungen möglich sind. Besonders hohe Faserkonzentrationen können bei Bohr- und Schleifarbeiten auftreten. In den DDR-typischen Plattenbauten wurde Asbest lediglich als Bestandteil des Fugenkitts (»Morinol«, Asbestanteil 30 Prozent) verwendet. Das Eindringen von Asbest in die Innenräume ist hier nicht wahrscheinlich, im Außenbereich verwittern die Produkte und setzen Asbest frei.

Was tun?

- Keine staubende Bearbeitung von Asbest-Zement-Produkten an Ihrem Haus! Unterlassen Sie Reinigungsmaßnahmen an Asbest-Zement wegen der besonders hohen Emissionen!
- Lassen Sie den Austausch von alten Asbest-Zement-Produkten gegen ungefährlichere Ersatzprodukte nur durch einen Fachbetrieb vornehmen, der über die nötige Sachkenntnis verfügt.
- Informieren Sie sich beim Gerätehersteller oder beim VDEW, ob Ihre Nachtspeicherheizung noch Asbest enthält. Wenn ja, kommt nur der Austausch gegen ein neues, asbestfreies Gerät in Frage.
- Achten Sie auf den Einbau asbestfreier Ersatzteile bei Ihrem Auto (Brems- und Kupplungsbeläge).
- Über die Entsorgung asbesthaltiger Produkte gibt Ihnen die zuständige Problemstoffsammelstelle Auskunft.

Atemschutz

Manche Pessimisten meinen, schon die »normalen« Umweltbelastungen in unseren Städten würden oft einen Atemschutz notwendig machen, um sich vor bleibenden Schäden zu schützen. Erforderlich ist er aber an vielen Arbeitsplätzen und bei verschiedenen Arbeiten, die auch Heimwerker ausführen. Für die unterschiedlichen möglichen Luftbelastungen gibt es verschiedene Filtertypen.

Einfache Vliesmasken schützen allenfalls vor Grobstaub, zum Schutz vor Feinstaub, wie er z. B. bei Schleifarbeiten anfällt, wird mindestens eine »filtrierende Halbmaske« (gekennzeichnet als FHM-P1 oder FHM-P2) benötigt. Gegen gesundheitsschädliche Dämpfe, wie sie bei Maler- oder Klebearbeiten auftreten können, helfen sie dagegen überhaupt nicht. Besser (und teurer) sind Halbmasken mit auswechselbaren Filtern, die es für alle möglichen Anwendungsfälle (Partikelfilter, organische sowie anorganische Gase und Dämpfe) gibt.

Was tun?

- Führen Sie Arbeiten, bei denen gesundheitsschädliche Stäube oder Gase entstehen können, möglichst im Freien oder nur in gut gelüfteten Innenräumen aus.
- Lassen Sie sich beim Kauf eines Atemschutzes fachmännisch beraten. Nur wenn das Filtersystem auf Ihr Problem zugeschnitten ist, können Sie einen ausreichenden Schutz erwarten.

- Filter für Halbmasken sind nicht unbegrenzt haltbar. Achten Sie deshalb auf das Verfallsdatum.
- Benutzte Filter sind Sondermüll. Bringen Sie sie zu den entsprechenden Annahmestellen.

Atomenergie

Atomenergie (oder auch Kernenergie) ist die Energie, die durch Spaltung von Atomkernen (Uran, Thorium, Plutonium) oder durch Kernfusion (Verschmelzung von leichten Wasserstoffatomen) erzeugt wird. Die enormen Energiemengen, die dabei freigesetzt werden können, haben dieses physikalische Prinzip nicht nur für die Energieerzeugung (aus der Kernspaltung) interessant erscheinen lassen, sondern von Anfang an war die militärische Nutzung (Atombombe) eine wesentliche Triebkraft von Forschung und Entwicklung. Auch heute noch sind die Produkte aus dem Betrieb von Atomkraftwerken die Basis für das Spaltmaterial, das für Atombomben benötigt wird.

Die gesundheitlichen Gefahren und Risiken, die von der bei der Spaltung von Atomkernen freiwerdenden radioaktiven Strahlung, den radioaktiven Zerfallsprodukten und den bestrahlten Materialien (Atommüll) ausgehen, sind wesentliche Ursachen für die ständige politische Auseinandersetzung um die Frage, ob die weitere Nutzung der Atomenergie gesellschaftlich verantwortet werden kann oder nicht. Unfälle (Tschernobyl) und sogenannte »Störfälle« sind den Kritikern der Nutzung der Atomenergie Beleg dafür, daß diese Technik generell unbeherrschbar und in ihrem Risikopotential unverantwortbar ist.

Der Begriff »Kernspaltung« bezeichnet die Spaltung schwerer Atomkerne durch Beschuß mit Neutronen, bei der große Energiemengen (Bindungsenergie) freigesetzt werden. Bei der Kernspaltung entstehen jeweils zwei mittelschwere Kerne (Spaltprodukte), die radioaktiv sind. Bei der Spaltung von Atomkernen des Uran-Isotops 235 entstehen z. B. Kerne der Elemente Barium (Ba-144) und Krypton (Kr-89) und drei Neutronen. Diese Neutronen werden in den Atomkraftwerken dafür genutzt, um eine fortgesetzte Kettenreaktion in Gang zu halten.

Für die kontrollierte Kernfusion ist noch kein technisches Verfahren gefunden worden, das in großem Maßstab umgesetzt werden könnte. Insbesondere die dafür notwendige extrem hohe Temperatur (ca. 40 Millionen ^{o}C) ist nicht beherrschbar.

Was tun?

- In den von den unterschiedlichsten Seiten entwickelten »Ausstiegs-Szenarien« aus der Atomenergie kommt – bei allen Unterschieden im Detail – dem Faktor »Energiesparen« generell eine zentrale Bedeutung zu. Jede individuelle Maßnahme zur Reduzierung des Energieverbrauchs ist somit auch ein Beitrag zur Verminderung des Ausbaus und der Nutzung der Atomenergie.
- Für eine generelle Änderung der Energiepolitik kann das individuelle Verbraucherverhalten natürlich nur einen geringen Beitrag liefern. Hier ist von jedem einzelnen politisches Engagement gefordert, das angesichts der enormen wirtschaftlichen Interessen, die mit diesem Bereich verbunden sind, einen »langen Atem« benötigt.

Was lesen?

- Klaus Traube u. a. (Hrsg.): Nach dem Super-GAU. Tschernobyl und die Konsequenzen. Reinbek bei Hamburg 1986.
- Michael Heinrich und Andreas Schmidt: Der Atom-Atlas, München 1986.
- Bernhard Fischer u. a.: Der Atommüll-Report. »Entsorgung«, Wiederaufarbeitung, Lagerung: Das offene Ende der Atomwirtschaft. München 1991.

Atomkraftwerk

In Atomkraftwerken wird eine geregelte, sich selbst erhaltende Kettenreaktion von Kernspaltungen zur Gewinnung von →Atomenergie genutzt. Je nach dem in der Anlage verwendeten technischen Prinzip kann man verschiedene Arten von Atomkraftwerken unterscheiden. In der Bundesrepublik waren Ende 1990 insgesamt 21 Atomkraftwerksblöcke mit einer Nettoleistung von 21 250 Megawatt in Betrieb. Die Atomkraft hatte damit einen Anteil von knapp 32,5 Prozent an der Stromerzeugung. Damit scheint auch ein vorläufiger Stillstand beim Ausbau der atomaren Kraftwerkskapazitäten erreicht, denn zum einen drängte öffentlicher und politischer Widerstand – insbesondere nach dem Reaktorunfall von Tschernobyl – immer massiver auf den Ausstieg aus der Atomenergie. Außerdem ist der in Atomkraftwerken erzeugte Strom immer teurer geworden. Seit 1982 ist in der Bundesrepublik kein Auftrag für den Neubau eines Atomkraftwerkes mehr ergangen.

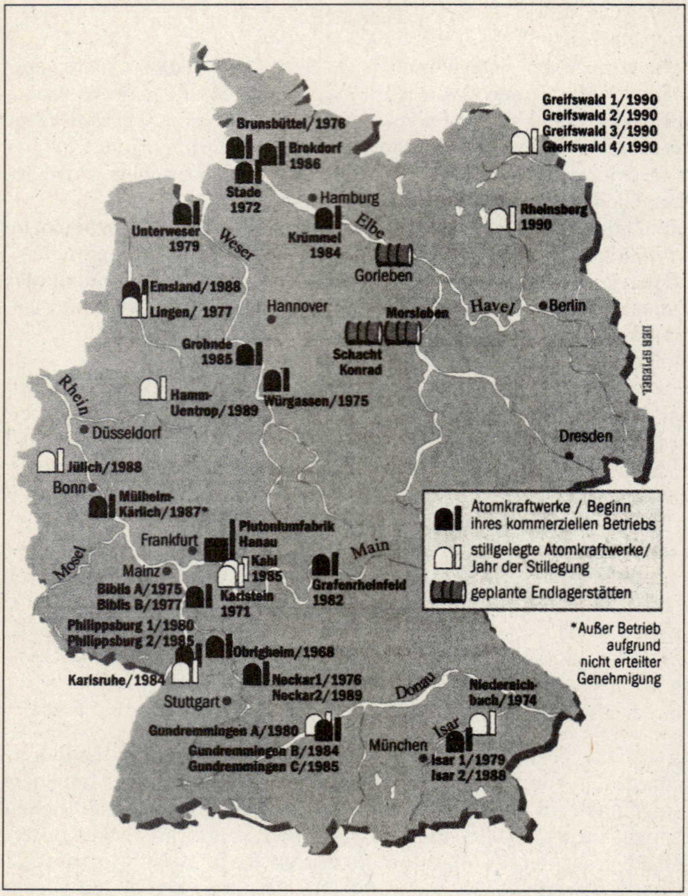

Kernkraftwerke in Deutschland (Spiegel Nr. 40/93)

Im Gegensatz zu dem Prozeß, der in Atombomben angeregt wird, läßt man in Atomkraftwerken die Anzahl der durch Kernspaltung entstehenden Neutronen nicht explosionsartig anwachsen. Durch Neutronen-absorbierende Materialien (Moderatoren) läßt sich die Spaltung der Kernbrennstoffe so regeln, daß gerade so viele Neutronen übrig bleiben, wie für die Aufrechterhaltung der Kettenreaktion nötig ist. Die bei dem Pro-

zeß entstehende Wärme wird zum Betrieb von Turbinen benutzt, die Strom erzeugen.
Der heute am weitesten verbreitete Leichtwasserreaktor arbeitet mit abgebremsten Neutronen und benutzt zur Kühlung, zum Wärmetransport und als Moderator normales Wasser. Man unterscheidet Siedewasserreaktoren und Druckwasserreaktoren.
Im Siedewasserreaktor wird der für den Betrieb der Turbinen benötigte Dampf bereits im Primärkreislauf erzeugt.
Beim Druckwasserreaktor handelt es sich um einen Leichtwasserreaktor, in dessen Primärkreislauf hoher Druck von ca. 160 bar verhindert, daß das Wasser siedet und verdampft. Die im Reaktor aufgenommene Wärme wird an einen zweiten Kreislauf abgegeben (Wärmetauscher als Dampferzeuger), in dem der zum Antrieb der Turbine notwendige heiße Dampf entsteht.
Der Hochtemperaturreaktor ist ein Reaktortyp, der mit besonders hohen Betriebstemperaturen (ca. 1000 °C) arbeitet. Er ist besonders geeignet zur Produktion industrieller Prozeßwärme. Als Brennstoff wird fast reines Uran-235 sowie Thorium benutzt, aus dem während des Betriebs das ebenfalls als Brennstoff geeignete Uran-233 entsteht. Der Brennstoff ist in Kugeln aus Graphit enthalten, das als »Moderator« die Neutronen abbremst. Gasförmiges Helium dient als Kühl- und Wärmetransportmittel.
Der sogenannte »Schnelle Brüter« ist ein Reaktortyp, der zur Kernspaltung die schnellen, von keinem »Moderator« gebremsten Neutronen nutzt. Brennstoff ist Plutonium, das im Betrieb von Leichtwasserreaktoren als »Abfallprodukt« anfällt. »Schnelle Brüter« können mehr Plutonium erzeugen, als sie selbst zum Betrieb benötigen (und sind deshalb auch für die Waffenproduktion besonders interessant). Kühl- und Wärmetransportmittel ist flüssiges Natrium, das wegen seiner Entzündbarkeit (Brandgefahr) einen der weiteren Kritikpunkte an diesem Reaktortyp darstellt.
Mit der Entscheidung, das Brüter-Projekt in Kalkar nicht weiterzuführen, dürfte hier vorläufig ein Endpunkt der bundesrepublikanischen Entwicklung erreicht sein. Allerdings arbeitet der Siemens-Konzern zur Zeit in Kooperation mit dem französischen Konzern Framatome an der Entwicklung eines neuen Reaktortyps, der weltweit angeboten werden soll.
Nicht zu unterschätzen ist auch die Gefahr, die von Reaktoren im Ausland ausgeht. Gerade in den östlichen Nachbarländern sind die Sicherheitsstandards bei weitem nicht so hoch wie bei uns.
In der Bundesrepublik Deutschland waren im Jahr 1993 die folgenden Atomkraftwerke in Betrieb:

Was tun?

- Da Verbraucher an der Steckdose nicht die Wahl haben, ob sie in Atomkraftwerken oder in anderen Kraftwerks-Typen erzeugten Strom nutzen wollen, bleiben hier nur das politische Engagement und die Einflußnahme auf die Energiepolitik.
- Jede Maßnahme zur Energieeinsparung ist auch eine Maßnahme gegen das Argument, daß wir wegen des steigenden Verbrauchs mehr (Atom-)Kraftwerke benötigten.

Was lesen?

- Ärzte gegen den Atomkrieg: Abschalten! Sondernummer 1992.

Atommüll

Abgebrannte Brennelemente, radioaktive Abfälle aus →Atomkraftwerken sowie weitere mittel und schwach aktive Abfälle aus der Forschung und der medizinischen Anwendung bilden den Atommüll. Wegen seiner hohen Strahlung muß dieser Müll vollkommen abgeschirmt von der Biosphäre gelagert werden, bis die Strahlung genügend abgenommen hat. Wie diese Endlagerung letztendlich aussehen soll, ist bis heute ungeklärt. Je nach der Zusammensetzung des Atommülls ist eine Lagerzeit von einigen Jahrzehnten bis zu mehreren hunderttausend Jahren erforderlich, bis die Strahlungsmenge auf ein ungefährliches Maß abgeklungen ist. Allein dieses nach wie vor ungelöste Problem ist Anlaß für Kritiker, auf die Unverantwortlichkeit der Atomenergienutzung hinzuweisen.

Das bis heute zu entsorgende Volumen von schwach- und mittelaktivem Atommüll wird vom Bundesministerium für Umwelt, Naturschutz und Reaktorsicherheit mit fast 200 000 Kubikmetern angegeben. Bis zum Jahre 2000 werden nach Schätzungen des Bundesumweltministeriums ca. 9200 Tonnen abgebrannter Brennelemente angefallen sein. Diese Brennelemente werden – nachdem die Wiederaufbereitungsanlage in Wackersdorf inzwischen aufgegeben wurde – im französischen La Hague und im britischen Sellafield abgenommen und aufgearbeitet. Allerdings müssen die dabei in großen Mengen entstehenden radioaktiven Abfälle in den Jahren 1993/94 von der Bundesrepublik zurückgenommen werden, weshalb hierzulande fieberhaft nach einem Endlager für den gefährlichen Atommüll gesucht wird. Als Endlager sollen die ehemalige Eisenerzgrube Konrad in Salzgitter und der Salzstock von Gorleben Verwendung finden. Die Sicherheit auch dieser beiden Standorte gilt als umstritten, insbesondere angesichts der extrem langen Lagerzeiten, die notwendig werden und für die nach menschlichem Ermessen keine sicheren Prognosen abgegeben werden können.

Was tun?

- Die unter den Stichworten →Atomenergie und →Atomkraftwerke gegebenen Hinweise führen natürlich letztlich auch dazu, daß eine geringere Menge von Atommüll anfällt.
- Wer in der Nähe von geplanten Endlagern von Atommüll lebt, hat eine ganze Zahl von juristischen Mitteln zur Verfügung, die gegen diese Ansiedlung angewendet werden können. Auskünfte dazu können regionale Bürgerinitiativen erteilen.

Was lesen?

- Reiner Geulen: Atomarer Abfall. In: Ärzte gegen den Atomkrieg. Sondernummer 1992.
- Bernhard Fischer u. a.: Der Atommüll-Report. »Entsorgung«, Wiederaufarbeitung, Lagerung: Das offene Ende der Atomwirtschaft. München 1991.

Auto

Der stetig steigende Anteil sowohl des motorisierten Individualverkehrs als auch des Straßengüterverkehrs ist verantwortlich dafür, daß heute Autos in Deutschland (und in den meisten westlichen Industrieländern) zu den Hauptverursachern von Umweltbelastungen gehören. 1992 wurden von 37,9 Millionen PKW und Kombi über 80 Prozent der Verkehrsleistung im Personenverkehr erbracht. Der Güterverkehr wurde im gleichen Jahr zu fast sechzig Prozent auf der Straße abgewickelt, mit weiter steigender Tendenz. Die Auswirkungen des Autoverkehrs sind in vielen Umweltbereichen zu spüren. Luftbelastungen mit den »klassischen« Schadstoffen →Stickstoffoxid, →Kohlenwasserstoff und →Kohlenmonoxid, aber auch Dieselrußpartikel, →Blei und bodennahes →Ozon (→Sommer-Smog) gehen in erheblichem Umfang auf Autos zurück. Die Folgen: direkte und indirekte gesundheitliche Belastungen, Pflanzen- und Materialschäden, Wasser- und Bodenverunreinigungen. Der Kraftstoffverbrauch und die daraus resultierenden →Kohlendioxid-

Emissionen sind zu etwa einem Fünftel für den zusätzlichen →Treibhauseffekt verantwortlich. Darüber hinaus entstehen Schäden durch Auftaumittel (Streusalz) und durch den Reifenabrieb, Entsorgungsprobleme (→Autoverschrottung) und nicht zuletzt eine negative Beeinflussung der Natur durch Flächenversiegelung sowie Flächenverbrauch und -zerschneidungen. Bei der →Lärmbelästigung der Bevölkerung ist der Straßenverkehr die Hauptbelastungsquelle: Mehr als 20 Millionen Bürger in den alten Bundesländern haben bei einem Lärmpegel von 60 dB(A) tagsüber und 50 dB(A) nachts erst bei geschlossenen Fenstern Ruhe. Insgesamt werden die durch den Autoverkehr verursachten Umweltschäden auf jährlich über 100 Milliarden DM geschätzt, Unfallkosten nicht mitgerechnet.

Auch wenn Autos generell die Umwelt stark belasten, können sich die individuellen Beiträge einzelner Autotypen stark unterscheiden, vor allem – je nach technischer Ausstattung, Wartung, Fahrweise usw. – hinsichtlich der Schadstoffemissionen und Lärmbelästigungen (→Autowartung, →Autofahren).

Am weitesten verbreitet sind Fahrzeuge mit Ottomotoren, bei denen ein Luft-Benzin-Gemisch durch Zündkerzen gezündet wird. Wesentliche Anteile der Schadstoffemissionen können bei diesen Fahrzeugtypen durch →Katalysatoren, am wirksamsten durch Dreiwegekatalysatoren mit Lambdasonde, gemindert werden. Daneben wird durch die Entwicklung sogenannter Magermotoren versucht, die Luftschadstoffemissionen von Ottomotoren durch möglichst vollständige Verbrennung des Kraftstoffs (es wird mit einem bis zu vierzigprozentigen Luftüberschuß gearbeitet) möglichst klein zu halten. Dieselmotoren werden für PKW (Anteil 1990 in den alten Bundesländern: 13,4 Prozent), hauptsächlich aber für LKW verwendet. Bei diesen Motoren wird der Kraftstoff in komprimierte, erhitzte Luft eingespritzt und entzündet sich von selbst. Bestimmte Luftschadstoffe sind im Vergleich zu Ottomotoren ohne Katalysator im Abgas in geringerem Umfang enthalten (z. B. Kohlenwasserstoffe und Kohlenmonoxid), andere Schadstoffe, wie z. B. der krebserzeugende Ruß (→Diesel), treten aber in wesentlich größeren Mengen auf.

Eine besondere Variante des Ottomotors ist der Zwei-Takt-Motor, der für Fahrzeuge der Marken Trabant und Wartburg noch bis Anfang der neunziger Jahre verwendet wurde. Das für die Motorschmierung erforderliche Öl wird bei diesen Motoren dem Kraftstoff zugesetzt und mehr oder weniger mitverbrannt. Die häufig blauen und geruchsintensiven Abgasfahnen derartiger Fahrzeuge stammen von unverbranntem Motoröl. Erprobte funktionstüchtige Katalysatoren gibt es für diese Fahrzeuge noch nicht.

Noch größtenteils im Experimentierstadium befinden sich Antriebskonzepte für Autos, die mit geringeren Schadstoffemissionen verbunden sind (z. B. Wasserstoffmotoren, →Elektroautos).

Was tun?

- Das Mobilitätsbedürfnis läßt sich auf vielfältige Weise befriedigen, es muß nicht immer gleich die Fahrt mit dem Auto um die nächste Ecke sein. Für kurze Strecken eignet sich ein Fahrrad genauso gut, oft ist man in unseren überfüllten Innenstädten sogar zu Fuß noch schneller als mit dem Auto.
- Wenn Sie ein Auto neu anschaffen, sollten Sie besonders auf die Umweltauswirkungen achten. Überlegen Sie vor allem, wie groß Ihr Auto wirklich sein muß und welche Leistung es bringen soll. Dem Trend zu immer leistungsstärkeren Autos sollten Sie nicht folgen. (Die durchschnittliche Motorleistung stieg zwischen 1975 und 1991 von 46 auf 61 Kilowatt!) Ihr neues Auto sollte möglichst wenig Benzin verbrauchen (bei einem Durchschnittsverbrauch von 9,9 Litern auf 100 Kilometer im Jahr 1991 ist ein Wert von fünf bis sechs Litern schon relativ gut), über einen geregelten Dreiwegekatalysator verfügen (am besten nach US-Norm), nicht nur innen leise sein, sondern auch nach außen möglichst wenig Lärm verursachen.
- Die Autohersteller und -händler kennen die Abgas- und Lärmwerte ihrer Autotypen genau. Allerdings tauchen sie in den Hochglanzprospekten in der Regel nicht auf. Das sollte Sie aber nicht daran hindern, nach diesen wichtigen Informationen zu fragen.

Autoabgase

→Autos sind in vielerlei Hinsicht umweltbelastend, bei den Schadstoffemissionen stehen sie an der Spitze! Für die Schadstoffe →Kohlenmonoxid, →Kohlenwasserstoffe (flüchtige organische Verbindungen) und →Stickstoffoxide sind sie in Deutschland zu mehr als 50 Prozent verantworlich. Für →Blei- und Rußemissionen sind sie Hauptverursacher. An den Freisetzungen des unter anderem für den Treibhauseffekt verantwortlichen Gases →Kohlendioxid sind sie zu ca. einem Fünftel beteiligt.

Die Einführung des →Katalysators für PKW mit Ottomotor hat bisher keine Trendwende bei den Schadstoffemissionen hervorgerufen. Durch den stetig steigenden Verkehr sind die technisch bewirkten Minderun-

gen wieder kompensiert worden. Lediglich die Bleiemissionen sind wegen des Verbots von verbleitem Normalbenzin leicht zurückgegangen. Der technische Fortschritt hat auch keine Verminderung des Benzinverbrauchs der auf der Straße rollenden Fahrzeuge gebracht. Er liegt seit Jahren um die zehn Liter für 100 Kilometer. Zwar verbrauchen die neuen Motoren im Prinzip weniger Kraftstoff, dafür wurden – mit tatkräftiger Begleitung durch die Werbung – immer größere Motoren mit entsprechend größerem Benzinverbrauch gekauft. Von der aus Klimaschutzgründen wünschenswerten deutlichen Reduzierung des Benzinverbrauchs auf unter fünf Liter pro 100 Kilometer sind wir noch weit entfernt. Der Benzinverbrauch ist direkt für die Höhe der Kohlendioxid-Emissionen verantwortlich.
Zur Begrenzung ihrer Abgase müssen PKW mit Ottomotor seit 1985 einer jährlichen Abgassonderuntersuchung (ASU) unterzogen werden. Fahrzeuge mit Katalysator und Diesel-PKW waren davon ausgenommen. Für diese Typen ist im Dezember 1993 die Abgasuntersuchung (AU) eingeführt worden. Ihr Sinn wird aber von vielen Experten bezweifelt (→Katalysator).

Autofahren

Durch den hohen Motorisierungsgrad und die ständig steigenden Verkehrsleistungen im motorisierten Individual- und Güterverkehr ist der Autoverkehr eine der Hauptquellen für Umweltbelastungen in Deutschland (→Auto). Neben den autotypabhängigen spezifischen Emissionswerten für Schadstoffe und Lärm und dem technischen Zustand des Autos (→Autowartung) ist für die konkrete Belastung der Umwelt vor allem die Art der Autonutzung, also das Verhalten des Autofahrers, verantwortlich. Benzinverbrauch, Schadstoffemissionen und Lärmbelastung nehmen mit steigender Geschwindigkeit teilweise überproportional zu – egal, ob das Auto z. B. einen Katalysator hat oder nicht. Die durchschnittlichen Geschwindigkeiten bei »freier Fahrt« haben sich sowohl für PKW als auch für LKW in den vergangenen Jahren ständig erhöht (1991: PKW 131,5 km/h; LKW 87,3 km/h). Auf der anderen Seite können Benzinverbrauch und Schadstoffemissionen durch eine ruhige, vorausschauende Fahrweise, die häufige starke Brems- und Beschleunigungsvorgänge vermeidet, verringert werden. Lärmspitzen werden gekappt, so daß der Verkehr bei gleichen Fahrzeugzahlen insgesamt ruhiger abläuft.

Was tun?

Wenn Sie die hohen Umweltbelastungen Ihres motorisierten fahrbaren Untersatzes senken wollen, gibt es ein paar einfache Regeln, die Sie beachten sollten. Zwar wird dadurch aus dem Auto auch kein umweltfreundliches Gefährt, aber die technisch überflüssigen Belastungen werden wenigstens reduziert.

- Das schadstoffärmste und das leiseste Auto ist das stehende Auto. Wenn Sie mit drei Kollegen eine Fahrgemeinschaft zur Arbeit bilden, sparen Sie nicht nur drei Viertel der Kosten, sondern entlasten auch die Umwelt in entsprechender Höhe.
- Leider wird ein derartig umweltfreundlicheres Bürgerverhalten von den Steuerbehörden noch nicht in vollem Umfang honoriert, wenn Sie Ihre Fahrgemeinschaft steuerehrlich bei der Steuererklärung angeben.
- Viele Erledigungen, für die gewohnheitsmäßig noch das Auto angeworfen wird, lassen sich fast genauso gut oder sogar besser zu Fuß oder mit dem Fahrrad machen. Wenn Sie die Zeit für die Parkplatzsuche berücksichtigen, dauert das oft nicht einmal länger.
- Vor allem Kurzstreckenfahrten belasten die Umwelt in hohem Maße! Bei kaltem Motor ist der Benzinverbrauch Ihres Autos besonders hoch. Wenn Sie viele kurze Strecken fahren, wird der Motor nie richtig warm, Sie fahren also ständig »kalt« – und auch der Katalysator funktioniert nicht mit voller Leistungsfähigkeit, weil er seine Betriebstemperatur nicht erreicht. Deshalb kurze Strecken möglichst zu Fuß oder mit dem Fahrrad erledigen.
- Vielfach wird gegen eine ruhige Fahrweise angeführt, daß der Motor durch untertouriges Fahren geschädigt wird. Das ist ein überholtes Argument für technisch wenig anspruchsvolle Fahrzeuge aus den Anfängen der Motorisierung. Für moderne Autos ist es falsch! Schalten Sie deshalb frühzeitig in den nächsthöheren Gang, lassen Sie Ihr Auto bei einem notwendigen Stop in einem hohen Gang ausrollen (ein automatisches Getriebe macht das sowieso).
- Wirklich geschädigt werden kann der Motor Ihres Autos, wenn Sie ihn im Stand warm laufen lassen! Es belastet die Umwelt unnötig und ist sogar verboten. Stellen Sie den Motor bei längerem Halt, z. B. vor geschlossenen Bahnschranken oder Baustellenampeln, ab. Sogenannte Umweltampeln, die zum Abstellen des Motors beim Halt vor roten Verkehrsampeln auffordern, haben sich dageggen nicht bewährt. Die Stopzeiten reichen in der Regel nicht aus, um die höheren Emissionen beim Wiederstarten des Motors auszugleichen.
- In den Städten werden zum Schutz der Anwohner und der Umwelt

immer mehr Tempo-30-Zonen eingerichtet. Damit diese Schutzeffekte auch wirklich eintreten, müssen Sie Ihre Fahrweise an die Gegebenheiten anpassen: Tempo 30 im 3. Gang verringert die Lärmbelastung um 3 dB(A), was einer Situation mit halbierter Verkehrsstärke entspricht. Die Schadstoffemissionen von Autos ohne Katalysator werden bei dieser Fahrweise zwischen 10 Prozent (für Kohlenwasserstoffe) und 50 Prozent (für Stickstoffoxide) gemindert. Für alle Autos gilt, daß durch bewußt umweltschonende Fahrweise in Tempo-30-Gebieten eine Verbrauchsminderung von bis zu zwölf Prozent eintritt.

- Besonders hoher Benzinverbrauch verbunden mit starken Schadstoffemissionen tritt bei der Höchstgeschwindigkeit Ihres Autos auf. Durch besondere Schaltungen funktioniert bei vielen Autos dann auch der Katalysator nicht mehr optimal. Mit Tempo 80 bis 100 fahren Sie auf der Autobahn am umweltschonendsten.
- Der Verbrauch Ihres Autos hängt natürlich auch vom bewegten Gewicht ab. Deshalb sollte Ihr Auto selbst möglichst leicht sein. Sie sollten aber auch keine Lasten grundlos herumfahren. Ein leerer Dachgepäckträger, das Surfbrett oder ein nicht mehr benötigter Skiträger erhöhen den Windwiderstand des Autos unnütz und damit den Benzinverbrauch im Extremfall um bis zu 25 Prozent!

Autoinnenraum

In fahrenden Autos finden sich auch alle Schadstoffe, die das Auto selbst produziert und an die Umwelt abgibt: →Kohlenmonoxid, →Stickstoffoxide und →Kohlenwasserstoffe mit kritischen Komponenten wie den krebserzeugenden Stoffen →Benzol und Dieselruß sowie Abrieb von Reifen, Fahrbahn- und Bremsbelägen (unter anderem →Asbest und →Schwermetalle). Aber das sind noch nicht alle Schadstoffe, die im Autoinnenraum auftreten können: Für die Ausstattungsgegenstände des Autoinnenraums werden eine Reihe von Chemikalien verwendet, die nach und nach ausdünsten und die Luft belasten, z. B. →Lösemittel aus Klebern, Weichmacher aus Kunststoffen, Textilhilfsmittel aus den Sitzbezügen. Diese Emissionen können so stark sein, daß selbst die Fensterscheiben von innen beschlagen (fogging)! Dazu kommen von außen aufgewirbelter Staub und Blütenpollen. Wie dieser Cocktail die Gesundheit der Autoinsassen belastet, ist noch völlig ungeklärt.

In den letzten Jahren gibt es verstärkte Bemühungen von einzelnen Autoherstellern, die Ausdünstungen im Innenraum zu vermindern, indem

z. B. lösemittelfreie Produkte eingesetzt oder die eingebauten Teile vorher einer Wärmebehandlung unterzogen werden, um flüchtige Bestandteile auszutreiben. Für die Belastung durch feste Teilchen (Partikel), die über die »Frischluftzufuhr« ins Auto dringen, werden Filter angeboten. Etwas Vergleichbares für gasförmige Schadstoffe gibt es aber noch nicht.

Was tun?

- Vor allem auf dicht befahrenen Straßen und im Stau helfen bei gasförmigen Schadstoffen von außen nur konventionelle Mittel: Fenster zu, Gebläse aus, Abstand zum Vorausfahrenden oder im Stau Vorausstehenden halten.

Autoreifen

Autoreifen belasten die Umwelt nicht nur durch ihre energieaufwendige Produktion, sondern durch den Reifenabrieb auf der Straße, der durch den Regen in die Kanalisation gespült wird, sowie durch ihre Abrollgeräusche. Jährlich fällt etwa eine halbe Million Tonnen Altreifen an. 60 Prozent stammen von Personenwagen.
Um den hohen Energiegehalt von Altreifen zu nutzen, werden sie öfter in der Zementindustrie thermisch verwertet. Dabei können jedoch – je nach technischem Standard der Abgasreinigungsfilter – hohe Luftbelastungen (→Emissionen) auftreten. Durch Einwirkung von Hitze können Altreifen in speziellen Hochtemperaturverfahren in ihre stofflichen Bestandteile zerlegt werden. Neuerdings werden Altreifen als Baustoffzuschläge im Bodenbelag verwendet.

Ökologisch vorteilhafter ist die Runderneuerung von Altreifen, bei der weniger als ein Drittel der für die Produktion eines Neureifens notwendigen Rohölmenge benötigt wird. Runderneuerte Reifen sind wesentlich preiswerter als Neureifen. Nachteilig kann jedoch der Gebrauchswert der Recyclingreifen sein (verringerte Haltbarkeit, teilweise schlechtere Fahreigenschaften). Runderneuerte Reifen dürfen das Umweltzeichen mit der Umschrift »Umweltzeichen – weil runderneuert« tragen.

Was tun?

- Kaufen Sie aus Sicherheitsgründen nur runderneuerte Markenreifen mit dem Umweltzeichen (»Blauer Engel«).
- Verzichten Sie wegen der höheren Lärmbelästigung auf Breitreifen an Ihrem Auto. (→Auto).

Was lesen?

- Joachim Fiedler: Stop und Go. Wege aus dem Verkehrschaos. Köln 1992.
- IG Metall und Deutscher Naturschutzring (Hrsg.): Umsteuern, bevor es zu spät ist. Auto, Verkehr, Umwelt. Köln 1992.

Autorücknahme

Autos gehören nicht nur während ihres Betriebes zu den größten Umweltverschmutzern, auch danach stellen sie ein Problem dar. Nach durchschnittlich etwas über zehn Jahren werden sie aus dem Verkehr gezogen und sind dann Abfall. In den alten Bundesländern waren das 1989 zwei Millionen Stück! Durch den zunehmenden Anteil von nicht metallischen Werkstoffen in Autos steigt auch der Anteil der bei der herkömmlichen Verschrottung in Shreddern nicht mehr verwertbaren Stoffe (z. B. Glas, Kunststoffe). Allein der durchschnittliche Kunststoffanteil ist in den letzten zwei Jahrzehnten von unter 3 Prozent auf über 10 Prozent gestiegen. Dadurch wird die als Abfall kostenpflichtig zu entsorgende Menge an Shredderrückständen immer größer, und die Autowrackverwertung trägt sich durch die zu erzielenden Erlöse für den Metallschrott nicht mehr selbst. Hinzu kommen problematische Stoffe wie Getriebeöle, Batteriesäuren und Benzinreste, die die Shredderrückstände zum Sondermüll machen.

Selbst →Dioxinbelastungen sind möglich, wenn der für die Gewinnung von Sekundärmetallen durch Einschmelzen vorgesehene Schrott mit polychlorierten Biphenylen, z. B. aus Kondensatoren, verunreinigt ist.

Wie viele andere Konsumentenprodukte auch müßten Autos recyclinggerechter konstruiert werden, damit das Problem zumindest langfristig gelöst werden kann. Einige Hersteller geben bereits unter bestimmten einschränkenden Bedingungen Rücknahmegarantien für ihre neu verkauften Autos ab. Die große Menge der bereits laufenden Automodelle ist davon aber nicht betroffen. Hierfür muß eine besondere Regelung gefunden werden. Eine entsprechende Verordnung nach dem →Abfallgesetz soll noch in dieser Legislaturperiode, also bis zum Herbst 1994, verabschiedet werden. Gestritten wird vor allem darüber, wie die Verwertungskosten in Höhe von 250 bis 350 DM möglichst gerecht auf die Verursacher – die Autofahrer – verteilt werden können.

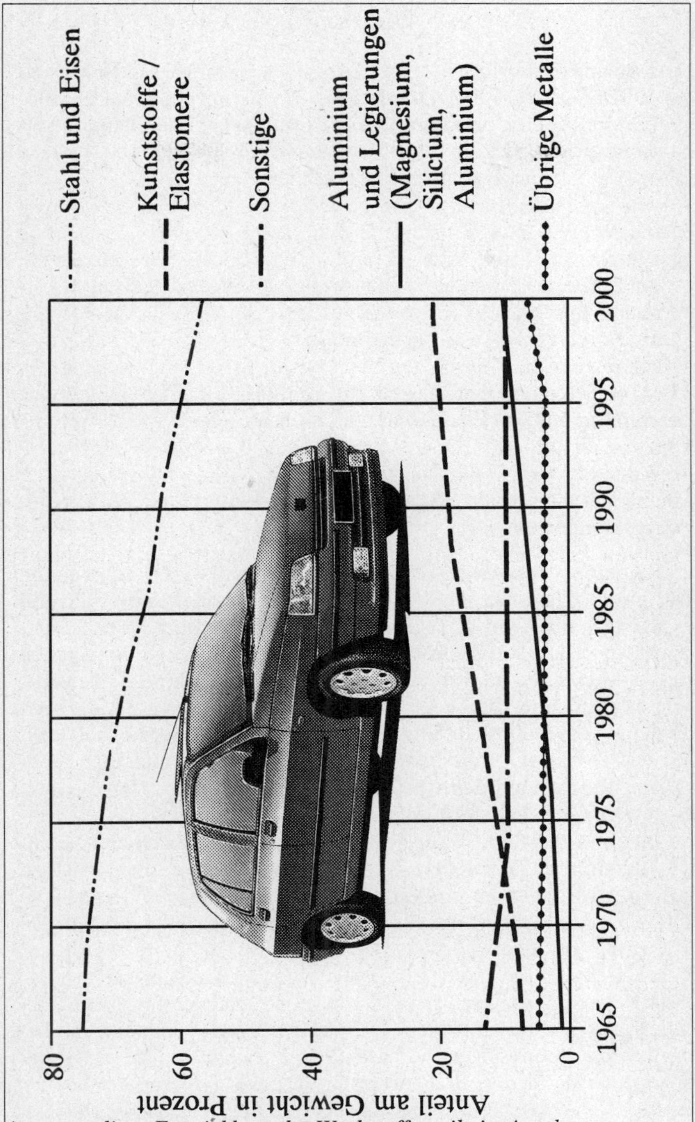

Autorecycling: Entwicklung der Werkstoffanteile im Autobau

Was tun?

- Die »wilde« Autoverschrottung (Abstellen in unwegsamen Gegenden) ist ein umweltkriminelles Delikt und wird mit einem hohen Bußgeld von mehreren zehntausend DM belegt. Wenn Ihr Altauto beseitigt werden soll, bringen Sie es zu einem Autoschrottplatz bzw. lassen Sie es durch einen zugelassenen Betrieb abholen.
- Bitten Sie Ihren Händler beim Neuwagenkauf um eine schriftliche Rücknahmegarantie des Herstellers auf dem Kaufvertrag. Fragen Sie bei Ihrem Autohersteller nach, ob Ihr augenblicklicher Fahrzeugtyp von ihm zurückgenommen wird (→Auto, →Gemeinschaftsauto).

Was lesen?

- VCD e. V. (Hrsg.): Auto-Teilen. Ein Leitfaden für gemeinschaftliche Autonutzer und Car-Sharing-Organisationen. Bonn 1991.

Autowäsche

Die Reinigung von Autos ist sicherlich hin und wieder notwendig. Aber dabei zeigt sich auch deutlich, daß Autos nicht nur während des Fahrens die Umwelt belasten: Bei der vielfach üblichen Eigenwäsche von Hand auf unbefestigtem Gelände – also z. B. im eigenen Garten – gelangen die Inhaltsstoffe der Reinigungsmittel (Tenside, →Lösemittel) und die ebenfalls umweltrelevanten Stoffe, die sich auf dem Auto befinden (Staub, Öle, Ruß, Autopflegemittel), mit dem Waschwasser direkt in den Boden. Nur wenig günstiger sieht es beim Waschen auf der Straße aus. Je nach örtlichen Gegebenheiten werden die Schadstoffe entweder über die Kanalisation ungereinigt in Oberflächengewässer gespült oder wenigstens einer Kläranlage zugeführt. Vermieden werden können diese überflüssigen Umweltbelastungen zumindest teilweise, wenn Autos nur auf speziellen Waschplätzen gewaschen werden, die über einen Öl-Benzinabscheider verfügen.

Noch besser ist die Benutzung einer Autowaschanlage, bei der das Waschwasser im Kreislauf geführt, überwacht und gereinigt wird. Bedenken vieler Autobesitzer, daß ihr Fahrzeug dann ja nicht nur mit frischem Wasser gewaschen und deshalb nicht richtig sauber wird, sind völlig grundlos. Sie tragen damit zum sparsamen Umgang mit Wasser bei. Besonders fortschrittliche Anlagen sind mit dem Umweltzeichen »Blauer Engel« ausgezeichnet worden.

Und auch Autopflegemittel (→Autowartung) haben es in sich. Sie bestehen aus Wachsen und Ölen und enthalten oft Lösemittel. Ziemlich überflüssig sind sie, wenn sie bereits dem Waschwasser zugesetzt werden. Dann landen sie zum größten Teil direkt im Abwasser und bleiben nicht einmal auf dem Autolack. Am empfehlenswertesten sind – wenn diese Art von Pflege unbedingt sein muß – Hartwachse, die nach der Autowäsche aufgetragen werden, sagt die Stiftung Warentest (test 4/88, S. 57-61, und test 3/89, S. 57-62).
Auf jeden Fall nur von Fachbetrieben sollten Motorwäschen durchgeführt werden! Die im Handel angebotenen Produkte für die Motorreinigung sollten Sie dort stehenlassen. Neue Untersuchungen haben gezeigt, daß gute Reinigungserfolge mit Hochdruckreinigungsgeräten und klarem Wasser – also ohne den Zusatz von Tensiden oder Lösemitteln – erzielt werden. Konsequenterweise wurde deshalb auch das ursprünglich eingerichtete Umweltzeichen für abwasserentlastende Kaltreiniger (tensid- und kohlenwasserstoffhaltig, aber ohne chlorierte Kohlenwasserstoffe) zurückgezogen. Selbstverständlich muß aber das Waschwasser aus der Hochdruckreinigung wegen der abgespülten Ölbestandteile vor dem Ableiten in die Kanalisation gereinigt werden.
Selbst wenn Sie ein Hochdruckreinigungsgerät für den Privatgebrauch haben, sollten Sie diese Arbeit einer entsprechend ausgestatteten Werkstatt überlassen.

Autowartung

Eine schlechte Autowartung kann aus den ohnehin umweltbelastenden Fahrzeugen wahre Dreckschleudern machen: Der Kraftstoffverbrauch geht in die Höhe, die Schadstoffemissionen steigen überproportional an. Ein defekter Auspuff erhöht die Lärmbelastung um ein Vielfaches. Aber damit nicht genug: Die Verwendung umweltbelastender Stoffe (asbesthaltige Ersatzteile, →Mineralöladditive) und der sorglose Umgang mit Abfällen (z. B. Altöl, ausgediente Starterbatterien) können echte Umweltgefahren heraufbeschwören.
Wie stark die Autowartung das Emissionsverhalten prägt, hat sich bei Untersuchungen von Zweitaktautos aus der ehemaligen DDR (Trabant und Wartburg) gezeigt. Die teilweise sehr hohen Emissionen von Kohlenwasserstoffen (d. h. unverbranntes Benzin und Öl aus dem Zweitaktgemisch) und Kohlenmonoxid konnten schon durch einfache Wartungsmaßnahmen, wie Erneuerung der Zündkerzen und Einstellung der Zündanlage, um bis zu ein Drittel gesenkt werden. Auch für Fahrzeuge aus westlicher Produktion ist eine optimal funktionierende Zündanlage

für die Abgasemission von großer Bedeutung. Untersuchungen im Auftrag des Umweltbundesamtes haben gezeigt, daß viele Fahrzeuge – auch mit Katalysatoren – Wartungsmängel aufweisen und dadurch höhere Schadstoffemissionen verursachen als technisch erforderlich. Meist können einfache Reparaturmaßnahmen bereits Abhilfe schaffen. Aber auch viele weitere Aspekte müssen bei der Autowartung berücksichtigt werden.

Was tun?

- Eine einwandfrei funktionierende Zündanlage ist für einen niedrigen Kraftstoffverbrauch wichtig.
- Ein zu niedriger Reifendruck erhöht den Benzinverbrauch und führt zu einer schnelleren Abnutzung der Reifen.
- Zuviel Öl im Motor erhöht den Reibungswiderstand und damit den Benzinverbrauch. Deshalb den Ölstand erst prüfen, wenn der Motor ca. fünf Minuten ausgestellt ist, damit sich das im Motor verteilte Öl sammeln kann; sonst wird zu wenig angezeigt und unter Umständen zuviel Öl nachgefüllt. Ein verschmutzter Luftfilter kann den Benzinverbrauch um bis zu zehn Prozent steigern.
- Die Einstellung des Vergasers, in dem das Benzin-Luft-Gemisch für die Verbrennung hergestellt wird, ist von erheblicher Bedeutung für den Benzinverbrauch. Ein Mehrverbrauch von bis zu 20 Prozent bei schlechter Wartung ist leicht möglich.
- Ein Ölwechsel sollte nur dort vorgenommen werden, wo mit dem Altöl umweltgerecht umgegangen wird, so daß es nicht in den Boden oder in Gewässer gelangen kann. Ein Öl-/Benzinabscheider ist auf jeden Fall erforderlich, wie er z. B. auf Tankstellen und in Werkstätten vorhanden sein muß. Wer Öl selbst wechselt, muß sich auch um die umweltgerechte Entsorgung kümmern. Verkaufsstellen für Motoröl sind verpflichtet, Altöl wieder entgegenzunehmen. Heben Sie vorsichtshalber den Kaufbeleg für das neue Motoröl auf.
- Brems- und Kupplungsbeläge sind bei neuen Autos bereits aus asbestfreiem Material. Aber auch für fast alle älteren Fahrzeuge, die ursprünglich noch mit asbesthaltigen Belägen ausgerüstet waren, sind schon asbestfreie Beläge verfügbar. Sie sind u. a. auch mit dem Umweltzeichen »Blauer Engel« gekennzeichnet.
- Eine ausgediente Autobatterie gehört nicht in den Hausmüll (Akkumulator). Sie enthält zum einen →Blei und zum anderen ätzende Schwefelsäure. Wenn Sie die alte Batterie beim Kauf einer neuen nicht gleich beim Händler zurücklassen können, bringen Sie sie auf jeden Fall zu einer Sondermüllsammelstelle.

- Eine Motorwäsche sollten Sie nicht selbst vornehmen, sondern nur von einer Werkstatt oder bei einer Tankstelle durchführen lassen. Dort ist ein Öl-/Benzin-Abscheider vorhanden, der das abgespülte Öl vom Waschwasser trennt (→Autowäsche).
- Ein defekter Auspuff macht Autos noch lauter, als sie es ohnehin schon sind. Lassen Sie deshalb Schäden an der Auspuffanlage möglichst umgehend reparieren.
- Autoreifen machen auch Lärm, breite Reifen mehr als normale. Sie sollten dies beim nächsten Reifenkauf berücksichtigen. Ab einer bestimmten Geschwindigkeit sind die Reifen-Straßen-Geräusche lauter als der Motor.
- Ausgediente Reifen sind – wie alte Autos (→Autorücknahme) – auch ein Umweltproblem. In der Bundesrepublik sind 1987 allein aus dem PKW-Bereich mehr als 35 Millionen Stück angefallen. Sie können einen Beitrag zur Verminderung dieser Menge leisten, wenn Sie runderneuerte Reifen verwenden. Runderneuerte Reifen tragen das Umweltzeichen.

Babynahrung

Die natürliche Nahrung während der ersten Lebensmonate ist die →Muttermilch. Mit der Muttermilch erhält der Säugling neben den wichtigen Nährstoffen auch Antikörper. Daneben ist auch die psychologische Bedeutung des Stillens zu bedenken. Für Säuglinge, die nicht gestillt werden können, gibt es ein großes Angebot im Bereich der Flaschennahrung. Ein relativ natürlicher Muttermilchersatz kann aus verdünnter Milch und fermentiertem Getreide hergestellt werden. In den ersten Lebensmonaten darf keine unverdünnte Kuhmilch verwendet werden.

Bei der Zubereitung von Babynahrung – sowohl bei Flaschennahrung als auch bei Brei – muß auf nitratarmes Wasser geachtet werden. →Nitrat wird im Verdauungstrakt zu Nitrit reduziert, dieses blockiert den Sauerstofftransport im Blut und kann bei Säuglingen zur Blausucht führen. Während der Grenzwert für Nitrat im Trinkwasser bei 50 Milligramm je Liter liegt, soll Babynahrung nur bis zu 10 Milligramm je Liter Nitrat enthalten.

Hersteller von Babynahrung verwenden zunehmend Produkte aus kontrolliert ökologischem Anbau. Auch Babynahrung unter Markenzeichen der ökologischen Landbauverbände ist im Handel.

Die Zeitschrift ÖKO-TEST veröffentlicht in regelmäßigen Abständen Untersuchungen von Babynahrung. In verschiedenen Produkten wurde zu viel Zucker festgestellt.

Was tun?

- Wenn Sie Muttermilch-Ersatznahrungen einsetzen wollen, fragen Sie erfahrene Personen (Kinderarzt, Hebamme, Kinderschwester usw., nicht unbedingt den Vertreter der Hersteller).
- Achten Sie bei der Zubereitung von Säuglingsnahrung auf nitratarmes Wasser.

Was lesen?

- Wilhelm Zurlinden: Geburt und Kindheit. Frankfurt a. M, 13. Auflage 1992.
- ÖKO-TEST: Verschiedene Berichte über Säuglingsnahrung. Beschaffen Sie sich aktuelle Berichte! (Hersteller reagieren häufig auf Kritik, alte Berichte sind dann überholt.)

Bad- und Wannenreiniger

Flüssig und als Spray sollen sie Kalkflecken auf Kacheln und Armaturen lösen und ein schnelleres Wiederanschmutzen verhindern. Sie können starke Säuren, →Lösemittel, Treibgase und sogar überflüssige →Desinfektionsmittel-Zusätze enthalten.
Säuren und Alkalien können nicht nur den Schmutz entfernen, sondern auch die Kacheln, Fugen und die Armaturen angreifen, wenn sie z. B. durch Kratzer leicht beschädigt sind.
Die Rezepturen einiger Badreiniger sind heute schon den Allzweckreinigern angenähert, so daß sich die Anschaffung dieser zudem teureren Spezialprodukte nicht lohnt.

Was tun?

- Als Alternative sind milde →Allzweckreiniger zu empfehlen. Für die Auflösung von Kalkresten in Wannen und auf Kacheln sind Zitronensäure oder ein drei- bis fünfprozentiger Haushaltsessig eine gute Hilfe. Die verchromten Armaturen sollten jedoch unbeschädigt sein, weil bei der Verwendung von Essig giftiger Grünspan als Kupferverbindung entstehen kann.
- Seifenreiniger sollten nicht zusammen mit Essig verwendet werden, weil sonst ein klebriger und schwer entfernbarer Belag entsteht.
- Aber auch mit Essig sollten Sie – wie bei allen Säuren – immer sehr sparsam umgehen.

Was lesen?

- Umweltbundesamt (Hrsg.): Was Sie schon immer über Wasser und Umwelt wissen wollten. Berlin 1992. Kostenlos beim ZAD, Umweltbundesamt, Bismarckplatz 1, 14193 Berlin.
- Horst Speichert, Frank Brettschneider: Öko-Rat von A bis Z. Frankfurt 1990.
- Hans-Joachim Kursawa-Stucke, Volkmar Lübke: Das Umweltbuch für Eltern. München 1993.
- Öko-test (Hrsg.): Sonderdruck »Der Öko-Putzschrank«. Frankfurt 1992.
- John Elkington, Julia Hailes u. a.: Umweltfreundlich einkaufen. Von Shampoo bis Champagner. München 1992.

Badestrände

Baden und Schwimmen gehören seit Jahrzehnten zu den beliebtesten Freizeitbeschäftigungen der Bundesbürger. Die höhere Mobilität und die Konzentration dieser Aktivitäten zu besonderen Zeiten und in bestimmten Gebieten haben dort zu immer ernsteren Umweltbelastungen geführt. Diese Entwicklung schlägt inzwischen immer häufiger um, indem Schäden an der Umwelt die Ausübung dieser Freizeitaktivitäten selbst beeinträchtigen. Die Qualität der Badestrände bildet dabei einen wichtigen Faktor.

Die Skandale um die Zustände der Badestrände am Mittelmeer reichen bis in die siebziger Jahre zurück, als die Erkenntnis, daß dort fast ausschließlich ungeklärte Abwässer direkt eingeleitet werden, noch großen Neuigkeitswert hatte. Heute haben die Nachrichten über Algenpest oder Verschmutzungen an den Küsten fast schon den Status des »Normalen« eingenommen.

Seit Ende der achtziger Jahre sind Badestrände europäischer Urlaubsorte regelmäßig Gegenstand von Untersuchungen durch die Stiftung Warentest und andere unabhängige Prüfinstitute gewesen. Dabei werden nicht nur die →Badewasserqualität und eventuelle Abwassereinleitungen überprüft, sondern es geht auch um Kriterien wie die Abfallbeseitigung, die hinreichende Versorgung mit Toiletten und die Erreichbarkeit ohne PKW.

Mit der →»Blauen Europa-Flagge« wurde von der Deutschen Gesellschaft für Umwelterziehung in Hamburg ein Symbol geschaffen, das umweltbewußte Strandgemeinden und Freizeithäfen auszeichnet. Dieses Symbol stand allerdings unter permanenter Kritik von Umwelt- und Verbraucherverbänden. Insbesondere bei den deutschen Strandgemeinden darf die Tatsache einer Auszeichnung (welcher auch immer) nicht darüber hinwegtäuschen, daß Nord- und Ostsee inzwischen aufgrund der permanenten Schadstoffeinleitungen kaum wiedergutzumachenden Schaden genommen haben. Auf die Rolle, die auch der einzelne Verbraucher dabei gespielt hat (und heute noch spielt), wurde besonders deutlich auf dem im Mai 1989 durchgeführten »Nordsee-Tribunal« hingewiesen.

Was tun?

- Wer die Qualität des Wassers generell schützen möchte, sollte die Hinweise zum Stichwort →Abwasser berücksichtigen
- Bei offensichtlichen Umweltproblemen an Ihrem Badestrand wenden Sie sich an die zuständigen Behörden. Gemeinden, die vom Fremdenverkehr abhängen, können sich auf die Dauer derartigen Beschwerden nicht verschließen.

Was lesen?

- Baden trotz Umweltschmutz? In: test, Heft 3/90.

Badewasserqualität

Innerhalb der EU wird die Badewasserqualität durch die Richtlinie über die Qualität der Badegewässer (76/160/EWG) definiert. Dabei gehen die sogenannten »Richtwerte« weit über die genannten »Grenzwerte« hinaus und sollten deshalb bei der Urlaubsplanung zugrunde gelegt werden.

Nach der verschärften EG-Richtlinie zur Überwachung der Badegewässer müssen in der Regel alle 14 Tage Wasserkontrollen durch die örtlichen Gesundheitsbehörden vorgenommen werden. Nur falls in den vergangenen Jahren eine gleichbleibend sehr gute Wasserqualität festgestellt wurde, ist auch ein Vier-Wochen-Rhythmus gestattet. Bereits äußerlich muß das Wasser eine Mindestsichttiefe von einem Meter aufweisen. Es ist auf Waschmittelrückstände, Mineralöle in Form von Ölfilmen und Teerrückständen sowie Phenole zu achten. Grenzwerte sind für den Gehalt an coliformen Bakterien (sie geben Hinweise auf Verunreinigungen durch menschliche und tierische Fäkalien), Salmonellen und Darmviren festgelegt. Auch auf das Vorkommen von Pestiziden, Schwermetallen, Phosphaten und Nitraten wird geprüft.

Es ist wichtig, daß die Tatsache einer hinreichenden Badewasserqualität nicht notwendigerweise auch Rückschlüsse auf die ökologische Qualität des Wassers zuläßt. Insbesondere bei der Bewertung der →Meeresverschmutzung werden andere Parameter gemessen, denn es ist ein erheblicher Unterschied, ob das Wasser nur im Hinblick auf die Gefährdung von Badegästen betrachtet oder ob das Wasser in seiner Qualität als Lebensraum bewertet wird.

Was tun?

- Informieren Sie sich vor Ihrer Urlaubsplanung, ob für den Urlaub am Wasser die strengeren Richtwerte der EU-Badegewässer-Richtlinie eingehalten werden und nicht nur die lascheren Grenzwerte.

Was lesen?

- Baden trotz Umweltschmutz? In: test, Heft 3/90, S. 82 ff.

Baubiologie

Reale und vermeintliche Gesundheits- und Umweltbelastungen durch Bauwerke und →Baustoffe waren Anlaß zur Schaffung einer neuen Planungs- und Architekturrichtung, die diese Wirkungen in den Vordergrund stellt. Im Unterschied zum →ökologischen Bauen werden jedoch nicht nur konkret nachweisbare Zusammenhänge berücksichtigt, sondern auch wissenschaftlich nicht bewiesene Annahmen werden zur Grundlage von Entscheidungen gemacht (z. B. negative Beeinflussung nicht näher definierter Erdstrahlen). Baumaterialien werden in »natürliche« (z. B. Kork, Holz, Lehm) und »künstliche« (z. B. Beton, Kunststoffe) unterschieden, wobei letztere pauschal und ohne Wirkungsbegründung abgelehnt werden. Vielfach werden einfache physikalische Zusammenhänge geleugnet (z. B. Annahme eines Luftaustauschs durch massive Außenwände mit Einfluß auf die Innenraumluftqualität).

Was tun?

- Die Berücksichtigung von Umwelt- und Gesundheitsaspekten ist beim Bauen unbedingt erforderlich. Wenn Sie konkret vor Entscheidungen zur Bauplanung stehen, sollten Sie sich möglichst objektiv beraten lassen. Informieren Sie sich über die Kriterien des →ökologischen Bauens. Nähere Informationen erhalten Sie u. a. auch bei der Beratungsstelle »Gesundes Bauen und Wohnen« des Instituts für Bauforschung, An der Markuskirche 1, 30163 Hannover, und bei den Wohnberatungen der Verbraucherzentralen.

Baustoffe

Die Auswahl von umwelt- und gesundheitsverträglichen Baustoffen und Bauhilfsstoffen ist Grundelement sowohl des →ökologischen Bauens wie auch der →Baubiologie. Zu berücksichtigen sind ihr Primärenergieinhalt (wieviel Energie wurde für Gewinnung, Aufbereitung und Transport aufgewendet?), der Ressourcenverbrauch (endliche Vorräte oder nachwachsende Rohstoffe), Schadstoffemissionen bei der Herstellung, Benutzung und Beseitigung, Recyclingfähigkeit sowie viele, vom Einzelfall abhängige Aspekte.

Mineralische Baustoffe wie Kies und Sand sind Massengüter, von denen jährlich mehrere hundert Millionen Tonnen in Deutschland verarbeitet werden. Ihre Umweltauswirkungen sind vor allem durch die Art der Gewinnung und den hohen Energieaufwand bei der Aufbereitung (mit entsprechenden Emissionen aus der Energieerzeugung) geprägt. In weniger großem Umfang werden →Holz, Holzwerkstoffe, →Kunststoffe (60 Prozent des PVC-Verbrauchs gehen in den Baubereich), →Bitumen, Keramikprodukte, Baumetalle (Eisen, Kupfer, Zink), Glas und Bauhilfsstoffe (Farben, →Lacke, →Klebstoffe usw.) eingesetzt. Einige dieser Baustoffe können aber aufgrund besonderer Inhaltsstoffe zu massiven Umweltbeeinträchtigungen führen: Holzprodukte können mit giftigen Holzschutzmitteln behandelt sein, Farben und Lacke belasten häufig durch hohe Lösemittelemissionen, Spanplatten können →Formaldehyd an die Innenraumluft abgeben, aus PVC-Produkten entstehen im Brandfall →Dioxine. Eine generelle Überprüfung der Umwelt- und Gesundheitsaspekte von Baustoffen gibt es bisher nicht. Staatliche Vorschriften in diesem Bereich beschränken sich auf die Fälle, in denen konkrete Schädigungen offensichtlich wurden (z. B. Formaldehydabgabe von →Spanplatten), und selbst dabei gibt es noch große Lücken: Holzschutzmittel müssen z. B. nicht überprüft werden. In einigen Bundesländern gibt es staatliche Vorschriften, welche Baustoffe für öffentliche und öffentlich geförderte Bauvorhaben nicht verwendet werden dürfen (z. B. PVC-Verbot in Berlin und Hessen). Welche Folgekosten mit der Verwendung umwelt- und gesundheitsgefährdender Baustoffe verbunden sein können, zeigt das Beispiel Spritzasbest (→Asbest). Die Sanierung von asbestverseuchten Gebäuden und die anschließende umweltgerechte Entsorgung des entfernten Asbests wird in Deutschland mehrere Milliarden DM kosten. In einigen Fällen wird dadurch sogar der Neubaupreis des Gebäudes überschritten.

Allein in den alten Bundesländern fallen jährlich ca. 15 Millionen Tonnen Bauschutt und ca. zehn Millionen Tonnen Baustellenabfälle an. Nur ein geringer Anteil des Bauschutts wird bisher weiterverarbeitet, das

meiste landet auf Deponien. Zur Erhöhung der Recyclingmenge müßte vor allem eine bessere Materialsortierung bei Abbrucharbeiten durchgeführt werden. Neben dem industriellen Baustoffrecycling ist auch die direkte Wiederverwendung bereits gebrauchter Baustoffe möglich. Der Einbau alter Holzbalken oder alter →Ziegel entlastet die Deponien und ist häufig architektonisch attraktiver als die Verwendung uniformer Industrieprodukte. Es gibt bereits hierauf spezialisierte Baustoffhändler.
Wegen des großen Materialbedarfs kann der Baustoffsektor auch Recyclingprodukte aus anderen Bereichen aufnehmen. So ist z. B. der Einsatz von eingesammeltem Buntglas für neue Flaschen und Gläser kaum noch zu steigern, während beim Einsatz als Rohstoff für Glasfaserdämmstoffe noch ein erhebliches Potential besteht. In gleicher Weise kann Altpapier für Wärme- und Schallisolationsmaterialien verwendet werden. →Gips aus der Rauchgasentschwefelung von Kraftwerken eignet sich für die Verwendung im Baubereich genausogut wie Naturgips. Für alle diese Bereiche ist wegen ihres Beitrags zum Umweltschutz ein Umweltzeichen (»Blauer Engel«) vergeben worden.

Was lesen?

- Stiftung Verbraucherinstitut: Umweltverträglichkeit von Baustoffen. Berlin 1992.

Begrünung

Wer ein Gebäude errichtet, vernichtet damit die dort in natürlichem Zustand wachsenden Pflanzen und verhindert, daß die dort fallenden Niederschläge in das Grundwasser gelangen oder von den Pflanzen aufgenommen werden. Dieser Eingriff läßt sich durch Begrünung von Wänden und Dach teilweise ausgleichen.
Für die Begrünung von Wänden kommen vor allem Kletterpflanzen in Frage. Efeu und wilder Wein klettern an der glatten Wand hoch, andere Pflanzen wie Windenknöterich und Glyzinien brauchen Rankhilfen. Das weitverbreitete Vorurteil, Kletterpflanzen beschädigten Bauten, trifft nicht zu. Vielmehr gleichen diese extreme Temperaturschwankungen aus und halten ihre Blätter dem (sauren) Regen hin, was die Wände schützt. Bei günstigem Klima können auch Weinstöcke und Spalierobstbäume an Wänden hochgezogen werden.
Für die Begrünung von Dächern müssen diese gut abgedichtet und gegen Beschädigungen durch Wurzeln gesichert werden. Es eignen sich trockenheitsresistente Pflanzen, die natürlich in Trockenrasen oder Ge-

röllhalden wachsen. Begrünte Dächer sind nicht wesentlich teurer als kahle Dächer mit entsprechender Wärmedämmung und nicht schwerer als »konventionelle« Flachdächer.
Dach- und Fassadenbegrünung bieten Vögeln Nistgelegenheiten, stellen Lebensräume für zahlreiche Insekten dar und verbessern das Kleinklima.
Begrünung ist in der Landwirtschaft die Bedeckung des Bodens mit krautigen Pflanzen durch Einsaat oder durch Duldung des spontanen Bewuchses.
Im Weinbau macht die Begrünung den Einsatz von Herbiziden überflüssig, verbessert die Befahrbarkeit mit Maschinen, dient dem Erosionsschutz und der Humuspflege.
Im Ackerbau kann die Begrünung während des Winterhalbjahres die Auswaschung von Nährstoffen, speziell von Nitrat, ins Grundwasser verhindern. Die Untersaat der Begrünung unter die Hauptfrucht verhindert, daß eine Lücke in der Bodenbedeckung zwischen Haupt- und Zwischenfrucht entsteht.

Was tun?

- Prüfen Sie, ob sich Dachflächen, z. B. von Garagen, oder Fassaden an Ihrem Haus begrünen lassen.

Was lesen?

- Ulrich Mehl, Klaus Werk: Häuser in lebendigem Grün. Niedernhausen/Ts. 1987.

Beleuchtung

Für die Beleuchtung wird in den privaten Haushalten der Bundesrepublik zwar im Durchschnitt nur ein Prozent der gesamten Energiekosten verbraucht, trotzdem kann der Gebrauch der falschen Lampen oder das unnütze Brennenlassen von Leuchten die Stromrechnung eines Haushalts erheblich in die Höhe treiben, denn diese Menge entspricht immerhin sieben bis acht Prozent des Jahresstromverbrauchs. Entsprechend groß sind die vermeidbaren Umweltbelastungen.
Die gesamte Beleuchtung im Haushalt verbraucht ebensoviel Strom wie ein Haushaltsgroßgerät (zum Beispiel eine Waschmaschine oder ein Geschirrspüler). Das liegt vor allem daran, daß fast 95 Prozent der für die

Beleuchtung eingesetzten Energie durch herkömmliche Glühlampen regelrecht »verheizt« werden. Die Stromrechnung und der Energieverbrauch können durch den Gebrauch von Leuchtstofflampen oder Energiesparlampen deutlich gesenkt werden.
Leuchtstoffröhren sind ausgesprochen sparsam, da sie nur etwa 15 Prozent des Energieverbrauchs und eine vielfach längere Lebensdauer als normale Glühlampen haben. Sie gibt es für beinahe jeden Anwendungszweck und in verschiedenen Lichtqualitäten. Allerdings eignen sie sich nur dort, wo das Licht pro Einschaltvorgang mindestens zehn Minuten leuchtet.
Glühlampen sind billig in der Anschaffung, allerdings haben Sie den höchsten Energieverbrauch. Sie eignen sich überall dort, wo Licht häufig ein- und ausgeschaltet wird und nur für kurze Zeit brennt, wie z. B. für Treppenhäuser, Flure und Kellerräume. Ansonsten sind Energiesparlampen die bessere Alternative.
Energiesparlampen verbrauchen oft nur einen Bruchteil der Energie normaler Glühlampen (bis zu 75 Prozent weniger) und haben eine bis zu zwanzigfach höhere Lebensdauer. Alle Leuchtstofflampen benötigen zum Betrieb ein sogenanntes Vorschaltgerät. Man unterscheidet induktive und elektronische Vorschaltgeräte. Die elektronischen Vorschaltgeräte starten die Leuchtstofflampen im Unterschied zu den induktiven ohne Flackern und verbrauchen außerdem noch weniger Energie. Man kann die Vorschaltgeräte in die Leuchtstofflampe integriert oder aber separat kaufen. Wer ein Vorschaltgerät einzeln kauft, braucht später nur noch die Lampe selbst zu ersetzen und spart damit Anschaffungskosten.
Die zur Zeit modernen Halogenlampen, die häufig in neuen Schreibtisch- oder Nachttischleuchten zu finden sind, sind nur wenig stromsparender als normale Glühlampen und sollten deshalb möglichst vermieden werden. Zudem hat die Stiftung Warentest in ihren Untersuchungen auf zahlreiche, heute noch bestehende Sicherheitsrisiken dieser Lampen hingewiesen.

Was tun?

- Wechseln Sie an allen Stellen, wo es sinnvoll erscheint, konventionelle Glühlampen gegen Energiesparlampen oder Leuchtstofflampen aus. Da die heutigen Energiesparlampen in die normale Glühlampenhalterung passen, macht der Austausch keine Probleme. Achtung: Dimmer sind für Leuchtstofflampen nicht geeignet!
- Wenn Sie zweiteilige Kompaktleuchtstofflampen kaufen, sparen Sie beim späteren Austausch der steckbaren Lampen Geld, da Sie ja über den Adapter schon verfügen.
- Sollten Sie bereits Halogenlampen besitzen, empfehlen wir Ihnen,

diese möglichst nicht in Ihrer unmittelbaren Umgebung zu nutzen, da sie – falls sie nicht von Glas abgedeckt sind – Anteile von gesundheitsschädlichem UV-B-Licht produzieren können. Außerdem sollten Sie beim Abschalten auch den Netzstecker ziehen, da sonst der in die Leuchte eingebaute Transformator für ständige Energieverluste sorgt.

- Achten Sie beim Kauf von Glühlampen darauf, daß diese für 230 bis 240 Volt zugelassen sind. Lampen mit der Anpassung von 220 bis 230 Volt haben bei einer Netzspannung von 230 Volt eine kürzere Lebensdauer.
- Verbrauchte Leuchtstoffröhren und Energiesparlampen gehören nicht in den Hausmüll, sondern zur Sondermüll-Sammelstelle (achten Sie darauf, daß die Leuchten nicht beschädigt werden).

Was lesen?

- Test Energiesparlampen und Adapter. In: test, Heft 3/92.

Benzol

Benzol ist der wichtigste →aromatische Kohlenwasserstoff (chemische Formel: C_6H_6). Die leichtflüchtige, brennbare organische Verbindung kann Krebs erzeugen und hat darüber hinaus die weiteren negativen gesundheitlichen und sonstigen Umweltauswirkungen →aromatischer Kohlenwasserstoffe.

Benzol ist ein wesentlicher Grundstoff in der chemischen Industrie und wird für diesen Einsatzbereich hauptsächlich aus Erdöl gewonnen (u. a. Herstellung von Farbstoffen und Grundchemikalien für Kunststoffe; Einsatz als Lösemittel). Nachdem Benzol wegen seiner großen gesundheitlichen Auswirkungen in lösemittelhaltigen Produkten in der Regel nicht mehr vorkommt, können Verbraucher im wesentlichen nur noch über Benzin mit diesem Stoff in direkten Hautkontakt kommen. Nach einer Richtlinie der Europäischen Gemeinschaft darf Benzin für Ottomotoren bis zu fünf Prozent Benzol enthalten, in Deutschland wurden bei Untersuchungen Werte zwischen 1,6 Prozent (Normalbenzin) und 3,8 Prozent (verbleites Superbenzin) festgestellt.

Hauptverursacher für Benzol-Emissionen ist der Straßenverkehr: 1989 wurden in den alten Bundesländern ca. 42 000 Tonnen Benzol mit den Autoabgasen an die Umwelt abgegeben, teils als unverbranntes Benzin, teils als neues Produkt des Verbrennungsvorganges. Durch die Verteilung von →Kraftstoffen (Tanklager, Tankstellen) wurden ca. 2000 Tonnen Benzol freigesetzt. Die Benzol-Emissionen aus sonstigen Bereichen

(Industrie, Feuerungsanlagen und Kleinverbraucher) sind demgegenüber mit ca. 3000 Tonnen im Jahr eher klein und zu vernachlässigen.

Was tun?

- Vermeiden Sie das Einatmen und den Hautkontakt mit Benzol und benzolhaltigen Produkten (Benzin). Verwenden Sie kein Autobenzin für Reinigungszwecke.
- Benutzen Sie gezielt neue Tankstellen, die bereits über eine Gaspendelungsanlage verfügen. Die Benzindämpfe werden hier aufgefangen und in einen Vorratstank zurückgeleitet. Ca. 750 Tonnen Benzol-Emissionen im Jahr können dadurch verhindert werden.
- Wenn Sie noch kein Auto mit Katalysator haben, sollten Sie sich diese Argumente zu Herzen nehmen: Der geregelte Dreiwegekatalysator vermindert auch die Benzol-Emissionen im Abgas um bis zu 90 Prozent. Wenn das Fahrzeug der »US-Norm« (Zulassung nach Anlage XXIII der Straßenverkehrs-Zulassungs-Ordnung) entspricht, ist es zusätzlich mit einem Aktivkohlefilter ausgerüstet, der die Verdampfungsemissionen aus der Benzinverteilung im Auto und damit auch das darin enthaltene Benzol auffängt.

Berufskrankheiten

Berufskrankheiten sind Krankheiten, die in bestimmten Berufen gehäuft auftreten und deren Auftreten durch die Arbeitsumstände in diesen Berufen verursacht oder begünstigt wird.
Schon Paracelsus erkannte, daß Atemwegserkrankungen bei Bergleuten gehäuft auftreten. Die Vielzahl von neuen Substanzen, die der Mensch aufgrund der Fortschritte der Chemie herstellen kann und die schnellen Änderungen in der Arbeitswelt haben zu einer Fülle von neuen berufsbedingten Krankheiten geführt, die meist erst nach Jahren als solche erkannt und nach weiteren Jahren als solche anerkannt werden.
Die Anerkennung einer arbeitsplatzbedingten Krankheit als Berufskrankheit hilft den konkret Betroffenen, Abhilfe schafft in der Regel nur die Umstellung von Produktionsverfahren oder das Verbot bestimmter Stoffe.

Was tun?

- Bei berufsbedingten Erkrankungen finden Sie Unterstützung beim Verband arbeits- und berufsbedingt Erkrankter, Stammheimer Str. 86 b, 63674 Altenstadt.

- Wenn Sie den Verdacht haben, daß Sie am Arbeitsplatz krankmachenden Faktoren ausgesetzt sind, sollten Sie sich zuerst an Ihren Betriebsrat wenden. Wenn dadurch keine Abhilfe möglich ist, sollten Sie die staatlichen Aufsichtsbehörden ansprechen.

Bestrahlung von Lebensmitteln

Durch Bestrahlung mit Gamma- oder Elektronenstrahlen können Lebensmittel zwar nicht für längere Zeit haltbar gemacht werden, aber der Verderb kann hinausgezögert werden. Die Bestrahlung von Lebensmitteln ist in Deutschland verboten, Ausnahmegenehmigungen sind lediglich für Gewürze möglich. In einigen anderen EU-Staaten ist die Bestrahlung verschiedener Lebensmittel jedoch erlaubt. Besonders betroffen sind Zutaten der Lebensmittelindustrie, Zwiebeln, Mangos, Papayas, Trockengemüse, Spirituosen und Enzyme.

Das gesundheitliche Risiko durch Lebensmittelbestrahlung wird von Fachleuten höchst unterschiedlich beurteilt. Die Bestrahlung löst eine Vielzahl von chemischen Reaktionen in Lebensmitteln aus, deren Folgen kaum exakt beurteilt werden können. Der Nachweis der Bestrahlung von Lebensmitteln ist inzwischen einwandfrei möglich, allerdings relativ aufwendig. Bestrahlung von Lebensmitteln kann den Anschein der Frische bei älteren Lebensmitteln verlängern.

Umwelt- und Verbraucherschützer fordern die Aufrechterhaltung des Bestrahlungsverbots und eine Kennzeichnung von ausländischen bestrahlten Produkten.

Eine Untersuchung der Internationalen Atomenergie-Organisation ergab, daß in zahlreichen Ländern Anlagen zur Bestrahlung von Lebensmitteln in Betrieb sind.

Länder mit Bestrahlungseinrichtungen, die für die Lebensmittelbestrahlung für den Handel eingerichtet sind (Stand: Oktober 1993)

Land	Ort der Anlage	Bestrahlte Produkte
Algerien	Mascara*	Kartoffeln
Argentinien*	Buenos Aires	Gewürze, Spinat, Kakaopulver
Bangladesch	Chittagong (1993)	Kartoffeln, Zwiebeln, getrockneter Fisch, gefrorene Meeresfrüchte, Froschschenkel

Land	Ort der Anlage	Bestrahlte Produkte
Belgien	Fleurus(1981)	Gewürze, Trockengemüse, tiefgefrorene Lebensmittel
Brasilien	Sao Paulo (1985)	Gewürze, Trockengemüse
Chile	Santiago (1983)	Gewürze, Trockengemüse, Zwiebeln, Kartoffeln, Geflügelfleisch
China	Chengdu (1978)	Gewürze, chinesische Wurst, Knoblauch
	Shanghai (1986)	Äpfel, Kartoffeln, Zwiebeln, Knoblauch, Trockengemüse
	Zhengzhou (1986)	Knoblauch, Würze, Saucen
	Nanjing (1987)	Tomaten
	Jinan (1987)	keine Angaben
	Lanzhou (1988)	keine Angaben
	Beijing (1988)	keine Angaben
	Tienjin (1988)	keine Angaben
	Daqing (1988)	keine Angaben
	Jianou (1991)	keine Angaben
Dänemark	Riso (1986)	Gewürze
Elfenbeinküste	Adidian	Yams, Kakao, Bohnen
Finnland	Ilomantsi (1986)	Gewürze
Frankreich	Lyon (1982)	Gewürze
	Paris (1986)	Gewürze
	Nizza (1986)	Gewürze
	Vannes (1987)	Geflügel (gefrorenes entbeintes Huhn)
	Marseille (1989)	Gewürze, Trockenfrüchte, gefrorene Froschschenkel, Shrimp
	Pouzanges (1991)	keine Angaben
	Osmanville	keine Angaben
	Sablé-sur-Sarthe (1992)	Camembert
Indien	Bombay	Gewürze
	Nasik	Zwiebeln
Indonesien	Paar Jumat (1988)	Gewürze
	Cibitung (1992)	
Iran	Teheran (1991)	Gewürze
Israel	Yavno (1986)	Gewürze, Würze, Trockenzutaten
Japan	Hokkaido (1973)	Kartoffeln

Land	Ort der Anlage	Bestrahlte Produkte
Kanada	Laval (1989)	Gewürze
Kuba	Havanna (1987)	Kartoffeln, Zwiebeln, Bohnen
Mexiko	Mexico City (1988)	Gewürze und Trockenzutaten
Niederlande	Ede (1981)	Gewürze, Tiefkühlprodukte, Geflügel, Trockengemüse, Reis, Eipulver, Verpackungsmaterial
Norwegen	Kjeller (1982)	Gewürze
Philippinen	Quezon City (1989)	keine Angaben
Polen	Warschau (1984)	
	Lodz (1984)	
	Winchy (1991)	
Südafrika	Pretoria (1968)	Kartoffeln, Zwiebeln
	Pretoria (1971)	Obst
	Pretoria (1980)	Gewürze, Fleisch, Fisch, Huhn, Obst
	Tzaneen (1981)	Zwiebeln, Kartoffeln, haltbare Produkte
	Kempton Park (1981)	Obst, Gewürze, Kartoffeln
	Mulnerton (1986)	Obst, Gewürze
Thailand	Bangkok (1971)	Zwiebeln
	Patumthani (1989)	fermentierte Schweinewürste, Enzyme, Gewürze
Ukraine	Odessa (1983)	Getreide
Ungarn	Budapest (1982)	Gewürze, Zwiebeln, Weinkorken, Enzyme
USA	1986–1988	Mango, Papaya, Äpfel
USA	1992–1993	Erdbeeren, Orangen, Grapefruit, Tomaten, Zwiebeln, Pilze

*Alle unterstrichenen Länder bestrahlen Lebensmittel für den Handel. Alle unterstrichenen Anlagen waren im Bau oder geplant.
(Quelle: Atomenergie-Organisation, Wien)

Gleichzeitig zeigte eine Umfrage der Internationalen Atomenergieorganisation, daß die Lebensmittelbestrahlung in den USA, Frankreich, Polen und vielen anderen Ländern von den Verbrauchern begrüßt wird und die bestrahlten Produkte (Erdbeeren, Papayas, Mangos, Zwiebeln, Pilze etc.) akzeptiert werden.

Was tun?

- Einheimische Produkte oder Produkte von Händlern und Verarbeitern, die Bestrahlung ablehnen, vorziehen.

Was lesen?

- BUND-Argumente: Lebensmittelbestrahlung. Bonn 1988.

Beton

Einer der Hauptbaustoffe in unserer Zeit ist Beton geworden. Er besteht aus einem Gemisch von Sand und Kies mit →Zement als Bindemittel sowie Wasser. Ferner können verschiedene Zuschlagstoffe enthalten sein, wie z. B. Flugasche aus Steinkohlekraftwerken (bis zu 30 Prozent) und Chemikalien zur Beeinflussung der Eigenschaften und der Verarbeitbarkeit.

Gasbetonsteine werden durch den Zusatz von Aluminiumpulver hergestellt. Beim Abbinden kommt es durch chemische Reaktion zu einer Gasentwicklung, die den Beton aufschäumt und ein poröses, leicht zu verarbeitendes Material ergibt. In Betonteile, die größeren statischen Belastungen ausgesetzt sind (tragende Wände, Stützen, Decken), werden zur Verstärkung Stahlmatten oder Stahlstäbe eingegossen (Stahlbeton). Zur Verbesserung der Wärmeisolation müssen an Betonaußenwänden zusätzliche Wärmedämmaterialien angebracht werden. Aufgrund seiner hohen Dichte ist dagegen die Wärmespeicherfähigkeit von Beton sehr gut. Die Dampfdiffusion ist verglichen mit anderen mineralischen Baustoffen eher schlecht. Von Gasbetonsteinen gehen keine nennenswerten Umwelt- und Gesundheitsgefahren aus.

Prinzipiell positiv schlägt die variable Gestaltungsmöglichkeit von Beton zu Buche, die aber auch bei entsprechend einseitiger Anwendung, z. B. für überdimensionale Hochhäuser oder Trabantenstädte, wesentlich zum schlechten Image dieses Baustoffs beigetragen hat. Dies ist aber eher den Planern und Architekten als dem Baustoff anzulasten.

Bevölkerungswachstum

Gegenwärtig leben auf der Erde ca. 5,6 Milliarden Menschen. Nach Prognosen der UN wird sich die Weltbevölkerung in den nächsten 150 Jahren etwa verdoppeln. Mit diesem quantitativen Wachstum werden auch entsprechend zunehmende Umweltbelastungen verbunden sein. Die häufig erfolgende »Schuldzuweisung« an die besonders wachstumsintensiven Länder der »Dritten Welt« muß aber relativiert werden, da die Umweltbelastungen überproportional von den Industrieländern ausgehen. Die Länder der »Dritten Welt« werden allerdings von der Entwicklung intensiv betroffen sein, da es weltweit immer mehr Schwierigkeiten gibt, die Nahrungsmittelproduktion im notwendigen Umfang zu steigern.

In den letzten zwanzig Jahren ist das weltweite Bevölkerungswachstum mit 1,7 Prozent relativ konstant geblieben. Die leicht von 3,8 auf 3,3 gesunkene Geburtenrate pro Frau wurde durch das Nachrücken geburtenstarker Jahrgänge ausgeglichen. In der zweiten Hälfte der neunziger Jahre ist ein Wachstum von ca. 98 Millionen Menschen pro Jahr zu erwarten.

Dabei wird der Anteil der Länder der »Dritten Welt« an der Weltbevölkerung von gegenwärtig 78 Prozent auf über 84 Prozent steigen, der der Industrieländer entsprechend von 22 Prozent auf 16 Prozent sinken. Diese Entwicklung wird in den nächsten Jahren zu einem erhöhten Wanderungsdruck auf die Industrieländer führen. Ursache dafür wird nicht nur das wachsende Wohlstandsgefälle zwischen den Ländern des Südens und des Nordens sein, sondern auch die zunehmende Zerstörung der natürlichen Lebensgrundlagen in der »Dritten Welt« selbst. Durch Versalzung, Erosion und Desertifikation haben bereits mehr als ein Drittel der landwirtschaftlichen Flächen in der »Dritten Welt« zehn Prozent ihres produktiven Potentials eingebüßt. Auch der zunehmende Wassermangel wird in der Zukunft zu immer schwereren Konflikten führen.

Die Gesamtzahl der Bevölkerung in der Bundesrepublik Deutschland beträgt etwa 80 Millionen. Sie steigt seit 1990 wieder leicht an. Die Bevölkerungsdichte liegt derzeit bei durchschnittlich 223 Einwohner pro Quadratkilometer (im früheren Bundesgebiet: 256 Einwohner pro Quadratkilometer, in den neuen Ländern und Berlin-Ost: 148 Einwohner pro Quadratkilometer).

Was lesen?

- United Nations Fund for Population Activities (Hrsg.): State of the World Population 1992. New York 1992.

Bio-Lacke

Was heute unter dem Signum Bio-Lacke, Bio-Farben oder Natur-Lacke angeboten und als besonders umweltverträglich angepriesen wird, geht auf die historischen Wurzeln der Lack- und Farbenherstellung zurück: Die Verwendung von Pflanzenharzen und -ölen als Bindemittel, natürlichen Mineralien als →Pigmente und pflanzlichen Farbstoffen zum Einfärben sowie ätherischen Ölen und →Alkohol als →Lösemittel. Das Hauptargument der Hersteller ist, daß Mensch und Natur an diese Produkte »gewöhnt« seien. Leider wird dabei verkannt, daß Bio-Lacke in dieser Zusammensetzung selbstverständlich nicht in der Natur vorkommen und durchaus auch zu Problemen führen können. Die als Lösemittel eingesetzten Citrusschalen- oder Balsamterpentinöle verdunsten und tragen zur allgemeinen Belastung mit flüchtigen organischen Verbindungen in unseren Ballungsgebieten bei, in Innenräumen sind sie genauso schädlich wie andere →Kohlenwasserstoffe, einige Produkte wirken darüber hinaus allergieauslösend oder können sogar krebserzeugende Komponenten enthalten. In manchen Produkten findet man auch synthetische Bestandteile, wie z. B. →Titandioxid als Weißpigment oder Trockenstoffe auf Schwermetallbasis. Viele Bio-Lacke haben einen hohen Lösemittelgehalt (30 bis 40 Prozent), vergleichbar dem konventioneller →Lacke.

Die Rezepturen von Bio-Lacken sind häufig einfacher und überschaubarer als die synthetischer Produkte. Ob ihre Verwendung wirklich ein Beitrag zum Klimaschutz ist, wie manche Hersteller behaupten, bedarf einer genaueren Überprüfung. Die Angabe »Aus der Natur« reicht dafür allein nicht aus, da die einzelnen Inhaltsstoffe durchaus unter umweltbelastenden Umständen (z. B. Düngung, Einsatz von Pflanzenschutzmitteln, energieaufwendige Veredelung) erzeugt worden sein können.

Was tun?

- Bio-Lacke sind ebenfalls chemikalienreiche Produkte und sollten entsprechend vorsichtig verwendet werden. Beachten Sie deshalb auch die Hinweise beim Stichwort →»Lacke«.
- Reste von Naturlacken können sich unter Umständen selbst entzünden. Lassen Sie benutzte Pinsel und getränkte Lappen deshalb im Freien trocknen.

Was lesen?

- Hans Jürgen Nantke, Hans-Joachim Kursawa-Stucke, Hans-Peter Brix: Bio kontra Chemie? Farben, Lacke, Holzschutzmittel und Klebstoffe. Stiftung Verbraucherinstitut, Berlin 1993.

Biochemischer Sauerstoffbedarf

Der biochemische Sauerstoffbedarf (BSB) ist eine Kenngröße für die Gewässerqualität bzw. die Belastung des Gewässers (oder des Abwassers) mit biologisch abbaubaren Substanzen.
Bei der Ermittlung des biochemischen Sauerstoffbedarfs wird der Gehalt an biologisch abbaubaren Substanzen im Wasser festgestellt. Dieses erfolgt durch die Bestimmung der von Mikroorganismen benötigten Sauerstoffmenge, die zum Abbau der im Wasser enthaltenen organischen Substanzen (bei 20 °C) innerhalb eines bestimmten Zeitraumes (z. B. innerhalb von fünf Tagen = BSB 5) eingesetzt werden muß.

Was tun?

- Alle Maßnahmen zur Reduzierung der Wasserbelastung helfen mit, den biochemischen Sauerstoffbedarf zu reduzieren und damit die Gewässerqualität zu erhöhen.

Was lesen?

- Bundesministerium für Umwelt, Naturschutz und Reaktorsicherheit (Hrsg.): Was Sie schon immer über Wasser und Umwelt wissen wollten. Stuttgart, Berlin, Köln 1992.

Bioenergie

Im wesentlichen wird Bioenergie gewonnen durch die Verbrennung von Biogas, das bei der Zersetzung von Biomasse unter Sauerstoffabschluß (unter anaeroben Bedingungen) entsteht.
Biogas ist ein auch »Klärgas«, »Sumpfgas« oder »Faulgas« genanntes Gas, das durch (anaeroben) Abbau organischer Substanzen entsteht. Biogas besteht zum überwiegenden Teil (55 bis 70 Prozent) aus Methan, zu einem nicht unerheblichen Prozentsatz (30 bis 40 Prozent) aus Koh-

lendioxid sowie aus einer Reihe weiterer Verbindungen. Biogas kann aus nahezu allen organischen Abfällen gewonnen (pro Einwohner 30 bis 35 Liter pro Tag) und wie Erdgas zum Heizen, Kochen oder zur Elektrizitätsgewinnung verwendet werden. Beim gegenwärtigen Stand der Technik lohnt sich die Gewinnung von Bioenergie nur aus Tierfäkalien, Klärschlamm und dem Gas aus Mülldeponien. Die größte Anzahl von Biogas-Anlagen existiert im Bereich der Landwirtschaft, wo man rechnet, daß ein Rind pro Jahr ca. 200 bis 300 Liter Heizöl einsparen kann. Unkontrolliert in die Atmosphäre gelangendes Biogas stellt ein großes Umweltproblem dar, da Methan als klimawirksames Spurengas den →Treibhauseffekt fördert.

Was tun?

- Die Nutzung von Bioenergie ist zur Zeit nur für Entsorger oder landwirtschaftliche Betriebe betriebswirtschaftlich sinnvoll einsetzbar. Informationen dazu erteilt die Bundesarbeitsgemeinschaft Biogas. Hoisbütteler Dorfstr. 5, 22949 Ammersbek.

Was lesen?

- Jutta Perl: Energie aus Biomasse, Köln 1988.

Biofilter

Biofilter werden in Industrie, Gewerbe und Landwirtschaft als →Abgasreinigungsverfahren eingesetzt. Sie bestehen aus einer Trägersubstanz (häufig Heidekraut oder Torf), auf der Bakterien gasförmige Schadstoffe über Stoffwechselvorgänge beseitigen. Es werden in Abhängigkeit von den Rahmenbedingungen Reinigungsgrade von über 99 Prozent erreicht.

Voraussetzungen für die Anwendung eines Biofilters sind einerseits die biologische Abbaubarkeit der Schadstoffe und andererseits nicht zu große Schadstoffkonzentrationen, damit die arbeitenden Bakterien nicht vergiftet werden. Sie eignen sich besonders zur Eliminierung geruchsintensiver Abgasbestandteile (z. B. in der Lebensmittelindustrie). Die Betriebskosten sind im Vergleich zu anderen Abgasreinigungsverfahren eher gering.

Biologischer Pflanzenschutz

Biologischer Pflanzenschutz ist der Schutz von Pflanzen vor schädlichen Tieren, Pilzkrankheiten oder konkurrierenden Pflanzen mit biologischen Methoden im Gegensatz zum viel weiter verbreiteten chemischen Pflanzenschutz.
Methoden des biologischen Pflanzenschutzes sind Auswahl resistenter Kulturpflanzensorten, kulturtechnische Maßnahmen, Förderung von Nützlingen (z. B. räuberische Insekten oder Vögel), Aussetzen von Nützlingen oder deren Vermehrungsstadien, Einsatz von Bakterien oder Viren, die Schadinsekten befallen, Sterile-Männchen-Technik, Verwirrung von Schadinsekten mit Lockstoffen (Pheromonen). Ein Grenzgebiet zwischen biologischem und chemischem Pflanzenschutz ist der Einsatz von Chemikalien, die von Pflanzen erzeugt werden, z. B. Pyrethrum, ein Extrakt tropischer Chrysanthemen mit insektizider Wirkung oder Bacillus-thuringensis-Toxin. Eindeutig zum chemischen Pflanzenschutz gehört jedoch der Einsatz von synthetisch erzeugten Giften, bei denen biologische Wirkstoffe nach- und umgebaut werden, z. B. Pyrethrum zu »Pyrethroiden«, einer problematischen Insektizidgruppe.

Was tun?

- Geben Sie im Garten biologischen Pflanzenschutzmaßnahmen den Vorzug vor chemischen Schutzmaßnahmen.
- Bevorzugen Sie Nahrungsmittel, die ohne chemische Pflanzenschutzmittel erzeugt wurden.

Was lesen?

- Bodo Tegethoff, Ernst Hoplitschek: Lebendige Welt hinter dem Haus. Ein praktischer Leitfaden zum Gärtnern ohne Gift. Bonn, 1989.
- Franz Krieg: Biologische Schädlingsbekämpfung. Berlin, Hamburg, 2. Aufl. 1976.

Biotop

Ein Biotop ist die Gesamtheit der Pflanzen- und Tierarten, die an einem bestimmten Ort mit ihrer unbelebten Umwelt zusammenleben, also der Klärschlamm in einem Belebtschlammbecken genauso wie ein Feldgehölz mit mehreren bedrohten Vogelarten oder eine Orchideenwiese.

In der populärwissenschaftlichen und umweltpolitischen Diskussion wird der Begriff Biotop häufig begrenzt auf wertvolle Biotope, also auf besonders artenreiche Lebensräume und auf Lebensräume seltener und gefährdeter Tier- und Pflanzenarten. Verschiedene Biotoptypen werden nach belebten, unbelebten oder geschichtlichen Eigenschaften unterteilt (Feucht-, Trocken-, Wald-, Sekundärbiotop).
Der – zum Zeitpunkt der Drucklegung dieses Buchs immer noch nicht verabschiedete – Entwurf für das neue Bundesnaturschutzgesetz stellt in § 20c verschiedene Biotoptypen pauschal unter Schutz. Mehrere Bundesländer haben entsprechende Paragraphen in ihre Naturschutzgesetze eingearbeitet.

Was tun?

- Schaffen Sie im Garten Standorte, die gefährdeten Lebensräumen ähneln (feucht, trocken, Totholz usw.)

Was lesen?

- Josef Blab: Grundlagen des Biotopschutzes für Tiere. Greven 1984.

Bitumen

Bitumen ist ein braunschwarzer Rückstand, der bei der Verarbeitung (»fraktionierte Destillation«) von Erdöl anfällt. Er enthält →polcyclische aromatische Kohlenwasserstoffe. Haupteinsatzgebiet ist der Straßenbau (Bitumen im Gemisch mit mineralischen Stoffen ist Asphalt), ca. 20 Prozent kommen im Hochbau zum Einsatz. Gelöst in organischen Lösemitteln (häufig in →aromatischen Kohlenwasserstoffen, mitunter auch in →chlorierten Kohlenwasserstoffen) oder dispergiert in Wasser wird Bitumen auch als Bautenschutzmittel angeboten. Aufgrund tierexperimenteller Befunde steht Bitumen im Verdacht, Krebs zu erzeugen (Abschnitt III B der →MAK-Werte-Liste). Bei längerem Hautkontakt können Hautkrankheiten entstehen.
Steinkohlenteerpech, ein sogenannter bituminöser Stoff, wird für ähnliche Einsatzzwecke wie Bitumen verwandt und enthält um den Faktor 100 bis 1000 mehr polycyclische aromatische Kohlenwasserstoffe. Für diesen Stoff ist die Krebserzeugung beim Menschen nachgewiesen (Abschnitt III A 1 der →MAK-Werte-Liste).

Was tun?

- Schon aufgrund der häufig kritischen Lösemittel sollten Sie auf Verarbeitung bitumenhaltiger Anstrichmittel verzichten. Als Sperrmittel gegen Feuchtigkeit gibt es im Fachhandel auch andere Produkte.

Blaue Europa-Flagge

Gütezeichen, das nach bestimmten umweltbezogenen Kriterien an europäische Strandgemeinden und Sportboothäfen vergeben wird.
Der Zustand von Stränden und Freizeithäfen in Europa ist zum Gegenstand des ersten europäischen »Gütezeichens« geworden.
Dieses Zeichen wird gemeinsam von der Deutschen Gesellschaft für Umwelterziehung e. V. und der EU-Kommission in Brüssel verliehen. Das Symbol besteht aus einer blauen Europa-Flagge mit einem Wellen-Symbol in der Mitte. In den letzten Jahren geriet die »blaue Flagge« allerdings zunehmend in den Meinungsstreit. Insbesondere die Befürchtung, daß sie den Verbrauchern eine umfassende intakte Umwelt suggeriere, und unterschiedliche Bewertungskriterien in verschiedenen europäischen Ländern führten dazu, daß 1991 vom Verbraucherschutzverein deutsche Badeorte, die die Flagge in ihrer Werbung verwendeten, wegen der Gefahr der Irreführung abgemahnt wurden. Der Fremdenverkehrsverband Schleswig-Holstein legte seinen Mitgliedern in den letzten Jahren deshalb wiederholt nahe, sich an der Aktion »Blaue Flagge« nicht zu beteiligen. Inzwischen wurden die Vergabekriterien für die »blaue Flagge« weiterentwickelt, ohne daß allerdings alle inhaltlichen Bedenken ausgeräumt werden konnten.

Was tun?

- Wenn Sie bei der Suche nach dem richtigen Badeort auf das Symbol der »Blauen Flagge« stoßen, sollten Sie es als Hinweis nehmen, daß dieser Ort in bestimmten Feldern einiges für die Umwelt tut, aber nicht der Illusion erliegen, daß Sie damit eine Garantie für eine intakte Umwelt im umfassenden Sinne erhielten.

Was lesen?

- Naturfreundejugend Deutschlands (Hrsg.): Mindestanforderungen für ein Gütesiegel »umwelt- und sozialverträglicher Tourismus«. Remagen 1990.

Blei

Blei ist ein relativ weiches →Schwermetall (chemisches Symbol: Pb), dessen Bedeutung in verbrauchernahen Produkten aufgrund seiner großen Umwelt- und Gesundheitsauswirkungen in den letzten Jahren immer weiter zurückgegangen ist. In den alten Bundesländern werden jährlich noch etwa 350 000 Tonnen verwendet, davon ungefähr die Hälfte zur Herstellung von ca. 8 Millionen Blei-Akkumulatoren (»Autobatterien«). Weitere Einsatzbereiche sind u. a. Stabilisatoren für PVC, Pigmente, Bleimennige als →Rostschutzmittel, Verschlüsse von Weinflaschen (»Kapseln«), vor allem der gehobenen Preisklasse, und als Bleischrot für Sport- und Jagdwaffen. Blei-organische Verbindungen (Bleitetraethyl und Bleitetramethyl) als Zusatz zu Kraftstoffen zur Erhöhung der Klopffestigkeit werden in Deutschland nur noch für verbleites Super-Benzin eingesetzt. 1992 war aber der Kraftfahrzeugverkehr mit ca. 922 Tonnen Bleiemissionen noch die wichtigste Quelle für großflächige Bleibelastungen.

Blei wird in der Natur nicht abgebaut und kann sich somit bei anhaltenden Einträgen in der Umwelt anreichern (Akkumulation). Von Pflanzen wird es kaum über die Wurzeln aufgenommen. Haupteintragspfad in die Nahrungskette (und damit wesentlichste Belastung von Mensch und Tier) ist die direkte Ablagerung auf Pflanzenblättern. Das Bundesgesundheitsamt hat Richtwerte (ZEBS-Werte) für die Bleibelastung von Lebensmitteln zwischen 0,03 und 2,00 Milligramm je Liter bzw. Milligramm je Kilogramm festgelegt. In vielen alten Häusern gibt es noch Trinkwasserrohre aus Blei, die zu einer Belastung des Wassers mit diesem Schwermetall führen. Besonders hohe Werte, auch oberhalb des Trinkwassergrenzwertes von 40 Mikrogramm je Liter, können im Wasser auftreten, das über Nacht in den Leitungen steht. Kinder nehmen Blei verstärkt mit dem Staub auf (»Hand-Mund-Aktivitäten«).

Alte Lackanstriche in Weiß können Blei als Pigment enthalten (Bleiweiß), alte Rostschutzanstriche können aus Bleimennige bestehen. Bei der Bearbeitung (schmirgeln und abschleifen) werden in diesen Fällen bleihaltige Stäube freigesetzt.
Blei ist vor allem bei lang anhaltender (chronischer) Belastung gefährlich, akute Vergiftungen treten selten auf. Bei Mensch und Tier hemmt es die Produktion des roten Blutfarbstoffs (Hämoglobin) und kann außerdem direkt auf die roten Blutkörperchen einwirken. Bei hohen Bleibelastungen kann dadurch eine Anämie auftreten, bei Kindern reagiert vor allem das Zentralnervensystem empfindlich. Blei kann ungehindert über die Plazenta in den embryonalen Blutkreislauf gelangen. Im Körper wird es hauptsächlich in den Knochen abgelagert. Die Benzinzusatzstoffe Bleitetraethyl und Bleitetramethyl wirken akut giftig und können auch leicht über die Haut aufgenommen werden.
Bleibelastungen des Menschen lassen sich durch die Konzentration im Blut erfassen. Ein Blutbleispiegel von 10 Mikrogramm pro 100 Milliliter sollte möglichst nicht überschritten werden, aktuelle Belastungen liegen häufig noch bei 15 Mikrogramm pro 100 Milliliter.

Was tun?

- Tanken Sie bleifreies Benzin.
- Verwenden Sie kein verbleites Benzin für Reinigungszwecke (Hautkontakt!).
- Geben Sie keine bleihaltigen Produkte in den Hausmüll (Flaschenkapseln von bestimmten Weinflaschen).
- Stellen Sie fest, ob in Ihrer Wohnung oder in Ihrem Haus noch alte Bleirohre für die Trinkwasserversorgung benutzt werden. Wenn ja, lassen Sie Ihr Trinkwasser gut ablaufen, vor allem morgens früh, wenn das Wasser über Nacht in den Leitungen stand. Lassen Sie gegebenenfalls eine Trinkwasserprobe auf Blei analysieren. Bei regelmäßiger Überschreitung des Grenzwertes von 40 Mikrogramm je Liter sollten die Rohre vorsorglich ausgetauscht werden. Bei Mietwohnungen ist der Vermieter dafür verantwortlich (Urteil des Landgerichts Hamburg, AZ 16 S 33/88). Wasserfilter helfen nicht, die Bleibelastung zu verringern.
- Verwenden Sie bleifreie Rostschutzfarben.
- Schützen Sie sich beim Abschleifen alter Anstriche, vor allem auf Metall, mit einer geeigneten Staubmaske und beseitigen Sie den Schleifstaub gründlich.
- Kaufen Sie kein Obst und Gemüse an Ständen, die sich an stark befahrenen Straßen befinden.

Was lesen?

Die ZEBS-Werte für die Bleibelastung von Lebensmitteln sind im Bundesgesundheitsblatt 5/90, S. 224-226, veröffentlicht.

Blockheizkraftwerk

In einem Blockheizkraftwerk werden sowohl Strom als auch Wärme erzeugt (die Wärme wird also nicht »weggekühlt«). Dabei wird ca. ein Drittel weniger Energie verbraucht als mit herkömmlicher Technik. Mit diesem System können einzelne Häuser, Wohnblocks oder Siedlungen versorgt werden. Die Durchsetzung dieser Technik ist in den letzten Jahren enorm vorangeschritten.
Große Kohle- oder Atomkraftwerke haben durch →Abwärme Energieverluste von 60 Prozent und mehr. Dies hat auch damit zu tun, daß der Wärmetransport sich nur lohnt, wenn ausreichend viele Abnehmer für die Wärme in der Nähe liegen. Für kleinere Anlagen, die sowohl Wärme als auch Strom benötigen (z. B. Krankenhäuser, Schwimmbäder, große Verwaltungskomplexe oder Wohnblocks, Hotels, Wäschereien und viele Industriebetriebe) lohnt es sich, eigene kleine Blockheizkraftwerke einzurichten. Dabei ist die Idee, die hinter diesem technischen Prinzip steht, relativ schlicht: die Abwärme des Verbrennungsmotors, der den Strom erzeugt, verpufft nicht nutzlos, sondern wird zum Heizen verwendet. Nach diesem Prinzip, das auch als »Kraft-Wärme-Kopplung« bezeichnet wird, arbeiten auch die noch wenigen modernen Heizkraftwerke. Blockheizkraftwerke können durch dieses Prinzip auf einen Wirkungsgrad von 90 Prozent (bezogen auf den Heizwert des Brennstoffes) kommen. Ein Blockheizkraftwerk besteht normalerweise aus mehreren Modulen: dem Motor, dem Generator, der den Strom erzeugt, und einem Wärmeaustauscher, der die Kühlwasser- und Abgaswärme abzieht. Diese Module können je nach Energiebedarf zu- oder abgeschaltet werden. Die Hälfte der heute in Deutschland installierten Blockheizkraftwerke verbrennt Erdgas, etwa ein Viertel arbeitet mit Diesel, ein weiteres Viertel mit →Bioenergie wie Biogas, Holzgas oder Deponiegas. Die Zahl der installierten Blockheizkraftwerke hat in den letzten Jahren rapide zugenommen. Waren es 1985 in den alten Bundesländern noch ca. 200, so ist ihre Zahl bis zum Jahre 1993 auf über 1600 in der gesamten Bundesrepublik gewachsen. Gründe dafür, warum die umweltfreundlichen Blockheizkraftwerke nicht noch weiter verbreitet sind, liegen vor allem in dem umständlichen Genehmigungsverfahren und in dem Widerstand der großen Energieversorgungsunternehmen, die um

den Verlust von Marktpotentialen fürchten. Sie verweigern deshalb z. B. den Betreibern von Blockheizkraftwerken eine angemessene Vergütung für den Strom, den sie bei Überschußproduktion in das herkömmliche Netz einspeisen möchten. Sollten diese beiden strukturellen Probleme in den nächsten Jahren noch gelöst werden, so kann den Blockheizkraftwerken ein weiterer Boom prophezeit werden.

Was tun?

- Lassen Sie sich bei der Planung von Mehrfamilienhäusern oder kleineren Wohn- bzw. Betriebsanlagen unbedingt auch über die Möglichkeiten des Einsatzes von Blockheizkraftwerken bzw. der »Kraft-Wärme-Kopplung« beraten.

Was lesen?

- Karl H. Suttor: Elektrisches Potential und Wirtschaftlichkeit der gekoppelten Kraft- und Wärmewirtschaft in Industrie und Gewerbe. Stuttgart und Heidelberg 1984.

Boden

Boden heißt die wenige Zentimeter bis einige Meter dünne Schicht, von der wir leben. Der Boden entsteht einerseits durch Verwitterung des darunterliegenden Gesteins, andererseits durch die Tätigkeit der auf der Oberfläche und im Boden lebenden Organismen.
In der Bodenkunde werden die Bodenhorizonte von oben nach unten mit den ersten Buchstaben des Alphabets gekennzeichnet. Nach der Korngröße des mineralischen Materials wird unterschieden zwischen tonigen (schweren), lehmigen und sandigen (leichten) Böden und den entsprechenden Zwischenstufen. Moorböden haben einen sehr hohen Anteil an organischem Material, weil die Vernässung den Sauerstoffzutritt, der für den Abbau der organischen Substanzen notwendig ist, erschwert. Der Boden erfüllt Funktionen als Standort und Ernährungsgrundlage für Kultur- und Wildpflanzen und als natürlicher Schutz und Filter für das Grundwasser. Während in tropischen Regenwäldern der überwiegende Teil der Pflanzennährstoffe in Pflanzen oberhalb der Erdoberfläche gespeichert ist, erfüllt diese Funktion in unseren Breiten der Boden.
Wichtige Beeinträchtigungen des Bodens sind →Erosion, Verdichtung (z. B. durch Maschinen) und chemische Belastung (z. B. durch Abwässer, Öl, Industriechemikalien, aber auch durch →Dünger und →Pflanzenschutzmittel sowie die Versiegelung. Saure Niederschläge können

bei basenarmen Böden zur Versauerung führen, was die Auswaschung von Schwermetallen ins Grundwasser zur Folge hat.
Sowohl Wissenschaft als auch Gesetzgebung über den Boden hinken anderen Umweltmedien wie z. B. dem Wasser hinterher. Ein →Bundesbodenschutzgesetz ist erst im Entwurfsstadium. Einzelne Bundesländer haben bereits Bodenschutzgesetze erlassen, das erste davon – in Baden-Württemberg – ist allerdings eher ein Altlasten-Sanierungs-Gesetz.

Was tun?

- Versiegeln Sie keine Flächen in Haus und Garten, entfernen Sie vorhandene Versiegelungen nach Möglichkeit.
- Vermeiden Sie den Umgang mit Chemikalien (Abbeizer, Ölwechsel) über offenem Boden.

Was lesen?

- Fritz Scheffer, Paul Schachtschabel: Lehrbuch der Bodenkunde. Stuttgart 1970.
- Lutz Ribbe u. a.: Bodenschutzprogramm. BUND-position 5, Bonn 1983.

Bodenuntersuchungen

Bodenuntersuchungen können auf chemische, mechanische oder biologische Art durchgeführt werden.
Im landwirtschaftlichen Bereich werden Bodenproben häufig mit dem Bohrstock entnommen. Die Bodenart – tonig, lehmig, sandig, humos usw. – kann durch einfache Feldmethoden (Würstchen rollen, Knirschtest usw.) sofort bestimmt werden. Weiter können Proben für chemische Untersuchungen aus verschiedenen Horizonten genommen werden. Im biologischen Landbau wurde die Spatendiagnose entwickelt. Diese ermöglicht mit verhältnismäßig geringem Aufwand Aussagen über Durchwurzelung, Bodenleben, Verdichtungshorizonte u. ä. und erlaubt z. B. Rückschlüsse auf Bearbeitungsfehler. Sie ist grundsätzlich auch für den »konventionellen« (d. h. chemisch-technischen) Landbau geeignet. Chemische Bodenuntersuchungen können auf Pflanzennährstoffe – als Grundlage für Düngeempfehlungen – oder auf Schadstoffe wie z. B. Schwermetalle, Pestizidrückstände u. ä. durchgeführt werden. Untersuchungen des →pH-Werts sind einfach durchzuführen und geben Aufschlüsse über die Eignung für verschiedene Kulturpflanzen und Hinweise für Kulturmaßnahmen, die den pH-Wert beeinflussen.

Untersuchungen auf Schadstoffe dienen dazu, Altlasten zu erkennen oder den Einfluß von Schadstoffquellen in der Umgebung – z. B. vielbefahrene Straßen, Industriebetriebe, Verbrennungsanlagen – aufzudekken. Da für Bodenbelastungen im Zweifel der Grundstückseigentümer haftet, sind Bodenuntersuchungen beim Kauf eines Grundstücks besonders wichtig, falls ein Verdacht auf mögliche Altlasten besteht.
Biologische Untersuchungen können mit Mikroorganismen, Pflanzen oder Bodentieren durchgeführt werden und erlauben komplexere Aussagen, sind aber aufwendiger in der Durchführung.

Was lesen?

- Ev. Bauernwerk in Württemberg (Hrsg.): Bodendiagnose. Waldenburg-Hohebuch 1985.

Brauchwasser

Brauchwasser, auch Betriebswasser genannt, ist für gewerbliche, landwirtschaftliche oder industrielle Zwecke bestimmtes Wasser, das im allgemeinen keine →Trinkwasserqualität besitzen muß (eine Ausnahme davon besteht z. B. bei Brauchwasser für die Lebensmittelindustrie, das in jedem Falle Trinkwasserqualität aufweisen muß). Brauchwasser muß allerdings für den jeweiligen Einsatzzweck die geeigneten Eigenschaften besitzen. So darf beispielsweise Kesselwasser nicht korrodierend und Bewässerungswasser nicht pflanzenschädigend wirken.
In vielen Städten Deutschlands existierten früher neben dem Trinkwassernetz auch noch sogenannte Brauchwassernetze. Aus diesen wurde Wasser für industrielle Zwecke, zum Bewässern öffentlicher Grünanlagen, für die Stadtreinigung und teilweise sogar für die Gartenbewässerung in privaten Haushalten abgegeben. Die zum Teil bereits im vergangenen Jahrhundert angelegten Brauchwassernetze sind zwischenzeitlich überwiegend aufgegeben worden, da sie unwirtschaftlich wurden. Mit zunehmender Verknappung von qualitativ hochwertigem Trinkwasser wird jedoch erneut über Anlage und Betrieb von Brauchwassernetzen in bestimmten Bereichen nachgedacht.

Was tun?

- Solange von der jeweiligen Kommune keine Brauchwassernetze betrieben werden, besteht natürlich für private Haushalte kein entsprechender Handlungsspielraum. Sollte dies aber im Einzelfall doch der Fall sein, so empfiehlt sich die Brauchwassernutzung für die oben angegebenen Zwecke.

Was lesen?

- Bundesministerium für Umwelt, Naturschutz und Reaktorsicherheit (Hrsg.): Was Sie schon immer über Wasser und Umwelt wissen wollten. Stuttgart, Berlin, Köln 1992.

Brennstoff

Brennstoffe sind feste, flüssige oder gasförmige Materialien, die mit Luft oder Sauerstoff zur Kraft- und Wärmeerzeugung verbrannt werden können. Heute werden auch die Brennelemente zur Erzeugung von →Atomenergie zu den Brennstoffen gezählt. Zusammen mit der Wahl des Wärmeerzeugers bzw. Energiewandlers wirkt sich vor allem die Wahl des Brennstoffs auf die jeweiligen Umweltfolgen aus.

Brennstoffe können in fossile Brennstoffe (z. B. Kohle, Koks, Heizöl, Benzin, Erdgas oder Stadtgas), nicht fossile Brennstoffe (Holz oder Stroh) und nukleare Brennstoffe eingeteilt werden. Zur Deckung des Weltenergiebedarfs stehen den Menschen vor allem Vorräte an fossilen Primärenergieträgern zur Verfügung. Diese Vorräte an Kohle, Erdöl und Erdgas sind in Millionen Jahren entstanden. Innerhalb weniger Generationen werden wir bei steigendem Energieverbrauch aufgrund unseres steigenden Lebensstandards diese Vorräte ein für allemal vernichtet haben. Bei der Schätzung der Mengen, die der Menschheit noch zur Verfügung stehen, unterscheidet man die (sicher gewinnbaren) »Reserven« und die (geschätzten zusätzlichen) »Ressourcen«.

Die Bundesanstalt für Geowissenschaften und Rohstoffe ging 1989 von den folgenden Zahlen aus (Angaben der Reserven in Milliarden Tonnen Steinkohleeinheiten – SKE, geschätzte Ressourcen in Klammern):

Erdöl:	182 (223)
Erdgas:	146 (300)
Braunkohle:	109 (771)
Ölschiefer, Teersande:	243 (1800)
Steinkohle:	503 (6701)

Der Weltenergieverbrauch betrug im Jahr 1989 demgegenüber ca. 12 Milliarden Tonnen SKE.
Der Primärenergieverbrauch der Bundesrepublik betrug zum Vergleich im Jahr 1992 409 Millionen Tonnen SKE in den alten und 72 Millionen Tonnen SKE in den neuen Bundesländern.
Bei allen derartigen Modellrechnungen ist allerdings zu beachten, daß für die Gewinnung der »Ressourcen« und auch für die Nutzung von Ölschiefer oder Teersand ein hoher technischer und finanzieller Aufwand betrieben werden müßte, der noch gar nicht abschätzbar ist.
Was aus ökologischer Sicht zum Energiesparen drängt, sind gegenwärtig nicht an erster Stelle die rapide abnehmenden Weltvorräte, sondern vor allem die katastrophalen globalen Auswirkungen, die unser verschwenderischer Umgang mit fossilen Energieträgern zeitigt (→Treibhauseffekt).
Private Haushalte haben vor allem mit der Auswahl ihres Heizsystems einen nicht unerheblichen Einfluß auf die Umweltqualität. Im Jahre 1990 war der Anteil der verschiedenen Brennstoffarten an der Raumheizung in West und Ost noch sehr unterschiedlich.
Im West-Teil wurden fast drei Viertel der Wohnungen mit Heizöl (42 Prozent) und mit dem umweltfreundlicheren Erdgas (32 Prozent) geheizt.
In den neuen Bundesländern wurden zwei Drittel der Wohnungen mit Kohle beheizt, davon der weitaus größte Teil mit der umweltproblematischen Braunkohle.

Was tun?

- Bei der Heizung mit fossilen Energieträgern ist die Verwendung von Erdgas die relativ umweltverträglichste Alternative.
- Bei vorhandenen →Heizungen gibt es vielerlei Möglichkeiten der Modernisierung und der Optimierung unter Umweltgesichtspunkten.
- Bei vorhandenen Kohleheizungen sind Steinkohle oder Koks der Braunkohle aus Sicht der Umwelt vorzuziehen.

Was lesen?

- H. Euler, A. Peters: Umweltwirkungen von Wärmeversorgungssystemen und Möglichkeiten ihrer Reduzierung. In: Energie und Umwelt, Informationen zur Raumentwicklung, Heft 7/8 (1984), Bonn 1984.

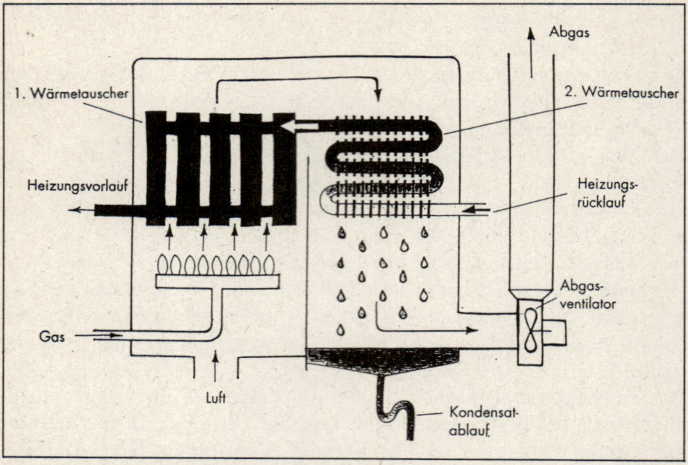

Funktionsschema eines Brennwertkessels (Umweltzentrum Stuttgart – Globus 2/93)

Brennwertkessel

In Brennwertkesseln wird die →Abwärme, die sonst durch den Schornstein verlorengeht, über eine weitere Wärmeaustauscherfläche für die Raumheizung genutzt. Sie gelten deshalb als eine energiesparende und damit auch umweltschonende →Heizung.
In Brennwertkesseln wird das ca. 150 °C heiße Abgas über eine zusätzliche oder vergrößerte Wärmeaustauscherfläche geleitet und dabei auf bis ca. 40 °C abgekühlt. Die abgeführte Wärmeenergie wird dem Heizwasser zugeleitet. Dabei kondensiert allerdings der in den Abgasen enthaltene Dampf, und es entsteht ein säurehaltiges Kondensat, das nicht ohne weiteres in die öffentliche Kanalisation geleitet werden darf. Insbesondere das schwefelhaltige Kondensat aus Öl-Brennwertkesseln muß nachbehandelt werden. Außerdem müssen die Schornsteinwände das aggressive Kondensat vertragen.
Wegen der niedrigen Temperaturen des Abgases entsteht im Schornstein kein ausreichender Sog, und ein Gebläse muß eingesetzt werden, um das Abgas zu entfernen. Trotz dieses zusätzlichen Energieverbrauchs kommen Brennwertkessel auf sehr hohe Wirkungsgrade, die wegen ihres Bezugs auf den Heizwert (nicht den Brennwert) des →Brennstoffes rechnerisch sogar über 100 Prozent betragen können.

Was tun?

- Lassen Sie sich bei einer Modernisierung Ihrer Heizanlage auch über die Möglichkeiten informieren, die ein Brennwertkessel zum Energiesparen und zur Schonung der Umwelt bietet.

Was lesen?

- Test Öl-Brennwertgeräte. In: test, Heft 9/91.
- Test Gas-Brennwertgeräte. In: test, Heft 2/91.

Bügelgeräte

Bügelgeräte wie Bügeleisen oder Bügelmaschinen werden genutzt, um Textilien nach der Wäsche und dem Trocknen zu glätten. Dabei stehen ästhetische Motive im Vordergrund, die im einzelnen hinterfragt werden können, da die Verwendung von Strom zur Wärmeerzeugung, wie sie in Bügelgeräten stattfindet, zu den umweltschädlicheren Formen der Stromnutzung gehört.

Ein Bügeleisen befand sich im Jahre 1990 in 98 Prozent der deutschen Haushalte. Es kann damit – wie der Herd – zur Grundausstattung eines jeden Haushaltes gerechnet werden. Eine Bügelmaschine findet man weit seltener in den Haushalten. Dies hängt sowohl mit den Anschaffungskosten als auch mit dem erhöhten Platzbedarf für diese Geräte zusammen. Bei vielen Anwendungsfällen muß gefragt werden, ob der hohe Zeitaufwand, die Kosten und die Umweltbelastung des Bügelns in einem vernünftigen Verhältnis zu dem (meist nur ästhetischen) kurzen Nutzen stehen, den der Anblick gebügelter Textilien bietet. Gebügelte Bettwäsche etwa ist Minuten, nachdem sie in Gebrauch genommen wird, wieder zerknittert, ohne daß dadurch ihr Gebrauchswert in irgendeiner Form leidet.

Was tun?

- Der einfachste Weg, die Umwelt zu schonen, ist der, weniger zu bügeln. Dies kann sowohl durch die Verwendung von Spannbettüchern oder durch das sorgfältige Aufhängen der Wäsche zum Trocknen erreicht werden.
- Wenn Sie partout auf das Bügeln nicht verzichten wollen, arbeiten Sie am rationellsten und energiesparendsten, wenn Sie zunächst Bügelwäsche sammeln, um einen größeren Posten hintereinander bügeln zu können.

- Beginnen Sie mit den temperaturempfindlichsten Wäschestücken und bügeln Sie zuletzt die Leinenwäsche, so benötigen Sie keine Unterbrechungen zum Abkühlen des Bügeleisens.
- Wenn Sie den Temperaturwähler früh genug auf »Aus« stellen, können Sie die Restwärme optimal nutzen.
- Achten Sie bei der →Entkalkung von Dampfbügeleisen auf die entsprechenden Umwelt-Tips.

Was lesen?

- Test Dampfbügeleisen. In: test, Heft 10/1991.

Bürgerbeteiligung

Die Beteiligung von Bürgern bei der Vorbereitung von behördlichen Planungen können als Einwendungsbefugnisse, Bürgerversammlungen oder Bürgerbegehren stattfinden. Planungsbetroffene können so zum Beispiel nach dem Bundesfernstraßengesetz im Rahmen des Planungsfeststellungsverfahrens Einwände gegen eine Straßentrasse artikulieren.

Nach dem Bundesbaugesetz müssen Bürger im Rahmen der Bauleitplanung frühzeitig über die allgemeinen Ziele der Planung von der Behörde unterrichtet werden. Zu einem späteren Zeitpunkt müssen die Entwürfe der Bauleitplanung öffentlich ausgelegt werden, um Bedenken und Einsprüche der betroffenen Bürger aufzunehmen.

Nach dem →Bundes-Immissionsschutzgesetz hat jeder Bürger das Recht, Einwendungen im Rahmen der Genehmigungsverfahren für umweltgefährdende Anlagen geltend zu machen. Nach dem →Bundesnaturschutzgesetz können anerkannte Naturschutz- und Umweltverbände Einsicht in die behördlichen Unterlagen nehmen und Stellungnahmen abgeben.

Die Landesnaturschutzgesetze gestatten die Beteiligung des Bürgers bei der Landschaftsplanung und bei der Ausweisung von Naturschutz- und Landschaftsschutzgebieten.

Was tun?

- Erkundigen Sie sich bei Umwelt- und Naturschutzverbänden nach Ihren Bürgerbeteiligungs- und Einspruchsrechten.
- Holen Sie sich Rat bei fachkundigen Anwälten, die auf die Wahrnehmung von Bürgerbeteiligungsrechten spezialisiert sind. Auskünfte erhalten Sie bei Umweltverbänden und bei Ihrer Anwaltskammer.

Was lesen?

- Die Zeitschriften »natur« und »ökotest«
  und der Bund für Umwelt- und Naturschutz Deutschland (BUND) berichten öfter über die erfolgreiche Wahrnehmung von Bürgerbeteiligungsrechten.

Bundesgesundheitsamt

1952 wurde das Bundesgesundheitsamt (BGA) als eine dem Bundesgesundheitsministerium nachgeordnete Dienststelle in Berlin gegründet. Das BGA erfüllt Forschungs- und Statistikaufgaben auf dem Gebiet des gesundheitlichen Verbraucherschutzes, der Umwelt- und Strahlenhygiene. Es hat den staatlichen Auftrag, Gesundheitsrisiken frühzeitig zu erkennen, sie zu bewerten und im Rahmen seiner gesetzlichen Kompetenzen einzudämmen.

Das bekannteste seiner insgesamt sieben wissenschaftlichen Institute ist das Institut für Arzneimittel, das die Arzneimittelzulassungen und -registrierungen ausspricht und ihre Wirkungen auf den Verbraucher abschätzen soll.

Teilweise überschneiden sich Aufgaben des BGA mit denen des →Umweltbundesamtes.

Die Beurteilungen und Empfehlungen zu umwelt- und gesundheitsbezogenen Fragestellungen beider Behörden können sich daher teilweise widersprechen.

Nachdem das BGA sich 1993 dem Vorwurf aussetzen mußte, seine Kontrollfunktion nicht ordnungsgemäß ausgeübt zu haben (HIV-infizierte Blutkonserven), hat das Bundesgesundheitsministerium die Absicht, das BGA als eigenständige Behörde aufzulösen und seine sechs Institute selbständig zu organisieren. Dadurch soll künftig eine wirksame Kontrolle durch das Gesundheitsministerium möglich werden, der Einfluß der Industrie auf das Amt zurückgedrängt und die eigentliche Aufgabe des BGA, der Gesundheits- und Verbraucherschutz, wieder erfüllt werden.

Was tun?

- Fordern Sie den jährlichen Tätigkeitsbericht des BGA bzw. seiner Nachfolgeorganisationen an. Anschrift: Bundesgesundheitsamt, Thielallee 88-92, 14195 Berlin.

Was lesen?

- Vergleichen Sie die Empfehlungen des BGA im Tätigkeitsbericht mit denen des Umweltbundesamtes. Vertrauen Sie im Zweifel eher den kritischen Verbraucherempfehlungen des Umweltbundesamtes (→Holzschutzmittel).

Bundes-Immissionsschutzgesetz

Das Bundes-Immissionsschutzgesetz (eigentlicher Titel: Gesetz zum Schutz vor schädlichen Umwelteinwirkungen durch Luftverunreinigungen, Geräusche, Erschütterungen und ähnliche Vorgänge; Abk.: BImSchG) vom 15. 3. 1974 (BGBl. I S. 721, 1193; inzwischen mehrfach geändert) bildet die Grundlage für eine einheitliche Politik zur Luftreinhaltung und Lärmbekämpfung in Deutschland. Auf seiner Grundlage können die Luftbelastungen (→Immissionen) durch die Festsetzung von Immissionswerten und die Freisetzung von weiteren Stoffen (→Emissionen) nach dem →Stand der Technik begrenzt sowie Lärmschutzanforderungen an Anlagen und Fahrzeugen und beim Bau von Straßen und Schienenwegen festgesetzt werden.

Besonders umweltbelastende Anlagen können einem Genehmigungsverfahren unterworfen werden und müssen dann die bundeseinheitlichen Anforderungen der »Technischen Anleitung zur Reinhaltung der Luft« (TA Luft) bzw. der »Technischen Anleitung zum Schutz gegen Lärm (TA Lärm) einhalten. Für andere Anlagen und Geräte sind eigene Verordnungen nach dem BImSchG zur Begrenzung der Umweltbelastungen erlassen worden (z. B. Großfeuerungsanlagenverordnung, Kleinfeuerungsanlagenverordnung, Verordnung über Abfallbeseitigungsanlagen, Rasenmäherverordnung). Zur Reduzierung der Luftbelastung in Ballungsgebieten wird eine Verordnung vorbereitet, in der Grenzwerte für die Schadstoffe →Benzol, Ruß und →Stickstoffoxide festgelegt werden. Bei ihrer Überschreitung können die örtlich zuständigen Behörden unter anderem Verkehrsbeschränkungen anordnen. Die →Smog-Verordnungen der Bundesländer beruhen ebenfalls auf dem BImSchG.

Bundesnaturschutzgesetz

Bundesnaturschutzgesetz (BNatSchG) ist die Kurzbezeichnung für das Gesetz über Naturschutz und Landschaftspflege. Gegenwärtig ist die Fassung von 1976 mit einer Änderung von 1980 in Kraft. Das Gesetz definiert Naturschutz aus der Sicht des Nutzens für den Menschen. Es enthält allgemeine Grundsätze, Vorschriften zu Landschaftsplanung und eine Eingriffsregelung, legt Schutzkategorien wie Naturschutzgebiet, Nationalpark, Landschaftsschutzgebiet, Naturpark, Naturdenkmal und geschützte Landschaftsbestandteile fest, erläßt Vorschriften zu Schutz und Pflege wildwachsender Pflanzen und wildlebender Tiere und regelt die Mitwirkung von Naturschutzverbänden. Die Vorgaben des Bundesnaturschutzgesetzes werden durch Naturschutzgesetze der Länder konkretisiert.

Umstritten sind die Landwirtschaftsklauseln, die besagen, daß ordnungsgemäße Land- und Forstwirtschaft in der Regel den Zielen dieses Gesetzes dient und daß die ordnungsgemäße land-, forst- und fischereiwirtschaftliche Bodennutzung nicht als Eingriff in Natur und Landschaft anzusehen ist, wobei der Begriff »ordnungsgemäß« nicht definiert wird. Naturschützer fordern seit Jahren die Streichung dieser Landwirtschaftsklauseln. In letzter Zeit wird vermehrt vorgeschlagen, statt dessen »ordnungsgemäße Landwirtschaft« anhand ökologischer Kriterien zu definieren. Kritisiert wird auch, daß konkrete Standards (z. B. Mindestanteil von zehn bis 15 Prozent Naturschutz-Vorrangfläche) fehlen und der Artenschutz durch die Novelle nicht verbessert wird.

Seit Jahren liegt ein Entwurf für die Novellierung des Bundesnaturschutzgesetzes vor, der unter anderem den pauschalen Schutz bestimmter →Biotoptypen, die Haftung für ökologische Schäden sowie Ausgleichsmaßnahmen und -zahlungen für »Umweltverbraucher« vorsieht. Dieses Gesetz konnte immer noch nicht verabschiedet werden.

Was tun?

- Fragen Sie den Bundesumweltminister gelegentlich einmal, wann das neue Bundesnaturschutzgesetz verabschiedet wird.

Was lesen?

- Wolfgang Fremuth u. a.: Naturschutzpolitik, eine gesellschaftliche Aufgabe. BUND-position 18, Bonn 1989.

Cadmium

Das →Schwermetall Cadmium (chemisches Symbol: Cd) wird heute noch hauptsächlich als Stabilisator zur Erhöhung der Licht- und Wetterbeständigkeit von Bauprodukten aus PVC (z. B. Kunststofffensterrahmen), als färbendes Pigment für →Kunststoffe (gelb bis rot), als Bestandteil von Nickel/Cadmium-Akkumulatoren (als einziger Anwendungsbereich mit steigender Tendenz) für Elektrogeräte ohne Netzverbindung und als Beschichtungsmaterial für hochbelastete Metalloberflächen (sogenanntes galvanisches Cadmieren, z. B. als Korrosionsschutz im Kraftfahrzeugbau) eingesetzt. Die Verwendung als Pigment in Lacken, früher ein wesentliches Einsatzgebiet mit großen Einwirkungsmöglichkeiten auf Mensch und Umwelt, hat heute keine Bedeutung mehr. (Aber: Vorsicht beim Abschleifen alter gelber bis roter Anstriche!) Hauptquellen für Emissionen sind die Metallindustrie, die Verwendung von cadmiumhaltigem Schrott zur Stahlherstellung und die Abfallverbrennung.

Die Belastung des Menschen mit Cadmium erfolgt vor allem über die Nahrung, daneben aber auch über Trinkwasser, Atemluft und durch Zigarettenrauch. Das Bundesgesundheitsamt hat Richtwerte (ZEBS-Werte) für die zulässige Höchstmenge von Cadmium in Lebensmitteln zwischen 0,005 und 0,5 Milligramm je Liter bzw. Milligramm je Kilogramm festgelegt. Cadmium wird im Körper nicht abgebaut und langsamer ausgeschieden als es aufgenommen wird, d. h. es reichert sich im Körper an (es akkumuliert). Chronische Cadmium-Belastungen führen zu Funktionsstörungen der Nieren. Darüber hinaus sind bestimmte Cadmium-Verbindungen krebserzeugend (Cadmiumchlorid, →MAK-Werte-Liste, Abschnitt III A 2), Cadmium selbst und andere Cadmium-Verbindungen stehen unter dem Verdacht, Krebs zu erzeugen (MAK-Werte-Liste, Abschnitt III B).

Was tun?

- Nickel/Cadmium-Akkumulatoren (Ni/Cd-Akkus) gehören nicht in den Hausmüll. Bringen Sie sie zum Händler zurück oder zu einer Sondermüllannahmestelle (sie sind mit dem Recycling-Zeichen – drei Pfeile im Kreis – gekennzeichnet).
- Elektrogeräte ohne Netzanschluß, wie Schrauber, Zahnbürsten usw., enthalten häufig Nickel/Cadmium-Akkumulatoren. Wenn sie nicht mehr funktionieren und die Akkus nicht vom Gerät gelöst werden können, muß das ganze Gerät als Sondermüll entsorgt werden.

- Verwenden Sie lieber Elektrogeräte mit Netzanschluß oder – noch besser – mechanische Geräte.
- Alte Lackanstriche in Gelb bis Rot enthalten häufig Cadmiumpigmente. Schützen Sie sich beim Abschleifen mit einer geeigneten Staubmaske und beseitigen Sie den Schleifstaub gründlich.

Was lesen?

- Die ZEBS-Werte für die Cadmium-Belastung von Lebensmitteln sind im Bundesgesundheitsblatt 5/90, S. 224-226, veröffentlicht.

Cäsium

Cäsium ist ein Metall (chemisches Symbol: Cs), das nur eine geringe wirtschaftliche Bedeutung hat. Im begrenzten Maßstab wird es industriell eingesetzt, z. B. für Photozellen. Berühmt-berüchtigt wurde dieses Metall wegen seiner radioaktiven Isotope Cs-134 und Cs-137, die durch Kernwaffenversuche in der Atmosphäre und vor allem durch Kernkraftwerkunfälle wie 1986 in Tschernobyl in großen Mengen freigesetzt wurden. Diese normalerweise in der Natur nicht vorkommenden Isotope führten zu Luft-, Boden- und Nahrungsmittelbelastungen. Aufgrund der chemischen Ähnlichkeit kann Cäsium anstelle von Kalium im Körper eingelagert werden und damit gleichsam eine radioaktive Strahlenquelle im Körper verankern.

Die akute Belastung durch radioaktives Cäsium war nach der Reaktorkatastrophe von Tschernobyl in vielen Teilen Deutschlands und Europas höher als durch den über die Jahre angesammelten radioaktiven Fallout aufgrund von Kernwaffenversuchen.

Die Belastung der Lebensmittel hat inzwischen zum größten Teil wieder Werte erreicht, wie sie vor Tschernobyl üblich waren. Erhöhte Belastungen werden in bestimmten Gegenden noch bei Pilzen und Wild gefunden.

Chemietoilette

Chemietoiletten werden in immer größerer Zahl auf Campingplätzen, in abgelegenen Wochenendhäusern, auf Baustellen sowie in Flugzeugen, Wohnmobilen und Reisebussen eingesetzt. Die darin

verwendeten Chemikalien (Sanitärflüssigkeiten) können bei unsachgemäßer Entsorgung zu erheblichen Umweltbelastungen führen. Es sollten daher immer die speziell dafür vorgesehenen Entsorgungsstationen genutzt werden.
Wo Fäkalien über längere Zeit gesammelt werden, bevor sie endgültig entsorgt werden können, werden aus ästhetisch-hygienischen Gründen immer häufiger Chemietoiletten eingesetzt. Diese Toiletten werden üblicherweise mit einer wäßrigen Lösung von mikrobioziden Wirkstoffen (zumeist Aldehyde wie →Formaldehyd oder Glutardialdehyd, kationische Tenside, aber auch Natriumoxalat), versetzt mit Duftstoffen, Farbstoffen und evtl. auch nichtionischen Tensiden gefüllt und betrieben. Gelangen diese Wirkstoffe unverdünnt in den Boden oder in die Kläranlagen, so sind sie ohne weiteres in der Lage, auch hier ganze Mikrobensysteme abzutöten und damit schwere Umweltschäden hervorzurufen. Damit die Konzentration dieser Stoffe unterhalb der Grenze der Bakterientoxizität liegt, müssen sie zum Teil um über das Tausendfache verdünnt werden. Besonders in ländlichen Gebieten mit einer hohen Konzentration von Campingplätzen und eher kleineren Klärwerken liegt es deshalb auf der Hand, daß hier immer wieder schwere Störungen in den Klärwerken auftreten können.

Was tun?

- Wo möglich, richten Sie eine Trocken- oder Komposttoilette statt einer Chemietoilette ein.
- Eine sogenannte Doppeltanktoilette kann auch ohne Chemikalien benutzt werden, wenn sie täglich entleert wird.
- Benutzen Sie eine vorhandene Chemietoilette so selten wie möglich.
- Der Inhalt sollte möglichst bei den speziell dafür vorgesehenen Entsorgungseinrichtungen entsorgt werden. Die Adressen derartiger Einrichtungen erhalten Sie beim ADAC (München) und beim Verband Deutscher Wohnwagen- und Wohnmobil-Hersteller in Frankfurt.
- Der Inhalt einer Chemietoilette darf nicht einfach in die Landschaft gekippt werden (auch nicht in Straßenabläufe), weil die Chemikalien giftig sind, auch wenn die Werbung »volle biologische Abbaubarkeit« verspricht. Bei unsachgemäßer Entsorgung machen Sie sich strafbar.

Was lesen?

- Peter Kunz und Günter Frietsch: Mikrobizide Stoffe in biologischen Kläranlagen. Berlin, Heidelberg, New York, Tokio, 1986.

Chemikaliengesetz

E Explosions-gefährlich

O Brandfördernd

F+ Hochentzündlich

F Leichtentzündlich

T+ Sehr giftig

T Giftig

Xn Mindergiftig

C Ätzend

Xi Reizend

Das Chemikaliengesetz (eigentlich: Gesetz zum Schutz vor gefährlichen Stoffen; Abk.: ChemG) regelt seit 1982, wie in Deutschland mit gefährlichen Stoffen umgegangen werden soll (Herstellung, Inverkehrbringen, Verwendung, Kennzeichnung). Es wurde konzipiert zur Umsetzung einer Richtlinie der Europäischen Gemeinschaft von 1979 in nationales Recht.

Neu auf den Markt kommende Stoffe müssen nach dem Chemikaliengesetz angemeldet werden. Dafür müssen bei extra dafür benannten Behörden (Bundesanstalt für Arbeitsschutz, Bundesgesundheitsamt, Umweltbundesamt) Unterlagen über bestimmte Auswirkungen und Prüfungen des Stoffes vorgelegt werden. Die Behörden entscheiden, ob und in welcher Form solch ein neuer Stoff vermarktet werden darf. Für Stoffe, die vor dem Inkrafttreten des Chemikaliengesetzes bereits auf dem Markt waren (sogenannte »Alte Stoffe«), sind die Anforderungen wesentlich geringer.

Damit vergleichbare Untersuchungen auch zu diesen Stoffen verlangt werden können, müssen konkrete Verdachtsmomente über mögliche Schädigungen vorliegen. Die Bearbeitung dieser Stoffe (Ermittlung aller wesentlichen Daten, Berichtserstellung und Bewertung) ist von der Bundesregierung weitgehend einem Gremium überlassen worden, das sich aus Wissenschaftlern und Industrievertretern unter Beteiligung der Behörden zusammensetzt (Beratergremium Umweltrelevante Altstoffe, BUA).

Das Chemikaliengesetz bildet auch den rechtlichen Rahmen für eventuelle Verbote gefährlicher Stoffe in Deutschland. Die Bundesregierung kann auf dieser Grundlage durch Verordnungen die Herstellung, das Inverkehrbringen und die Verwendung von Stoffen einschränken oder verbieten (relativ aktuelles Beispiel: →Fluorchlorkohlenwasserstoffe). Es wird allerdings nicht in dem Maße zur Beschränkung von gefährlichen Stoffen genutzt, wie es im Sinne des Verbraucher- und Umweltschutzes wünschenswert wäre und von den beteiligten Behörden auch häufig empfohlen wird. Vor allem bei bereits vermarkteten Chemikalien, den Alten Stoffen, hat sich das Chemikaliengesetz als stumpfe Waffe herausgestellt.

Die wichtigste Verordnung nach dem Chemikaliengesetz ist die →Gefahrstoffverordnung (Verordnung über gefährliche Stoffe, GefStoffV) von 1986, die unter anderem die Kennzeichnung von gefährlichen Stoffen regelt und Vorschriften für bestimmte gefährliche Stoffe enthält (z. B. →Asbest, →Formaldehyd). Die Gefahrstoffverordnung hat die frühere Arbeitsstoffverordnung und die Giftverordnungen der einzelnen Bundesländer abgelöst.

Was tun?

- Einen ersten Anhaltspunkt über die eventuelle Gefährlichkeit eines Produktes ist die Kennzeichnung mit einem Gefahrensymbol. Verwenden Sie deshalb möglichst Produkte, die nicht mit einem Gefahrensymbol gekennzeichnet sind (z. B. schadstoffarme Lacke, lösemittelfreie Klebstoffe, nichtätzende Reinigungsmittel im Sanitärbereich).

Chemischer Sauerstoffbedarf

Der chemische Sauerstoffbedarf (CSB) ist eine Kenngröße für die Gewässerqualität bzw. die Belastung des Gewässers (oder des Abwassers) mit organischen Stoffen.
Zur Bestimmung des chemischen Sauerstoffbedarfs wird die Menge des zur Oxidation der organischen Stoffe benötigten Sauerstoffes erfaßt. Als chemisches Oxidationsmittel wird in der Regel Kaliumdichromat verwendet. Der chemische Sauerstoffbedarf führt im allgemeinen zu höheren Werten als der →Biochemische Sauerstoffbedarf, da er auch die schwer abbaubaren Stoffe berücksichtigt. Der chemische Sauerstoffbedarf wird zur Berechnung der Abgaben nach dem →Abwasserabgabengesetz herangezogen.

Was tun?

- Alle Maßnahmen zur Reduzierung der Wasserbelastung helfen mit, den chemischen Sauerstoffbedarf zu reduzieren und damit gleichzeitig die Gewässerqualität zu erhöhen.

Was lesen?

- Bundesministerium für Umwelt, Naturschutz und Reaktorsicherheit (Hrsg.): Was Sie schon immer über Wasser und Umwelt wissen wollten. Stuttgart, Berlin, Köln 1992.

Chlor

Das chemische Element Chlor (Symbol: Cl) gehört zur Gruppe der Halogene und kommt in der Natur nicht frei, sondern nur in Form von Verbindungen vor (Steinsalz oder Kochsalz = Natriumchlorid NaCl). Es wird aus den Verbindungen durch Chlor-Alkali-Elek-

trolyse freigesetzt. Ca. 3,5 Millionen Tonnen des sehr reaktionsfähigen, ätzenden und stechend riechenden grüngelben Gases werden pro Jahr in Deutschland hergestellt. Daneben fällt als weiteres Produkt Natronlauge an. Ursprünglich wurde die Chlor-Alkali-Elektrolyse zur Gewinnung von Natronlauge entwickelt, Chlor war das eigentlich unerwünschte Nebenprodukt. Heute haben sich die Verhältnisse umgekehrt. Der überwiegende Teil des Chlors wird zur Produktion chlororganischer Verbindungen wie →chlorierte Kohlenwasserstoffe, PVC oder →Fluorchlorkohlenwasserstoffe (FCKW) in der chemischen Industrie weiter verwendet (→Chlorchemie). Ein kleinerer Anteil wird direkt eingesetzt, z. B. zur Desinfektion von Wasser (Trinkwasserchlorung, Chlorung in Schwimmbädern). Die desinfizierende Wirkung auch bestimmter Chlorverbindungen (Hypochlorite) wird in einigen Sanitärreinigern (→Abfluß- und Rohrreiniger) ausgenutzt. Hier ist besondere Vorsicht angebracht: Bei gleichzeitiger Verwendung saurer Reiniger kann es zur Freisetzung von Chlorgas kommen! Chlorgas und bestimmte Chlorverbindungen haben auch eine bleichende Wirkung (Chlorbleiche z. B. von Zellstoff).

Chlor kann beim Einatmen aufgrund seiner stark ätzenden Wirkung zu schweren Schädigungen der Lunge bis hin zum Tod führen. Durch die Verwendung von elementarem Chlor oder sehr reaktiver Chlorverbindungen können gemeinsam mit organischen Stoffen Sekundärschadstoffe wie z. B. Chloroform und →Dioxine entstehen. So ist z. B. bei der Chlorbleiche von Zellstoff das Abwasser mit diesen Schadstoffen belastet, obwohl sie selbst in der Produktion gar nicht eingesetzt wurden. Dioxine können sogar als Verunreinigungen im Produkt selbst zurückbleiben (z. B. in chlorgebleichten Zeitungs-, Hygiene- und Filterpapieren) mit den entsprechenden direkten Einwirkungsmöglichkeiten auf den Menschen und der dann unvermeidlichen Weiterverbreitung dieser Umweltschadstoffe.

Was tun?

- Auf chlorgebleichte Produkte sollten sie verzichten. Für die meisten Anwendungsbereiche werden schon ungebleichte Alternativen angeboten. Wenn es unbedingt strahlend weiß sein muß, auf »chlorfrei gebleicht« ausweichen.
- Desinfizierende Sanitärreiniger sind im Haushalt unsinnig. Besonders umweltbelastend – und unter Umständen gefährlich für Sie selbst – sind chlorhaltige Sanitärreiniger. Verzichten Sie darauf!

Chlorchemie

Eine zentrale Stütze der deutschen (und auch der europäischen) chemischen Industrie ist die Produktion und Weiterverarbeitung von →Chlor. Nach Angaben des Verbandes der Chemischen Industrie (VCI) werden mit der Chlorchemie ca. 60 Prozent des Umsatzes dieses Industriezweiges erzielt, das sind ca. 100 Milliarden DM (1992), auf europäischer Ebene werden 4,5 Millionen Tonnen Chlor erzeugt, was einem Umsatz von ca. 300 bis 400 Milliarden DM entspricht. Chlorhaltige Produkte und die Verwendung von Chlor sind aber auch für eine große Zahl von Umwelt- und Gesundheitsbelastungen verantwortlich: →Chlorierte Kohlenwasserstoffe sind häufig krebserzeugend oder rufen andere schwere gesundheitliche Probleme hervor (→Pentachlorphenol, →polychlorierte Biphenyle, →Perchlorethylen), →Fluorchlorkohlenwasserstoffe und andere chlorhaltige Verbindungen sind die Hauptverantwortlichen für die Zerstörung der stratosphärischen →Ozonschicht und maßgeblich am →Treibhauseffekt beteiligt, als Nebenprodukte bei der Chlorverwendung und bei der Verbrennung chlorhaltiger organischer Verbindungen wie z. B. Polyvinylchlorid (PVC) entsteht das Ultragift →Dioxin. Wegen der mit der industriellen Clorverwendung verbundenen unkalkulierbaren Umwelt- und Gesundheitsgefahren fordern viele Umweltschützer den Ausstieg aus der umfassenden Chlorchemie und eine weitgehende Beschränkung chlorhaltiger Produkte.

1992 wurden in den alten Bundesländern rund 3,5 Millionen Tonnen Chlor erzeugt. Das wichtigste daraus hergestellte Produkt ist der Kunststoff Polyvinylchlorid (PVC). Ca. 25 Prozent des Chlors werden hierfür eingesetzt. Die restliche Menge wird für andere organische und anorganische chlorhaltige Produkte (z. B. chlorierte Kohlenwasserstoffe als Lösemittel, Chlorwasserstoff) und für chemische Umsetzungen verwendet, in deren Endprodukten Chlor selbst nicht mehr enthalten ist (z. B. hochreines Silizium, Polyurethane, Farbstoffe, Pharmazeutika). Der direkte Einsatz von Chlor, z. B. zur Chlorbleiche von Zellstoff oder zur Desinfektion von Wasser, spielt dagegen nur eine untergeordnete Rolle.

Was tun?

- Da viele chemische Produkte mit Hilfe von Chlor hergestellt werden, ohne daß das dem Endprodukt noch anzumerken ist, können Verbraucher nur beschränkt durch ihr Kaufverhalten auf die Herstellung und Vermarktung dieser Produkte Einfluß nehmen. Am aussichtsreichsten ist dies noch auf dem Kunststoffsektor: PVC-Produkte sollten Sie nach Möglichkeit meiden. Es gibt für alle Anwendungsfälle Alternativen.

Was lesen?

- Umweltbundesamt: Handbuch Chlorchemie I – Gesamtstofffluß und Bilanz. TEXTE 55/91. Berlin 1991.
- Umweltbundesamt: Handbuch Chlorchemie II – Ausgewählte Produktlinien. TEXTE 42/92. Berlin 1992.

Chlorierte Kohlenwasserstoffe

Chlorierte Kohlenwasserstoffe (häufig wird auch der Begriff Chlorkohlenwasserstoffe oder die Abkürzung CKW gebraucht) sind Hauptprodukte der →Chlorchemie und werden sowohl als chemische Zwischenprodukte wie auch als Endprodukte verwendet. Sie entstehen durch den Austausch mindestens eines Wasserstoffatoms durch →Chlor bei organischen Verbindungen (→Kohlenwasserstoffe). Chlorkohlenwasserstoffe sind umwelt- wie auch gesundheitsschädlich: Sie sind häufig akut giftig (u. a. betäubende Wirkung, Leber- und Nierenschäden), einige Verbindungen sind krebserzeugend (z. B. Tetrachlorkohlenstoff, Vinylchlorid) oder stehen im Verdacht, Krebs zu erzeugen (z. B. die Lösemittel →Dichlormethan und Perchlorethen). Beim Verbrennen von Chlorkohlenwasserstoffen entstehen →Dioxine (vor allem bei sogenannten »Dioxin-Vorläufersubstanzen«, wie z. B. →Polychlorierten Biphenylen oder Hexachlorbenzol). Andere Chlorkohlenwasserstoffe sind so stabil, daß sie bis in die Stratosphäre in über 15 Kilometer Höhe vordringen können und dort mit am Abbau der Ozonschicht (→Ozon) beteiligt sind (z. B. 1,1,1-Trichlorethan, Tetrachlorkohlenstoff). Einige Chlorkohlenwasserstoffe sind wegen ihrer schädlichen Umweltauswirkungen bereits verboten oder mit Verwendungsbeschränkungen belegt worden.

Die meisten Chlorkohlenwasserstoffe sind in der Umwelt schwer abbaubar (sie sind persistent). Man kann sie auch in den entferntesten Winkeln dieser Erde inzwischen analytisch nachweisen. Im Fettgewebe von Mensch und Tier reichern sie sich an (sie akkumulieren). Besonders Endglieder von Nahrungsketten (wie der Mensch) sind von Belastungen mit Chlorkohlenwasserstoffen betroffen.

Bodenverunreinigungen mit Chlorkohlenwasserstoffen treten häufig als

Altlast bei Fabriken zur Metallverarbeitung und bei chemischen Fabriken, aber auch durch Rückstände aus Pflanzenschutzmittelanwendungen auf. Im Boden werden sie nicht abgebaut und dringen deshalb häufig nach mehr oder weniger langer Zeit bis in das Grundwasser vor. Zur Trinkwassergewinnung müssen sie daraus mit teuren und aufwendigen Verfahren wieder entfernt werden.
Chlorkohlenwasserstoffe werden in vielfacher Weise eingesetzt, z. B. als →Lösemittel (die wichtigsten vier sind →Perchlorethen, →Dichlormethan, →Trichlorethen und 1,1,1-Trichlorethan, insgesamt wurden nach Angaben des Verbandes der Chemischen Industrie 1992 55 000 Tonnen Frischware in Deutschland vertrieben; dazu kommt noch eine nicht genau bekannte Menge an aufbereiteten Altlösemitteln), als Vorprodukt für die Herstellung von Kunststoffen wie PVC (Dichlorethan und Vinylchlorid) und als Wirkstoffe von Pflanzenschutz-, Schädlingsbekämpfungs- und Holzschutzmitteln (z. B. DDT, Pentachlorphenol, →Lindan). Das Lösemittel Chloroform (Trichlormethan, chemische Formel: $CHCl_3$) wurde früher als Narkosemittel eingesetzt, heute wird es jedoch aus toxikologischen Gründen (u. a. Verdacht auf krebserzeugende Wirkung) dafür nicht mehr verwendet.

Chlorwasserstoff

Chlorwasserstoff (chemische Formel: HCl) löst sich leicht in Wasser auf und bildet dort die ätzende Salzsäure. Verbraucher können vor allem bei Bränden betroffen sein, wenn der chlorhaltige Kunststoff PVC Chlorwasserstoff freisetzt (z. B. Wohnungsbrände mit PVC-Fußböden, -Rohren, -Fensterrahmen). Aber auch bei der Verbrennung von PVC-haltigen Verpackungsmaterialien und Holzwerkstoffen wird das Gas frei. Neben Verätzungen der Lunge treten bei Chlorwasserstoff-Freisetzungen Pflanzenschäden und Korrosionsschäden an Bauwerken auf. Chlorwasserstoff ist das End-Abbauprodukt von →chlorierten Kohlenwasserstoffen in der Umwelt.

Chrom

Das →Schwermetall Chrom (chemisches Symbol: Cr) wird hauptsächlich als Legierungsbestandteil für Chrom-Nickel-Stahl und zur Oberflächenvergütung (Verchromen) verwendet. Chromate, das sind Verbindungen des sechswertigen Chroms, werden als Korro-

sionsschutzpigmente (Zinkchromat) und in →Holzschutzmitteln immer noch verwendet. Die chemische Industrie setzt Chromverbindungen als Katalysatoren in verschiedenen Produktionsprozessen ein.
Chromverbindungen können den Menschen einerseits sehr stark schädigen, andererseits sind bestimmte chromhaltige Stoffe in geringen Mengen für den Menschen lebensnotwendig: Ein Mangel an dreiwertigen Chromverbindungen (Cr-III-Verbindungen) schädigt den Zuckerstoffwechsel und kann zu Diabetes führen. Chromate (Cr-VI-Verbindungen) dagegen können bei Hautkontakt Ekzeme hervorrufen, beim Einatmen können sie Krebs erzeugen (→MAK-Werte-Liste, Abschnitte III A 1 und III A 2).

Was tun?

- Chromhaltige Korrosionsschutzmittel sind überflüssig. Zahlreiche Untersuchungen haben gezeigt, daß die Alternativen ohne Chrom (und →Blei) genauso gut sind.
- Vorsicht bei der Bearbeitung alter Metallanstriche! Chrom war früher ein sehr weit verbreitetes Korrosionsschutzpigment. Schützen Sie sich deshalb beim Abschleifen mit einer geeigneten Staubmaske und beseitigen Sie die Schleifstäube gründlich.

Dämmstoffe

Dämmstoffe bestehen aus Materialien, die dem Wärmedurchgang einen relativ hohen Widerstand entgegensetzen. Sie werden deshalb zur Isolierung zwischen Räumen eingesetzt, zwischen denen große Temperaturunterschiede bestehen bzw. erhalten bleiben sollen. Aufgrund ihrer Wirkung helfen sie, die Energie einzusparen, die sonst immer zur Erhaltung dieser Temperaturunterschiede aufgewendet werden müßte. Allerdings gilt es, beim Einsatz von Dämmstoffen unterschiedliche gesundheitliche Aspekte zu beachten.

Nach ihrem Ausgangsmaterial kann man organische Dämmstoffe, mineralische Dämmstoffe und Kunststoffschäume unterscheiden. Organische Dämmstoffe sind z. B. Kork, Zellulosewolle, Preßstrohplatten, Holzwolle und Holzfaserplatten. Wenn keine bedenklichen chemischen Bindemittel in ihnen verwendet werden, sind sie meistens unbedenklich und gut zu verarbeiten. Mineralische Dämmstoffe sind in letzter Zeit wegen ihrer krebserzeugenden Fasern auf die Liste der problematischen Stoffe gesetzt worden. Die MAK-Kommission der Deutschen Forschungsgemeinschaft hat sie mit der Kategorisierung »III A 2« versehen, was bedeutet, daß sie sich im Tierversuch eindeutig als krebserzeugend erwiesen haben. Die nur im Hochtemperaturbereich benutzten Keramikfasern kamen sogar in die Stoffgruppe »III A 1«, was bedeutet, daß sie erfahrungsgemäß beim Menschen bösartige Geschwülste auszulösen vermögen. Auch die inzwischen auf Platz zwei der Isolierstoffbranche liegende Polystyrol-Industrie mit ihrem Spitzenprodukt Styropor kann Nachteile ihres Produktes nicht gänzlich leugnen. Mindestens bei der Produktion, oft aber auch noch während der ersten Monate im Haus werden von den Styroporplatten giftiges Monostyrol und das zum Sommersmog beitragende Pentan freigesetzt. Bis in die neunziger Jahre hinein wurden außerdem Polystyrol-Dämmstoffe mit den umweltschädlichen →Fluorchlorkohlenwasserstoffen hergestellt. Die Verwendung dieses Stoffes wird in Deutschland stufenweise bis 1995 verboten.

Was tun?

- Das gesundheitliche Risiko von mineralischen Fasern ist zwar geringer als das von Asbest, da sie nicht durch Verwitterung selbsttätig in die Atemluft gelangen. Sollten in Ihrem Eigenheim mineralische Dämmstoffe Verwendung gefunden haben, so sorgen Sie trotzdem dafür, daß möglichst alle Lücken in der Abdeckung bzw. Oberfläche derartiger Schichten gut versiegelt sind, damit keine Fasern in Ihre Raumluft austreten können.

- Falls Sie noch die Wahl haben, welchen Dämmstoff Sie in Zukunft verwenden sollen, bieten sich an erster Stelle Zellulosedämmstoffe an. Ihre Verarbeitung erfordert allerdings die Unterstützung von Fachleuten, deren Hilfe Sie sich vorab versichern sollten.
- Achten Sie bei der Auswahl von Dämmstoffen auf Produkte, die das Umweltzeichen tragen.

Was lesen?

- John Elkington, Julia Hailes u. a. (Hrsg.): Umweltfreundlich einkaufen. München 1992.
- Test Außenwanddämmung. In: test, Heft 9/92.
- Test Innendämmung. In: test, Heft 2/93.

Desinfektionsmittel

Ein völlig überzogener Hygienestandard empfiehlt heute noch immer den Einsatz von Desinfektionsmitteln, Desinfektionsreinigern und Sanitärreinigern zum vorbeugenden Gesundheitsschutz im Haushalt. Gefährliche Mikroorganismen sind jedoch im Haushalt extrem selten, wie eine Studie des Bundesgesundheitsamtes aus dem Jahr 1984 festgestellt hat. Die Übertragung von Salmonellen z. B. durch aufgetautes Tiefkühlgeflügel kann durch eine nachträgliche Desinfektion nicht verhindert werden.

Die im Haushalt normalerweise auftretenden Keime sind meistens harmlos. Der Mensch mit einem intakten Immunsystem ist daher einer Auseinandersetzung mit harmlosen Keimen gewachsen; die Abwehrkräfte werden dadurch gestärkt. Eine Regeldesinfektion schwächt hingegen das Immunsystem.

Desinfektionsmittel im Haushalt sind auch ökologisch bedenklich. Sie schädigen die biologische Wirkung der Bakterien in den Kläranlagen erheblich und setzen die erwünschte Reinigungswirkung herab.

Umwelt- und Verbraucherorganisationen, das Bundesgesundheitsamt (BGA) sowie namhafte Hygieniker warnen deshalb vor einer Regeldesinfektion in Küche, Bad und Kinderzimmer.

Was tun?

- Desinfektionsmittel und -reiniger im Privathaushalt zur Regeldesinfektion, aber auch Produkte mit »heimlichen« Desinfektionsmittelzusätzen sollten Sie meiden. Sie sind im modernen Haushalt so überflüssig wie chemische →Abfluß- und Rohrreiniger, Backofensprays.

- Eine Desinfektion im Haushalt sollten Sie nur nach festgestellter Infektion mit krankheitserregenden Keimen und nach Rücksprache mit einem Facharzt oder dem zuständigen Gesundheitsamt vornehmen.

Was lesen?

- Umweltbundesamt (Hrsg.): Was Sie schon immer über Wasser und Umwelt wissen wollten. Berlin 1992. Kostenlos beim ZAD, Umweltbundesamt, Bismarckplatz 1, 14193 Berlin.
- Horst Speichert, Frank Brettschneider: Öko-Rat von A bis Z. Frankfurt 1990.
- Hans-Joachim Kursawa-Stucke, Volkmar Lübke: Das Umweltbuch für Eltern. München 1993.
- Öko-test (Hrsg.): Sonderdruck »Der Öko-Putzschrank«. Frankfurt 1992.
- John Elkington, Julia Hailes u. a.: Umweltfreundlich einkaufen. Von Shampoo bis Champagner. München 1992.

Dezibel

Die Einheit Dezibel (Abk.: dB) wird zur Charakterisierung von Geräuschpegeln verwendet. Sie gibt das logarithmische Verhältnis der gemessenen Schalleistung (Schallintensität) zu einer Bezugsschalleistung an. In der Regel wird zusätzlich eine Frequenzbeurteilung berücksichtigt, weil nicht alle Geräuschfrequenzen in gleicher Weise wahrgenommen werden. Die Art der Beurteilung wird als Zusatz zur Einheit dB angegeben, für die Wahrnehmung durch das menschliche Ohr lautet dann die korrekte Angabe der Einheit »dB(A)«. Aufgrund der logarithmischen Angabe entspricht eine Zunahme um 10 dB(A) etwa einer Verdoppelung des subjektiven Lärmempfindens. Die »Zimmerlautstärke« von Geräuschen liegt im Bereich von 60 dB(A), ein Preßlufthammer hat einen Schallpegel von etwa 100 dB(A).

Dichlormethan

Dieses Produkt der →Chlorchemie wird vor allen Dingen als Lösemittel verwendet, häufig findet man auch noch die alte Bezeichnung »Methylenchlorid« für diesen Stoff (chemische Formel: CH_2Cl_2).

Dichlormethan ist wie alle →chlorierten Kohlenwasserstoffe umweltgefährdend und hat starke gesundheitliche Auswirkungen. Die Dämpfe üben eine betäubende Wirkung aus, längerfristige Belastungen können zu Leber- und Nierenschäden führen, es besteht der Verdacht auf ein krebserzeugendes Potential (→MAK-Werte-Liste, Abschnitt III B). Einmal in den Boden gelangt, z. B. durch Unfälle oder unachtsames Umgehen, kann es auch leicht bis in das Grundwasser vordringen und muß dann bei der Trinkwassergewinnung aufwendig entfernt werden.

In Deutschland wurden nach Angaben des Verbandes der Chemischen Industrie 1992 24 000 Tonnen Dichlormethan als Frischware vertrieben, u. a. für die Reinigung und Entfettung von Metallteilen in sogenannten Entfettungsanlagen und in Produkten wie z. B. →Abbeizern für Lacke. In normalen Reinigungsmitteln tauchen chlorierte Kohlenwasserstoffe dagegen nicht mehr auf.

Dichtungsmassen

Als Füllmaterial für aneinanderstoßende Bauteile, als Abdichtung gegen Feuchtigkeit im Sanitärbereich und im Glasbau werden Dichtungsmassen auf Kunststoffbasis eingesetzt. Die pastösen Massen werden als Einkomponentensysteme (Verarbeitung aus Kartuschen, Vernetzung zum ausgehärteten Kunststoff durch Luftfeuchtigkeit) oder als Zweikomponentensysteme (Mischung aus Binder und Härter) verwendet. Neben dem eigentlichen Kunststoff können sie eine Reihe von weiteren Zusätzen wie Füllstoffe, Stoffe zur Viskositätseinstellung, →Weichmacher, Haftmittel, →Pigmente und organische →Lösemittel enthalten. Daß insbesondere diese Zusätze unter Umständen kritischer bewertet werden müssen als die Kunststoffe selbst, zeigen die durch Polysulfid-Fugendichtmassen aus den siebziger Jahren heute noch bestehenden Innenraumluftbelastungen mit →Polychlorierten Biphenylen (PCB) – Stoffen, die unter dem Verdacht stehen, Krebs zu erzeugen. PCB wurde als Weichmacher der Dichtungsmasse zugesetzt. In der DDR wurden für die Verfugung von Betonfertigteilen (»Plattenbauten«) unter anderem auch asbesthaltige Fugendichtungsmassen verwendet.

Den größten Marktanteil haben Silikon-Dichtungsmassen, die mit drei verschiedenen Vernetzersystemen (alkalisch reagierend: Amin; sauer reagierend: Acetat; neutral reagierend: Benzamid) angeboten werden. Insbesondere die Acetat-Systeme können mit bioziden Wirkstoffen pilzhemmend (fungizid) eingestellt sein. Polysulfid-Dichtungsmassen sind schwefelhaltige Polymere, die hauptsächlich als Zweikomponentensysteme auf der Baustelle eingesetzt werden. Acryl-Dichtungsmassen bestehen aus modifizierten Polyacrylsäureestern. Sie härten im wesentlichen physikalisch durch Trocknung aus und geben dabei Wasser, Lösemittel und Monomere ab. Polyurethan-Dichtungsmassen haben einen eher geringen Marktanteil. Bei den Zweikomponentensystemen werden ein Isocyanat (Diphenylmethan-4,4'-diisocyanat, MDI) und ein Polyol (mehrwertige Alkohole) miteinander gemischt. Neben diesen Kunststoffen können noch eine Reihe weiterer Typen für Spezialanwendungen eingesetzt werden (u. a. Butylkautschuk, Polyisobutylen). Die Dichtungsmassen härten in Abhängigkeit von ihrer genauen Zusammensetzung unterschiedlich schnell zwischen wenigen Stunden und innerhalb einiger Tage aus.

Was tun?

- Tragen Sie beim Verarbeiten von Fugendichtungsmassen auf jeden Fall Gummihandschuhe.
- Sorgen Sie für eine ausreichende Lüftung, auch noch mehrere Tage nach der Verarbeitung.
- Einkomponentensysteme sind in der Regel einfacher und ungefährlicher zu verarbeiten als Zweikomponentensysteme.

Was lesen?

- Stiftung Verbraucherinstitut: Umweltverträglichkeit von Baustoffen. Berlin 1992.

Diesel

Motoren, bei denen der Kraftstoff in die komprimierte, erhitzte Verbrennungsluft eingespritzt wird und sich selbst entzündet, werden nach ihrem Erfinder Dieselmotoren genannt. Gleichzeitig wird die Bezeichnung »Diesel« auch für den →Kraftstoff für diese Motoren verwendet, ein sogenanntes Mitteldestillat bei der Erdölverarbeitung. Mit Selbstzündungsmotoren werden vor allem Nutzfahrzeuge (LKW, Busse) ausgerüstet. Der PKW-Anteil mit Dieselmotoren betrug 1990 in den alten Bundesländern 13,4 Prozent. Charakteristisch für das Abgas von Dieselmotoren sind die hohen Rußemissionen (→Auto), während andere verbrennungsbedingte Schadstoffe wie z. B. Kohlenmonoxid und Kohlenwasserstoffe im Vergleich mit Ottomotoren ohne →Katalysator in relativ ge-

ringem Umfang enthalten sind. Dieselabgase haben sich im Tierversuch als krebserzeugend erwiesen, ihr Rußanteil wird dafür verantwortlich gemacht (→MAK-Werte-Liste, Abschnitt III A 2).
Ein serienreifes Konzept zur kontinuierlichen Verminderung der Rußemissionen um 80 bis 90 Prozent (in etwa funktionierend wie ein Katalysator bei den gasförmigen Schadstoffen im Abgas von Ottomotoren) gibt es bisher nicht. Grund hierfür ist das schwierigere Reinigungsverfahren: Anders als die gasförmigen Schadstoffe, die im Katalysator in andere gasförmige Stoffe umgewandelt werden (z. B. Kohlenwasserstoffe in Kohlendioxid), müssen die festen Rußteilchen herausgefiltert werden (Partikelfilter) und verbleiben dann erst einmal auf dem Filter. Die Durchlässigkeit der Rußfilter wird dadurch mit der Zeit immer schlechter, so daß die Filter in regelmäßigen Abständen von den Rußteilchen gereinigt werden müssen, damit die Fahrzeuge überhaupt weiter fahren können. In der Regel geschieht dies durch Abbrennen. Bei Fahrzeugen im Kurzstreckenverkehr, z. B. Kommunalfahrzeugen, Bussen oder Lieferfahrzeugen, die nur eine beschränkte Fahrleistung erbringen, kann dies in Einsatzpausen, also z. B. über Nacht, erfolgen (entsprechende Versuche laufen). Busse und LKW im Fernverkehr oder PKW müßten dazu ihre Fahrt unterbrechen. Für die Reinigung der Rußfilter während der Fahrt gibt es bereits auch Überlegungen und Versuche. Eine Möglichkeit ist z. B. die Zumischung von Chemikalien zum Dieselkraftstoff, die die Abbrenntemperatur des Rußes vermindern. Aufgrund des weitgehend ungeklärten Verhaltens der Zusatzstoffe in der Umwelt wird dieses Verfahren aber nicht angewendet. Die Hersteller von Diesel-PKW setzen bisher vor allem auf Verbesserungen der Verbrennung im Motor, mit denen in den letzten Jahren eine Verminderung der Rußemission um bis zu 60 Prozent erreicht wurde. Die Partikel-Emissionen moderner Diesel-PKW betragen heute unter 0,08 Gramm pro Kilometer, bei mittleren Fahrleistungen also ca. 1,2 Kilogramm pro Jahr. Seit 1. Dezember 1993 müssen die Partikelemissionen von Dieselfahrzeugen, die ab 1977 zugelassen worden sind, regelmäßig durch eine Abgasuntersuchung (AU) überprüft werden. Katalysatoren für Diesel-PKW, wie sie von verschiedenen Autoherstellern angeboten werden, tragen zur Verminderung der Ruß-Emissionen – wenn überhaupt – nur geringfügig bei. Es handelt sich hierbei um Oxidationskatalysatoren, die die ohnehin schon niedrigen Werte der gasförmigen Schadstoffe Kohlenmonoxid und Kohlenwasserstoffe im Dieselabgas weiter vermindern (beide Schadstoffe werden zu Kohlendioxid oxidiert). Stickstoffoxide werden nicht vermindert, dagegen wird der Schwefelanteil im Dieselkraftstoff, der normalerweise als gasförmiges Schwefeldioxid im Abgas enthalten ist, weiter oxidiert. Die dabei entstehenden Sulfate erhöhen wiederum die Partikelemissionen.

Dieselmotoren haben einen relativ hohen Wirkungsgrad, d. h. sie nutzen die im Kraftstoff enthaltene Energie vergleichsweise gut und auch besser als Fahrzeuge mit Ottomotor. Häufig wird dies vor dem Hintergrund des Beitrags von →Kohlendioxid zum Treibhauseffekt als Argument benutzt, den Einsatz von Dieselfahrzeugen zu fördern. Eine genaue Überprüfung zeigt jedoch: Nur bei Fahrzeugen der unteren Mittelklasse ergibt sich aufgrund des geringeren Verbrauchs von Diesel-PKW ein Vorteil von ca. 10 Prozent beim Kohlendioxidausstoß. Bei leistungsstärkeren Fahrzeugen ist die Differenz unbedeutend, weil Dieselkraftstoff einen höheren Kohlenstoffanteil enthält und damit auch mehr Kohlendioxid freigesetzt wird. Der Minderverbrauch in dieser Leistungsklasse gleicht dies nicht mehr aus (bei gleichem Kraftstoffverbrauch stößt ein Dieselmotor ca. 13 Prozent mehr Kohlendioxid als ein Ottomotor aus). Dieselfahrzeuge sind in der Regel lauter als Fahrzeuge mit Ottomotoren. Die Lärmentwicklung kann aber durch eine gute Kapselung des Motors bei PKW und Nutzfahrzeugen sehr stark vermindert werden.

Dioxan

Das organische →Lösemittel Dioxan (chemische Formel: $C_4H_8O_2$) wird hauptsächlich in der chemischen Industrie und in Forschungseinrichtungen verwendet. Verbraucher kommen damit normalerweise nicht in Berührung. Als es allerdings Ende der achtziger Jahre in Haarshampoos nachgewiesen wurde, hat dies in der Öffentlichkeit einige Aufregung verursacht – wahrscheinlich mit verursacht durch die Ähnlichkeit des Namens mit →Dioxin; eine wirkungsmäßige Ähnlichkeit besteht jedoch nicht. Dioxan muß dessenungeachtet kritischer als andere organische Lösemittel in Verbraucherprodukten beurteilt werden, weil es aufgrund von Tierversuchen unter dem Verdacht steht, Krebs zu erzeugen (→MAK-Werte-Liste, Abschnitt III B). Inzwischen soll es aber auch in den Körperpflegeprodukten nicht mehr enthalten sein.

Dioxine

Zu den giftigsten von Menschen hergestellten Stoffen gehören die Dioxine. Sie sind eine Folge der →Chlorchemie und treten bei verschiedenen chemischen und thermischen Prozessen als nicht erwünschte Nebenprodukte auf. Einer breiten Öffentlichkeit bekannt

wurden sie durch den Chemieunfall in Seveso (Italien) im Jahre 1976, bei dem durch wenige Kilogramm Dioxin große Bereiche um das Chemiewerk herum vergiftet wurden. Dioxine werden in der Umwelt nur sehr langsam abgebaut. Über die daraus resultierenden Bodenbelastungen und durch direkte Niederschläge auf Pflanzen gelangen sie in die Nahrungskette und reichern sich im Fettgewebe an. Besonders hoch belastet ist oft →Muttermilch. Dioxine rufen beim Menschen schwere Hautschäden (Chlorakne) und Leberschäden hervor. Eine krebserzeugende Wirkung ist nachgewiesen.

Dioxin ist die Kurzbezeichnung für 75 verschiedene chemische Verbindungen, die sich durch eine unterschiedliche Anzahl von Chloratomen an einem Grundgerüst aus zwei über Sauerstoffatome verbundene →Benzol-Ringe unterscheiden (chemisch korrekt heißen sie Polychlorierte Dibenzopara-dioxine, Abk.: PCDD; bei den chemisch und wirkungsmäßig sehr eng verwandten Furanen sind die Benzol-Ringe über nur eine Sauerstoffbrücke und eine direkte chemische Bindung miteinander verbunden). Anzahl und Stellung der ein bis acht möglichen Chloratome im Dioxin- bzw. Furanmolekül wird durch eine Vorsilben-/Ziffern-Kombination angegeben. Das in Seveso freigesetzte Dioxin hat den vollständigen Namen 2,3,7,8-Tetrachlordibenzopara-dioxin (Abk.: 2,3,7,8-TCDD). Auf diesen giftigsten Vertreter der Dioxine wird die Giftigkeit der übrigen Verbindungen, auch der Furane, bezogen. Die Angabe erfolgt als sogenannte Toxizitäts-Äquivalente (Abk.: TE).

Dioxine können als Verunreinigungen in Produkten der Chlorchemie enthalten sein. So wird die stark schädigende Wirkung von →Pentachlorphenol (PCP), einem Hauptinhaltsstoff von Holzschutzmitteln in den siebziger Jahren, auf den Dioxingehalt zurückgeführt. Im Entlaubungsmittel Agent Orange, das im Vietnamkrieg von der amerikanischen Armee im großen Stil angewendet wurde, waren ebenfalls große Mengen Dioxin enthalten. Neu entstehen Dioxine, wenn bei Verbrennungsprozessen gleichzeitig chlorhaltige Verbindungen vorliegen, besonders wenn diese bereits eine dioxinähnliche Struktur haben, wie z. B. →Polychlorierte Biphenle.

Aber auch beim Verbrennen des Kunststoffs PVC können unter geeigneten Bedingungen große Mengen Dioxine freigesetzt werden. In der Umgebung von Kabelabbrennanlagen, in denen der Kunststoffmantel von Kabeln zur Rückgewinnung des Kupfers verschmort wird, sind Bodenbelastungen von mehr als 100 000 Nanogramm TE Dioxin pro Kilogramm Boden festgestellt worden. Empfohlen wird vom Bundesgesundheitsamt und vom Umweltbundesamt der Austausch von Böden, die mehr als 1000, bei Kinderspielplätzen 100 Nanogramm TE Dioxin pro Kilogramm enthalten. Beide Behörden empfehlen auch, daß ein erwachsener Mensch nicht mehr als ein Tausendmilliardstel Gramm (ein

Picogramm) TE Dioxin pro Kilogramm Körpergewicht täglich aufnehmen soll, ein Wert, der heute im Durchschnitt um mehr als das Doppelte überschritten wird. Hauptverantwortlich dafür ist die Dioxinaufnahme mit Lebensmitteln; die direkte Aufnahme aus der Luft über die Atmung spielt nur eine untergeordnete Rolle.
Fettreiche Nahrungsmittel sind stärker belastet als fettarme, tierische enthalten mehr als pflanzliche. Obwohl Muttermilch besonders stark dioxinbelastet ist, empfiehlt das Bundesgesundheitsamt, Säuglinge in den ersten Lebensmonaten zu stillen, weil die Vorteile die Nachteile überwiegen.

Was tun?

- Durch Ihre Ernährungsgewohnheiten können Sie einen großen Einfluß auf Ihre individuelle Dioxinbelastung nehmen. Essen Sie mehr pflanzliche und weniger tierische Nahrungsmittel.
- Verbrennen Sie keine PVC-haltigen Materialien. Dazu gehören Verpackungen, aber auch z. B. beschichtete und mit Kantenumleimern versehene Holzplatten. Das Verbrennen von mit Holzschutzmitteln behandeltem Holz ist sowieso verboten.
- Für die allgegenwärtige Belastung mit Dioxinen sind vor allem die Produkte der Chlorchemie verantwortlich. Überprüfen Sie besonders kritisch, ob Sie derartige Produkte verwenden müssen.

Was lesen?

- Umweltbundesamt: Handbuch Chlorchemie I und II. TEXTE 55/91 und 42/92. Berlin 1991 und 1992.

Düngen

Düngung ist die Versorgung von Pflanzen bzw. Böden mit den erforderlichen Nährstoffen. Pflanzen brauchen neben Kohlendioxid – das sie über die Spaltöffnungen der Blätter aus der Luft nehmen – und Wasser Stickstoff, Phosphor, Kalium, Calzium und eine Reihe weiterer Elemente, die wegen der geringeren benötigten Mengen als Spurenelemente bezeichnet werden. Die Aufnahme dieser Nährstoffe erfolgt in anorganischer Form – die Aufnahme von organischen Substanzen durch Pflanzen wurde zwar nachgewiesen, spielt aber für ihre Ernährung keine wichtige Rolle. Da mit der Ernte von Nahrungs- oder Futtermitteln dem Boden Nährstoffe entzogen werden, müssen diese durch Düngung ersetzt werden.

Die Düngung kann grundsätzlich immer in organischer oder in anorganischer Form erfolgen. Organische Dünger werden von Bodenlebewesen, vor allem Bakterien, zu anorganischen Pflanzennährstoffen aufgeschlossen.
Vorteile anorganischer Dünger (Mineraldünger, Kunstdünger) sind die leichte Handhabbarkeit und die Möglichkeit, auf einfache Weise genau zu dosieren.
Nachteile sind die leichte Auswaschbarkeit mancher Mineraldünger (vor allem bei Nitrat), der hohe Energiebedarf bei der Herstellung stickstoffhaltiger Mineraldünger, die Belastung der Böden mit →Cadmium, das in vielen Phosphatdüngern enthalten ist, sowie die Beeinträchtigungen des Bodenlebens.
Hohe Stickstoffgaben können die Widerstandskraft von Pflanzen beeinträchtigen und zu hohen Nitratgehalten von Nahrungsmitteln führen. Die ausschließliche Verwendung von Mineraldünger kann zum Humusabbau führen.
Als organische Düngemittel werden Mist, Jauche und →Gülle, →Kompost, Ernterückstände, aber auch Klärschlamm und Rückstände aus der Nahrungsmittel- und Textilindustrie eingesetzt. Vorteile organischer Dünger sind der geringe Energiebedarf, die humusaufbauende Wirkung, die in der Regel positive Wirkung auf das Bodenleben und der langsamere Abbau, der zu geringeren Auswaschungen ins Grundwasser führt. Nachteile sind die schwierigere Handhabung und die Gefahr, mit organischen Düngemitteln Schadstoffe auszubringen. Bei überhöhten Mengen führt auch organische Düngung zu Problemen (z. B. Nitratbelastung durch Gülle aus der Massentierhaltung).
Schmetterlingsblütler (z. B. Bohnen, Luzerne, Erbsen, Soja) können den Stickstoffvorrat des Bodens auf natürliche Weise ergänzen, da Bakterien, die in ihren Wurzelknöllchen leben, in der Lage sind, Luftstickstoff zu fixieren, d. h. in pflanzenverfügbare Form umzuwandeln.
Die Umweltverbände fordern die Einführung einer Steuer oder Abgabe auf Stickstoffdünger und die Bindung der Viehhaltung an die Fläche, um mineralische und organische Überdüngung in den Griff zu bekommen.

Was tun?

- Im Garten: Düngen Sie zurückhaltend. Kompost reicht in der Regel aus und verringert Ihre Abfallprobleme.
- Beim Einkaufen: Fragen Sie beim Kauf von Gemüse und Kartoffeln nach dem Nitratgehalt oder lassen Sie ihn messen. Produkte aus ökologischem Landbau sind ohne leichtlösliche Mineraldünger und mit Beschränkungen bei der organischen Düngung erzeugt.

Was lesen?

- Rat der Sachverständigen für Umweltfragen: Sondergutachten »Umweltprobleme der Landwirtschaft«. Bundestagsdrucksache 10/3613, Bonn 1985.

Duschen

Das Duschen ist wegen des wesentlich geringeren Verbrauchs von Wasser und Energie dem Wannenbad vorzuziehen.
Duschen spart gegenüber einem Vollbad etwa 100 Liter Trinkwasser. Wer ein übriges tun will, um seinen →Wasserverbrauch zu reduzieren, stattet sich mit wassersparenden →Armaturen aus.

Was tun?

- Duschen statt Baden spart Wasser und Energie.
- Der Effekt wird durch wassersparende →Armaturen noch erhöht.
- Das Abstellen des Wassers beim Einseifen bringt weitere Ersparnis.

Was lesen?

- Tips zum Wassersparen. In: test spezial Haushalt und Umwelt, 3/93.
- Test Duscharmaturen. In: test-Sonderheft Umweltschutz 1991.

Elektroauto

Zu den immer wieder angeführten technischen Alternativen zur Verminderung der großen Umweltbelastungen durch den motorisierten Individualverkehr (→Auto, →Verkehr) gehört auch das Elektroauto. Sie seien wesentlich leiser als herkömmliche Fahrzeuge und völlig schadstofffrei im Betrieb. Für den Einsatzort des Fahrzeugs ist das sicher richtig, genaugenommen stimmt es aber, was die Schadstofffreiheit angeht, nicht. Elektoautos beziehen ihren Strom aus Batterien, und die werden wiederum am Stromnetz aufgeladen. Demzufolge müssen den Elektroautos auch die mit der Stromerzeugung verbundenen Schadstoffemissionen bis hin zu den Risiken der Energiegewinnung in Kernkraftwerken angerechnet werden. Bei den bisher vorgenommenen Vergleichen unabhängiger Institutionen schneiden die Elektroautos nicht besonders günstig ab. Nur ein verschwindend geringer Anteil der elektrischen Energie stammt in Deutschland aus regenerativen Quellen (trotz öffentlichkeitswirksamer Einweihungen von »Solar-Tankstellen«), zum Auftanken einer nennenswerten Anzahl von Elektroautos reichen diese bei weitem nicht aus.

Aufgrund der hohen Produktions- und Unterhaltungskosten für Elektroautos sowie ihrer geringen Reichweite, die selten mehr als 200 Kilometer mit einer Batterieladung beträgt, sowie der niedrigen Zuladungsmöglichkeiten (die Blei-Akkumulatoren für die Stromspeicherung sind zu schwer) sind sie bisher keine ernstzunehmende Konkurrenz für konventionelle Autos.

Eine Verbesserung dieser Situation könnte durch die Entwicklung leistungsfähigerer Batteriesysteme und durch die effizientere Stromgewinnung aus Sonnenlicht eintreten.

Aber auch dann sind Elektroautos nicht uneingeschränkt zu befürworten. Da sie aufgrund ihrer spezifischen Eigenschaften in der Regel nicht als Ersatz, sondern nur als Ergänzung zum konventionellen Auto in Frage kommen, werden sie vor allem als Zweit- oder Drittwagen angeschafft werden. Verkehr wird dadurch nicht vermieden, sondern eher noch erzeugt.

Elektronikschrott

Mit der Elektronikschrott-Verordnung (Verordnung über die Vermeidung, Verringerung und Verwertung von Abfällen gebrauchter elektrischer und elektronischer Geräte), die Mitte 1994 in Kraft treten soll, sind Hersteller und Vertreiber elektronischer Gebrauchsware (z. B. Fernseher, Computer, Radiogeräte, aber auch Telefone, Kaffeemaschinen, Mikrowellengeräte und Staubsauger usw.) verpflichtet, diese Geräte zurückzunehmen und einer erneuten Verwendung oder Verwertung zuzuführen. Ziel der Verordnung ist es, auf diesem Weg Einfluß auf die Hersteller zu nehmen, Geräte mit hoher Recycling- bzw. Wiederverwendungsfähigkeit einzelner elektronischer Baugruppen herzustellen. Die Rücknahme kann dann kostenpflichtig sein, wenn das Geräte vor dem Inkrafttreten der Verordnung auf den Markt gebracht wurde.

Kostenlos müssen nur diejenigen Geräte zurückgenommen werden, die der Händler selbst im Sortiment führt. Ausgenommen von der Rücknahmepflicht sollen diejenigen Händler sein, die weniger als 100 Quadratmeter Ladenfläche aufweisen. Umwelt- und Verbraucherverbände kritisieren, daß die Recyclingkapazitäten völlig ungeklärt sind. Außerdem ist nicht erforscht, welche Schadwirkungen von einer Aufbereitung von Elektronikschrott ausgehen kann (fehlende →Umweltverträglichkeitsprüfung) und welche Qualität die Verwertung haben muß. Von daher wird zumindest kurzfristig kein wirksamer Abfallverminderungseffekt eintreten können, solange die Produktionstechnologien nicht vollständig auf die neuen Anforderungen umgestellt worden sind.

Was tun?

- Fragen Sie beim Einkauf neuer Geräte nach der Rückgabemöglichkeit »verbrauchter« Geräte. Lassen Sie sich praktischerweise auf dem Kaufbeleg bestätigen, daß das Gerät später zurückgenommen wird.
- Vertrauen Sie nicht blindlings jedem Gerät mit dem werbewirksamen Zusatz »Öko« oder »Bio«. Fragen Sie nach der Reparaturfreundlichkeit, Dauerhaftigkeit und Recyclingfähigkeit des elektronischen Produkts.

Was lesen?

- Stiftung Verbraucherinstitut (Hrsg.): Der umweltfreundliche Schreibtisch. München 1991.
- Klaus Pickshaus, Klaus Prister (Hrsg.): Gesundheit und Ökologie im Büro. Arbeit und Ökologie – Materialien 1. Frankfurt 1992.

Emission

Unter einer Emission versteht man die von einer Anlage oder einem Produkt freigesetzten Stoffe oder Strahlen, abgegebene Wärme, abgestrahlten Schall und bewirkte Erschütterungen. Mit Ausnahme der Strahlenfreisetzungen werden Emissionen in die Luft im →Bundes-Immissionsschutzgesetz geregelt. Emissionen führen entweder direkt (z. B. radioaktive Strahlen) oder indirekt nach Umwandlung (z. B. →Sommer-Smog) zu Belastungen (→Immissionen).

Emissionen können durch technische Maßnahmen gemindert werden (→Abgasreinigung). Eine moderne Umweltschutzkonzeption versucht dagegen, bereits die Entstehung von Emissionen zu verhindern. Im Gegensatz zu den nachgeschalteten »End-of-the-pipe-Techniken«, welche die verursachenden Verfahren im wesentlichen unberührt lassen, muß dabei in die Prozesse direkt eingegriffen werden. Emissionen werden als absolute freigesetzte Menge (z. B. Tonnen pro Jahr) oder als Emissionsfaktor (freigesetzte Stoffmenge bezogen auf die produzierte Menge oder die gefahrene Strecke) angegeben.

Energie

Energie ist das in einem Körper oder Stoff gespeicherte Vermögen, Arbeit zu verrichten oder Wärme abzugeben. Der Betrag der Energie wird daher durch die Arbeit angegeben, die mit ihr verrichtet werden kann (Maßeinheit: Watt x Sekunde = Joule). Energie kann physikalisch letztlich weder erzeugt noch vernichtet werden, sie kann nur ihre Erscheinungsformen wechseln. So wird z. B. in den meisten Kraftwerken die in den →Brennstoffen gebundene Energie zunächst in Wärme und dann in elektrische Energie umgewandelt. Die verschiedenen Erscheinungsformen der Energie sind: mechanische Energie (potentielle Energie der Lage oder kinetische Energie der Bewegung), elektrische Energie, chemische Energie (die den Zusammenhalt von Molekülen bewirkt) und Kernbindungsenergie (die die Bausteine eines Atoms zusammenhält). Die Umwandlung und der Einsatz von Energie sind die wichtigsten Voraussetzungen sämtlicher Lebensfunktionen und die Grundlagen der modernen Industriegesellschaften. Bei der Auswahl der unterschiedlichen Energieträger wird es in Zukunft immer wichtiger werden, sogenannte Regenerativenergien bzw. alternative Energien zu nutzen,

Primärenergieträger in Europa

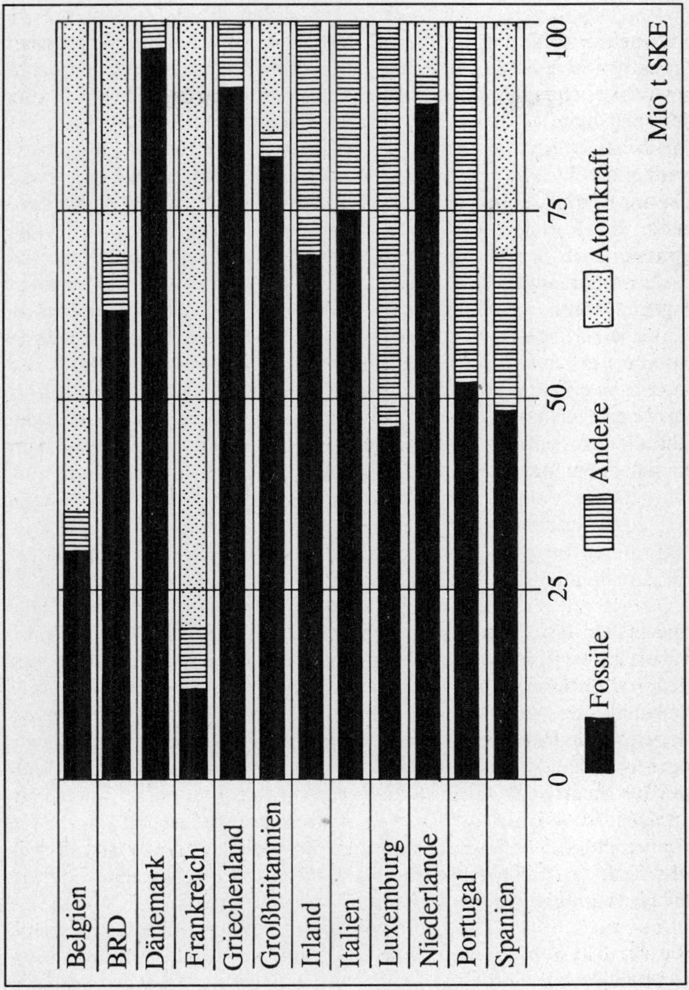

Das Schaubild zeigt den Anteil der verschiedenen Primärenergieträger bei der Stromerzeugung in den EG-Ländern, bezogen auf das Jahr 1987, ohne die Primärenergieträger des importierten Stroms zu berücksichtigen (EUROSTAT, nach ICLEI 1993)

da die »klassischen« Energieversorgungssysteme enorme ökologische oder soziale Risiken in sich bergen.

In lebenden Systemen wird die mit der Nahrung aufgenommene Energie in Wachstum, Körperwärme und Bewegung umgesetzt. In technischen Systemen wird die in den jeweiligen Energieträgern gebundene Energie in eine Form umgewandelt, die für die entsprechende Funktion wie Raumheizung, Transport oder Beleuchtung nutzbar ist.

Bis in das 18. Jahrhundert war Holz der wichtigste Energieträger. Der verstärkte Einsatz von Kohle war eine Voraussetzung für die Industrialisierung des 19. Jahrhunderts. Nach dem Zweiten Weltkrieg erhöhte sich in der Bundesrepublik nicht nur der absolute Energieverbrauch ständig, sondern auch die Anteile der einzelnen Energieträger verschoben sich rasant: während die Kohle noch 1950 ca. 90 Prozent der Primärenergie lieferte, waren es 1990 nur noch 27 Prozent. Gleichzeitig steigerte das Erdöl seinen Anteil auf über 40 Prozent. Daneben betrug der Anteil der Atomenergie im gleichen Jahr bereits über 12 Prozent. Auch der Verbrauch von Erdgas stieg kontinuierlich bis auf ca. 17,5 Prozent an. Anders dagegen die alternativen bzw. regenerativen Energien. Hier führte vor allem eine über lange Jahre einseitig der Atomenergie zugute kommende Forschungsförderung der Bundesregierung dazu, daß zum Ende der achtziger Jahre kaum Entwicklungsfortschritte zu verzeichnen waren. Am höchsten schlägt bei den regenerativen Energien noch die Wasserkraft zu Buche. Windkraftwerke, die Nutzung der →Sonnenenergie, die Umwandlung von →Bioenergie, die Nutzung von Erdwärme oder Gezeitenkraftwerke findet man nur in verschwindend geringem Maße. Dabei sind dies gleichzeitig Beispiele für Energienutzungen, die die Umwelt (und die Nachwelt) nur gering belasten und keinen Raubbau an den nur endlichen Vorräten fossiler Energieträger betreiben.

Neben der besseren Ausnutzung der bestehenden und der weiteren Entwicklung regenerativer Energiesysteme kommt jedoch zukünftig die wichtigste Bedeutung dem Faktor Energiesparen zu. Hier kann jeder private Haushalt in seinem Rahmen eine Menge tun, um Umweltbelastungen zu vermindern bzw. gar nicht erst entstehen zu lassen. Die wichtigsten Bereiche dafür sind die Raumheizung, die Wahl des Verkehrsmittels für Transportleistungen sowie die richtige Nutzung von Haushaltsgroßgeräten.

Was tun?

- Beachten Sie die bei den Stichworten Heizung, Verkehr und Haushaltsgeräte im einzelnen angegebenen Sparhinweise.
- Das »Zauberwort« für das Energiesparen und damit auch für die Schonung der Umwelt ist das der »Bedarfsreflexion«. Es will daran erinnern, daß letztlich unser Lebensstandard, unsere Verbrauchsge-

wohnheiten und unsere Freizeitaktivitäten für den immer höheren Energieverbrauch und die damit korrespondierenden Umweltschäden verantwortlich sind.
Es legt nahe, bei jeder derartigen Tätigkeit für sich die Frage zu beantworten, ob dieser Kauf, diese Reise oder die jeweilige Aktivität wirklich unbedingt nötig ist, oder ob das zugrundeliegende Bedürfnis nicht auch mit anderen, umweltschonenderen Mitteln befriedigt werden könnte.

Was lesen?

- Dieter Seifried: Gute Argumente: Energie. München 1988.
- Joachim Rieseberg: Verbrauchte Welt. Frankfurt/M., Berlin 1988.
- Fachinformationszentrum Karlsruhe (Hrsg.): Förderfibel Energie. Köln 1990.

Entkalken

Beim Erhitzen von (hartem) Wasser lagert sich mit der Zeit Kalk auf den Metallflächen der entsprechenden Haushaltsgeräte ab. Verschiedene Säuren können als Entkalkungsmittel benutzt werden. Aus der Sicht des Umweltschutzes ist die Verwendung von Zitronensäure am ehesten zu vertreten, allerdings ist ihre Wirkung auch schwächer als die anderer Mittel.
Zur Entkalkung von Geräten wie Kaffeemaschinen oder Heißwasserboiler werden im Handel unterschiedliche Mittel angeboten. Als Basis finden Ameisen-, Amidosulfon- oder Zitronensäure Verwendung. Die Säuren werden in hoher Konzentration geliefert (der →pH-Wert kann bei flüssigen Produkten unter 1 liegen). Deshalb ist ein vorsichtiger Umgang mit den Produkten angeraten, um Verätzungen zu vermeiden. Ameisensäure und Essigsäure sind außerdem leicht flüchtig und entwikkeln bei der Erhitzung einen unangenehmen Geruch sowie Dämpfe, die die Schleimhäute reizen. Am wenigsten aggressiv ist die Zitronensäure. Sie belästigt die Verwender daher weniger als andere Mittel, muß dafür aber oft häufiger angewendet werden, da ihre Wirkung schwächer ist.

Was tun?

- Kalkrückstände in Küche, Toilette und Bad (z. B. im Waschbecken, auf Armaturen) entfernt man billig und zuverlässig mit Essig (noch billiger mit »technischer Essigsäure« aus der Drogerie – 10prozentige Essigsäure zur Hälfte mit Wasser verdünnen) oder Zitronensäure (kri-

stalline Zitronensäure erhält man als »Ascorbinsäure« für wenig Geld in der Apotheke).
Bei starken Verkalkungen über Nacht einwirken lassen. Vorsicht jedoch bei empfindlichen Oberflächen wie lackierten oder eloxierten Armaturen.

- Öffnen Sie beim Entkalken die Fenster, da auch bei der Verwendung von Essigsäure reizende Dämpfe entstehen.
- Sie sollten Entkalker für Kinder unzugänglich aufbewahren, da hier die Gefahr von Verätzungen sehr hoch ist.

Was lesen?

- John Elkington, Julia Hailes u. a.: Umweltfreundlich einkaufen. München 1992.

Erdgas

Erdgas ist ein Naturgas, das als für die Raumheizung vergleichsweise umweltfreundlicher Energieträger gelten kann. Es zeichnet sich durch einen großen Heizwert aus. Den Verbrauchern bietet es den Vorteil, daß eine Brennstoff-Lagerung wie bei einer Ölheizung nicht notwendig ist.
Erdgas ist ein fossiler →Brennstoff, der zumeist gemeinsam mit Erdöl vorkommt. Es besteht zu 75 bis 95 Prozent aus Methan, der Rest ist Kohlendioxid und wenig Schwefelwasserstoff, der bei der Aufbereitung entfernt wird.
Der geringe Schwefeldioxidausstoß bei seiner Verbrennung macht Erdgas zu einem umweltfreundlichen fossilen Brennstoff.
Durch Richtlinien des Deutschen Vereins der Gas- und Wasserwirtschaft werden die Eigenschaften des in das öffentliche Versorgungsnetz eingespeisten Erdgases geregelt.
Diese Kennwerte sind: Dichte: 0,78 Kilowattstunden pro Kubikmeter, 90 Volumenprozent Methan, ein Heizwert von 9,3 Kilogramm pro Kubikmeter und ein Brennwert von 10,3 Kilogramm pro Kubikmeter. Da die Erdgase aus Rußland und aus Norwegen einen höheren Heizwert als das aus Kohle oder Erdöl hergestellte Stadtgas haben, müssen Gasgeräte auf die Werte der jeweiligen angelieferten Gassorte eingestellt werden, um das Optimum zu leisten.

Was tun?

- Sollte Ihnen noch die Wahl des Energieträgers für Ihre Raumheizung, die Warmwasserzubereitung und/oder die Kochstelle möglich sein, so wählen Sie – wenn möglich – Erdgas, da dies zu den umwelfreundlicheren Energieträgern gehört.
- Beachten Sie die unter dem Stichwort »Herde« angegebenen Tips, wenn Sie einen Gasherd betreiben. Achten Sie beim Kauf eines Gas-Heizkessels auf das Umweltzeichen. Besonders sparsam sind Brennwertkessel.

Was lesen?

- Test Gas-Brennwertgeräte. In: test Heft 2/91.
- Test Gas-Etagenheizungen. In: test, Heft 11/92.

Ernährung

Der Mensch muß alle zum Aufbau des Körpers und zur Unterhaltung der Lebensvorgänge notwendigen Stoffe – abgesehen von der Atemluft – über die Ernährung zu sich nehmen. Dabei profitiert er von der Leistung der Pflanzen, Sonnenenergie in Form von Biomasse zu speichern und dem Boden Mineralstoffe zu entnehmen.

Die Qualität der Ernährung kann analytisch – durch Bewertung der Einzelstoffe – oder zusammenschauend bewertet werden.

Bei einer analytischen Betrachtung wird der Anteil der Stoffgruppen betrachtet. Mengenmäßig am wichtigsten sind Kohlenhydrate, Eiweiße und Fette. Ebenfalls lebensnotwendig, jedoch in geringeren Mengen, sind mineralische Spurenelemente und Vitamine. Diese lebensnotwendigen organischen Stoffe kann der menschliche Körper nicht selbst erzeugen. Wichtig für die Verdauung sind außerdem Ballaststoffe, also Nahrungsbestandteile, die der Körper nicht verwerten kann.

Neben diesen notwendigen Inhaltsstoffen können die Nahrungsmittel auch natürliche oder künstliche Schadstoffe als Rückstände, Verunreinigungen oder Zusatzstoffe enthalten.

Nach der analytischen Betrachtungsweise enthält die moderne Ernährung durchschnittlich zuviel an Eiweiß und Fett und zuwenig an Ballaststoffen, Vitaminen und manchen Spurenelementen. Gründe sind der hohe Anteil an Fleisch und Fleischprodukten, die überwiegende Verwendung von ausgemahlenem Mehl und die großen Mengen an raffiniertem Zucker. Ausgeprägt sind diese Mängel beim Fast-food.

Betrachtet man unsere Ernährung zusammenschauend, dann sind die

verschiedenen Spielarten der Vollwerternährung gefragt. Wichtig sind Verarbeitungsgrad (z. B. Wertstufen nach Kollath) und Zusammenstellung der Ernährung. Bei jeder Mahlzeit sollten neben verarbeiteten (z. B. erhitzten) Nahrungsmitteln auch unverarbeitete oder lediglich mechanisch bearbeitete Lebensmittel eingenommen werden.
Für die vegetarische Ernährung gibt es ethische, religiöse, ernährungsphysiologische und ökologische (→Nahrungskette) Gründe. Ovo-lacto-Vegetarier verzichten auf Fleisch, nehmen jedoch Milch und Milchprodukte sowie Eier zu sich. Anhänger der streng vegetarischen Ernährungsweise lehnen alles tierische Eiweiß ab. Jedoch gibt es auch einen ökologischen Grund für den (zeitweisen) Verzehr von Fleisch: Ökologischer Landbau ohne Tier-, insbesondere Rinderhaltung, ist schwierig. Eine Kuh, die Milch geben soll, muß hin und wieder ein Kalb bekommen. Es erscheint unsinnig, Kühe und Kälber zu kompostieren.
Die Makrobiotik ist eine Form der streng vegetarischen Ernährung, die zusätzlich wenig Fisch und Schalentiere einbezieht und die Mahlzeiten nach Ausgewogenheit der Energieprinzipien Yin und Yang komponiert.
Die Trennkost-Lehren fordern die getrennte Aufnahme von Eiweiß und Kohlenhydraten und empfehlen bestimmte Nahrungsmittelkombinationen. Sie werden von vielen Fachleuten kritisch betrachtet.

Was tun?

- Überprüfen Sie Ihren Fleischkonsum kritisch.
- Bevorzugen Sie umweltschonend erzeugte, wenig verarbeitete Nahrungsmittel.
- Erkundigen Sie sich nach Angaben zum Gehalt an bzw. zur Freiheit von Schadstoffen.

Was lesen?

- Ernährungslehren: ÖKO-TEST, Heft 5/93, S. 48–55.
- Karl W. von Koerber u. a.: Vollwert-Ernährung. Konzeption einer vernünftigen Ernährungsweise. Heidelberg 1993.

Erosion

Erosion ist der Abtrag von →Boden durch Wind oder Wasser. In den gemäßigten Klimazonen überwiegt die Erosion durch Wasser, in Gebieten mit leichten Böden und starken Winden spielt auch die Winderosion eine Rolle.

Da vor allem die fruchtbaren obersten Bodenschichten abgetragen werden, kann die Erosion die Fruchtbarkeit erheblich beeinträchtigen. Pflanzennährstoffe (vor allem Phosphat, das an Bodenteilchen gebunden wird) und Pestizide werden von Äckern in Gewässer eingetragen und können dort zur Überdüngung führen bzw. Lebewesen schädigen. Durch Ablagerung von abgetragenem Material in »Vorflutern« verursacht die Erosion auch Kosten in weiterer Entfernung. Erosionsverluste im Ackerbau können bis über 100 Tonnen pro Hektar und Jahr betragen. Der Bodenabtrag hängt ab von Hangform, -länge und -neigung, von Pflanzendecke und Bodenbearbeitung, von der Zusammensetzung und der Struktur des Bodens und von klimatischen Faktoren.
Erosionsschutzmaßnahmen sind hangparallele Bewirtschaftung von Äkkern, geeignete Fruchtfolgen (mit Zwischenfrüchten), Unterteilung von Hängen durch Strukturen wie Hecken oder Gras-/Krautstreifen, nichtwendende Bodenbearbeitung, Humuspflege, Streifenanbau, Mulchen. Die Terrassierung der Steillagen-Weinberge mit Trockenmauern vom späten Mittelalter bis zum Zweiten Weltkrieg diente unter anderem dem Erosionsschutz.

Eutrophierung

Als Eutrophierung bezeichnet man die Anreicherung von Gewässern mit Pflanzennährstoffen (insbesondere Phosphor und Stickstoff) sowie das durch diese »Überdüngung« hervorgerufene massive Pflanzenwachstum. Der hohe Sauerstoffverbrauch beim Abbau der abgestorbenen Pflanzenteile kann zum »Umkippen« von Gewässern führen, das durch starke Fäulnisprozesse besonders in tieferen Gewässerschichten gekennzeichnet ist.
Ursachen der Eutrophierung sind die Nährstoffe, die vor allem durch die Landwirtschaft (Überdüngung) und aus den Haushalten (Phosphate aus Wasch- und Reinigungsmitteln, Exkremente) in die Gewässer gelangen. Das beschleunigte Wachstum und das vermehrte Absterben von Wasserpflanzen bzw. Pflanzenteilen führt zu Zersetzungsprozessen mit starkem Sauerstoffverbrauch, im fortgeschrittenen Stadium zu Fäulnis und Bildung giftiger Stoffe wie z. B. Ammoniak und Schwefelwasserstoff. Infolge Sauerstoffmangels können sich Fischeier nicht mehr entwickeln – es kommt zur Fischverarmung, unter Umständen auch zum Fischsterben.
Als Sofortmaßnahme gegen die Eutrophierung wird deshalb die sofortige künstliche Belüftung der betroffenen Gewässer empfohlen. Abgesehen von den damit verbundenen Kosten, kann dies sicher auch nicht die

endgültige Lösung der Probleme sein. Letztlich kann gegen die Eutrophierung nur die Beseitigung ihrer Ursachen helfen. Dazu gehören in erster Linie alle Maßnahmen, welche die übermäßige Nährstoffzufuhr verringern.
Dies betrifft nicht nur ein wirkungsvolleres System von Kläranlagen und spezielle Phosphat-Eliminierungsanlagen, sondern vor allem einen geringeren Verbrauch an Düngemitteln in der Landwirtschaft und von phosphathaltigen Wasch- und Reinigungsmitteln durch Industrie und private Haushalte.

Was tun?

- Verwenden Sie nur noch phosphatfreie Wasch- und Reinigungsmittel – und dies auch nur in Maßen!
- Erkundigen Sie sich nach der Abwasserbehandlung in Ihrer Gemeinde und fragen nach ihrer Qualität. Setzen Sie sich – wenn nötig – für eine Verbesserung der Klärwerksleistung ein!
- Auch der Kauf von Produkten aus der ökologischen Landwirtschaft bedeutet letztlich einen Beitrag zur Wasserqualität, da hier dem Risiko der Überdüngung entgegengewirkt wird.

Was lesen?

- Bundesministerium für Umwelt, Naturschutz und Reaktorsicherheit (Hrsg.): Was Sie schon immer über Wasser und Umwelt wissen wollten. Stuttgart, Berlin, Köln 1992.

Fahrrad

Fahrrad ist nicht gleich Fahrrad. Es gibt diese muskelgetriebenen Fortbewegungsmittel in einer unüberschaubaren Typenvielfalt: Tourenräder, Rennräder, Crossräder, Mountainbikes, Tandems, Hollandräder, als Dreirad, mit Anhänger ... Allen gemeinsam ist, daß ihr Gebrauch im Vergleich mit allen anderen Transportmitteln konkurrenzlos umweltfreundlich ist: Sie sind leise, es entstehen keine Abgase, sie verbrauchen keine Ressourcen, ihr Platzbedarf ist gering. Günstigenfalls investiert ihr Benutzer sogar noch etwas für seine eigene Gesundheit.

Welchen Fahrradtyp man auswählt, sollte in erster Linie von der Art der hauptsächlichen Nutzung abhängen. Mit einem Rennrad (Hauptmerkmal: schmale Reifen) kann man sich schnell und relativ komfortabel auf asphaltierten Straßen fortbewegen. Auf Waldwegen und schlecht gepflasterten Straßen ist dagegen ein Tourenrad mit breiteren Reifen angebracht. Stimmen muß auf jeden Fall die Ausstattung: Das Rad muß technisch in Ordnung sein, und um die Sicherheit des Fahrers zu gewährleisten, sind eine funktionierende Beleuchtung, Reflektoren in den Speichen sowie ein roter Rückreflektor und ein weißer Reflektor vorne unabdingbar. Weiteres Fahrradzubehör wird reichlich angeboten. Kindersitze und Fahrradhelme gehören zu den Teilen, an die erhöhte Sicherheitsanforderungen zu stellen sind.

Was tun?

- Nutzen Sie ein Fahrrad so oft wie möglich. Gerade auf kürzeren Strecken ist es eine konkrete Alternative zum →Auto.
- Fahrräder und Zubehör werden regelmäßig von unabhängigen Institutionen getestet. Gerade bei sicherheitsrelevanten Teilen sollten Sie sich vor dem Kauf umfassend informieren.
- Radfahrer sind organisiert in Fahrradclubs, die Lobbyarbeit leisten und rund ums Fahrrad beraten. Am bekanntesten ist der Allgemeine Deutsche Fahrrad-Club (ADFC).

Fahrradfahren

Im Gegensatz zum →Autofahren sind die Umweltbelastungen beim Fahrradfahren verschwindend gering: Fahrräder verbrauchen keine nicht erneuerbaren Ressourcen, sie erzeugen keine klima- und

gesundheitsschädlichen Abgase, ihre Lärmentwicklung ist vernachlässigbar. Die Benutzung des →Fahrrads bringt neben dem Freizeitwert vor allem auch in unseren überfüllten Innenstädten echte Vorteile.

Auf kurzen bis mittleren Strecken ist man mit dem Fahrrad schon fast genauso schnell wie mit einem Auto – bei Staus häufig schneller. Das zeitraubende und nervenaufreibende Parkplatzsuchen entfällt, Kosten für Parkhäuser oder Parkuhren entstehen nicht. Vielerorts ist die Mitnahme von Fahrräder auch in öffentlichen Verkehrsmitteln erlaubt, so daß größere Strecken in der Kombination Fahrrad/öffentliche Verkehrsmittel bewältigt werden können. Einige Städte haben bereits neben isolierten Fahrradwegen regelrechte Radwegenetze angelegt: Sie verfügen über eine eigene Beschilderung, die auf sichere und verkehrsärmere Routen hinweist, und hat weitere Benutzervorteile, wie z. B. die Möglichkeit für Radfahrer, Sackgassen zu durchfahren oder Einbahnstraßen exklusiv in Gegenrichtung zu benutzen. Allerdings gibt es auch immer noch zahlreiche negative Beispiele, wo Radwege unter Beschneidung des Fußgängerbereichs auf Bürgersteige verlegt wurden. Der Autoverkehr wird geschont, dafür kommt es verstärkt zu Konflikten zwischen den Verkehrsschwächeren!

Fahrradfahren ist nicht nur Fortbewegung zum Transport, sondern auch Freizeitvergnügen und Sport. Der ausufernde Fahrradzubehörmarkt unterstreicht dies deutlich. Fahrradfahren kann aber auch zur Naturbelastung werden, wenn es rücksichtslos ausgeübt wird. Gerade die modischen Mountainbikes verführen dazu, in Bereiche vorzudringen, die bisher von jedem Verkehr verschont geblieben waren.

Was tun?

- Probieren Sie aus, wie einfach und bequem Sie sich mit einem Fahrrad auch in unseren Innenstädten fortbewegen können. Häufig sind dafür nur geringe Verhaltensanpassungen nötig.
- Als Radfahrer erwarten Sie zu Recht Rücksichtnahme der Verkehrsstärkeren. Sie selbst sollten aber auch auf die noch Schwächeren im Verkehr achten, vor allem dann, wenn Radwege und Fußgängerbereiche ungünstig eng zusammen liegen.
- Achten Sie als Freizeitradler auf die Natur! Bleiben Sie auf den Wegen und fahren Sie nicht querfeldein, auch wenn Ihr Rad das eigentlich zuläßt.

Was lesen?

- Radfahren in Städten. test 9/90.

Farbstoffe

Farbstoffe werden Lebensmitteln zugesetzt, um Farbverluste, die beim →Haltbarmachen auftreten, auszugleichen, um mehr Reife oder mehr Gehalt (bei Brot) vorzutäuschen oder um einer vermuteten Verbrauchererwartung entgegenzukommen.

Neben traditionellen natürlichen Farbstoffen (die häufig auch als Gewürze wirken) wie Safran, Curcuma, Rote-Rüben-Saft, gibt es eine Reihe synthetische Farbstoffe.

Teilweise werden natürliche Stoffe künstlich nachgebaut, z. B. bei Carotin (»naturidentische Stoffe«).

Lebensmittelfarbstoffe werden mit E-Nummern zwischen 100 und 200 bezeichnet und sind auf der Verpackung von Lebensmitteln deklariert.

Diese Farbstoffe können sensibilisierend oder allergisierend wirken:

Azofarbstoffe	Acid Gelb 23 Dispers Blau 102, 124 Dispers Gelb 3,4 Dispers Orange 1, 3, 76 Dispers Rot 1, 17 Dispers Schwarz 1, 2
Anthrachinon-farbstoffe	Acid Schwarz Dispers Blau 1, 3, 7, 26, 35 Dispers Rot 11, 15 Foron Blau
Nitrofarb-stoffe	Dispers Gelb 1, 19
Methinfarb-stoffe	Dispers Gelb 39, 49
Chinolin	Dispers Gelb 54, 64
Triphenyl-methan	Acid Violett 17
andere	Chromat Vat Grün 1 Wollrot B

Einige Azofarbstoffe dürfen immer noch für die Färbung von Lebensmitteln verwendet werden, obwohl Verbraucherorganisationen und auch viele Mediziner schon lange einen Verzicht fordern.

Es sind dies:

E 102	Tartrazin
E 104	Chinolingelb
E 110	Gelborange
E 122	Azorubin
E 123	Amaranth
E 124	Cochenillerot
E 127	Erythrosin
E 131	Patentblau V
E 132	Indigotin I
E 142	Brillantsäure grün

Einige dieser Farbstoffe sind ebenfalls bekannte Allergieauslöser (Tartrazin, Amaranth). Wenn Sie also eine Strumpfbandallergie haben, sollten Sie besser auf Lebensmittel verzichten, die diese Farbstoffe enthalten.

Was tun?

- Kaufen Sie bevorzugt Lebensmittel ohne synthetische Farbstoffe. Lesen Sie das Kleingedruckte auf Lebensmittelverpackungen.

Was lesen?

- Zusatzstoffe in der Nahrung. In: Globus-Begleitmappe 4/87. Stuttgart 1987.
- Verbraucherzentrale Hamburg: Lebensmittel-Zutaten-Liste. Hamburg, 47. Auflage 1992.

Fenster

Fenster können verschiedene Umweltbereiche beeinträchtigen: Für die Materialauswahl der Rahmen können ökologische Kriterien herangezogen werden, ihre Pflege hat unter Umständen Auswirkungen auf die Luftqualität; ihre Dichtigkeit und ihr Schallisolationsvermögen beeinflussen das Wohlbefinden in den Innenräumen.

Die gebräuchlichen Holzfenster aus einheimischen Hölzern müssen zur Erhaltung ihrer Funktionsfähigkeit regelmäßig instandgesetzt werden. Die dafür erforderlichen →Lacke und Lasuren, mitunter sogar Holzschutzmittel (→Holzschutz), sind umweltbelastend und müssen sorgfältig ausgewählt und sparsam angewendet werden. Holzfenster aus Tropenhölzern erfordern zwar einen geringeren Wartungsaufwand, dafür trägt ihre Verwendung aber zur Vernichtung der tropischen Urwälder bei. Metallfenster werden in erster Linie aus →Aluminium hergestellt, dem Baustoff mit dem höchsten Primärenergieeinsatz. Kunststoffenster werden aus Polyvinylchlorid (PVC) mit einer Stahlinnenkonstruktion gefertigt.

Neben den auch PVC zuzurechnenden Umweltbelastungen der →Chlorchemie können hohe Belastungen durch →Dioxine entstehen, wenn im Brandfall das PVC zerstört wird.

Das Wärmeisolationsvermögen von Fenstern hängt einerseits von der Art der Verglasung (Einfach- oder Mehrfachverglasung), andererseits von der Dichtigkeit des Fensterrahmens ab.

Die Wärmeverluste von Fenstern ohne spezielle Dichtung verteilen sich etwa zu gleichen Teilen auf die Fensterscheibe und den Fensterrahmen. Bei Metallfensterrahmen sind besondere Wärmeschutzkonstruktionen erforderlich.

Zum individuellen Schutz vor Straßenverkehrs- und Fluglärm sind hochdämmende Schallschutzfenster häufig die einzige Möglichkeit. Je nach Stärke des erforderlichen Schallschutzes kann zwischen sechs Schallschutzklassen gewählt werden. In der höchsten Schallschutzklasse beträgt das Schalldämmaß mehr als 50 Dezibel.

Die Dichtigkeit von Fenstern ist eine Voraussetzung für das Einsparen von Energie und für einen guten Schallschutz. Allerdings können sich durch den stark eingeschränkten Luftaustausch Probleme bei der Raumlüftung ergeben, und Innenraumluftschadstoffe können sich anreichern.

Während Altbaufenster ohne zusätzliche Dichtungen Luftwechselraten von mehr als 1 pro Stunde (also der völlige Luftaustausch in einem Raum innerhalb einer Stunde) auch ohne Öffnen der Fenster zulassen, liegt dieser Wert bei modernen, abgedichteten Fenstern bei 0,3 oder noch tiefer.

Nicht von ungefähr sind Probleme mit Schadstoffen in Innenräumen verstärkt Mitte der siebziger Jahre aufgetreten, als aufgrund von Energiesparmaßnahmen vor allem Fenster nachträglich abgedichtet oder durch verbesserte Typen ersetzt wurden. Das Lüftungsverhalten muß deshalb bei abgedichteten Fenstern angepaßt werden (häufiges Stoßlüften), schon um den verbrauchten Sauerstoff zu ersetzen und eine zu hohe Raumluftfeuchtigkeit zu vermeiden.

Was tun?

- Achten Sie bei einem Neueinbau von Fenstern auf eine hochwärmedämmende Konstruktion.
- Der Pflegeaufwand für Holzfenster aus einheimischen Hölzern läßt sich bei einer entsprechenden Gestaltung der Fassade (z. B. mit weitem Dachüberstand) stark senken.
- Sorgen Sie in Ihrer Wohnung für dichte Fenster und passen Sie das Lüftungsverhalten an.

Fernreisen

Fernreisen haben sich in den letzten Jahrzehnten in der Bundesrepublik zu einem der wichtigsten sozialen Statussymbole entwickelt. Dabei gilt es heute im Extrem, möglichst mehrere kurze Reisen im Jahr zu möglichst weit entfernten Orten zu unternehmen. Was dabei vollkommen auf der Strecke bleibt ist – allein aufgrund der verheerenden Energiebilanz – der Umweltaspekt. Auch Legitimationsversuche wie die behaupteten »positiven« wirtschaftlichen Effekte für die Entwicklungsländer oder die »völkerverständigende« Wirkung von Begegnungen können nicht über die Problematik hinwegtäuschen.

Mit Fernreisen – insbesondere in Entwicklungsländer – sind zum Teil verheerende ökologische und soziale Probleme verbunden. Als soziokulturelle Folgen für die bereisten Länder werden zum Beispiel beklagt:

- die kulturelle Verflachung und Kommerzialisierung einheimischer Bräuche
- die zunehmende Unzufriedenheit oder gar Abwehr der einheimischen Bevölkerung aufgrund der Konsummuster und Verhaltensweisen, die von Touristen in Gastländern demonstriert werden
- die totale Ausrichtung wirtschaftlicher Strukturen auf den Tourismus und die damit verbundene Ausnutzung der Bevölkerung als Arbeitskraftreserve allein für diese Zwecke.

Auch die Umweltbilanz der bisherigen Jahrzehnte, in denen sich der Massentourismus ausbreiten konnte, ist absolut negativ: Betonwüsten an ehemaligen Naturstränden, Zersiedelung und Zerstörung ganzer Landstriche, Umweltbelastungen und Energieverschwendung durch hohes Verkehrsaufkommen, Gewässerverschmutzung durch ungeklärte Abwässer, Abgase und Lärmemissionen, Vernichtung von Tier- und

Pflanzenarten durch immer weiter vordringende sogenannte »Erschließungsmaßnahmen«, Verschmutzung der Landschaft durch Fäkalien und »Freizeitmüll« usw. Trotz (aber auch wegen) der intensiven Nutzung der Landschaft und der Natur in Mitteleuropa wurden in den letzten Jahren immer ferner gelegene Gebiete für den →Tourismus entdeckt und verfügbar gemacht. Der Tourismus wurde im Gegenzug von immer mehr Entwicklungsländern als Einkommensquelle entdeckt und akzeptiert. Die durch Touristen in ferne Länder fließenden Devisen wandern allerdings gewöhnlich genauso schnell wieder ab.
Einige deutsche Reiseveranstalter haben die Zeichen der Zeit erkannt und versuchen, die Umweltaspekte mehr oder weniger in ihren Angeboten zu berücksichtigen. Die Bewertung derartiger Angebote fällt im Einzelfall allerdings sehr schwer.

Was tun?

- Überlegen Sie noch einmal, bevor Sie die absurde Praxis des »schnelleren, weiteren und exotischeren« Reisens mitmachen. Gerade bei umweltbewußten Menschen finden die – noch wenig verbreiteten – Formen des »sanften Tourismus« weit mehr Anerkennung.

Was lesen?

- Ueli Mäder: Vom Kolonialismus zum Tourismus – von der Freizeit zur Freiheit. Zürich 1988.

Fernwärme

Fernwärme bedeutet die Versorgung von Räumen mit Wärme, die über Transportleitungen von zentralen Heizwerken oder Heizkraftwerken herangeführt wird. Da hier die →Abwärme, die sonst an die Umgebung abgegeben würde, noch zum Heizen verwendet wird, ergeben sich Energieersparnisse, höhere Wirkungsgrade und damit eine geringere Umweltbelastung als bei normalen Kraftwerken.
Die Fernwärme hatte 1990 in den alten Bundesländern erst einen Anteil von 9 Prozent am Wärmemarkt. Die Wärme ging zu 21 Prozent an industrielle Abnehmer, zu 35 Prozent an öffentliche Abnehmer wie Schwimmbäder, Krankenhäuser oder Verwaltungsbauten und zu weiteren 44 Prozent an private Haushalte. In den westlichen Bundesländern wurden ca. zwei Millionen Wohnungen mit Fernwärme versorgt, was jährlich etwa 2,7 Millionen Tonnen SKE Primärenergie einspart (dies entspricht ca. 2,2 Milliarden Liter Heizöl).

In den neuen Bundesländern hatte die Fernwärme im Laufe der Jahre einen wesentlich höheren Stellenwert erhalten. Dort hatte sie zuletzt einen Anteil von 25 Prozent am Wärmemarkt. Die ökologischen Vorteile wurden allerdings dadurch aufgewogen, daß der Betrieb fast ausschließlich mit Braunkohle erfolgte, große Wärmeverluste zu beklagen waren und das Verteilnetz – kaum gepflegt – heute grundsaniert werden muß.
In dem weiteren Ausbau der Fernwärmenutzung liegen noch große Potentiale zur Reduzierung des weltweiten Kohlendioxidausstoßes. Allerdings steht die Fernwärme in Konkurrenz zu →Blockheizkraftwerken, Wärmepumpen oder kleinen wirbelschichtbefeuerten Kohleheizkraftwerken, die dezentral mit hohem Wirkungsgrad eingesetzt werden können.

Was tun?

- Falls Sie die Möglichkeit haben, sollten Sie sich an die Versorgung mit Fernwärme anschließen. Die ist nicht nur ökologisch, sondern zumeist auch ökonomisch sinnvoll.

Was lesen?

- Kurt Traube: Pseudo-Ökonomische Hindernisse des Fernwärmeausbaus. In: Energiepolitik vor Ort. Köln 1985, S. 52.

Feuerlöscher

Feuerlöscher dienen zur Brandbekämpfung. Besonders umweltproblematisch sind alte, mit Halon arbeitende Geräte, die heute nicht mehr verkauft werden dürfen. Auf ihre sachgemäße Entsorgung ist ein besonderes Augenmerk zu legen.
Die meisten Feuerlöscher arbeiten entweder mit Pulver, mit →Kohlendioxid oder mit Halon. Entsprechend unterschiedlich ist ihre Wirkungsweise.
Löschpulver besteht aus einem Gemisch von Ammoniumsalzen, das unter Hitzeeinwirkung schmilzt und dabei dem Brandherd den Sauerstoff entzieht. Diese Geräte können daher Flüssigkeits- oder Gasbrände schlagartig löschen. Sie kühlen allerdings den Brandherd nicht ab, so daß ein Wiederaufflackern möglich ist. Pulverlöscher sind überall unabdingbar, wo elektrische Kabel brennen, die ihre Spannung ggf. über nasse Löschmedien auf das Löschpersonal überspringen lassen könnten.
Wie man heute weiß, sind Halone noch wesentlich schädlicher für die Ozonschicht als →Fluorchlorkohlenwasserstoffe. Halon-Feuerlöscher

sind deshalb seit dem 1. 1. 1994 endgültig verboten. Sie durften bereits seit dem 1. 11. 1991 an Händler zurückgegeben werden, und ihr Verkauf war seit dem 1. 1. 1992 nicht mehr gestattet.
Die Rückgabe funktioniert nicht zufriedenstellend, und die ordnungsgemäße Entsorgung des Halongases macht zur Zeit noch technische Probleme.

Was tun?

- Tauschen Sie etwa vorhandene alte Halon-Löscher möglichst bald gegen neue Pulverlöscher aus.
- Falls die Rückgabe beim Handel Probleme macht, werfen Sie den Löscher nicht weg, sondern wenden Sie sich an den Bundesverband Feuerlöschgeräte und -anlagen in Hagen/Westfalen, der eine Liste der Entsorgungseinrichtungen führt.

Was lesen?

- Pulver-Feuerlöscher. In: test, Heft 7/91.

Flächenversiegelung

Flächenversiegelung ist das Todesurteil für den Boden. Durch wasser- und meistens auch luftdichten Abschluß verliert er seine Funktion als Pflanzenstandort, Lebensraum für Tiere, Wasserspeicher und -filter. Außerdem beschleunigt die Flächenversiegelung den Wasserabfluß und verstärkt Hochwasserspitzen, wie zuletzt gesehen beim »Jahrhunderthochwasser« im Dezember 1993. Jeden Tag wird in Deutschland eine Fläche von 29 ha (= 40 Fußballfelder) neu versiegelt.
Neben notwendigen Flächenversiegelungen für Bauwerke werden häufig unbedacht Flächen für Vorplätze, Stell- und Parkplätze, öffentliche Anlagen sowie übertriebene Straßen- und Wegebaumaßnahmen versiegelt. Ein großer Anteil der versiegelten Flächen entfällt auf »Verkehrsflächen«, vom asphaltierten Feldweg bis zur Autobahn.
Die Versiegelung durch Bauwerke kann durch →Begrünung von Dächern und, was den Hochwasserabfluß betrifft, durch Sammeln von Regenwasser abgemildert werden.

Was tun?

- Vermeiden Sie die Versiegelung von Flächen in Haus und Garten, entfernen Sie vorhandene Versiegelungen nach Möglichkeit.

- Prüfen Sie, ob Sie Dächer begrünen können.
- Sammeln und nutzen Sie Regenwasser für die Gartenbewässerung und/oder für die Nutzung als Brauchwasser. In manchen fortschrittlichen Gemeinden gibt es Zuschüsse für entsprechende Anlagen.

Flammschutzmittel

Viele brennbare Materialien (z. B. Kunststoffe, Textilien, Isolationsmaterial im Baubereich) werden mit Flammschutzmitteln behandelt, damit sie nicht so schnell entzündet werden können oder im Brandfall sogar von selbst wieder verlöschen. Bei Gehäusen für Elektrogeräte und Computer wurden häufig polybromierte Diphenylether eingesetzt. Bei einem Brand können aus diesen Verbindungen bromierte Dibenzodioxine und Dibenzofurane entstehen, deren Giftigkeit mit der der bekannteren chlorierten →Dioxine bzw. →Furane vergleichbar ist. Geringe Mengen können auch schon beim normalen Betrieb der Geräte an die Luft abgegeben werden. Neben diesen und anderen organischen Verbindungen werden auch anorganische Stoffe, wie Antimon-Verbindungen oder Aluminiumhydroxid, als Flammschutzmittel eingesetzt.

Was tun?

- Aufgrund der öffentlichen Diskussion über Flammschutzmittel in den Gehäusen von Elektrogeräten mit ihren negativen Folgen werden in vielen Produkten in Deutschland polybromierte Diphenyle nicht mehr eingesetzt.
  Erkundigen Sie sich beim Kauf neuer Geräte auch nach diesem Aspekt der Produktsicherheit.
- Bei allen Bränden, an denen Kunststoffe beteiligt waren, sollten Sie beim Aufräumen und Reinigen besonders vorsichtig sein und sich ausreichend schützen (Haut und Atmung). Lassen Sie sich im Zweifel bei einem Umwelt- oder Gesundheitsamt beraten.

Fleckentferner

Einen wirksamen Fleckentferner gegen alles und jedes gibt es (leider) noch nicht, weil es eine Vielzahl unterschiedlicher Anschmutzungen und Textilien gibt.

Fleckentferner werden in der Form von Wasser, Milch, Paste, Seife, Stift, Salz oder gar als Spray angeboten.
Spezialmittel sind nur für bestimmte Flecke notwendig: gegen Kugelschreiberstriche, Lacke, Obst, Rost oder Blut.
Gesundheitsschädlich, weil giftig und zudem feuergefährlich, sind alle in Fleckenwassern, -milch, -pasten und -sprays rezeptierten organischen →Lösemittel. Abzulehnen sind auch jene Produkte, die eine Mixtur aus verschiedenen Lösemitteln enthalten, weil sich ihre schädigenden Wirkungen verstärken können.

Was tun?

- Verzichten Sie auf jegliches Fleckenmittel mit aromatischen oder chlororganischen Lösemitteln.
- Weil viele Flecken mit Gallseife oder Fleckensalz entfernt werden können, sollten Sie auf diese bewährten Hausmittel zurückgreifen. Erproben Sie jedes bewährte Hausmittel erst auf einem anderen, ähnlichen Stoff, um die Wirkung auf den Stoff zu prüfen.
- Je frischer der Fleck, um so größer die Reinigungswirkung. Oftmals helfen schon warmes Wasser oder Seife.

Was lesen?

- Umweltbundesamt (Hrsg.): Was Sie schon immer über Wasser und Umwelt wissen wollten. Berlin 1992. Kostenlos beim ZAD, Umweltbundesamt, Bismarckplatz 1, 14193 Berlin.
- Horst Speichert, Frank Brettschneider: Öko-Rat von A bis Z. Frankfurt 1990.
- Hans-Joachim Kursawa-Stucke, Volkmar Lübke: Das Umweltbuch für Eltern. München 1993.
- Öko-test (Hrsg.): Sonderdruck »Der Öko-Putzschrank«. Frankfurt 1992.
- John Elkington, Julia Hailes u. a.: Umweltfreundlich einkaufen. Von Shampoo bis Champagner. München 1992.

Flugverkehr

Der mengenmäßige Beitrag des Flugverkehrs zu den Gesamtumweltbelastungen des →Verkehrs ist zwar eher gering, allerdings werden in Deutschland auch nur 2,6 Prozent der Verkehrsleistung im Personenverkehr und 0,10 Prozent der Gütertransportleistung durch Flugzeuge abgewickelt (1992). Im Verhältnis dazu enorm

hoch ist die Betroffenheit der Bevölkerung durch Fluglärm: Fast jeder zweite Bundesbürger fühlt sich belästigt, 14 Prozent empfinden diese Beeinträchtigung als stark.
Der kleine Anteil des Flugverkehrs an den Schadstoffemissionen darf nicht dazu verführen, ihn in dieser Beziehung als zu vernachlässigende Größe einzustufen. Dort, wo Flugzeuge ihre Abgase in die Umwelt blasen, sind sie weit und breit die einzigen Schadstoffemittenten. Was →Stickstoffoxide, →Kohlenwasserstoffe oder sogar Wasserdampf (in den freigesetzten Mengen) in mehreren Kilometern Höhe oder sogar dicht an der Stratosphäre anrichten können, ist noch weitgehend unerforscht.

Was tun?

- Zur Fortbewegung, auch zum Verreisen, gibt es wesentlich umweltfreundlichere Transportmittel als das Flugzeug, z. B. die Eisenbahn. Besonders unsinnig sind Kurzstreckenflüge innerhalb Deutschlands, weil sie keine oder kaum eine Zeitersparnis im Vergleich zur modernen Bahn bringen.

Fluor

Das zur chemischen Gruppe der Halogene gehörende Fluor (Symbol: F) ist das reaktionsfähigste chemische Element überhaupt. Das grüngelbe, stechend riechende und stark ätzend wirkende Gas kommt deshalb in der Natur auch nicht elementar, sondern nur in Verbindungen mit anderen Elementen vor. Wie →Chlor wird es durch Elektrolyse aus Salzen hergestellt. Fluor selbst und seine Verbindungen (vor allem Fluorwasserstoff, gelöst in Wasser: Flußsäure) wirken stark pflanzenschädigend: Die Vegetation reagiert auf Fluorwasserstoff 100- bis 1000mal empfindlicher als auf Schwefeldioxid. Ertragseinbußen, Qualitätsminderungen und Veränderungen der äußeren Beschaffenheit sind bei einer Verschmutzung mit Fluorwasserstoff möglich. Fluorverbindungen können in Pflanzen angereichert werden. Dadurch ist es bereits zu Vergiftungserscheinungen bei Weidetieren in der Umgebung von großen Fluoremittenten gekommen.
Hauptverursacher für Fluoremissionen sind die Aluminiumherstellung, Ziegeleien und die Keramikindustrie. In Verbraucherprodukten kommt Fluor vor allem in Form von Natriumfluorid in Zahncremes als Mittel gegen Karies vor. In einigen Ländern wird Trinkwasser aus dem glei-

chen Grund fluoridiert. Auch in Deutschland wird dieses Thema regelmäßig diskutiert – bisher aber ohne Konsequenz.

Fluorchlorkohlenwasserstoffe

Wie kaum andere Chemikalien werden die Fluorchlorkohlenwasserstoffe (FCKW) mit globalen Umweltbelastungen schlechthin identifiziert. Die als Arbeitsstoffe hervorragend geeigneten, ungiftigen und nicht brennbaren FCKW werden nicht wie andere organische Stoffe bereits in der unteren Atmosphäre abgebaut, sondern erst unter den extremen Bedingungen der Stratosphäre aufgespalten. Das dadurch freigesetzte Chlor zerstört in einem katalytischen Prozeß das wichtige stratosphärische Ozon schneller, als es wieder nachgebildet werden kann. Die erst in den letzten 30 Jahren in großen Mengen verwandten Stoffe sind damit hauptverantwortlich für den weltweiten Abbau der →Ozonschicht und für das Auftreten von Ozonlöchern an Süd- und Nordpol. Gleichzeitig leisten sie einen erheblichen Beitrag zum →Treibhauseffekt.

Bei den hauptsächlich verwandten FCKW sind in einem Molekül mit einem oder zwei Kohlenstoffatomen alle Wasserstoffatome durch die Halogene Chlor und Fluor ersetzt. Die Verbindungen werden meist nicht mit ihrem chemischen Namen, sondern mit einer Ziffernkombination, die die Anzahl der Atome der einzelnen Elemente angibt, und dem Zusatz »R« (für »Refrigerant«, dem englischen Ausdruck für Kältemittel), »F« (für den vor allem in den USA häufig als Gruppenbezeichnung benutzten Handelsnamen »Freon«) oder dem Handelsnamen der Hersteller (z. B. Frigen, Kaltron, Freon) bezeichnet. Die wichtigsten Vertreter sind R 11 (Trichlorfluormethan), R 12 (Dichlordifluormethan) und R 113 (Trichlortrifluorethan). Diese sogenannten vollhalogenierten FCKW sind chemisch so unangreifbar (inert), daß sie auf eine Lebensdauer von 100 Jahren und mehr in der Atmosphäre kommen. Teilhalogenierte FCKW (abgekürzt häufig auch als H-FCKW bezeichnet) enthalten im Molekekül noch Wasserstoff und sind dadurch wesentlich reaktiver, d. h. sie dringen in nicht so großer Konzentration bis in die Stratosphäre vor, ihr Ozonabbaupotential (ODP-Wert, bezogen auf R 11 = 1) ist deshalb kleiner. Einen höheren ODP-Wert als FCKW haben Halone. Diese Stoffe enthalten im Molekül neben Chlor und Fluor auch noch das Halogen Brom, das beim Ozonabbau wesentlich »effektiver« als Chlor ist.

Erfunden wurden FCKW Ende der zwanziger Jahre als Kältemittel. Ihren Siegeszug traten sie aber erst nach dem 2. Weltkrieg an, als sie vor

allem in Sprayprodukten als Treibmittel eingesetzt wurden. In den Spitzenzeiten ihrer Verwendung (weltweit mehr als eine Million Tonnen jährlich, Anteil der Produktion in Deutschland etwa zehn Prozent) entfiel mehr als die Hälfte der Produktion allein auf diesen Einsatzbereich. Daneben wurden sie zum Aufschäumen von Kunststoffen (für Isolations- und Polstermaterial sowie für Wegwerfgeschirr), als Lösemittel (in chemischen Reinigungen und für die Werkstoffreinigung) und – zum geringsten Teil – als Kältemittel eingesetzt. Halone werden vor allem als Feuerbekämpfungsmittel in stationären Löschanlagen und in →Feuerlöschern (in Deutschland inzwischen verboten) benutzt.
Aufgrund ihrer gravierenden weltweiten Auswirkungen wurden zur Beschränkung der FCKW-Verwendung internationale Vereinbarungen getroffen (Konvention zum Schutz der Ozonschicht 1984, Montreal-Protokoll 1987 mit konkreten Verboten, inzwischen mehrfach verschärft). Damit die Produktion von FCKW weltweit wirklich abnimmt, sind Hilfen für die Staaten erforderlich, die heute erst einen kleinen Verbrauch haben, aber über ein gewaltiges »Entwicklungspotential« in diesem Bereich verfügen, also vor allem für die bevölkerungsreichen Entwicklungs- und Schwellenländer. Diese Staaten müssen auch finanziell in die Lage versetzt werden, unmittelbar auf die teureren FCKW-freien Technologien umzusteigen. Wenig sinnvoll ist es in diesem Zusammenhang, den FCKW-Verbrauch in den Industriestaaten zu drosseln, die Stoffe aber weiter herzustellen und die Produktionsüberschüsse zu exportieren. In Deutschland wird Herstellung und Verbrauch vollhalogenierter FCKW bis 1995 stufenweise verboten. 1992 wurden noch 15 000 Tonnen verbraucht, hergestellt wurden aber 59 000 Tonnen!
Für FCKW-Einsatzgebiete gibt es eine Reihe erprobter umweltverträglicherer Technologien und Ersatzstoffe. Die chemische Industrie propagiert den Einsatz von Fluorwasserstoffen (FKW), die die Ozonschicht nicht angreifen, weil sie kein Chlor enthalten. Dafür leisten sie aber – wie auch die FCKW – einen erheblichen Beitrag zum →Treibhauseffekt. Besser ist es, auch auf diese langlebigen Stoffe möglichst zu verzichten.

Was tun?

- FCKW-haltige Produkte gibt es auch heute immer noch im Handel. Seien Sie besonders kritisch bei Wärmedämmaterialien aus Schaumstoffen und bei Montageschäumen.
- Es gibt heute immer mehr Kältegeräte großer Hersteller, die völlig ohne FCKW und FKW im Kältemittel und in der Isolation auskommen und die trotzdem nicht mehr Energie verbrauchen als vergleichbare andere Geräte.

- Lassen Sie Ihr ausgedientes Kältegerät ordnungsgemäß entsorgen, damit nicht noch mehr FCKW freigesetzt wird (Rückgabe beim Neukauf).

Formaldehyd

Das farblose, stechend riechende Gas Formaldehyd (chemische Formel: HCHO) ist als Innenraumschadstoff in den achtziger Jahren großen Bevölkerungskreisen bekannt geworden. Die Freisetzung vor allem aus beim Bauen verwendeten Spanplatten und aus Möbeln führte zu einer hitzigen Diskussion über Schadstoffe in Innenräumen als Teil der allgemeinen Umweltbelastungen, die immer noch anhält.

Formaldehyd ruft bereits in geringen Konzentrationen in der Luft Reizungen der Schleimhäute in Augen, Nase und Rachen hervor. Bei höheren Konzentrationen sind Lungenschäden möglich. Durch Hautkontakt, z. B. mit Formaldehyd-Lösungen, können Allergien ausgelöst werden. Aufgrund von Tierversuchen steht Formaldehyd im Verdacht, Krebs zu erzeugen (→MAK-Werte-Liste, Abschnitt III B).

Der überwiegende Teil der jährlich hergestellten ca. 500 000 Tonnen Formaldehyd (alte Bundesländer) wird zu Aminoplast-Harzen weiterverarbeitet und zur Herstellung von Holzwerkstoffen (→Spanplatten, Sperrholz), Textilhilfsmitteln, Klebstoffen, Lacken usw. verwendet. Daneben werden Formaldehyd-Lösungen (Handelsname: Formalin) zum Desinfizieren und als Konservierungsmittel (z. B. für →Kosmetika) eingesetzt. Bei Verbrennungsprozessen entsteht Formaldehyd als ein Produkt der unvollständigen Verbrennung, z. B. im Abgas von Autos oder im Rauch von Zigaretten.

Wichtigste Belastungsquelle des Menschen durch Formaldehyd ist die Freisetzung aus Spanplatten in Innenräumen. Durch die chemische Spaltung der Aminoplast-Bindemittel kann das Gas über Jahre an die Raumluft abgegeben werden. Neben Möbelspanplatten kommen dafür vor allem Verlegeplatten von Decken- und Wandkonstruktionen in Fertighäusern in Frage. Weitere relevante Schadstoffquellen können säurehärtende Lacke (z. B. als Parkettversiegelung oder Möbellack) und Aminoplast-Ortschäume (UF-Schäume) zur Wärmeisolation sein. Minderungsmaßnahmen bei vorhandenen Formaldehydquellen in Innenräumen sind meist nicht möglich oder halten nicht lange an, so daß häufig nur die Entfernung der Emissionsquelle als Problemlösung bleibt. Das Bundesgesundheitsamt hat empfohlen, daß eine Konzentration von 0,1 ppm (= 0,1 ml Formaldehyd pro Kubikmeter Luft) in Innenräumen nicht überschritten werden soll. In der Gefahrstoffverordnung sind entsprechende Grenzwerte für Holzwerkstoffe im Grundsatz festgelegt worden, die jedoch von einem bestimmten Meßverfahren abhängen, das nur im beschränkten Maße repräsentativ für die wirkliche Situation in Häusern und Wohnungen ist. In der Praxis kann es durch die Anhäufung verschiedener Formaldehydquellen oder einfach durch die Tatsache, daß sich in einem Raum mehr Möbel als von der Verordnung »vorgesehen« befinden, zu Überschreitungen des empfohlenen Innenraumwertes von 0,1 ppm kommen.

Was tun?

- Raumluftuntersuchungen auf Schadstoffe können extrem teuer sein. Im Falle von (vermuteten) Formaldehydbelastungen empfiehlt es sich, zuerst die mögliche Emissionsquelle (Möbel, Lack, Holzwerkstoffeinbauten) zu identifizieren und daran eine wesentlich billigere Materialuntersuchung durchführen zu lassen. Gleichzeitig haben sie mit einem derartigen Gutachten (am besten von einer anerkannten Materialprüfungsanstalt) die meisten Aussichten, Regreßansprüche gegen Händler oder Handwerker durchzusetzen.
- Neue formaldehydabgebende Produkte sollten Sie nicht in Ihre Wohnung holen. Lassen Sie sich beim Kauf bestätigen, daß die gesetzlichen Bestimmungen eingehalten wurden oder die Produkte komplett formaldehydfrei sind. Formaldehydarme Produkte aus Holzwerkstoffen für die Verwendung in Innenräumen sind mit dem Umweltzeichen (»Blauer Engel«) gekennzeichnet.

Was lesen?

»Formaldehyd in Haus und Haut«; Broschüre der Verbraucherzentrale Nordrhein-Westfalen, Düsseldorf.

Fotochemikalien

Die deutsche Fotoindustrie setzt etwa 150 verschiedene Fotochemikalien im professionellen Farbentwicklungsbereich ein. Entwicklersubstanzen sind stark sauerstoffzehrend im Abwasserbereich. Das Schnellfixiersalz schädigt die Kanalisation und erhöht die Stickstoffbelastung der Gewässer. Filme sind mit einen hohen Silberanteil, Fotopapiere mit wesentlich geringeren Mengen ausgestattet. Gebrauchte Fixierbäder enthalten gelöste Silberanteile und Spülbäder alle eingesetzten Chemikalien in geringen Mengen.

Verbrauchte Fotochemikalien werden im gewerblichen Bereich als Sonderabfall gesammelt bzw. zur Wiederaufbereitung gegeben. Zumindest die Silberrückgewinnung ist heute im gewerblichen Bereich üblich. Professionelle Fotolabors arbeiten aus wirtschaftlichen Gründen mit einem optimalen und möglichst niedrigen Chemikalieneinsatz und modernen Recyclingtechniken.

Was tun?

- Bringen Sie Ihre verbrauchten Fotochemikalien zur Sondermüll-Sammelstelle oder zu Ihrem Fotochemikalienhändler zurück. Auf keinen Fall gehören Fotochemikalien ins häusliche Abwassersystem.

Was lesen?

- Barbara Zeschmar-Lahl: Der umweltfreundliche Haushalt. Niedernhausen 1991.

Furane

Diese chemisch eng mit den →Dioxinen verwandten Stoffe haben auch weitgehend die gleichen toxikologischen Eigenschaften. Insgesamt gehören 135 verschiedene Verbindungen zu dieser Stoffklasse.

Fußbodenbeläge

Je nach Anwendungsbereich und ästhetischem Empfinden können die unterschiedlichsten Beläge für Fußböden verwendet werden: Natursteine (z. B. Marmor) oder Fliesen aus Keramik, Holz in Form von Dielen oder als Parkett, textile Beläge aus Kunst- oder Naturfasern, Kunststoffe wie Polyvinylchlorid (PVC) oder natürliche Produkte wie Linoleum oder Kork. Umwelt- und Gesundheitsprobleme können durch Herstellung und Verwendung, durch die Art der Verarbeitung und Pflege und sogar bei der Entfernung von Fußbodenbelägen auftreten.

Bestimmte Fliesenglasuren enthalten Pigmente auf der Basis von →Blei oder →Cadmium. Holzfußböden sollten aus einheimischen Hölzern, nicht aus Tropenholz hergestellt sein. Für die Behandlung der Holzoberfläche werden häufig lösemittelreiche →Lacke verwendet oder säurehärtende Lacke (SH-Lacke), die über lange Zeiträume →Formaldehyd abgeben können. Dieser Innenraumschadstoff kann auch aus Fertigparkett freigesetzt werden, wenn ein derartiger Lack oder eine →Spanplatte als Trägermaterial verwendet wurde. Teppiche haben häufig eine geschäumte Unterseite. Aus Spaltprodukten bei der Herstellung werden mitunter geruchsintensive Stoffe abgeben, die zu einer lang anhaltenden Belästigung führen. Naturmaterialien für die Teppichoberfläche sind häufig mit Mitteln behandelt, die einem Schädlingsbefall vorbeugen sollen (Eulanisierung), die aber auch die Benutzer belasten können. Kork- und Linoleumbeläge, die an sich sehr umwelt- und gesundheitsverträglich sind, werden auch mit Beschichtungen aus Lacken oder sogar PVC angeboten. Kunststoff-Fußbodenbeläge sind in der Regel aus PVC gefertigt. Sie enthalten →Weichmacher und setzen im Brandfall die hochgiftigen →Dioxine frei. Bei fast allen Fußbodenbelägen können bei der Verlegung lösemittelreiche Klebstoffe zum Einsatz kommen, die sowohl die Umwelt als auch den Verarbeiter belasten. Besonders kritisch sind alte PVC-Beläge, die als Trägermaterial eine →Asbest-Pappe haben. Bei ihrer Entfernung können hohe Asbestkonzentrationen entstehen. Für Reinigungs- und Pflegeaufgaben sind heute Grund- und Fußbodenreiniger auf Lösemittelbasis, kombinierte Reinigungs- und Pflegemittel sowie reine Pflegemittel auf dem Markt. Flüssige Fußbodenreiniger enthalten mehr organische →Lösemittel. Es werden zunehmend Reinigungs- und Pflegemittel wie Seifenreiniger und Wischpflegemittel angeboten. Wischpflegemittel als Wasserzusatz reinigen und pflegen zugleich. Reine Pflegemittel enthalten Öle, Fette, Wachse und Kunststoffe. Selbstglanzemulsionen enthalten oft Kunststoffe und/oder Wachse und Lösemittel, die mit einem Grundreiniger wieder entfernt werden. Bohnerwachse bestehen aus Wachsen und Terpentin-Ersatz (Testbenzin) oder Kanauberwachs, die zu einer Paste verknetet sind.

Was tun?

- Wählen Sie einen Fußbodenbelag nach der Höhe der Beanspruchung aus. Besonders für feuchte Räume (Küche, Bad) eignen sich Beläge aus Natursteinen und Fliesen. Im Wohn- und Küchenbereich sollten Sie einen Stein- oder Keramikbelag nur in Verbindung mit einer Fußbodenheizung wählen.
- Bei der Wahl Ihres Fußbodens sollten Sie berücksichtigen, daß der Belag mit einem neutralen und lösemittelfreien Reinigungsmittel oder gar nur mit klarem Wasser gereinigt werden kann. Vorteilhaft ist, wenn der neue Boden anfangs mit stark lösemittelreduzierten Versiegelungssystemen auf der Basis von Akryl- und/oder Alkydharzen geschützt wird (→Farben, →Lacke). So können Sie künftig mit einem schadstoffreduzierten Putzmittel arbeiten.

- Verwenden Sie als Klebstoff möglichst lösemittelfreie Produkte (z. B. Dispersionskleber). Prüfen Sie Alternativen zum Verkleben (Nageln von Dielen, Verspannen von Teppichböden, punktuelles Fixieren mit doppelseitig klebenden Bändern).
- Der umweltbewußte Haushalt verwendet einen milden →Allzweckreiniger. Wasserfreie, lösemittelhaltige Fußbodenreiniger sind aus Gesundheitsgründen nicht zu empfehlen.
- Für wenig beanspruchte Holzböden reicht Wachs für die Oberflächenbehandlung völlig aus. Natürliche Pflegemittel wie Bienenwachse vertragen sich jedoch nicht mit »harten« chemischen Reinigungsmitteln. Das Wachs wird vielmehr abgelöst. Für die Versiegelung stärker beanspruchter Böden sollten Sie einen schadstoffarmen →Lack verwenden.
- Kokos-, Sisal- oder Baumwollteppiche können Pestizide enthalten. Lassen Sie sich beim Kauf die Pestizidfreiheit schriftlich bestätigen.
- Bei anhaltenden Geruchsbelästigungen durch neue Teppichböden sollten Sie bei Ihrem Händler reklamieren. Ein Gutachten hierüber kann beim Deutschen Teppichforschungsinstitut in Aachen in Auftrag gegeben werden.
- Wenn Sie einen alten PVC-Belag mit eventueller Asbest-Rückenbeschichtung haben, sollten Sie bei einer Neuverlegung den alten Belag nicht selbst entfernen. Beauftragen Sie im Zweifelsfall einen Spezialbetrieb.

Garten

Ein Garten ist eine meist wohnungsnahe, eingezäunte Fläche, die der Erholung, der Nahrungsmittelproduktion, der Zierde oder dem Prestige dient.
Da die Bewirtschaftung von Nutzgärten nicht so stark ökonomischen Zwängen unterworfen ist wie die von landwirtschaftlichen Flächen, werden in Gärten einerseits teilweise ohne Rücksicht auf Kosten Dünger und Pflanzenschutzmittel verwendet, aus demselben Grund wird ein wesentlicher höherer Anteil der Gärten als der Äcker biologisch bewirtschaftet. Hinzu kommt der Wunsch, sich im Garten nicht selbst der Gesundheitsbelastung durch Pestizide auszusetzen. Im Ziergarten lassen sich Lebensräume für zahlreiche Pflanzen- und Tierarten schaffen (Naturgarten). Dabei sollten bevorzugt Elemente solcher Lebensräume übernommen werden, die in der freien Landschaft selten geworden sind, also alle →Biotope, die vom Einheits-Produktionsstandort mittlerer Feuchte und hohen Nährstoffgehalts abweichen: Trockenbiotope wie Trockenmauern, Geröll-, Stein- oder Magerrasenflächen, Tümpel, vernäßte Stellen, Hecken und Wildsträucher, Obstbäume. Zusätzlich können Nisthilfen für Insekten (Lehmwände, Holzblöcke mit Bohrungen, »Wohnungen« für Ohrwürmer und Florfliegen) und Vögel geschaffen werden. Nisthilfen für Nützlinge und küchenmäßig nutzbare Trockenbiotope wie die »Kräuterspirale« verbinden Nutz- und Naturgarten.

Was lesen?

- Ernst Hoplitschek und Bodo Tegethoff: Garten ohne Gift. Niedernhausen/Ts. 1989.
- Herwig Klemp, Claus Döpper, Ernst Hoplitschek: Naturschutz beginnt im Garten. BUND-Kampagnenmappe 1991.
- Bund für Umwelt und Naturschutz Deutschland (Hrsg.): Lebendige Welt hinter dem Haus. Kampagnenmappe 1989.
- Gertrud Franck: Gesunder Garten durch Mischkultur. München 1986.

Gartenbewässerung

Gartenbewässerung verbraucht viel Trinkwasser, ist aber nur in Einzelfällen notwendig. Ein großer Teil des zur Gartenbewässerung eingesetzten Wassers wird für kurzgeschnittene Rasenflächen verbraucht. Eine richtige Wiese dagegen übersteht Trockenperioden ohne Bewässerung.

Notwendig ist die Bewässerung beim Pflanzen vorgezogener Setzlinge und bei manchen Gemüsesorten, die viel Wasser benötigen, während Trockenperioden. Regenwasser ist Leitungswasser vorzuziehen, weil es nicht gechlort ist und in der Sammeltonne vorgewärmt wird. Außerdem trägt die Nutzung von Regenwasser von versiegelten Flächen, z. B. Dächern, zur Abmilderung von Hochwasserspitzen bei und schont die Grundwasservorräte. In Gebieten mit hoher Luftbelastung kann es sinnvoll sein, Gewitterregen während der ersten Minuten an der Regentonne vorbeizuleiten.
Eine Mulchschicht auf Beeten hilft, die Feuchtigkeit zu erhalten und macht Bewässerung während kürzerer Trockenzeiten überflüssig.

Was tun?

- Bewässern Sie Ihren Garten sparsam.
- Nutzen Sie Regenwasser für die Gartenbewässerung.
- Bringen Sie auf Beeten eine Mulchschicht auf, um die Feuchtigkeit zu erhalten.
- Mähen Sie Ihren Rasen oder Ihre Wiese nicht zu oft.

Gartenteich

Ein Gartenteich heißt auf neudeutsch →Biotop und ist eine einfache Möglichkeit, etwas Natur in den Garten zu holen.
Während der letzten hundert Jahre wurde eine riesige Zahl von Kleingewässern vernichtet, vor allem im Zuge des technischen Ausbaus von Flüssen und der Intensivierung der landwirtschaftlichen Nutzung. Daher sind viele Pflanzen- und Tierarten der Kleingewässer heute stark gefährdet. Einige davon, z. B. die Wechselkröte und verschiedene Libellenarten, stellen sich (dort, wo sie aus klimatischen Gründen vorkommen) häufig schnell an Gartenteichen ein.

Was tun?

Bei schweren Böden kann die Abdichtung mit Ton ausreichen, bei wasserdurchlässigen Böden müssen Teiche meist mit Kunststoffolie abgedichtet werden.
In der Mitte sollte die Tiefe mindestens einen Meter betragen, um das Durchfrieren im Winter zu verhindern. Flachwasserzonen am Ufer sind wichtig. Die Bepflanzung sollte sehr sparsam erfolgen – die Pflanzen breiten sich schnell aus. Auf keinen Fall darf Dünger oder Humus einge-

bracht werden – das führt sofort zur Überdüngung und zu Algenwachstum.

Der Besatz mit Amphibien oder mit deren Laich, der aus der Natur entnommen wurde, ist verboten. Dies ist verständlich, wenn man bedenkt, daß Frösche, die in einem Gartenteich zur Welt kommen, oft keine Chance haben, einen geeigneten Sommerlebensraum zu erreichen. In Teichen, die in Kontakt mit geeigneten Lebensräumen stehen, stellen sich die passenden Arten von selbst ein.

Auf den Besatz mit Fischen sollte in kleineren Teichen – und in Gärten passen meist nur kleinere Teiche – verzichtet werden. Das Füttern von Zierfischen ist ein häufiger Grund für Überdüngungsprobleme in Gartenteichen.

Was lesen?

- Bund für Umwelt und Naturschutz Deutschland (Hrsg.): Anlage eines naturnahen Gartenteiches. BUND-Kampagnenbroschüre, 1991.
- Wolfgang Engelhardt: Was lebt in Tümpel, Bach und Weiher? Pflanzen und Tiere unserer Gewässer in Farbe. Stuttgart, 13. Auflage 1989.

Gefahrensymbole

Nach der →Gefahrstoffverordnung müssen gefährliche Stoffe und Zubereitungen, wie sie im →Chemikaliengesetz definiert sind, eingestuft und gekennzeichnet werden. Auf die Hauptgefahren wird durch ein oder mehrere Gefahrensymbole – eine schwarze Darstellung auf orangefarbenem Grund – hingewiesen. Zusätzlich werden standardisierte Angaben zu besonderen Gefahren (sogenannte R-Sätze, z. B. R 27: sehr giftig bei Berührung mit der Haut) und Sicherheitsratschläge (sogenannte S-Sätze, z. B. S 29: Nicht in die Kanalisation gelangen lassen) gemacht. 1992 wurde von der EG

Mit diesem Symbol sollen zukünftig umweltgefährdende Stoffe und Zubereitungen gekennzeichnet werden.

E Explosions-gefährlich

O Brandfördernd

F+ Hochentzündlich

F Leichtentzündlich

T+ Sehr giftig

T Giftig

Xn Mindergiftig

C Ätzend

Xi Reizend

Die Gefahrensymbole nach der Gefahrstoffverordnung

beschlossen, zukünftig auch das Gefahrenmerkmal »umweltgefährlich« speziell zu kennzeichnen. Die entsprechenden Kriterien wurden erarbeitet und ein Symbol entwickelt. In Deutschland ist diese EU-Richtlinie aber noch nicht in nationales Recht umgesetzt worden, so daß man das Gefahrensymbol »umweltgefährlich« bisher noch nicht auf Produkten findet.

Was tun?

- Verbraucher finden Gefahrensymbole vor allem bei Farben, Lacken, Klebstoffen und Holzschutzmitteln. Nehmen Sie die Warnhinweise ernst!
- Falls auf einem potentiell gefährlichen Produkt kein Gefahrensymbol ist, bedeutet das nicht automatisch, daß Sie damit sorglos umgehen können. Zum einen ist die Kennzeichnungspflicht an bestimmte Mindestkonzentrationen gebunden, zum anderen können nur bereits bekannte und nachgewiesene Gefahren berücksichtigt werden. Es dauert eine geraume Zeit, bis sich neue wissenschaftliche Erkenntnisse auch in einer geänderten Kennzeichnung niederschlagen.

Gefahrstoffverordnung

Die Verordnung über gefährliche Stoffe (GefStoffV) vom 26. 8. 1986 (BGBl. I S. 1470; Rechtsgrundlage: →Chemikaliengesetz) enthält Regelungen, die beim Herstellen, Verkauf und Verwenden gefährlicher Stoffe und ihrer Zubereitungen eingehalten werden müssen. Dazu gehören die Bestimmung der Gefährlichkeit und die entsprechenden Kennzeichnungs- und Umgangsvorschriften (u. a. legt die Gefahrstoffverordnung die Kennzeichnungssymbole wie z. B. den schwarzen Totenkopf auf orangenem Grund für giftige Stoffe fest; →Chemikaliengesetz). Für besonders gefährliche Stoffe (z. B. krebserzeugende Stoffe) sind spezielle Vorschriften enthalten. Die Gefahrstoffverordnung hat die Arbeitsstoffverordnung abgelöst.

Gemeinschaftsauto

Privat genutzte Autos werden im Durchschnitt nur etwa 40 Minuten am Tag wirklich gefahren, den Rest der Zeit (und das sind immerhin 97 Prozent) stehen sie herum. Dieses Unverhältnis hat zahl-

reiche Menschen dazu gebracht, auf ein eigenes Auto zu verzichten und sich eins mit anderen zu teilen (Car-sharing). Für diese wirtschaftlich sinnvolle Handlungsweise werden aber auch immer wieder ökologische Gründe angeführt. Damit ist es allerdings objektiv gesehen nicht allzuweit her.

Das stehende Auto verursacht kaum Umweltbelastungen, wenn man vom Flächenbedarf für den Standplatz einmal absieht. Dafür, daß das →Auto ein Hauptverursacher von Umweltschäden in Deutschland ist, ist in erster Linie seine Benutzung verantwortlich. Und die wird durch ein Gemeinschaftsauto vom Ansatz her nicht wesentlich reduziert. Allerdings: Ein nicht immer vor der Haustür fahrbereit wartendes Auto erzieht sicherlich zu einem bewußteren Umgang mit den eigenen Mobilitätswünschen. Insofern können sich durchaus auch positive Umweltaspekte indirekt ergeben. Generell gilt aber: Je weniger ein Gemeinschaftsauto gefahren wird, um so besser. Positiv für die Umwelt würden auch unterbliebene Belastungen bei der Herstellung und Entsorgung von Autos zu Buche schlagen, wenn aufgrund des verstärkten Einsatzes von Gemeinschaftsautos weniger Fahrzeuge produziert würden.

Was tun?

- Wer sich über Erfahrungen mit Gemeinschaftsautos informieren will, kann sich an den Verkehrsclub Deutschland (VCD) wenden.

Gentechnologie

Zusammenfassender Begriff für Methoden, Gene als Träger der Erbsubstanz zu isolieren, ihre Signalstrukturen zu analysieren, sie zu verändern bzw. neu zu kombinieren. Mit Hilfe der Genchirurgie können Gene auch über evolutionär weit auseinanderliegende Arten hinweg ausgetauscht bzw. kombiniert werden. Auch die gezielte Veränderung bzw. Synthetisierung von genetischem Material ist heute bereits möglich. Die dabei entstehenden neuen Formen sind in der Gesamtheit ihrer Eigenschaften nicht vollständig prognostizierbar, weshalb die Gentechnologie nicht nur wirtschaftliche Möglichkeiten, sondern auch zahlreiche Risiken für Umwelt und Gesundheit birgt.

Wirtschaftliche Verwertungsinteressen haben bereits im Laufe der achtziger Jahre eine enorme Intensivierung der gentechnologischen Forschung und Entwicklung in den folgenden Bereichen gebracht:

- in der Humanmedizin: gentechnisch gewonnene Arzneimittel und

Impfstoffe sowie neue Diagnose- und Therapieverfahren (Gentherapie, Genomanalyse).

- in der Tierproduktion: neue Impfstoffe und Wachstumshormone sowie erste Ergebnisse bei der Züchtung gentechnisch manipulierter Nutztiere.
- in der Pflanzenproduktion: die Erzeugung neuer krankheits-, schädlings- bzw. herbizidresistenter Pflanzen sowie die Entwicklung neuer Pflanzenschutzmittel.
- in der Energiegewinnung aus nachwachsenden Rohstoffen: die Anwendung bzw. Optimierung biochemischer Prozesse in der Rohstoffproduktion, bzw. -umwandlung.
- im Umweltschutz: die Entwicklung von gentechnisch veränderten Mikroorganismen zum beschleunigten Abbau von Schadstoffen.
- in der Lebensmittelproduktion: die gentechnische Veränderung von Starterkulturen und die Produktion von Enzymen, Aromen, Süß- und Zusatzstoffen durch gentechnisch manipulierte Mikroorganismen.

Befürworter halten die Gentechnik bei der Entwicklung von neuen Arzneimitteln, z. B. gegen Krebs und Aids, und bei der Reparatur von Erbkrankheiten bei Menschen (Genomanalyse) für unverzichtbar. Auch die internationale Konkurrenz sowie die Sicherung des Wirtschaftsstandortes Deutschland werden immer wieder als Argumente für die Gentechnologie angeführt.
Von Kritikern der Gentechnologie werden insbesondere die Risiken der Freisetzung gentechnisch veränderter Lebewesen betont, deren Auswirkung auf die bis dahin geltenden, in Hunderttausenden von Jahren gewachsenen Ökosysteme letztlich nicht abschätzbar sind. Dazu gehören auch die gesundheitlichen Risiken für den Menschen, die durch die gentechnische Veränderung und Freisetzung von Mikroorganismen entstehen können. Kritisch betrachtet werden auch die weitere Reduzierung der Artenvielfalt sowie die Defizite in der Sicherheitsforschung. Trotz dieser Bedenken wurden 1993 die ersten Freilandversuche genehmigt.

Was tun?

- Sollten Sie der Gentechnologie kritisch gegenüberstehen, so ist es sinnvoll, in Bürgerinitiativen oder Verbänden mitzuwirken, da Einzelstimmen in diesem Bereich kaum Gewicht haben.

Was lesen?

- Der regelmäßig erscheinende Informationsdienst GID (»Gen-ethischer Informationsdienst«) wird herausgegeben vom Gen-ethischen Netzwerk, Winterfeldstr. 3, 10781 Berlin.

- Christa Becktepe und Simone Jacob (Hrsg.): Genüsse aus dem Gen-Labor? Bonn 1993.
- Martin Thurau (Hrsg.): Gentechnik – Wer kontrolliert die Industrie? Frankfurt/Main 1989.

Geschirrspülmaschinen

Die Industrie hat es verstanden, den Energie- und Wasserverbrauch der letzten Generationen von Geschirrspülern immer weiter zu reduzieren. Trotzdem müssen bei einem Vergleich zwischen maschinellem Spülen und dem Spülen per Hand unter ökologischen Aspekten auch die Produktions- und Entsorgungsaspekte der Maschinen sowie die weitaus größeren Umweltbelastungen durch das Maschinenspülmittel berücksichtigt werden. Unter diesen Aspekten geht die Bilanz letztlich immer noch für das Spülen von Hand aus.

Die Marktsättigung lag bei den Geschirrspülmaschinen im Jahr 1992 in den westlichen Bundesländern bei 42 Prozent, im Osten bei drei Prozent.

Nach einem relativ steilen Anstieg Anfang der achtziger Jahre hat sich der Wert jetzt seit einigen Jahren in dieser Höhe gehalten, und der jährliche Absatz von etwa 600 000 Geräten betrifft bereits zur Hälfte den Ersatzbedarf. Seit einiger Zeit wird der Versuch unternommen, doch noch zu neuen Markterfolgen zu kommen, indem kleinere Geräte (für kleinere Haushalte) entwickelt werden, die auch ein geringeres Fassungsvermögen haben.

Aus der Sicht der Umweltverträglichkeit stellt sich vor allem die Frage, ob das Spülen von Hand oder das Spülen mit der Maschine die Umwelt mehr belastet. Wenn man dabei nur den Wasser- und den Energieverbrauch vergleicht, so schneiden die neuen Geschirrspülmaschinen in der Tat nicht schlecht ab (zumal der Wasserverbrauch beim Spülen von Hand individuell sehr unterschiedlich ist, wie Versuchsreihen gezeigt haben). Was den Energieverbrauch betrifft, so ist sparsames Handabwaschen noch leicht besser als die Maschinen. Ganz anders sieht der Vergleich aber aus, wenn man auch die Maschinenspülmittel berücksichtigt. Weil das Geschirr sich in der Geschirrspülmaschine immer in der gleichen Lage befindet und weil zusätzliche physikalische Energie (Abschrubben) nicht zugeführt werden kann, muß das Geschirrspülmittel chemisch aggressiver sein als ein gewöhnliches Handgeschirrspülmittel. Spülmaschinenmittel bringen eine erhebliche ätzende Salzfracht durch Metasilikate in die Kläranlage. Verätzungen der Haut können in direktem Kontakt mit dem pulverförmigen Spülmittel entstehen. Daher sollte

jedes Maschinenspülmittel immer einen kindersicheren Verschluß haben.
Heute werden Maschinenspülmittel als flüssige Konzentrate, zum Teil in der Nachfüllpackung, angeboten. Die Nachfüllpackung ist aber meistens viel zu teuer – gemessen am Ursprungsprodukt. Auch sogenannte »Bio-Maschinengeschirrspülmittel« sind mehr oder weniger umweltschädlich und oft noch zu teuer.
Noch schlechter wird das Ergebnis für die Maschine, wenn man zusätzlich Klarspülmittel einsetzt. Zitronensäure und Tenside verhindern fleckige Kalkablagerungen auf dem Geschirr. Sie sollten daher auf Klarspülmittel verzichten.
Die Verwendung von Salz ist eigentlich erst ab einem →Wasserhärtegrad von zwei oder drei erforderlich.
Außerdem kommen bei den Geschirrspülmaschinen natürlich noch die Umweltbelastungen dazu, die bei der Produktion der Geräte auftreten.
Angesichts dieser Tatsachen sollten umweltbewußte Verbraucher möglichst auf die Anschaffung und den Betrieb von Geschirrspülmaschinen verzichten, auch wenn sie eine von vielen als lästig empfundene Arbeit erleichtern.

Was tun?

- Nehmen Sie das Geschirrspülen von der »sportlichen« Seite und verzichten Sie möglichst auf die Anschaffung eines Geschirrspülers.
- Falls Sie auf eine Geschirrspülmaschine nicht verzichten wollen: Vergleichen Sie vor dem Kauf unbedingt die Energie- und Wasserverbrauchsdaten der Geräte anhand der »Produkt-Information« am Gerät oder im Herstellerprospekt.
- Lassen Sie die Geschirrspülmaschine nur voll beladen laufen.
- Lassen Sie zu stark verschmutzte Teile nicht noch einmal durchlaufen, sondern reinigen Sie sie per Hand.
- Das heiße Abspülen der Geschirrteile vor dem Einfüllen ins Gerät ist Energie- und Wasserverschwendung.
- Nach Möglichkeit die Sparprogramme benutzen.
- Vermeiden Sie eine Überdosierung des Geschirrspülmittels.
- Keinen Klarspüler benutzen.
- Je nach Gerätetyp und Hersteller ist die Verwendung von Salz erst ab einem Härtebereich von zwei oder drei erforderlich. Die Auskunft darüber erteilt Ihr Wasserwerk.

Was lesen?

- Geschirrspülmaschinen. In: test, Heft 12/91.
- Maschinengeschirrspülmittel. In: test, Heft 11/92.

Getränke

Alle Getränke bestehen zum größten Teil aus Wasser. Ohne Essen können Menschen je nach Konstitution mehrere Wochen bis über zwei Monate aushalten, ohne Flüssigkeit nur wenige Tage. Unter »normalen« mitteleuropäischen Bedingungen braucht ein Mensch mindestens 1,5 Liter Flüssigkeit am Tag, bei heißen und trockenen Bedingungen kann der Flüssigkeitsbedarf erheblich steigen.

→Trinkwasser ist ein sehr gut überwachtes Lebensmittel. Probleme gibt es teilweise mit dem Nitratgehalt (Hauptursache: Düngung landwirtschaftlich intensiv genutzter Flächen), mit Pestizidrückständen und mit Verunreinigungen durch Lösemittel (Hauptursache: Industrie und Gewerbe). Die Trinkwasserverordnung legt dafür Grenzwerte fest.

Neben diesen Rückständen und Verunreinigungen wird Trinkwasser häufig gechlort, um die Verkeimung zu verhindern, vor allem dann, wenn es aus Oberflächenwasser gewonnen wird. Dies kann den Geschmack erheblich beeinträchtigen und zur Bildung von Organochlorverbindungen führen. So sind im Trinkwasser der Bodenseewasserversorgung regelmäßig ca. vier Mikrogramm pro Liter Haloforme (Chloroform und chemisch verwandte Verbindungen) nachweisbar.

»Natürliches →Mineralwasser« ist ein Begriff nach § 17 Lebensmittel- und Bedarfsgegenständegesetz, der auf Naturreinheit hindeutet. Das heißt, in derartig gekennzeichneten Wässern dürfen keine Spuren von →Pflanzenschutzmitteln nachweisbar sein, auch nicht unter dem Trinkwassergrenzwert von 0,1 Mikrogramm pro Liter. Außerdem muß natürliches Mineralwasser mehr als 1000 Mikrogramm pro Liter gelöste Feststoffe enthalten. Die Analyse ist in der Regel auf dem Etikett angegeben. Wenn einzelne Angaben fehlen, z. B. der Nitratgehalt, so ist das verdächtig.

Fruchtsäfte sind nur dann richtige Fruchtsäfte, wenn sie als »Fruchtsaft« gekennzeichnet sind. Nektar klingt zwar gut, bedeutet aber, daß Zucker und Wasser zugesetzt wurden. Noch weiter vom richtigen Fruchtsaft entfernt ist das »Fruchtsaftgetränk«. Die Verwendung von Konzentrat ist bei der Herstellung von Fruchtsaft erlaubt, muß aber auf dem Etikett angegeben werden.

Dabei wird erst das »Aroma« (leichtflüchtige Stoffe), dann das Wasser abgedampft. Zurück bleibt das Konzentrat, vor allem Zucker und natürliche Farbstoffe. Aus Aroma, Konzentrat und Trinkwasser wird dann wieder Saft hergestellt. Im Trinkwasser enthaltene Schadstoffe sind dann auch im Saft. Fruchtsäfte, bei deren Herstellung angefaulte Früchte mitverwendet wurden, können das krebserzeugende Pilzgift Patulin enthalten.

Indikator für Wärmebehandlung bei Fruchtsäften ist das Hydroxymethylfurfural (HMF). Niedrige HMF-Werte – möglichst unter ein Milligramm pro Liter – deuten auf schonende Wärmebehandlung hin.
Kaffee und Tee können mit Rückständen von beim Anbau eingesetzten Pestiziden, vor allem Insektiziden, belastet sein. Bei einer Untersuchung Ende der achtziger Jahre war der höchstbelastete Kaffee weniger belastet als der am niedrigsten belastete Tee. Mittlerweile ist Schwarztee im Handel, bei dem garantiert wird, daß mit fortschrittlicher Routineanalyse keine Pestizidrückstände nachweisbar sind. Kaffee und Tee enthalten das milde Suchtmittel Koffein.
Die gesundheitsschädliche Wirkung von Alkohol ist allgemein bekannt. Die Steigerung der Lebenserwartung durch geringe Mengen alkoholischer Getränke, von der manche Untersuchungen berichten, dürfte auf die gefäßerweiternde Wirkung und die damit verbundene Vorbeugung gegen Kreislaufkrankheiten zurückgehen. Ein »Öko-Bier« ist eines der ersten Produkte, für das vom Hersteller umfassende Richtlinien im Sinn einer Produktlinienanalyse erstellt wurden, die nicht nur den Anbau, sondern auch Verarbeitung, Verpackung usw. regeln.
Wein kann Pestizidrückstände (vor allem Fungizide) enthalten. Bei der Abfüllung wird meistens Schwefeldioxid zugesetzt. Es gibt aber auch Weingüter und Genossenschaften, die Wein ganz ohne Schwefelverbindungen abfüllen. Die im »Bundesverband ökologischer Weinbau« zusammengeschlossenen Weingärtner bauen Wein ohne synthetisch-organische Pestizide und ohne leichtlösliche Mineraldünger an. In den letzten Jahrzehnten wurden mehrere Rebsorten gezüchtet, die gegen die wichtigsten Pilzkrankheiten resistent sind und daher nicht gespritzt werden müssen. Ihr Anbau unterliegt leider sehr strengen Beschränkungen (nur in Versuchsprojekten, keine Werbung, kein Verkauf als Qualitätswein), angeblich aus Geschmacksgründen.
→Milch hilft auch gegen Durst, ist aber wegen des hohen Eiweiß-, Fett- und Mineralstoffgehalts mehr ein Lebensmittel als ein Getränk.

Was tun?

- Erfragen Sie bei Ihrem Wasserversorgungsunternehmen die Analysewerte Ihres Trinkwassers.
- Achten Sie beim Kauf von Mineralwasser auf die Bezeichnung »Natürliches Mineralwasser« und auf die aufgedruckten Analysewerte.
- Achten Sie bei Fruchtsäften auf die Bezeichnung »Fruchtsaft«, ziehen Sie Säfte aus einheimischen Früchten, ohne Konzentrat hergestellt, möglichst naturtrüb, vor.
- Fragen Sie beim Kauf von Schwarztee und anderen Tees nach Analysen auf Pestizidrückstände.

Was lesen?

- BUND-Regionalverband Franken: Anforderungen an Apfelsaft, Heilbronn 1993.

Gips

Der Baustoff Gips (chemisch: Calciumsulfat) kommt natürlich vor (als Gipsstein, Gips entsteht daraus durch Brennen bei ca. 200 °C). In großen Mengen fällt er bei industriellen Prozessen, vor allem bei der Entschwefelung der Rauchgase von Kraftwerken an (sogenannter REA-Gips). Er bindet durch die Aufnahme von Wasser ab.
Gips kann bereits für sich allein verwendet werden (Baugipse: Putz- oder Stuckgips) oder zu weiteren Produkten verarbeitet werden:

- Fertigputze enthalten neben Gips verschiedene anorganische und unter Umständen auch organische Zuschlagstoffe, die die verarbeitungstechnischen Eigenschaften beeinflussen sollen

- Gipssteine

- Gipskartonplatten enthalten einen Gipskern und sind beidseitig mit Pappe kaschiert

- Gipsfaserplatten enthalten Zellulose- oder auch Glasfasern (als Brandschutzplatten)

- Gipsspanplatten enthalten Gips als Bindemittel und sind ansonsten wie herkömmliche →Spanplatten im Baubereich zu verwenden.

In den alten Bundesländern fallen jährlich ca. drei Millionen Tonnen REA-Gips an, die zu etwa 50 Prozent bereits im Baubereich verwertet werden (zum Vergleich: Wenn alle in Betrieb befindlichen Kraftwerke in den neuen Bundesländern nach dem gleichen Verfahren entschwefelt würden, kämen zusätzlich sechs Millionen Tonnen hinzu). REA-Gips ist im Durchschnitt reiner als Naturgips, die radioaktive Belastung liegt im gleichen Bereich. REA-Gips kann deshalb ohne Bedenken als Baustoff eingesetzt werden. Weil auf diese Art ein Abfallstoff sinnvoll verwertet wird und gleichzeitig natürliche Ressourcen geschont werden, ist für Produkte aus REA-Gips ein Umweltzeichen (»Blauer Engel«) verliehen worden.

Glas- und Fensterreiniger

Für klaren Durchblick bei der Glas- und Fensterreinigung sorgen wasserverdünnbare Alkohole oder Glykole sowie Tenside. Sie werden in konzentrierter Form und auch als Essigreiniger angeboten.

Was tun?

- Eine gute Reinigungswirkung erzielen Sie mit einem geringen Schuß Handspülmittel, Essig oder Spiritus im Wasser. Der handelsübliche Essigreiniger ist so ähnlich aufgebaut.
- Unterstützen Sie die Reinigungswirkung mit einem Schwamm, einer Bürste, einem Lederlappen und – noch besser – mit einem Gummiabzieher, wie ihn die professionellen Fensterreiniger benutzen.
- Unter Umwelt- und Gesundheitsgesichtspunkten gerade noch akzeptabel sind Produkte, die unverdünnt auf die Fensterfläche gesprüht werden.

Was lesen?

- Umweltbundesamt (Hrsg.): Was Sie schon immer über Wasser und Umwelt wissen wollten. Berlin 1992. Kostenlos beim ZAD, Umweltbundesamt, Bismarckplatz 1, 14193 Berlin.
- Horst Speichert, Frank Brettschneider: Öko-Rat von A bis Z. Frankfurt 1990.
- Hans-Joachim Kursawa-Stucke, Volkmar Lübke: Das Umweltbuch für Eltern. München 1993.
- Öko-test (Hrsg.): Sonderdruck »Der Öko-Putzschrank«. Frankfurt 1992.
- John Elkington, Julia Hailes u. a.: Umweltfreundlich einkaufen. Von Shampoo bis Champagner. München 1992.

Glykol

Jeder Autofahrer kennt Glykol: Es wird als Frostschutzmittel für Autokühler eingesetzt. Der Gefrierpunkt einer 1:1-Mischung mit Wasser liegt bei minus 40 °C. Auch viele Weintrinker haben Glykol kennengelernt, allerdings auf eine eher unangenehme Art. Die farblose, süßlich schmeckende Flüssigkeit wurde minderwertigen Weinen zur Vortäuschung einer besseren Qualität zugesetzt. Aber auch ganz legal findet sich Glykol in Lebensmitteln. Es wurde und wird

zum Teil immer noch als Feuchthaltemittel, z. B. bei bestimmten Süßigkeiten (Gummitiere), verwendet. Lösemittel und Rohstoff für andere Chemikalien (z. B. für →Waschmittel) sind weitere Einsatzgebiete. Die Aufnahme von Glykol in größeren Mengen ist gesundheitsschädlich (Erregungszustände, narkotisierende Wirkung, Nierenschäden; 100 Milliliter wirken tödlich).
Chemisch handelt es sich bei Glykol (eigentlicher Name: Ethylenglykol, chemische Formel: $C_2H_4(OH)_2$) um den einfachsten möglichen Alkohol mit zwei Hydroxyl-Gruppen (OH-Gruppen, sogenannte zweiwertige Alkohole). Der Name Glykol wird deshalb auch als Gruppenbezeichnung für alle zweiwertigen Alkohole, wie z. B. Diethylenglykol, Butylglykol oder Ethyldiglykol gebraucht.

Grundwasser

Als Grundwasser wird das Wasser bezeichnet, das durch Versikkern in den Boden oder durch das Freiwerden aus aufsteigenden Gesteinsschmelzen in Hohlräume der lockeren Erdschicht oder des anstehenden Gesteins eindringt und diese füllt.
Grundwasser ist die wichtigste Quelle für das →Trinkwasser. Über 70 Prozent des Trinkwassers werden in der Bundesrepublik aus dem Grundwasser gewonnen. In den letzten Jahren haben die Belastungen des Grundwassers mit Schadstoffen stark zugenommen. Ab und zu mußte in der Bundesrepublik bereits die regionale Trinkwassergewinnung unterbrochen werden, da Schadstoffkonzentrationen über den gesetzlich zugelassenen Werten lagen. Letztlich können nicht immer bessere Aufbereitungsanlagen die Lösung für diese Probleme darstellen, sondern einzig die konsequente Verminderung des Schadstoffeintrags in diese lebenswichtige Ressource.
Die Kies- oder Sandschichten, die Grundwasser enthalten, nennt man Grundwasserleiter. Sie werden nach unten durch wasserundurchlässige Schichten aus Ton oder Gestein begrenzt. Die Oberfläche des Grundwassers wird als Grundwasserspiegel bezeichnet. Da der Grundwasserspiegel in unseren Breitengraden häufig nur wenige Meter unter der Erdoberfläche liegt, ist das Grundwasser auch eine wichtige Quelle für die Wasserversorgung der Vegetation.
Aufgrund der immer stärkeren Nutzung des Grundwassers für die Trinkwasserversorgung und durch das Abpumpen des Grundwassers bei großen Baustellen oder beim Tagebau ist vielerorts sein Pegel so tief abgesunken, daß ökologische Schäden die Folge sind.
Aber auch andere Aktivitäten unserer Zivilisation gefährden die Qualität

des Grundwassers: versickernde Chemikalien aus Industriebetrieben, Altlasten im Boden ehemaliger Industriestandorte oder von Mülldeponien, die langsam in immer tiefere Erdschichten gespült werden, und nicht zuletzt die Dünger (→Nitrate) und Pestizide einer intensiv betriebenen Landwirtschaft belasten das Grundwasser zunehmend. Immer häufiger geraten Wasserwerke in Schwierigkeiten, wenn sie angesichts dieser enormen Belastungsquellen Trinkwasser von einer Qualität liefern sollen, wie es die Trinkwasserverordnung vorschreibt. Die Wasserwerke halten in ihrer Mehrheit immer mehr technische Lösungen (bessere Filter, mehr Fernwasserleitungen, Anreicherung des Grundwassers durch aufbereitetes Oberflächenwasser) für den falschen Weg. Sie sprechen sich eindeutig dafür aus, durch gesetzliche Vorgaben möglichst schnell den Schadstoffeintrag zu reduzieren.

Was tun?

- Helfen Sie mit einem geringeren →Wasserverbrauch, diese kostbare Ressource zu schonen.
- Prüfen Sie, ob bei Ihnen nicht auch die →Regenwassernutzung möglich und sinnvoll ist.
- Verzichten Sie selbst auf Düngung und Pestizideinsatz, wo immer dies möglich ist.
- Schütten Sie keine alten Chemikalien in den Abfluß oder in den Boden, sondern entsorgen Sie diese Stoffe sachgemäß über ihre städtische Entsorgungseinrichtung. Falls Sie Zeuge entsprechender Umweltverschmutzungen von anderen werden, sollten Sie die Polizei rufen.
- Die Nachfrage bei zuständigen Stellen nach der Grundwasserqualität in Ihrem Bereich kann signalisieren, daß ein öffentliches Interesse an diesen Fragen besteht. Interessieren Sie sich dafür, solange es noch sinnvoll ist, Einfluß zu nehmen, nicht erst, wenn die Trinkwasserversorgung gefährdet ist!

Was lesen?

- Bundesministerium für Umwelt, Naturschutz und Reaktorsicherheit (Hrsg.): Was Sie schon immer über Wasser und Umwelt wissen wollten. Stuttgart, Berlin, Köln 1992.

Grüner Koffer

Der »Grüne Koffer« ist ein Gütesiegel, das vom Verein »Ökologischer Tourismus in Europa« (Ö.T.E.) an Reiseveranstalter, Beherbergungsbetriebe und Fremdenverkehrsorte verliehen werden soll, die bestimmten Kriterien eines umweltverträglichen und sozialverantwortlichen Tourismus genügen.

Im Juni 1991 wurde von elf Verbänden der Verein »Ökologischer Tourismus in Europa« (Ö.T.E.) gegründet. Neben der Informations- und Öffentlichkeitsarbeit hat er sich vor allem die Vergabe des Umweltgütesiegels »Grüner Koffer« für umweltverträgliche und sozialverantwortliche touristische Angebote zum Ziel gesetzt. Der »Grüne Koffer« soll nach einer umfassenderen Kriterienliste vergeben werden, als dies z. B. bei der →Blauen Europa-Flagge der Fall ist. Das Gütesiegel soll zur Orientierung der interessierten Urlauber beitragen, aber auch einen Wettbewerbsvorteil und damit wirtschaftlichen Anreiz für die jeweiligen Zeichenverwender bieten. Wegen der Fülle der verschiedenen, sich überschneidenden Zeichen wurden zum Teil Absprachen mit anderen Verleihern von Gütesiegeln getroffen, wie z. B. mit dem Deutschen

Hotel- und Gaststättenverband, der ebenfalls ein Gütesiegel für Hotels herausgibt.
Es ist geplant, im Jahr 1994 die ersten »Grünen Koffer« an Fremdenverkehrsorte zu verleihen.

Was tun?

- Das Zeichen soll im Jahr 1994 erstmals vergeben werden. Achten Sie von da an bei den Planungen Ihrer Urlaubsreisen darauf.
- Falls Sie bei einem mit dem »Grünen Koffer« ausgestatteten Anbieter doch Grund zu umweltbezogenen Bedenken haben, äußern Sie diese Kritik auch vor Ort. Sollte es sich um schwerwiegende Verstöße handeln, ist der Ö.T.E. selbstverständlich für eine Meldung dieser Tatsachen dankbar.

Was lesen?

- Ökologischer Tourismus in Europa e.V. (Hrsg.): Kriterienkatalog Fremdenverkehrsorte. Bonn 1992.

Grüner Punkt

Der »Grüne Punkt« ist ein Symbol für die Kennzeichnung von Einweg-Verpackungen des Dualen Abfallwirtschaftssystems, die getrennt gesammelt, sortiert und wiederverwertet werden sollen. Dazu werden den Haushalten zusätzlich zum bestehenden Müllsystem »Gelbe Tonnen« oder »Gelbe Säcke« oder »Depotcontainer« zur Verfügung gestellt. Die dafür erforderlichen finanziellen Mittel erbringt der Kunde durch einen etwas höheren Kaufpreis bei allen Produkten mit dem »Grünen Punkt«. Der »Grüne Punkt« ist alles andere als ein positives Umweltsymbol oder Umweltzeichen, sondern lediglich der Nachweis für gezahlte Lizenzgebühren der Hersteller und des Handels für die Rücknahme der Verpackung durch das Duale System Deutschland (DSD) in Bonn als Betreiber.
Die Verpackungsverordnung schreibt vor, daß ab 1993 alle vom Verbraucher zurückgelassenen Verkaufsverpackungen vom Handel zurückzunehmen und einem geordneten Recycling zuzuführen sind. Durch die Gründung des DSD und seiner Zusage zur Errichtung eines flächendeckenden Recyclingsystems ist der Handel von der Rücknahmepflicht befreit.
Umweltorganisationen und Verbraucherverbände kritisieren den »Grünen Punkt« als Recyclinglüge oder ökologisches Feigenblatt, weil umweltverträglichere Mehrwegsysteme verdrängt werden und sogar beson-

ders umweltschädliche Verpackungen den »Grünen Punkt« erhalten (PVC-Verpackungen). Von einem flächendeckenden Recycling ist das DSD 1993 noch meilenweit entfernt. 1993 wurden lediglich 234 200 Tonnen Kunststoffverpackungen verwertet. Vielmehr wurden bedeutende Verpackungsmengen, die angeblich zum Recycling in Deutschland bestimmt waren, unkontrolliert bis nach Südostasien verschoben (1993: 120 800 Tonnen). Ein breiter Markt für die wirtschaftliche Verwertung minderwertiger Recyclingprodukte aus einem vielfachen Gemisch unterschiedlicher Verpackungsmaterialien existiert bisher nicht (Parkbänke, Blumenkästen, Pfähle, Platten). So werden immer größere Mengen Verpackungsmaterials zwischengelagert (Schiffe) oder gar illegal deponiert oder thermisch verwertet, d. h. in Müllverbrennungsanlagen verbrannt.
Umwelt- und Verbraucherverbände kritisieren, daß die Kosten für den »Grünen Punkt« als gesonderte Entsorgungssteuer zwar auf den Preis des Produkts (einige Pfennige bis zu DM 2,— bei besonders großvolumigen Kunststoffverpackungen) aufgeschlagen werden, ein wirksamer Beitrag zur Abfallverminderung oder gar zur Abfallvermeidung durch den »Grünen Punkt« aber nicht geleistet wird. Der Verbraucher bezahlt im Schnitt pro Verpackung zwei Pfennige, also bisher im Jahr etwa DM 200,— mit steigender Tendenz wegen Erhöhung der Lizenzgebühren, die an den Verbraucher direkt weitergegeben werden. Ab 1993/1994 schätzt man die Belastung pro Haushalt auf jährlich DM 500,— bis 600,— DM.
Wirksamer als der »Grüne Punkt« ist ein Einwegverbot für Verpackungen bzw. ein höheres Pfand auf alle Einweg-Getränkeverpackungen als bei Mehrwegsystemen.
Der »Grüne Punkt« ist somit weder wirtschaftlich noch ökologisch vertretbar, sieht man von den Interessen der Entsorgungsbetriebe im Dualen System ab.

Was tun?

- Der »Grüne Punkt« kennzeichnet Einwegprodukte. Besser sind in jedem Fall Mehrwegsysteme. Wo immer möglich, ziehen Sie Mehrwegverpackungen vor (z. B. Pfandflaschen statt Einweg-Aluminiumdosen).
- Werfen Sie Verpackungen mit dem »Grünen Punkt« in den dafür vorgesehenen Sammelbehälter (»Gelbe Tonne« oder »Gelber Sack«).
- Erkundigen Sie sich, ob und wo die eingesammelten Verpackungen recycelt werden.
- Schreiben Sie an das Duale System Deutschland, Gesellschaft für Abfallvermeidung und Sekundärrohstoffgewinnung mbH, Ro-

chusstraße 2–4, 53123 Bonn, und verlangen Sie, daß man Ihnen konkret nachweist, wo Ihre Verpackungsabfälle mit dem »Grünen Punkt« recycelt werden.
- Verlangen Sie von Ihrem Abgeordneten, daß er sich für ein flächendeckendes Recyclingsystem des DSD einsetzt.

Was lesen?

- Frank Hoffmann, Theo Rombach: Die Recycling-Lüge. Stuttgart 1993.
- Hans-Joachim Kursawa-Stucke, Nicola Liebert u. a.: Der Grüne Punkt und der Recycling-Schwindel. Abfallwirtschaft in der Krise. München 1994.

Gülle

Gülle ist eine Mischung aus Harn und Kot von Tieren mit Wasser. Nach dem Verhältnis der tierischen Ausscheidungen zum Wasser unterscheidet man zwischen Vollgülle (bis 1 : 0,5), Halbgülle (1 : 1) und Dünngülle (1 : 3). Umgangssprachlich wird oft nicht sauber zwischen Gülle und Jauche unterschieden. Jauche enthält keine festen Exkremente, ist kalireich und relativ phosphatarm, enthält weniger Stickstoff und mehr Chlorid als Gülle.

Im Zug der Konzentration der Tierhaltung wurde die Festmistwirtschaft mit der Einstreu von Stroh (früher in manchen Gebieten auch Laub oder Schnittgut von »Streuwiesen«) zunehmend durch die Schwemmentmistung ersetzt, die erheblich weniger Arbeitsaufwand erfordert. Dabei fallen große Mengen an Gülle an.

Gülle ist grundsätzlich ein gut zu handhabender Mehrnährstoffdünger. Sie wird dann zum Problem, wenn mehr Vieh gehalten wird, als von den betriebseigenen Flächen ernährt werden kann.

Negative Folgen sind:

- Auswaschung von Nährstoffen, insbesondere Nitrat, ins Grundwasser
- Entweichen von Ammoniak in die Luft
- Eindringen von Bakterien in oberflächennahe Grundwasservorkommen oder ungenügend abgedichtete Brunnen
- Geruchsbelästigungen
- Änderung der Artenzusammensetzung von Grünland: Wenige gülletolerante Arten (z. B. Ampferarten) setzen sich durch

- Beeinträchtigung der Bodenfauna (vermutlich spielen dabei Benzolderivate, Phenol und Kresol eine Rolle).

Festmist ist ökologisch günstiger als Gülle, weil das kohlenstoffreiche und stickstoffarme Stroh einen Ausgleich zu den stickstoffreichen Exkrementen bildet und Nährstoffe besser gebunden werden, so daß weniger Nitrat ins Grundwasser und weniger Ammoniak in die Luft gelangt.
Die durch Gülle verursachten Probleme können durch Behandlungsverfahren gemindert werden. Möglich sind anaerobe, teilaerobe und aerobe Behandlungsverfahren, außerdem Zusätze von organischen Substanzen wie Strohmehl und gemahlener Baumrinde oder Gesteinsmehl. Manche großtechnische Verfahren zur Separierung verlagern die Probleme nur oder sind sehr energieaufwendig.
Verschiedene Bundesländer haben Gülleverordnungen erlassen. Durch umstrittene Festlegung von Dungeinheiten-Schlüsseln werden dabei teilweise unvertretbar hohe Nährstoffeinträge erlaubt.
Die Umweltschutzverbände fordern als wichtigste Maßnahme die Bindung der Viehhaltung an die Fläche.

Was lesen?

- Hinrich Albers u. a.: Leitfaden zur Extensivierung der Grünlandwirtschaft. Herausgegeben vom WWF-Deutschland, Rheda-Wiedenbrück 1992.
- Rat der Sachverständigen für Umweltfragen: Sondergutachten »Umweltprobleme der Landwirtschaft«. Bundestagsdrucksache 10/3613, 1985.
- Fritz Weber: Neue Erkenntnisse in der Düngerwirtschaft. Weil der Stadt 1987.

Halbwertzeit

Die Halbwertzeit bezeichnet den Zeitraum, in welchem die Hälfte einer bestimmten Substanz aufgrund einer bestimmten Einwirkung abgebaut, umgewandelt, zerfallen oder ausgeschieden ist.
Je nach Art der Einwirkung wird nach chemischer Halbwertzeit (z. B. beim Abbau von Pflanzenschutzmitteln), physikalischer Halbwertzeit (Zerfall von Radionukliden) und biologischer Halbwertzeit (z. B. Abbau organischer Verbindungen durch Mikroorganismen) unterschieden.
Als »effektive Halbwertzeit« bezeichnet man die Kombination von physikalischer und biologischer Halbwertzeit. Wenn einem Organismus radioaktive Substanzen zugeführt werden, so wirken sowohl der radioaktive Zerfall als auch die Ausscheidung auf eine Minderung der Strahlenbelastung hin. Mit der effektiven Halbwertzeit wird somit die Zeitspanne angegeben, in der sich die Belastung des Organismus um die Hälfte reduziert.

Was tun?

- Es liegt im Interesse der Umwelt, wenn bei der Entscheidung über Stoffe, die produziert oder freigesetzt werden sollen, bei vergleichbarer Belastungsintensität möglichst solche mit geringen Halbwertzeiten ausgewählt werden, da hier die Belastungsdauer auch geringer ausfällt.

Was lesen?

- Umweltbundesamt (Hrsg.): Was Sie schon immer über Umweltchemikalien wissen wollten. Stuttgart, Berlin, Köln, 1990.

Halogenkohlenwasserstoffe

Der Sammelbegriff Halogenkohlenwasserstoffe bezeichnet organische Verbindungen, in denen Wasserstoffatome durch Halogene, also durch die Elemente →Fluor, →Chlor, Brom oder Jod ersetzt sind. Am bekanntesten sind die →Chlorierten Kohlenwasserstoffe und die →Fluorchlorkohlenwasserstoffe.

Haltbarmachen

Zum Haltbarmachen von Lebensmitteln gibt es thermische (Erhitzen oder Einfrieren), mikrobiologische (Gärung) und chemische Methoden. Allen ist gemeinsam, daß die Mikroorganismen, die das entsprechende Lebensmittel angreifen könnten, entweder abgetötet und anschließend ausgesperrt werden oder daß Ihre Lebensbedingungen verschlechtert bzw. ganz entzogen werden.
Beim Einmachen in Gläsern werden Mikroorganismen durch Erhitzen abgetötet, beim Abkühlen verschließen sich die Gläser so dicht, daß keine neuen Mikroorganismen einwandern können. Eingemachte Produkte können mehrere Jahre lang aufbewahrt werden. Temperatur und Dauer der Erhitzung sind je nach Einmachgut unterschiedlich. Beim Erhitzen werden manche Vitamine teilweise zerstört. Beim Einfrieren von Lebensmitteln wird die Temperatur unter –18 °C abgesenkt. Bei dieser Temperatur wird die Aktivität verderbniserregender Mikroorganismen unterdrückt. Beim Einfrieren werden die meisten Inhaltsstoffe sehr gut erhalten, eingefrorene Lebensmittel lassen sich aber längst nicht so lang aufheben wie eingemachte. Bei manchen Obst- und Gemüsesorten leidet die Struktur beim Einfrieren. Dies läßt sich durch möglichst schnelles Einfrieren abmildern. Im Gegensatz zu anderen Methoden erfordert das Einfrieren eine ständige Energiezufuhr. Traditionelle chemische Methoden sind Einsalzen und Einzuckern. Einzuckern ohne Erhitzen hilft nur relativ kurze Zeit (z. B. kaltgeschlagene Marmelade). Chemische Zusatzstoffe erlauben es, Konserven länger aufzubewahren. Konservierungsstoffe werden mit den E-Nummern 200 bis 300 gekennzeichnet. Manche Konservierungsstoffe (mit einem * in der folgenden Liste gekennzeichnet) gelten als gesundheitlich bedenklich.

E 200-203	Sorbinsäure
E 210-213	Benzoesäure
E 214-219	PHB-Ester (Ethyl-Propyl- und Methylester)*
E 220-227	Schwefeldioxid*
E 220-227	Säure
E 230	Biphenyl
E 231	Orthopenylphenol
E 232	Natriumorthophenylphenolat
E 233	Thiabendazol
E 236-238	Ameisensäure und Formiate*
E 250	Natriumnitrit*

E 251	Natriumnitrat*
E 252	Kaliumnitrat
E 260-263	Essigsäure*
E 270	Milchsäure
E 280-283	Propionsäure
E 290	Kohlendioxid
E 300-302	L-Ascorbinsäure
E 304	L-Ascorbylpalmitat
E 306	tocopherolhaltige Extrakte natürlichen Ursprungs
E 307-309	synthetische Tocopherole
E 310-312	Gallate
E 320	Butylhydroxyanisol (BHA)*
E 321	Butylhydroxytoluol (BHT)*
E 322	Lecithine
E 325	Natriumlactat
E 326	Kaliumlactat
E 327	Calciumlactat
E 330-333	Citronensäure
E 334-337 l-(+)-	Weinsäure
E 338-341	Orthophosphorsäure*

Mikrobiologische Methoden sind die alkoholische Gärung und die Milchsäuregärung. Die Milchsäuregärung – z. B. bei der Herstellung von Sauerkraut eingesetzt – ist sehr vitaminschonend.
Obst kann im Backofen, im Dörrapparat oder an der Luft getrocknet werden. Die Trocknung im Backofen ist sehr energieaufwendig. Es gibt Dörrapparate, die mit Solarenergie arbeiten.
Die →Bestrahlung von Lebensmitteln macht sie nicht längerfristig haltbar, läßt sie aber länger frisch aussehen.

Was tun?

- Kaufen Sie bevorzugt Konserven ohne Konservierungsstoffe.
- Machen Sie Obst und Gemüse selber ein. Ein Einmachtopf mit gutem Thermostat erleichtert die Arbeit erheblich und beugt unangenehmen Überraschungen durch verdorbene Gläser vor.
- Falls Sie Lebensmittel einfrieren, stellen Sie den Gefrierschrank oder die Gefriertruhe an einen kühlen Ort, achten Sie beim Erwerb des Geräts auf geringen Energieverbrauch und auf den FCKW-Gehalt und öffnen Sie das Gerät möglichst kurz. Eine übersichtliche Ordnung im Gerät und ausführliche Beschriftung des Gefrierguts helfen dabei.

Was lesen?

- Zusatzstoffe in Lebensmitteln. In: Globus-Begleitmappe 4/87, Stuttgart 1987.

Hecke

Eine Pflanzengesellschaft, die überwiegend aus Sträuchern – teilweise auch mit Bäumen – besteht und im Gegensatz zum Feldgehölz lang und schmal ist, wird als Hecke bezeichnet.

Hecken wurden entweder als lebendige Zäune angelegt oder sind spontan entstanden, z. B. auf Böschungen, an Hohlwegen, auf Lesesteinwällen, an Bachläufen o. ä. Botanisch entspricht eine Hecke zwei zusammengefügten Waldrändern ohne Hochwald dazwischen.

In vielen Kulturlandschaften stellen Hecken die wichtigsten gliedernden Elemente dar. Sie wirken als Windschutz, verbessern das Kleinklima, bieten zahlreichen Vogelarten Nistgelegenheiten und vielen räuberischen Tieren Unterschlupf, die zur Bekämpfung von Schädlingen – d. h. von Tieren, die mit dem Menschen um Nahrungspflanzen konkurrieren und in Massen auftreten – beitragen (Igel, Mauswiesel, Greifvögel, insektenfressende Vögel usw.). Nachteilig wirken sich Schattenwurf auf Ackerflächen und Wurzelkonkurrenz aus. Versuche haben teilweise beachtliche Ertragssteigerungen durch Hecken ergeben. Aufgrund der Artenvielfalt und der linearen Ausdehnung sind Hecken wichtige Elemente in Biotopverbundsystemen.

Die wichtigste Art unserer Feldhecken ist die Schlehe. Schlechte Landschaftspflege-Hecken sind daran erkennbar, daß Dornsträucher wie Schlehe, Weißdorn und Wildrosen kaum vertreten sind oder fehlen. Diese Arten sind für den Wert der Hecke sowohl als Vogelschutzgehölz als auch als Insektenweide unverzichtbar. Eine richtige Hecke hat einen Saum aus krautigen Pflanzen. Auf nährstoffarmen Standorten wachsen in diesen Säumen viele auffällig blühende Pflanzen, die als Insektenweide sehr wertvoll sind. Auf überdüngten Standorten bilden sich artenarme Brennessel-Geißfuß-Säume heraus. Bei der Planung von Hecken muß genügend Platz für Säume vorgesehen werden.

Eine Sonderform einer Hecke ist die Benjes-Hecke. Dabei wird der Baumschnitt ca. 3 Meter breit und ca. 1 Meter hoch ausgebreitet. Das Aussäen der Pflanzen besorgen Vögel, die vorher an Waldrändern oder Hecken Beeren gefressen haben und den Dünger gleich mitliefern. Benjes-Hecken entwickeln sich am besten, wenn sie von Waldrändern oder bestehenden Hecken ausgehen.

Was tun?

- Legen Sie im Garten Hecken aus einheimischen Sträuchern an. Bei Fragen zur Artenzusammensetzung beraten örtliche Naturschutzgruppen Sie gerne.
- Arbeiten Sie in Verbänden, Vereinen und Initiativen mit, die Feldhecken anlegen.

Was lesen?

- Bernd Röser: Saum und Kleinbiotope. Landsberg 1988.
- Hermann Benjes: Die Vernetzung von Lebensräumen mit Feldhekken. München 1989.
- Reinhard Witt: Stauden und Sträucher für naturnahe Gärten. Herausgegeben vom BUND, Kampagnenabteilung, Bonn 1987.

Heimsonnen

Ursprünglich wurden Bestrahlungsgeräte, die UV-Strahlung abgeben, nur im medizinischen Bereich eingesetzt. Mit der Einführung dieser Geräte als »Heimsonnen« wurde nicht nur ihre rasante Verbreitung vorbereitet, sondern auch der massenweise Mißbrauch, der heute Hautärzten einen Großteil ihrer Patienten beschert. Die gesundheitlich und ökologisch bessere Alternative ist die dosierte Nutzung der natürlichen Sonnenstrahlung.

Das Sonnenlicht enthält jenseits des wärmenden und sichtbaren Lichtes Strahlen von kürzerer Wellenlänge, das sogenannte ultraviolette Licht (UV-Strahlung). Man weiß heute, daß hierbei zwei Anteile unterschieden werden müssen: ein längerwelliger Anteil, das UV A, und ein kürzerwelliger Anteil, das UV B. Das UV A führt bereits wenige Stunden nach der Strahleneinwirkung zu einer Hautbräunung, indem es vom Melanin, dem Hautpigment, absorbiert wird. Das UV B verursacht den Sonnenbrand und ruft daran anschließend die bräunende Pigmentierung hervor. Mit UV-Bestrahlungsgeräten kann man medizinisch gezielt gegen bestimmte Haut- und Mangelkrankheiten vorgehen. Die großen Absatzerfolge erreichten diese Geräte allerdings erst aufgrund des Interesses vieler Verbraucher, sich mit »künstlicher Bräune« zu schmücken. Dafür haben sich Geräte durchgesetzt, die überwiegend UV A und nur wenig schädliches UV B abgeben. Man schätzt, daß sich inzwischen etwa zehn Millionen Bundesbürger zu Hause durch Heimsonnen oder in einem der ca. 10 000 kommerziellen Sonnenstudios der künstlichen Sonne aussetzen.

Weil auch die Bestrahlung mit dem harmloseren UV A bei längerer Anwendung mit Risiken verbunden ist (es dringt tiefer ein und kann dabei das Unterhautgewebe schädigen), hat das Bundesgesundheitsamt bereits im Januar 1987 »Empfehlungen zur Begrenzung gesundheitlicher Strahlenrisiken bei der Anwendung von Solarien und Heimsonnen« herausgebracht. Wer den Zusammenhang zwischen der Bestrahlungsintensität und dem Auftreten von chronischen Hautschäden kennt, steht dem Argument einer »gesunden« Bräune sowieso kritisch gegenüber. Der Einsatz von künstlicher UV-Strahlung sollte also medizinischen Anwendungen vorbehalten bleiben und die Sache von Fachleuten sein. Gesunde Menschen benötigen keine künstliche Zufuhr von UV-Strahlung.

Was tun?

- Verzichten Sie, außer bei medizinischen Anwendungen auf die »Segnungen« der künstlichen Sonnen.
- Beachten Sie bei der Nutzung die Gebrauchsanweisung und lesen Sie alle Hinweise sorgfältig.
- Tragen Sie eine Schutzbrille oder schließen Sie zumindest die Augen. (An Augenlinsen operierte Personen müssen unbedingt eine Schutzbrille tragen.)
- Entfernen Sie bereits einige Stunden vor der Bestrahlung alle Kosmetika.
- Verwenden Sie keine Sonnenschutzmittel; lassen Sie sich statt dessen nur kurz bestrahlen.
- Wenn sich Entzündungen oder Blasen bilden, sollten Sie sofort den Arzt aufsuchen.

Was lesen?

- A. Förster: Die Wirkung der UV-Strahlen auf die Haut. In: Unterricht Biologie 142/1989, S. 36-39.

Heizöl

Heizöl wird in Raffinerien aus Erdöl gewonnen. Leichtes Heizöl wird zur Heizung von Gebäuden verwendet. Schweres Heizöl findet als Industriebrennstoff und zum Betrieb von Kraft-, Heizkraft- und Heizwerken Verwendung. Bei der Herstellung und der Verbrennung von Heizöl werden zahlreiche Schadstoffe frei. Insbesondere der Gehalt an Schwefel, der für leichtes Heizöl auf 0,3 Prozent be-

grenzt ist, belastet die Umwelt (Verbrennung zu Schwefeldioxid). Auf Wunsch sind heute auch schwefelärmere Heizöle erhältlich.
Im Laufe der Erdgeschichte sind große Schichten von abgelagerten Wasserpflanzen und -tieren durch Bakterien über die Bildung von Faulschlamm zu Erdöl und →Erdgas umgewandelt worden. Diese Lager werden heute ausgebeutet und das Erdöl in Raffinerien vor allem zu Kraftstoffen (Benzin, Diesel) und zu Heizöl weiterverarbeitet.
Allein die bei der Gewinnung, Aufbereitung und dem Transport des Erdöls und seiner Verarbeitungsprodukte auftretenden Umweltbelastungen sind gravierend. Allein durch Tankerunfälle, Lecks in Ölleitungen und das Reinigen von Tanks auf hoher See gelangen jährlich ca. sechs Millionen Tonnen Erdöl in die Weltmeere.
Noch mehr wird die Umwelt allerdings durch die bei der Verbrennung von Heizöl auftretenden Abgase und Rückstände belastet (→Treibhauseffekt, →Schwefeldioxid, →Stickstoffoxide). Hier haben erst moderne Kessel- und Brennergenerationen entscheidende Verbesserungen gebracht, die moderne Ölheizanlagen in Hinblick auf die Umweltauswirkungen mit den modernen Gasheizanlagen vergleichbar machen.

Was tun?

- Achten Sie beim Kauf einer Ölheizanlage auf das Umweltzeichen sowie auf aktuelle Testergebnisse.
- Lassen Sie Ihre Heizanlage regelmäßig warten und auf die Heizölsorte einstellen.
- Beachten Sie die Sicherheitsbestimmungen beim Umgang mit Heizöl. Bereits kleinste Mengen des Öls können Tausende von Litern Grund- bzw. Trinkwasser ungenießbar machen!

Was lesen?

- Ölbrenner. In: test, Heft 7/90.
- Öl-Gas-Heizkessel. In: test, Heft 9/90.
- Ölkessel-Brenner-Einheiten. In: test, Heft 9/91.

Heizung

Je weiter entfernt ein Land vom Äquatorialgürtel der Erde liegt, desto niedriger liegen seine Durchschnittstemperaturen und desto höheren Temperaturschwankungen sind seine Bewohner ausgesetzt. In unseren Breitengraden muß bereits über die Hälfte des Jahres ein Heizsystem arbeiten, um für das Leben und Arbeiten akzeptable Raumtemperaturen herzustellen. Hauptsächlich geschieht dies durch die Verbrennung von Heizöl, Kohle und Gas. In Elektro-Speicherheizungen oder Heizlüftern wird auch Strom zur Erzeugung von Wärme verwendet. Dies ist allerdings eine vergleichsweise umweltbelastende Methode der Wärmeerzeugung, zumal die modernen Heizgeräte für den Betrieb mit Gas oder Öl im Laufe der Jahre immer bessere Nutzungsgrade und verringerte Schadstoffmengen möglich machten.

Man kann die Heizsysteme grundsätzlich nicht nur nach den verwendeten →Brennstoffen, sondern auch nach ihrem Aufbau unterscheiden:

Einzelheizsysteme (Öfen, Radiatoren usw.) erzeugen die Wärme dort, wo sie benötigt wird, und arbeiten ohne weiteres Verteilsystem. Anders verhält es sich bei der Zentralheizung. Hier muß die in einem zentralen Kessel erzeugte Wärme über eine Rohrsystem an die Stellen verteilt werden, wo die Wärme gebraucht wird. Wichtig ist hier die angemessene Dämmung der Leitungssysteme, um Energieverluste zu vermindern, und eine funktionierende Regelung, um an der jeweiligen Nutzstelle nur so viel Wärme zu entnehmen, wie wirklich benötigt wird. Einen Sonderfall stellt die Fußbodenheizung dar, die aufgrund ihrer großen Abstrahlfläche im Fußboden mit relativ geringen Heizwassertemperaturen auskommt.

Das aus →Sonnenkollektoren gewonnene Wasser eignet sich gut für sogenannte Niedertemperaturheizungen, die zum Teil auch die mit Hilfe einer Wärmepumpe »aufgewertete« Umgebungswärme nutzen.

Bei Heizungsgroßanlagen sind →Fernwärme und die Nutzung von →Blockheizkraftwerken moderne Lösungen.

Rund 80 Prozent der verbrauchten Energie in einem privaten Haushalt entfällt auf die Heizung. Hier können oft mit sehr einfachen Mitteln enorme Einsparungen erreicht werden. Dies betrifft sowohl die technische Beschaffenheit der Heizanlage, aber auch den Umgang mit der Heizung und das richtige →Lüften.

Heutzutage sollten Heizanlagen mindestens die Kriterien (Emissionseigenschaften) des Umweltzeichens erfüllen. Solche Kriterien gibt es für Gasspezialheizkessel (RAL UZ 39), Kombi- und Umlaufwasserheizer für gasförmige Brennstoffe (RAL UZ 40), Brenner-Kessel-Kombinationen – sogenannte Units – mit Gasgebläsebrenner (RAL UZ 41), Ölzerstäubungsbrenner (RAL UZ 9) und Ölbrenner-Kessel-Kombinationen – sogenannte »Units« – (RAL UZ 46).

Was tun?

- Falls Sie noch die Wahl des Heizsystems haben, bevorzugen Sie als Energieträger Gas oder Öl, vermeiden Sie möglichst Elektroheizungen jeder Form. Bei größeren Anlagen sollten auch die Möglichkeiten der →Fernwärme und von →Blockheizkraftwerken geprüft werden.
- Lassen Sie Ihre Heizung auf Wirksamkeit und Wirtschaftlichkeit überprüfen. Wenn dabei herauskommt, daß Ihre Heizanlage veraltet und/oder unwirtschaftlich ist, entscheiden Sie sich für eine umweltschonende Heizanlage.
- Lassen Sie Ihre Heizung regelmäßig warten.
- Sorgen Sie für eine gute Wärmeisolierung. Dies ist besonders dort wichtig, wo Heizkörper direkt an der Außenwand angebracht sind.
- Reduzieren Sie Ihre Heiztemperatur.
- Mit einer Pumpensteuerung kann man die Verluste bei Zirkulationsleitungen gering halten.
- Entlüften Sie Ihre Heizanlage rechtzeitig.

Was lesen?

- Test Öl-/Gas-Heizkessel. In: test, Heft 9/90.
- Test Gas-Spezialkessel. In: test, Heft 1/91.
- Test Heizungsmodernisierung. In: test, Heft 3/91.
- Test Festbrennstoffkessel. In: test, Heft 4/91.
- Test Fußbodenheizung. In: test, Heft 5/91.
- Test Heizkörper. In: test, Heft 7/91.
- Test Ölkessel-Brenner-Einheiten. In: test, Heft 9/91.
- Test Heizanlagenwartung. In: test, Heft 11/91.
- Test Gas-Etagenheizungen. In: test, Heft 11/92.
- Sparen beim Heizen. In: test-Sonderheft Energie 1992.

Herde

Zur Nahrungszubereitung ist das wichtigste Haushaltsgerät nach wie vor der Herd. Üblicherweise verfügen Haushalte über Gas- oder Elektroherde, neuerdings nimmt auch der Ausstattungsgrad bei →Mikrowellenherden rapide zu. Da sich die Geräte in ihrem

Energieverbrauch kaum wesentlich unterscheiden, kommt dem richtigen Nutzungsverhalten die entscheidende Bedeutung zu, wenn man die Umwelt schonen will. Dies gilt nicht nur für den Kochprozeß selbst, sondern auch für die Gerätereinigung.
In 77 Prozent der bundesdeutschen Haushalte wird elektrisch gekocht. Die Marktsättigung ist damit auf dem 1983 erreichten Niveau geblieben. Die alljährlich abgesetzten 1,1 bis 1,2 Millionen Geräte befriedigen weitgehend den Ersatzbedarf. Es fällt auf, daß dabei nur selten die technische Nutzungsdauer von 20 Jahren ausgenutzt wird und oft bereits nach ca. 15 Jahren der Austausch gegen ein neues Gerät erfolgt. Man kann vermuten, daß hier die Strategie der Industrie, möglichst immer wieder mit neuen Techniken (integrierte Mikrowelle, Glaskeramikkochfelder, Induktionskochplatten, Strahlungsheizkörper usw.) und weiteren Ausstattungsmerkmalen (Elektronik, pyrolytische Reinigung, Warmhaltezonen usw.) Kaufanreize zu schaffen, dazu führt, daß zahlreiche Verbraucher noch funktionstüchtige Geräte auf den Müll werfen. Da die Elektroherde in den letzten Jahren im Vergleich zu anderen Haushaltsgeräten keine so rasante Entwicklung hin zum Energiesparen erlebt haben, sollte hier in jedem Falle die Überlegung ansetzen, ob die angebotenen Ausstattungsmerkmale wirklich benötigt werden oder ob es der alte Herd noch ein paar Jahre tun könnte (sich z. B. auch eine Reparatur noch lohnen würde).
Gerade bei der Nutzung der Herde können erhebliche Fehler gemacht werden, die den Energieverbrauch unnötig in die Höhe treiben. Bei vorsichtiger Schätzung sind hier durch aufmerksames Verhalten 20 Prozent Energieeinsparungen möglich.
Herdputzmittel sind wegen des veränderten Küchenangebots kaum noch auf dem Markt.
Sie können aber noch immer Lösemittel wie Testbenzin und Petroleum enthalten, die den hartnäckigen Schmutz lösen sollen.

Was tun?

- Bei einer Neuanschaffung sollte zunächst geprüft werden, ob zum Kochen nicht Gas statt Strom verwendet werden kann. Die Ausnutzung der Primärenergie ist bei Gas wesentlich besser. Außerdem kann bei Gasherden die Wärmeleistung schnell und direkt geregelt werden, und es treten keine so großen Restwärmeverluste auf.
- Vergleichen Sie vor dem Kauf unbedingt die Energieverbrauchswerte der Geräte anhand der »Produkt-Information« am Gerät oder im Herstellerprospekt.
- Von der Ausstattung her helfen eine gute Regelung, eine Automatikplatte und Umluft im Backofen beim Energiesparen.

- Auch die Induktionskochplatte kann Energie sparen helfen (insbesondere bei Mengen unter 500 Gramm), sie ist jedoch noch relativ teuer.
- Setzen Sie nur geeignetes Kochgeschirr ein: mit sauberem, ebenem Boden, in Durchmesser und Größe passend zur jeweiligen Kochstelle, mit gut schließendem Deckel.
- Nutzen Sie die Vorteile, die Automatikplatten bieten: wenn gleich der richtige Garbereich eingestellt wird, schalten die Platten selbsttätig um.
- Garen mit möglichst wenig Wasser spart Energie.
- Bereiten Sie nur größere Mengen (ab ein Kilogramm) im Backofen zu.
- Während des Garens nicht unnötig den Kochtopf öffnen, während des Backens die Backofentür möglichst geschlossen lassen.
- Die Kochplatten oder den Backofen rechtzeitig abschalten bzw. die Nachwärme nutzen. Das Warmhalten von Speisen und Getränken sollte allerdings besser in isolierten Gefäßen erfolgen.
- Achtung: beim ersten Aufheizen eines neuen Backofens können giftige Formaldehyd-Dämpfe entstehen, deren Konzentration sogar die entsprechenden Richtwerte des Bundesgesundheitsamtes weit übertreffen. Also unbedingt beim ersten (leeren) Durchheizen den Raum gut durchlüften und verlassen!
- Verwenden Sie nur lösemittelfreie Herdputzmittel. Hartnäckige Verschmutzungen können Sie umweltfreundlich mit einem guten →Allzweckreiniger und einem Drahtschwamm entfernen, so daß der Kauf eines Spezialmittels überflüssig wird.

Was lesen?

- Elektroherde. In: test Heft 6/91.

Holz

Als nachwachsender Rohstoff ist Holz unter ökologischen Gesichtspunkten prinzipiell positiv zu beurteilen. Allerdings hat die Art seiner Gewinnung und Verwendung (z. B. Monokulturen in Mitteleuropa, vermeintlich erforderlicher Schutz mit chemischen Holzschutzmitteln, Raubbau an tropischen Regenwäldern) zu einer Reihe von Umweltproblemen geführt. Holz wird sowohl als Ausgangsstoff für weitere Produkte (z. B. Papier, Möbel, Holzwerkstoffe) als auch als Brennmaterial verwendet.

In Deutschland hat sich nach einer Phase ständigen Raubbaus im Spätmittelalter eine nachhaltige Waldbewirtschaftung durchgesetzt. Dabei wird dem Wald nur so viel Holz entnommen, wie auch wieder nachwächst. Bei der Gewinnung von Tropenholz gibt es nur einige wenige Ansätze für eine entsprechende nachhaltige Bewirtschaftung. Der überwiegende Anteil wird durch Raubbau an Primärwäldern in Südamerika, Asien und Afrika gewonnen. Gleichzeitig ebnet diese Art der Holzentnahme den Weg für die weitere umfassende Zerstörung tropischer Regenwälder durch Brandrodungen.
Ständig der Witterung ausgesetztes Holz, z. B. als Baumaterial, wird sehr leicht von Insekten und Pilzen angegriffen und zerstört. Dies hat zu einem umfassenden Einsatz von chemischen Holzschutzmitteln geführt, der bis in Bereiche hineinging, wo er völlig unsinnig war (→Holzschutz). Bei einem materialgerechten Einsatz (Holz in Innenräumen, bei Außenanwendungen für einen konstruktiven Holzschutz sorgen) sind solche Giftbehandlungen weitgehend überflüssig.
Für →Möbel wird nur noch selten Massivholz eingesetzt. Verwendet werden Holzwerkstoffe wie Tischlerplatten, Faserplatten und vor allem →Spanplatten, bei denen Holzteile durch chemische Bindemittel zusammengehalten werden. Die Bindemittel auf →Formaldehyd-Basis haben zu hohen Innenraumluftbelastungen geführt. Seit 1991 müssen Holzwerkstoffe für den Möbelbau deshalb einen Formaldehyd-Grenzwert einhalten.
Holz als Brennstoff kann zu hohen Luftbelastungen mit Produkten einer unvollständigen Verbrennung führen. Es muß deshalb gut getrocknet sein (mindestens zwei Jahre abgelagert) und darf nicht mit chemischen Mitteln (Holzschutzmittel, Farben, Lacke) behandelt sein. Die Verbrennung von Holzwerkstoffen in privaten Öfen ist verboten.

Was tun?

- Kaufen Sie Holzprodukte aus einheimischen Hölzern.
- Setzen Sie Holz materialgerecht ein. Dort, wo eine ständige Bewitterung unvermeidlich ist (z. B. bei der Gartengestaltung), sollten Sie auf andere, witterungsunempfindlichere Materialien ausweichen.
- Wenn Sie Holz schützen müssen, sollten Sie eine Oberflächenbehandlung mit einem Lack einer Holzschutzmittelbehandlung vorziehen.
- Geben Sie altes Holz nicht in den Hausmüll. Holz kann gut recycelt werden. Spanplatten können auch aus schon gebrauchten Hölzern hergestellt werden.

Holzschutz

Holz ist als Baustoff zahlreichen Einflüssen ausgesetzt, die es im Aussehen verändern und langfristig auch zerstören können: klimatische Einflüsse, chemische Angriffe sowie Befall durch Pilze und Insekten. Will man das Holz lange Zeit erhalten, muß es folglich dagegen geschützt werden. Oftmals wird darunter lediglich der Einsatz chemischer Holzschutzmittel verstanden. Dem Holzzerfall kann aber häufig durch andere, weniger umwelt- und gesundheitsgefährdende Maßnahmen entgegengewirkt werden. Unter Umständen muß auch überlegt werden, ob Holz für den beabsichtigten Einsatzzweck, z. B. als Holzpflaster im Garten, wirklich das richtige Material ist.

Chemische Holzschutzmittel enthalten biozide Stoffe, die holzangreifende Organismen abtöten sollen. Leider wirken diese Chemikalien auch auf andere Lebewesen. Eingesetzt werden sowohl anorganische Salze (u. a. Chrom-, Kupfer-, Arsen- und Borverbindungen) wie auch organische Stoffe, häufig Abkömmlinge aus der →Chlorchemie.

Vor allem diese organischen Holzschutzmittelwirkstoffe, gelöst in leichtflüchtigen organischen →Lösemitteln, haben in der Vergangenheit Umwelt- und Gesundheitsprobleme hervorgerufen. Die Verwendung von Holzschutzmitteln mit →Pentachlorphenol (PCP) und →Lindan in Innenräumen hat zu massiven gesundheitlichen Problemen bei Bewohnern geführt. Diese Wirkstoffe werden über Jahre aus den behandelten Hölzern freigesetzt. Durch direkte Aufnahme mit der Atemluft und indirekte Aufnahme (Stau) verursachen diese Wirkstoffe unter anderem. Gedächtnis- und Konzentrationsschwächen, Schlafstörungen, Schwindelanfälle, Depressionen und Muskelzucken. Darüber hinaus enthielt das verwendete PCP als herstellungsbedingte Verunreinigung →Dioxine, die ebenfalls aus dem Holz in die Raumluft übergehen. Ab 1978 wurde PCP in den chemischen Holzschutzmitteln nicht mehr verwendet, 1989 wurde es in Deutschland verboten und 1993 wurde in erster Instanz gerichtlich anerkannt, daß durch die Verwendung von PCP und Lindan Menschen zu Schaden gekommen sind. Auch andere organische Holzschutzmittelwirkstoffe können bei Verarbeitung und Anwendung Auswirkungen auf Mensch und Umwelt haben. Heute wird häufig der Wirkstoff Permethrin als Insektizid eingesetzt. Es ist dem biozid wirkenden natürlichen Inhaltsstoff einiger Chrysanthemenarten »chemisch nachempfunden« und wird deshalb auch mitunter als »Bio-Schädlingsbekämpfungsmittel« bezeichnet. Gegenüber Insekten (und Fischen!) hat es eine hohe, gegenüber Warmblütlern eine relativ geringe Toxizität (Giftigkeit). Aber inzwischen wird auch von möglichen Schäden bei

Menschen berichtet. Außerdem ist es in der Umwelt zehn- bis 100mal stabiler als sein natürliches Vorbild und kann daher ganz andere Wirkungen entfalten.
Anorganische Salze als Holzschutzmittel werden vor allem industriell in Druckimprägnieranlagen verarbeitet. Die an sich wasserlöslichen Verbindungen werden mehr oder weniger stark im Holz fixiert und weisen dann eine gewisse Auswaschbeständigkeit auf (Ausnahme: Borsalze). Die früher sehr weit verbreiteten Teeröle (Carbolineum) sind seit 1992 für den privaten Verbrauch verboten, damit behandelte Holzprodukte (z. B. Eisenbahnschwellen) dürfen nicht mehr an Privatleute abgegeben werden.
Chemische Holzschutzmittel für die (vorgeschriebene) Anwendung bei tragenden und aussteifenden Bauteilen müssen ein Prüfzeichen des Deutschen Instituts für Bautechnik (DIBt) haben. Darin eingeschlossen ist eine Wirksamkeitsprüfung und eine Beurteilung der gesundheitlichen Auswirkungen durch das →Bundesgesundheitsamt bzw. der Umweltbelastung durch das →Umweltbundesamt bei bestimmungsgemäßer Anwendung – also kein Persilschein für gesundheitliche Unbedenklichkeit oder Ungefährlichkeit für die Umwelt! Gleiches gilt für Mittel mit dem RAL-Gütezeichen für Holzschutzmittel, die im Gegensatz zu den Profi-Mitteln mit DIBt-Prüfzeichen auch für Heimwerker angeboten werden. Bei einer Marktuntersuchung wurden über 1000 verschiedene Holzschutzmittel gefunden, nur ein knappes Viertel davon trug ein DIBt-Prüfzeichen oder das RAL-Gütezeichen, wies also eine Minimaluntersuchung der Gesundheitsauswirkungen und Umwelteigenschaften auf.
Holz kann aber auch ohne chemische Wirkstoffe geschützt werden. Wichtig ist dabei, daß bereits durch konstruktive Maßnahmen beim Holzeinbau eine weitgehende Vorsorge gegen allzu große Belastungen getroffen wird: Im Außenbereich kann ein weiter Dachüberstand eine ständige Durchnässung verhindern, Profilhölzer sollten senkrecht verarbeitet werden, damit Wasser gut ablaufen kann, der direkte Kontakt mit Erdreich sollte vermieden werden, für eine Hinterlüftung von Holzflächen sollte gesorgt werden.
Holz mit einer Feuchte von weniger als 18 Prozent wird von Pilzen und den meisten Insekten nicht mehr befallen. Ein chemischer Holzschutz in Innenräumen ist deshalb überflüssig, selbst in Küchen und Bädern bei richtiger Konstruktion und Auswahl des Holzes. Zur Verhinderung des Ausbleichens durch UV-Strahlung reicht der Anstrich mit einem Lack ohne Holzschutzwirkstoffe völlig aus. Als »biologisch« angepriesene alte Holzschutzmittel wie z. B. Borax, Holzessig, Essigsäure, Soda und Pottasche können durchaus wirksam sein, sie sind jedoch alle wasserlöslich und erfordern im Außenbereich einen besonderen zusätzlichen

Schutz gegen das Auswaschen durch Regen. In Innenräumen sind auch diese Mittel überflüssig.
Zur Beseitigung eines akuten Befalls mit holzzerstörenden Insekten (Holzwürmer) werden zahlreiche chemische Mittel angeboten. Nötig sind sie eigentlich nicht, denn diese Holzschädlinge können sehr gut mit dem Heißluftverfahren bekämpft werden: Das Holz wird dabei für etwa eine Stunde durch Heißluftbehandlung auf 55 bis 60 °C im Innern erwärmt, die Insekten sterben dabei vollständig ab. Für diese chemikalienfreie Methode, die bei eingebautem Holz und bei Möbeln angewendet werden kann, ist das Umweltzeichen (»Blauer Engel«) verliehen worden.

Was tun?

- Verwenden Sie keine Holzschutzmittel in Innenräumen.
- Wenn sich im Außenbereich die Anwendung chemisch geschützten Holzes nicht vermeiden läßt, verwenden Sie, wenn immer möglich, bereits industriell geschütztes Holz. Die Umweltbelastungen sind dabei geringer und der Schutz hält länger an.
- Wenn Sie trotzdem selbst Holzschutzmittel im Außenbereich anwenden müssen, sollten Sie auf geprüfte Produkte (DIBt-Prüfzeichen und RAL-Gütezeichen) zurückgreifen. Sorgen Sie für einen ausreichenden Gesundheits- und Umweltschutz: Gummihandschuhe und Schutzbrille tragen, nicht spritzen, sondern nur streichen, Boden mit Folie gegen Tropfverluste schützen.
- Lagern Sie behandeltes Holz im Freien immer abgedeckt, um das Auswaschen bei Regen und damit Bodenbelastungen zu vermeiden.
- Bei akutem Befall mit holzzerstörenden Insekten eine fachgerechte Heißluftbehandlung vornehmen lassen.
- Holzschutzmittelreste sind Sondermüll!
- Mit Holzschutzmitteln behandeltes Holz darf nicht im häuslichen Ofen, im Kamin oder im Lagerfeuer verbrannt werden. Aus chlororganischen Verbindungen können →Dioxine entstehen, →Schwermetalle werden mit Rauch und Asche in der Umwelt verteilt.

Was lesen?

- Hans-Jürgen Nantke, Hans-Joachim Kursawa-Stucke, Hans-Peter Brix: Bio kontra Chemie? Farben, Lacke, Holzschutzmittel und Klebstoffe. Stiftung Verbraucherinstitut, Berlin 1993.

Immission

Die Einwirkung der durch die →Emission freigesetzten Stoffe, Strahlen, Wärme, Erschütterungen oder Geräusche bezeichnet man als Immission. Zur Verhütung von Schäden sind Immissionswerte für Stoffeinwirkungen in der TA (Technische Anweisung) Luft und Immissionsrichtwerte für Lärmbelastungen in der TA Lärm festgelegt. Die örtlichen Genehmigungsbehörden müssen prüfen, ob bei der Errichtung neuer Anlagen oder bei der Veränderung bestehender Anlagen diese Werte eingehalten werden. Grundlage für den Immissionsschutz ist das →Bundes-Immissionsschutzgesetz.

Innenraumluftbelastung

Nicht nur die Außenluft ist durch Industrie- und Autoabgase belastet, hohe Schadstoffkonzentrationen bis hin zu gesundheitsschädlichen Werten treten auch in Innenräumen auf. Schadstoffquellen sind der Mensch selbst, sein Verhalten, Ausstattungsgegenstände, eine Reihe von Produkten sowie in bestimmten Fällen auch die Lage des Raumes. Das Entstehen hoher Schadstoffkonzentrationen wird durch besonders dichte →Fenster und Türen begünstigt. Luftaustauschraten von 0,3 pro Stunde und weniger bei modernen Fenstern stehen Werten von über 1 (d. h. ein vollständiger Austausch der Innenraumluft pro Stunde) auch bei geschlossenen Altbaufenstern gegenüber. Schadstoffgrenzwerte für private Innenräume gibt es nur in Ausnahmefällen als Empfehlung des →Bundesgesundheitsamtes (→Formaldehyd, →Perchlorethylen). Im gewerblichen Bereich gelten bei der Verwendung von Stoffen →MAK-Werte.

Hauptschadstoffquelle in Innenräumen ist das →Rauchen. Dabei werden derartig viele gefährliche Stoffe in so hohen Konzentrationen freigesetzt, daß alle anderen möglichen Schadstoffquellen dagegen zurückstehen. Aber auch der Mensch selbst sorgt für schlechte Luft in Räumen: Sauerstoffverbrauch und Körperausdünstungen machen ein sinnvolles →Lüften erforderlich. Bei schadstoffemittierenden Produkten wie z. B. Formaldehyd freisetzende →Spanplatten ist in der Regel nur die Entfernung eine sinnvolle Maßnahme zur Abhilfe. Viele Produkte sollten in Innenräumen gar nicht erst verwendet werden. Dazu gehören lösemittelreiche →Lacke und →Klebstoffe sowie chemische Mittel zum →Holzschutz und zur →Schädlingsbekämpfung. Offene Feuer in Innenräumen (Gasherde, Kamine) können zu hohen Konzentrationen

an →Stickstoffoxiden, →Kohlenmonoxid und anderen Verbrennungsprodukten führen. Ortsabhängig ist die Belastung durch das radioaktive Edelgas →Radon. Für hohe Konzentrationen des →chlorierten Kohlenwasserstoffs →Perchlorethylen in privaten Wohnräumen ist in der Regel die Lage in der Nachbarschaft zu einer chemischen Reinigung verantwortlich. Hier gibt es inzwischen Regelungen, die das Eindringen dieses unter Krebsverdacht stehenden Schadstoffs verhindern sollen.
Besonders hohe Schadstoffkonzentrationen können im →Autoinnenraum entstehen. Dafür sind einerseits die Schadstoffe des Autoverkehrs verantwortlich, die natürlich durch die »Frischluftzufuhr« auch ins Innere des Autos dringen, andererseits tragen auch die Ausstattungsgegenstände im Auto (Kunststoffe, Kleber, Textilien) – vor allem bei warmem Wetter – dazu bei (»Fogging«).

Was tun?

- Hohe Schadstoffkonzentrationen in Innenräumen können auf vielfältige, auch nicht vorhersehbare Weise entstehen. Deswegen kommt einem sinnvollen →Lüften große Bedeutung zu. Der beste Luftaustausch wird bei minimalem Energieverlust durch regelmäßiges Stoßlüften (kurzzeitigem Öffnen von Fenstern und gegebenenfalls Türen) erreicht. Diese Maßnahme ist auch zur Abführung von Feuchtigkeit und damit als Vorbeugung gegen →Schimmelbefall (unter Umständen mit Belastung durch Sporen) geeignet.
- Rauchen Sie nicht in Innenräumen.
- Verwenden Sie in Innenräumen nur schadstoffarme Produkte für Reinigungs- und Renovierungsarbeiten. Als ersten Anhaltspunkt können Sie sich am Lösemittelgehalt orientieren.
- Betreiben Sie Kamine möglichst geschlossen. Bei offenen Gasflammen sollten Sie eine Abluftführung nach draußen haben.
- Falls Sie den Verdacht auf eine Innenraumluftbelastung durch Produkte haben, versuchen Sie, die Schadstoffquelle zu identifizieren. Materialuntersuchungen sind wesentlich billiger als Raumluftuntersuchungen und helfen Ihnen am ehesten, eventuelle Schadensersatzansprüche durchzusetzen. Wenn Sie sich durch einen Gewerbebetrieb beeinträchtigt fühlen, sollten Sie Ihr zuständiges Umweltamt oder die Gewerbeaufsicht informieren. Diese Behörden veranlassen die weiteren Untersuchungen.

Katalysator

Der früher nur Chemikern geläufige Begriff »Katalysator« ist heute ein umgangssprachlicher Ausdruck geworden. Katalysatoren machen chemische Reaktionen möglich, die so sonst nicht ablaufen. Im Umweltschutz werden sie vor allem in zwei Bereichen eingesetzt: zur Entfernung von →Stickstoffoxiden aus Kraftwerksabgasen (DENOX-Katalysatoren) und bei →Autos mit Ottomotoren.

Gasförmige Schadstoffe reagieren zu weniger giftigen Gasen.

Zur Reinigung von Autoabgasen ist der geregelte Dreiwege-Katalysator am besten geeignet. Durch eine sogenannte Lambda-Sonde wird im Auspuffrohr zwischen Motor und Katalysator der Sauerstoffgehalt des Abgases gemessen und das für eine Verbrennung und Abgasreinigung optimale Benzin-/Luft-Gemisch (Lambda = 1) elektronisch eingestellt. Auf drei chemischen Reaktionswegen werden die Schadstoffe →Kohlenwasserstoffe in Kohlendioxid und Wasser, →Kohlenmonoxid in →Kohlendioxid und →Stickstoffoxide in elementaren Stickstoff umgewandelt. Auch Schadstoffe, für die es bisher noch keine gesetzliche Beschränkung gibt (sogenannte nicht-limitierte Schadstoffe im Autoabgas – z. B. Benzol, Formaldehyd, Methan oder Schwefelverbindungen) reagieren zu weniger giftigen Verbindungen.

Der Katalysator selbst besteht aus einem porösen Keramik- oder Metallkörper, der mit Platin und Rhodium beschichtet ist. Zum Betrieb von Katalysator-Autos ist unbedingt bleifreies Benzin erforderlich, weil die Edelmetalle mit Blei reagieren und der Katalysator dadurch an Wirksamkeit verliert. Normalerweise hält ein Katalysator so lange wie das Auto. Für die Anschaffung eines Katalysator-Autos und für die Nachrüstung eines alten Autos mit einem Katalysator wurden bis 1992 direkte Subventionen und Steuervergünstigungen vom Staat gegeben.

Eine gut gewartete Abgasreinigungsanlage mit einem geregelten Dreiwege-Katalysator reduziert die Schadstoffe im Autoabgas um mehr als 90 Prozent. Dagegen vermindert ein ungeregelter Katalysator, wie er in Autos ohne elektronisch geregelte Einspritz- oder Vergaseranlage und am häufigsten als Nachrüstkatalysator für ältere Autos verwendet wird, den Schadstoffgehalt nur etwa um die Hälfte. Bei hohen Geschwindigkeiten nimmt die Wirksamkeit von Katalysatoren ab, der Schadstoffgehalt im Abgas wird wieder größer.

Auch aus einem anderen Grund ist die regelmäßige Wartung der Katalysator-Abgasreinigung wichtig: Katalysatoren können von selbst nicht zwischen »guten« und »schlechten« Stoffen unterscheiden. Wenn die ganze Anlage nicht optimal auf Schadstoffreduzierung eingestellt ist, können Katalysatoren sogar zusätzliche Schadstoffe produzieren. Des-

halb soll die einwandfreie Funktion der katalytischen Abgasreinigung seit dem 1. Dezember 1993 durch eine spezielle Untersuchung (AU) überprüft werden. Kritiker meinen allerdings, daß das Prüfverfahren gar nicht geeignet ist, alle defekten Katalysatoren aufzuspüren, sondern daß ein wesentlich aufwendigeres Verfahren erforderlich wäre. Katalysatoren geben darüber hinaus auch geringe Mengen der Edelmetallbeschichtung an die Umwelt ab. Da einige Platinverbindungen eine erhebliche gesundheitliche Relevanz haben, müssen diese Emissionen weiter untersucht werden. Bundesgesundheitsamt und Umweltbundesamt sind aber bisher der Meinung, daß von Autokatalysatoren kein Risiko ausgeht und die Vorteile der Abgasreinigung überwiegen.
Bei Kurzstreckenfahrten sind Katalysatoren fast unwirksam. Zur vollen Funktionfähigkeit benötigen sie eine Betriebstemperatur von ca. 300 °C, die erst nach einigen Kilometern Fahrt erreicht wird. Keine große Wirkung haben Katalysatoren auch bei Zwei-Takt-Fahrzeugen (z. B. Trabant und Wartburg). Tests haben gezeigt, das es durch den hohen Kohlenwasserstoffanteil im Abgas dieser Fahrzeuge häufig zu Überhitzungen kommt, die den Katalysator zerstören. Schon nach kurzer Betriebszeit wäre ein Austausch erforderlich. Für →Diesel-Fahrzeuge werden Oxidationskatalysatoren angeboten, die aber nur den sowieso schon geringen Gehalt an Kohlenwasserstoffen und Kohlenmonoxid im Dieselabgas weiter vermindern. Stickstoffoxide und Ruß werden dagegen nicht oder kaum reduziert.

Was tun?

- Katalysatoren in Autos sind kein Freifahrschein für ungezügelten Autogebrauch und schon gar nicht für Raserei. Nutzen Sie auch Ihr Kat-Auto so wenig wie möglich.

Kinderspielzeug

Auch Kinderspielzeug kann die Gesundheit des Kindes gefährden und unsere Umwelt schädigen. Es sollte deshalb keine gefährlichen Chemikalien bei der Benutzung abgeben (Schleimhautkontakt). Durch das Lebensmittel- und Bedarfsgegenständegesetz (LMBG), die Empfehlungen der Kunststoffkommission des Bundesgesundheitsamtes und die Europäische Norm zur Sicherheit von Spielzeug EN 71 sind Herstellung und Vertrieb von Kinderspielzeug gesetzlich geregelt. Das europäische CE-Zeichen sichert die Einhaltung der Normen.

Farben auf Kinderspielzeug müssen speichel- und schweißecht sein und dürfen nicht abgehen. Problematisch ist Kinderspielzeug aus Weich-PVC (z. B. Wabbeltiere), da gesundheitsschädliche Substanzen beim Lutschen bzw. Verschlucken herausgelöst werden können. Der Grundstoff Vinylchlorid für PVC hat sich in Tierversuchen als krebsverdächtig herausgestellt.

Was tun?

- Schenken Sie Kinderspielzeug grundsätzlich nur altersgemäß und wohldosiert. Manche Kinderzimmer gleichen heute der Spielzeugabteilung eines Warenhauses. Wenn Sie weniger und qualitativ besseres Spielzeug kaufen, können Sie mehr für die Umwelt tun. Markenspielzeug trägt deutlich das CE-Zeichen. Meiden Sie knallfarbige Billigangebote aus Kunststoff: sie können gefährliche Farbpigmente enthalten.
- Schenken Sie insbesondere bei Kleinkindern unbehandeltes Holzspielzeug ohne Farb- oder Lacküberzug.
- Weisen Sie Batteriespielzeug zurück. Sinnvoller sind langlebige wiederaufladbare Akkus. Sie sparen Geld und schonen die Umwelt.
- Wecken Sie das ökologische Interesse Ihrer Kinder durch pädagogisch wertvolles Spielzeug: Öko-Spiele, Umwelt-Baukästen usw. sind reizvolle Alternativen.
- Werfen Sie »verbrauchtes« Spielzeug nicht in den Hausmüll. Tauschen und verschenken sind eine gute Alternative (Kleinanzeigen, Flohmärkte).

Was lesen?

- Die Zeitschriften test und ÖKO-TEST haben Kinderspielzeug getestet. Zu gutem Spielzeug rät der »Spiel-gut-Ausschuß«. Weitere Informationen finden Sie in: John Elkington, Julia Hailes u. a.: Umweltfreundlich einkaufen. Von Shampoo bis Champagner. München 1992, und in Hans-Joachim Kursawa-Stucke, Volkmar Lübke: Das Umweltbuch für Eltern. München 1993.

Klebstoffe

Geklebt werden kann heute schon fast alles, auch Verbindungen, die früher durch Schrauben oder Schweißen wesentlich aufwendiger hergestellt werden mußten. Klebstoffe bestehen aus einem (bereits vorhandenen oder beim Klebevorgang entstehenden) hochpolymeren Bindemittel und verschiedenen Hilfsstoffen wie →Löse-

mitteln, →Weichmachern, Füllstoffen, Verdickungsmitteln, Alterungsschutzmitteln, Konservierungsmitteln. Umwelt- und Gesundheitsbelastungen können vor allem von den organischen Lösemitteln und reaktiven Komponenten im Klebstoff ausgehen. Jährlich werden aus Klebstoffen über 60 000 Tonnen organische Lösemittel freigesetzt, die Teil der Belastung mit leichtflüchtigen organischen Verbindungen (→Kohlenwasserstoffe) sind und bei der Verwendung in Innenräumen zu hohen Schadstoffkonzentrationen führen können.

Lösemittelklebstoffe enthalten polymere Stoffe und Harze wie Polyvinylacetat, Nitrocellulose oder Naturkautschuk und organische Lösemittel, wie sie auch in →Lacken vorkommen. Durch Verdunsten der Lösemittel binden diese Klebstoffe sehr schnell ab. Zu den Lösemittelklebstoffen gehören auch die anlösenden Klebstöffe zum Verkleben von Kunststoffen wie z. B. PVC.

Kontaktklebstoffe enthalten ebenfalls Lösemittel, die vor dem Zusammenfügen der Teile verdunsten müssen. Den eigentlich klebenden Stoff stellen synthetische Kautschukarten und Polyurethanelastomere dar.

In Reaktionsklebstoffen wird das Bindemittel durch die chemische Reaktion niedermolekularer Komponenten hergestellt. Meist wird ein Reaktionsharz (Binder; z. B. ungesättigte Polyesterharze, Vinyl- und Acrylverbindungen) mit einem Härter (Vernetzer; z. B. Peroxide, Amine) kurz vor der Verarbeitung gemischt und härtet dann bei Raumtemperatur aus. Diese Stoffe sind aber nicht nur chemisch, sondern auch biologisch reaktiv! Sie können schleimhautreizend und allergieauslösend wirken, einzelne Komponenten stehen unter dem Verdacht, Krebs zu erzeugen (Diphenylmethan-4,4'-diisocyanat, MDI).

Sekundenkleber sind ebenfalls Reaktionsklebstoffe, bei denen Cyanacrylate mit Luftfeuchtigkeit als zweiter Komponente schnell reagieren, so schnell, daß selbst die Finger bei unsauberem Arbeiten zusammengeklebt werden können.

Dispersionsklebstoffe enthalten als Hauptbestandteil eine wäßrige Kunstharzdispersion, daneben →Weichmacher, relativ geringe Mengen Lösemittel und Konservierungsstoffe. Sie können in vielen Fällen Lösemittelklebstoffe ersetzen.

Schmelzklebstoffe bestehen aus einem bei ca. 200 °C erweichbaren Kunststoff (meist Ethylen-Vinylacetat), der nach dem Erkalten fest an den Unterlagen haftet.

Kleister (auch Tapetenkleister) bestehen aus Methylzellulose und/oder Carboxymethylzellulose und Stärke. Sie werden mit Wasser angerührt und eignen sich vorzüglich für das Verkleben von Tapeten und Plakaten. Für schwere Tapeten werden Spezialkleister angeboten, die mit Kunststoffdispersionen (meist Polyvinylacetat) verstärkt sind. Tierische oder pflanzliche Leime haben heute kaum noch eine Bedeutung. Sie sind fast vollständig durch synthetische Kunstharzklebstoffe verdrängt worden.

Was tun?

- Verwenden Sie möglichst lösemittelfreie Klebstoffe. Gerade bei der großflächigen Anwendung in Innenräumen kann es durch Lösemittelklebstoffe nicht nur zu Gesundheitsbelastungen, sondern sogar zur Entstehung zündfähiger Luft-/Lösemittel-Gemische und in der Folge zu Explosionen kommen.
- Sorgen Sie bei der Verarbeitung in Innenräumen für eine ausreichende Lüftung, auch nach Beendigung der Arbeit.
- Verwenden Sie keine Sprühkleber. Die Lösemittelbelastung ist besonders hoch, außerdem entstehen Klebstoffaerosole, die in die Lunge gelangen können.
- Schützen Sie Ihre Haut durch das Tragen von Gummihandschuhen, vor allem bei der Verarbeitung von Reaktionsklebstoffen. Entfernen Sie eventuelle Hautverunreinigungen nicht mit Lösemitteln oder Verdünnern, sondern nur mit Wasser und Bürste.
- Kinder sollten nicht mit Lösemittel- und Reaktionsklebstoffen arbeiten. Für Bastelarbeiten reichen fast immer lösemittelfreie Kleber aus.
- Für viele Klebearbeiten gibt es Alternativen, z. B. Spannen eines Teppichbodens statt Kleben oder punktuelle Fixierung mit beidseitig klebenden Bändern statt vollflächige Verklebung.
- Klebstoffreste sind Sondermüll!

Was lesen?

- Hans-Jürgen Nantke, Hans-Joachim Kursawa-Stucke, Hans-Peter Brix: Bio kontra Chemie? Farben, Lacke, Holzschutzmittel und Klebstoffe. Stiftung Verbraucherinstitut, Berlin 1993.

Klima

Das Klima an einer bestimmten Stelle der Erde ist die Summe der Wettererscheinungen (Wind, Temperatur, Niederschläge usw.), die über einen längeren Zeitraum in einer gewissen Schwankungsbreite immer wieder auftreten. Es wird verursacht einerseits durch äußere Einflüsse wie die Sonneneinstrahlung, andererseits durch die Wechselwirkung zwischen den Teilen des Klimasystems (Atmosphäre, Wasser, Boden, Eisbedeckung, Biosphäre). Über Art und Umfang

dieser Wechselwirkungen gibt es bisher (und wohl auch in Zukunft) nur lückenhafte Erkenntnisse, so daß die Vorhersagen über globale Klimaänderungen aufgrund menschlichen Handelns und deren Auswirkungen mit großen Unsicherheiten behaftet sind.

Hauptmeßgröße für das Klima ist die mittlere Temperatur an der Erdoberfläche, die aufgrund des natürlichen →Treibhauseffektes (Wärmeabsorption in der Atmosphäre durch die dort vorhandenen Spurengase wie Wasserdampf und Kohlendioxid aus der Biosphäre) etwa 15 °C beträgt. Gefährdet ist das Klima vor allem durch die Freisetzung von zusätzlichen Spurengasen, in erster Linie →Kohlendioxid aus der Verbrennung fossiler Brennstoffe in den Industrienationen. Der dadurch bewirkte zusätzliche Treibhauseffekt führt zu einer vergleichsweise schnellen Erhöhung der Temperatur auf der Erde mit Auswirkungen u. a. auf die Niederschlagsverteilung, die Verfügbarkeit von fruchtbaren Böden und damit auf die Nahrungsmittelproduktion und auf die Höhe des Meeresspiegels. Um derartig negative Folgen zu verhindern, wurde auf der UNO-Konferenz für Umwelt und Entwicklung im Jahre 1992 in Rio de Janeiro eine Konvention zum Schutz des Klimas beschlossen, die eine Stabilisierung der Treibhausgaskonzentration in der Atmosphäre fordert. In Deutschland sollen die Emissionen von Kohlendioxid bis zum Jahre 2005 um 30 Prozent gesenkt werden.

Das Klima hat sich im Laufe der Erdgeschichte häufig verändert. So stieg die mittlere Temperatur zum Ende der letzten Eiszeit um etwa 5 °C an. Negativ ist deshalb in erster Linie nicht die Tatsache, daß die Temperatur auf der Erde ansteigt, sondern die Geschwindigkeit, mit der sich dieser Anstieg vollzieht. Bis Ende des nächsten Jahrhunderts wird eine Erwärmung von etwa 3 °C vorausgesagt. In dieser erdgeschichtlich sehr kurzen Zeitspanne haben aber Ökosysteme keine Gelegenheit, sich auf die veränderten Umgebungsbedingungen einzustellen.

Wesentlich präziser als im globalen Maßstab lassen sich die Auswirkungen menschlichen Handelns im lokalen Bereich auf das dort vorhandene Mikroklima beschreiben. So führen z. B. Schadstoffemissionen, weitgehende Bodenversiegelung und die hohe Konzentration an Baumassen in Städten zu einem eigenen Stadtklima, in dem die Durchschnittstemperaturen im Vergleich zum Umland um einige Grade erhöht sind.

Was tun?

- Als Folge von Klimaveränderungen wird es keine Gewinner geben, nur stark und weniger stark Betroffene. Es sollte deshalb alles getan werden, um die Freisetzungen von Treibhausgasen, vor allem von →Kohlendioxid, zu vermindern. Wichtigster Schritt hierzu ist die Einsparung von Energie in allen Bereichen.

Was lesen?

- Enquete-Kommission des 11. Deutschen Bundestages »Vorsorge zum Schutz der Erdatmosphäre«: Schutz der Erdatmosphäre – Eine internationale Herausforderung (Band 1). Schutz der Tropenwälder – Eine internationale Schwerpunktaufgabe (Band 2). Bonn, Karlsruhe 1990.
- Enquete-Kommission des 12. Deutschen Bundestages »Schutz der Erdatmosphäre«: Klimaänderung gefährdet globale Entwicklung. Zukunft sichern – jetzt handeln. Bonn, Karlsruhe 1992.
- Wolfgang Engelhardt und Hubert Weinzierl: Der Erdgipfel. Perspektiven für die Zeit nach Rio. Bonn 1993.
- Wissenschaftlicher Beirat der Bundesregierung für globale Umweltveränderungen: Jahresgutachten 1993 (Welt im Wandel: Grundstruktur globaler Mensch-Umwelt-Beziehungen). Bremerhaven 1993.

Klimaanlage

Aufgabe einer Klimaanlage ist die bedarfsbezogene Steuerung eines Raumklimas. Sie geht damit weit über die einfache Aufgabe der Temperatursteuerung hinaus. Einsatzgebiete derartiger Anlagen sind Kliniken, Labors oder Warenlager, zunehmend aber auch private Räume und Autos.

Klimaanlagen haben die Aufgabe, den Zustand der Luft in Innenräumen hinsichtlich ihrer Reinheit, der Temperatur, ihrer Feuchte und Bewegung entsprechend der jeweiligen Nutzung in bestimmten Grenzen zu halten.

Je nach Bedarf geht es darum, die Raumtemperatur zu regeln, die Luftfeuchtigkeit auf einem bestimmten Wert zu halten, die Luft zu reinigen, sie in bestimmten Intervallen auszutauschen oder eine Kombination dieser Aufgaben.

Wegen des relativ hohen Energieaufwandes derartiger Anlagen sollte ihr Einsatz auf die Bereiche beschränkt werden, wo ein bestimmtes Raumklima aus übergeordneten Gründen wirklich unabdingbar ist. Die meisten Klimaanlagen werden noch mit den umweltgefährdenden →Fluorchlorkohlenwasserstoffen betrieben.

Was tun?

- Für den privaten Gebrauch kommen Klimaanlagen normalerweise nicht in Frage.

Knetmasse

Knet- und Modelliermassen werden als dauerplastische Materialien wie Modellierwachse und -massen und als Gießharze vertrieben.
Härtbare Modelliermassen enthalten als Bindemittel einen Kunststoff, zumeist Polyvinylchlorid. Beim Verarbeiten und Verschlucken können Inhaltsstoffe wieder frei werden und vom Kind aufgenommen werden. Gesundheitsschädlich sind die in diesen Knet- und Modelliermassen enthaltenen →Schwermetalle und →Weichmacher. Beim Härten von Modelliermassen im Ofen entstehen giftige Gase sowie das krebserzeugende →Benzol.
Härtbare Modelliermassen stellen für Kinderhände ein Risiko dar. Beim Verschlucken können Schadstoffe aufgenommen und gefährliche Rückstände gebildet werden.

Was tun?

- Härtbare Modelliermassen gehören nicht in die Hände von Kindern und Jugendlichen.
- Kinder sollten erst ab dem vierten Lebensjahr Knet- und Modellierwachse verwenden.
- Eine preisgünstige Alternative zu vorgefertigten Knetmassen sind selbsthergestellte Teige (Mehl- oder Salzteig mit einem Zusatz von Weinstein).

Was lesen?

- test – Sonderheft Kleinkinder (wird laufend aktualisiert)
- test – Sonderheft Kleinkind, 1992.
- Hans-Joachim Kursawa-Stucke, Volkmar Lübke: Umweltbuch für Eltern. München 1993.

Kochen und Backen

Durch Erhitzen werden viele Nahrungsmittel so verändert, daß sie leichter verdaulich sind. Außerdem werden Mikroorganismen abgetötet und die Nahrungsmittel für begrenzte Zeit vor dem Verderb bewahrt. Beim Erhitzen werden Eiweiße verändert, manche Vitamine werden zerstört. Gebräuchliche Erhitzungsmethoden sind Kochen (Erhitzen in Wasser), Backen (in heißer Luft), Braten (in Fett), Dünsten, Dämpfen, Schmoren (im Dampf von Wasser oder Fett).

Eine kurze Erhitzungsdauer schont Vitamine und andere wertgebende Inhaltsstoffe und spart Energie. Die Verwendung einer »Kochkiste« für Getreide und Kartoffeln spart ebenfalls viel Energie. Die chinesische Methode, Gemüse vor dem Garen kleinzuschneiden und kurz in Öl zu erhitzen, ist wohl auf den traditionellen Brennstoffmangel zurückzuführen: Sie spart Energie und verhindert, daß Inhaltsstoffe mit dem Kochwasser ausgewaschen und weggeschüttet werden.
Brot zu erhalten, das nur aus möglichst frisch gemahlenem Getreide, Wasser und Treibmittel in Form von Hefe, Sauerteig oder Backferment hergestellt wurde, ist heute vielerorts schwierig. »Vollkornbrot«, das aus Auszugsmehl mit Körnern oder Kornbruchstücken besteht, mit Zusatzstoffen dunkel gefärbtes »Roggenmischbrot« und Brot mit Konservierungsstoffen wird häufig verkauft. Die Alternative »Selbst backen« ist arbeits- und energieaufwendig, gibt aber einen Maßstab für den Geschmack, an dem man sich beim Kauf von Brot orientieren sollte.

Was tun?

- Achten Sie beim Kochen auf möglichst geringen Energieverbrauch: Benutzen Sie beim Elektroherd Pfannen und Töpfe, die genau auf die Platten passen, nutzen Sie die Restwärme aus, benutzen Sie Hilfsmittel wie die Kochkiste, erhitzen Sie keine unnötig großen Mengen Wasser. In manchen Fällen kann durch Zerkleinern vor dem Erhitzen Energie gespart werden.
- Erhitzen Sie Speisen nicht unnötig lange und nicht bei unnötig hoher Temperatur.

Kochutensilien

Bei allen Kochutensilien ist darauf zu achten, daß keine schädlichen Stoffe auf Nahrungsmittel übergehen können.
Geräte und Werkzeuge, die erhitzt werden (Bratschaufel!) sollten nicht aus Kunststoff sein. Beschichtungen von Töpfen und vor allem Pfannen können sich mit der Zeit lösen und werden dann mitverzehrt.
Rote und gelbe Plastikgegenstände wie Schüsseln oder Salatbesteck können →Cadmium enthalten, vor allem wenn sie älteren Herstellungsjahrs oder importiert sind. Das Schwermetall löst sich vor allem in saurem Milieu (Essig im Salat!). Gegenstände aus Polyvinylchlorid können gesundheitsschädliche Weichmacher enthalten.
Aluminium spielt möglicherweise eine Rolle bei der Entstehung der Alzheimerschen Krankheit, andere Untersuchungen sprechen dafür, daß

Aluminium diese Krankheit zwar nicht auslöst, aber den Verlauf beschleunigen kann.
Ältere Glasuren von Keramikgegenständen können →Schwermetalle enthalten.

Was tun?

- Küchengeräte nach dem speziellen Einsatzgebiet auswählen: Plastikgegenstände sollten nicht erhitzt werden (Kochlöffel, Bratschaufel), gelb, rot oder orange gefärbte Plastikgegenstände sollten nicht mit sauren Flüssigkeiten in Berührung kommen, sofern sie nicht garantiert cadmiumfrei sind. Fetthaltige Nahrungsmittel wie Öl sollten nicht in Plastikgefäßen aufbewahrt werden, da die Gefahr besteht, daß Weichmacher oder andere Zusatzstoffe aus dem Kunststoff in das Lebensmittel übergehen.
- Holz, Glas, Emaille und mit Einschränkungen Edelstahl sind meist empfehlenswert. Holzgegenstände sind allerdings meist nicht spülmaschinenfest, da sie beim Trocknen Risse bekommen.

Was lesen?

- Verschiedene Testberichte über Küchengeräte. Beschaffen Sie sich aktuelle Berichte.

Kohle

Die Kohle ist neben dem Erdöl der wichtigste fossile Energieträger. Sie besteht aus den Überresten von Pflanzen, die sich in Millionen von Jahren unter Luftabschluß umgewandelt haben. Dabei wurde der Kohlenstoffgehalt hoch angereichert. Je nach Kohlenart findet man einen Kohlenstoffgehalt von 58 bis 95 Prozent. Der Anteil der Kohle an den gesamten Weltvorräten fossiler →Brennstoffe beträgt über 80 Prozent. Gegenwärtig deckt die Kohle rund ein Drittel des Weltenergiebedarfs. Die Verbrennung von Kohle trägt wesentlich zum →Treibhauseffekt bei.
Kohle entsteht durch die sogenannte »Inkohlung« von Überresten der in feuchtwarmen geologischen Zeitaltern weitverbreiteten Sumpfwälder. Aus den abgestorbenen Pflanzenteilen entstand unter Luftabschluß zunächst Torf. Wenn dieser absank und durch Sand und Ton überdeckt wurde, wandelte er sich zu Braunkohle um, und bei zunehmendem Druck sowie erhöhten Temperaturen entstanden dann Steinkohle und Anthrazit.

Der Abbau von Braunkohle (im Tagebau) führt zu schweren ökologischen Schäden. Sein hoher Flächenbedarf führt zur großräumigen Zerstörung von Landschaften. Die notwendigen Grundwasserabsenkungen ziehen Beeinträchtigungen der Pflanzen- und Tierwelt nach sich. Auf der anderen Seite ist auch die Steinkohleförderung nicht ohne Probleme. In Gebieten mit intensiver Förderungstätigkeit muß mit erheblichen Bodenabsenkungen gerechnet werden. Bei der Verbrennung von Kohle entsteht vor allem Kohlendioxid, das zur Verstärkung des Treibhauseffektes beiträgt, aber auch andere Luftschadstoffe wie Schwefeldioxide, Stickoxide und Stäube werden freigesetzt.
Die Großfeuerungsanlagen-Verordnung schreibt den Kraftwerksbetreibern seit 1988 vor, Rauchgasentschwefelungsanlagen zu installieren, die etwa 90 Prozent der Schwefeldioxid-Emissionen (die als eine Hauptursache für das →Waldsterben gelten) herausfiltern. Auch die Reduzierung der Stickoxide durch Abgasreinigungsverfahren ist in vielen Kraftwerken schon realisiert.
In der ehemaligen DDR war die gesamte Energiewirtschaft auf die heimische Braunkohle ausgerichtet. Zuletzt wurden dort ca. zwei Drittel des Primärenergiebedarfs durch Braunkohle gedeckt.

Was tun?

- Falls Sie eine Kohlenheizung haben, befolgen Sie die Gebrauchsanleitung möglichst präzise und nutzen Sie möglichst schwefelarme Kohle, um Umweltbelastungen so gering wie möglich zu halten. Heizen Sie nur mit den im Brennstoffhandel zugelassenen Brennstoffen, da sonst die Freisetzung unerwünschter Schadstoffe die Folge sein kann.

Was lesen?

- Heizkessel für feste Brennstoffe. In: test, Sonderheft Energie 92.

Kohlendioxid

Das Gas Kohlendioxid (chemische Formel: CO_2, in Wasser gelöst heißt es auch Kohlensäure) ist ein natürlicher Bestandteil der Atmosphäre und entsteht bei allen Verbrennungsvorgängen und als Stoffwechselprodukt von Menschen, Tieren und Pflanzen. Pflanzen bauen zusätzlich unter Lichteinfluß aus Kohlendioxid und Wasser organische Verbindungen (z. B. Kohlenhydrate) auf und geben dabei Sauerstoff ab (Photosynthese).

Von einem eher als unwichtig, weil ungiftig betrachteten Luftbestandteil ist Kohlendioxid in den letzten Jahren zu einem zentralen Luftschadstoff, der globale Auswirkungen haben kann, geworden. Kohlendioxid läßt Sonnenlicht ungehindert durch die Atmosphäre dringen, die Wärmeabstrahlung der Erde aber wird zum Teil zurückgehalten. Dadurch kommt es zu einer zusätzlichen Erwärmung der Erdatmosphäre (sogenannter zusätzlicher →Treibhauseffekt). Der Anteil des Kohlendioxids am Treibhauseffekt beträgt ca. 50 Prozent (weitere Treibhausgase sind →Fluorchlorkohlenwasserstoffe, Methan, Distickstoffoxid).
In großen Mengen entsteht Kohlendioxid bei der Verbrennung von fossilen Energieträgern (Kohle, Erdöl, Erdgas) und von Holz. Ca. eine Milliarde Tonnen pro Jahr, davon ca. 20 Prozent allein durch den Verkehr, wurden 1991 in Deutschland freigesetzt. Eine Verdopplung der Kohlendioxid-Konzentration in der Atmosphäre von ca. 0,03 Prozent vor Beginn der Industrialisierung auf 0,06 Prozent (bei gleichbleibenden Emissionen wird dieser Wert etwa bis zum Jahr 2050 erreicht sein) wird eine Erhöhung der durchschnittlichen Temperatur auf der Erde zwischen 1,5 und 4,5 °C bewirken. Als Folge werden Klimaveränderungen (Verschiebung von Klimazonen, Ausbreitung von Wüsten, Veränderung der Niederschlagsverteilung) und ein Anstieg des Meeresspiegels um bis zu einem Meter befürchtet.
Technisch vernünftig einsetzbare Minderungsmaßnahmen wie für andere Luftschadstoffe (etwa als Filter oder Katalysator) gibt es für Kohlendioxid nicht. Eine Verringerung der Emissionen ist nur durch die Einsparung fossiler Energieträger, durch geringeren Energieverbrauch und bessere Wirkungsgrade bei der Energienutzung möglich.

Was tun?

- Prüfen Sie Ihren »persönlichen« Energieverbrauch kritisch. Energiesparmaßnahmen (z. B. zusätzliche Wärmedämmung, Heizungen mit hohem Wirkungsgrad) wirken sich direkt positiv auf die Kohlendioxid-Emissionen aus. Je kleiner der Benzinverbrauch Ihres Autos ist, desto geringer sind die Kohlendioxid-Emissionen. Wenn Sie einen Weg zu Fuß oder mit dem Fahrrad zurücklegen, vermeiden Sie die Freisetzung von Kohlendioxid völlig. Schon die Benutzung des öffentlichen Personennahverkehrs bringt hier Vorteile.

Kohlenmonoxid

Kohlenmonoxid entsteht bei allen Verbrennungsvorgängen, und zwar um so stärker, je schlechter die Ausbrandbedingungen sind. Hauptverursacher von Emissionen des giftigen, farb- und geruchlosen Gases (chemische Formel: CO) ist in Deutschland mit einem Anteil von ca. 60 Prozent der Straßenverkehr (Gesamtemission 1991: 10 Millionen Tonnen). Besonders hohe Kohlenmonoxid-Konzentrationen treten deshalb an belebten Straßen zu den Verkehrsspitzenzeiten und bei →Smog auf.

Die Giftwirkung von Kohlenmonoxid beruht auf der Blockierung des Sauerstofftransportes im Blut: Kohlenmonoxid lagert sich anstelle von Sauerstoff an die roten Blutkörperchen an und kann dann nur noch schlecht verdrängt werden. Je nach Konzentration im Blut können Kopfschmerzen, Schwindelgefühle, Übelkeit, Bewußtlosigkeit und Atemlähmung bis zum Tod verursacht werden.

Was tun?

- Die Kohlenmonoxid-Emissionen von Autos, aber auch von Heizungsanlagen sind stark vom Wartungszustand abhängig. Eine regelmäßige Kontrolle kann Umweltbelastungen vermindern.
- Der geregelte Dreiwegekatalysator vermindert die Kohlenmonoxid-Emissionen im Abgas von Autos um über 90 Prozent.

Kohlenwasserstoffe

Im engeren (chemischen) Sinne werden unter dem Begriff Kohlenwasserstoffe wirklich nur die Verbindungen verstanden, die aus Kohlenstoff und Wasserstoff bestehen (z. B. Propan, →Benzol). Oft werden darunter aber auch generell flüchtige organische Verbindungen verstanden (englisch: Volatile Organic Compounds, VOC), die daneben auch noch weitere Elemente wie z. B. Sauerstoff und Chlor enthalten.

Unter Kohlenwasserstoff-Emissionen werden die Freisetzungen von →Lösemitteln, →Kraftstoffen, →chlorierten Kohlenwasserstoffen und weiteren organischen Bestandteilen im Abgas verschiedener Prozesse zusammengefaßt. In Deutschland wurden 1990 3,65 Millionen Tonnen Kohlenwasserstoffe in die Luft emittiert, davon mehr als 50 Prozent aus dem Verkehrsbereich (Emissionen mit dem Abgas, Verdunstungsverluste beim Betanken und aus Fahrzeugen) und fast ein Drittel aus der Verwendung von Lösemitteln.

Kompostieren

Kompostieren ist die planmäßige Zersetzung von organischem Material unter Luftzutritt. Das Kompostieren von organischem Material entlastet einerseits die Mülldeponien und erzeugt andererseits hochwertigen Dünger. Problematisch kann der Schadstoffgehalt des Komposts sein, wenn entsprechend belastetes organisches Material kompostiert wird.

Die Kompostierung kann in kleinem Maßstab in »Regenwurmkästen« auf dem Balkon, in mittlerem Maßstab im Garten in Mieten, im Lattensilo oder in Schnellkompostern, in großem Maßstab in kommunalen Anlagen oder auch flächig auf dem Beet oder dem Acker erfolgen. Die Hauptarbeit verrichten dabei kleine und kleinste Lebewesen: Regenwürmer, Asseln und Insektenlarven zerkleinern und mischen das Material, Bakterien führen die eigentlichen Abbauprozesse durch.

Die Verwendung von Kompost als →Dünger schließt den biologischen Nährstoffkreislauf und führt die Nährstoffe zurück, die bei der Ernte entzogen wurden. Daher enthält Kompost auch Spurenelemente, die in mineralischen Düngern fehlen können. Die organischen Stoffe im Kompost, z. B. Huminsäuren, binden im Gegensatz zu Tonmineralien auch Anionen wie Nitrat und Phosphat und verbessern damit die Bodenfruchbarkeit. Die im Kompost enthaltenen Mikroorganismen können Böden beleben.

Mögliche Ursachen für Mißerfolge beim Kompostieren sind: Ungenügende Zerkleinerung des Materials, einseitige Zusammensetzung des Materials, Fäulnis durch zu nassen Kompost. Vernässung kann durch den Einbau einer Drainageschicht, z. B. aus zerkleinertem Baum- oder Heckenschnittgut, verhindert werden.

Material, das schwer abbaubare Schadstoffe wie Schwermetalle oder persistente Pestizide enthält, sollte nicht für Kompost, der bei der Erzeugung von Nahrungsmitteln eingesetzt wird, verwendet werden.

Was tun?

- Kompostieren Sie Küchen- und Gartenabfälle. Falls Sie keine Möglichkeit dazu haben, erkundigen Sie sich nach Möglichkeiten, kompostierbare Abfälle getrennt abzugeben.
- Verwenden Sie keine schadstoffhaltigen Materialien für Kompost.

Lassen Sie im Zweifelsfall chemische Analysen durchführen oder verlangen Sie Analysen vom Anbieter.

Was lesen?

- Alwin Seiffert: Gärtnern und Ackern ohne Gift. München 1982.
- Ralf Gottschall: Kompostierung. Karlsruhe 5. Aufl. 1993.

Konservierungsstoffe

Konservierungsstoffe dienen dem →Haltbarmachen von Lebensmitteln. Sie erleichtern den Transport über weite Entfernungen und den Handel. Für die meisten Lebensmittel gibt es erprobte Methoden zur Haltbarmachung ohne Konservierungsstoffe. Viele Konservierungsstoffe sind gesundheitlich bedenklich.

Konservierungsstoffe werden mit E-Nummern zwischen 200 und 300 gekennzeichnet. Benzoesäure und ihre Verbindungen können Allergien und Asthma auslösen. Für Katzen können diese Stoffe schon in geringen Mengen tödlich wirken. Auch die chemisch verwandten pHB-Ester können Allergien auslösen. Sie verlangsamen das Wachstum von Ratten.

Die Schalen von Citrusfrüchten werden häufig mit pilztötenden Substanzen wie Orthophenylphenol, Biphenyl und Thiabendazol behandelt. Bananen werden regelmäßig mit Thiabendazol behandelt, ohne daß dies angegeben werden muß. Das Natriumsalz des Orthophenylphenol fördert im Tierversuch zusammen mit Thiabendazol Blasenkrebs.

→Nitrit und →Nitrat werden Fleisch- und Wurstwaren zugesetzt. Nitrit kann bei Kleinkindern den Sauerstofftransport im Blut behindern (Blausucht), zusammen mit Aminen bildet Nitrit Nitrosamine, stark krebserzeugende Verbindungen. Nitrat wird zu Nitrit reduziert und entfaltet dann dieselben Wirkungen.

Konservierungsstoffe werden auch für bestimmte Heimwerkerprodukte wie →Lacke, Farben und →Klebstoffe verwendet, außerdem für Kosmetika und für manche flüssige Wasch- und Spülmittel.

Was tun?

- Wenn Sie Konserven kaufen, bevorzugen Sie Produkte ohne chemische Konservierungsstoffe.
- Achten Sie bei Citrusfrüchten auf die Kennzeichnung. Auch »gewachst« bedeutet, daß die obengenannten chemischen Stoffe einge-

setzt wurden. Verwenden Sie bei Rezepten, bei denen die Schale von Citrusfrüchten eingesetzt wird, nur Früchte, die nicht mit Konservierungsstoffen behandelt wurden, am besten aus ökologischem Anbau – auch Pestizidrückstände befinden sich überwiegend auf und in der Schale.

Was lesen?

- Zusatzstoffe in Lebensmitteln. In: Globus-Begleitmappe 4/87. Stuttgart 1987.
- Verbraucherzentrale Hamburg: Lebensmittel-Zutaten-Liste. Hamburg, 47. Auflage 1992.

Kontamination

Kontamination bezeichnet die Verseuchung von Gegenständen, Räumen oder gar Menschen durch giftige chemische oder radioaktive Substanzen. Kontaminierte Gegenstände müssen unbedingt von nicht kontaminierten getrennt gehalten werden, um eine Übertragung zu verhindern. Die Dekontamination verseuchter Menschen ist enorm schwierig und kann – je nach dem Grad der Belastung – gegebenenfalls akute Schäden nicht mehr aufhalten.

In der chemischen Produktion, insbesondere aber bei der Nutzung der Atomenergie, kommt es immer wieder zur Belastung (Kontamination) von Gegenständen und Stoffen, die sorgfältig entsorgt werden müssen. Besondere Probleme bereitet der →Atommüll wegen der hohen Strahlenbelastung und der zum Teil sehr langen →Halbwertzeiten.

Was tun?

- Bei geringeren Ausmaßen äußerlicher Kontaminationen von Menschen helfen intensives Waschen bzw. leichtes Abschmirgeln der Hautschichten, die mit dem kontaminierten Stoff in Berührung kamen.
- Bei Aufnahme radioaktiv belasteter Nahrungsmittel sollte alles getan werden, um die Verweildauer des Stoffes im Körper möglichst zu verkürzen.

Was lesen?

- Kiefer, Jürgen: Zeitliches Bestrahlungsmuster und Strahlenschädigung. In: Ärzte gegen den Atomkrieg, Sondernummer 1992.

Konzentrationseinheiten

Welche Menge eines Schadstoffes in der Luft, im Wasser, im Boden oder auch in Lebensmitteln enthalten ist, wird in Konzentrationseinheiten ausgedrückt, also z. B. in Milligramm Schadstoff pro Kubikmeter Luft (mg/m^3), Mikrogramm Schadstoff pro Liter Wasser (g/l) oder Nanogramm Schadstoff pro Kilogramm Boden (ng/kg).
Häufig werden auch Konzentrationen als Teilchenzahl im Verhältnis zu einer Bezugsteilchenzahl angegeben. Diese Einheiten stammen aus dem Amerikanischen, daher »billion« = Milliarde und »trillion« = Billion:

- ppm (parts per million): Die Teilchenzahl bezogen auf eine Million (10^6) Teilchen, also z. B. Milligramm pro Kilogramm oder Milliliter pro Kubikmeter.
- ppb (parts per billion): Die Teilchenzahl bezogen auf eine Milliarde (10^9) Teilchen, also z. B. Mikrogramm pro Kilogramm oder Mikroliter pro Kubikmeter.
- ppt (parts per trillion): Die Teilchenzahl bezogen auf eine Billion (10^{12}) Teilchen, also z. B. Nanogramm pro Kilogramm.

Bei der Umrechnung dieser Teilchenkonzentrationen in herkömmliche Konzentrationseinheiten (z. B. Umrechnung eines Schadstoffgehaltes in der Luft von ppm in mg/m^3) muß das Molekulargewicht berücksichtigt werden.

Kooperationsprinzip

Neben dem →Vorsorge- und dem →Verursacherprinzip ist das Kooperationsprinzip eine Grundlage der staatlichen deutschen Umweltpolitik. Dahinter steckt das Bestreben, bereits im Vorfeld von staatlichen Regelungen möglichst zu einem gesellschaftlichen Konsens über die zu ergreifenden Maßnahmen zu kommen. Geplante Gesetze und Verordnungen werden den Betroffenen zur Stellungnahme vorgelegt.
Die Regierung nimmt unter der Flagge Kooperationsprinzip »freiwillige Selbstverpflichtungen« der Industrie entgegen, bestimmte Umweltauflagen auch ohne gesetzliche Regelung zu erfüllen, ein Weg, der manchmal erfolgreich ist (z. B. Ersatz von →Asbest in Bauprodukten), oft aber auch nicht (z. B. Reduzierung des Lösemittelgehaltes von →Lacken, Rücknahme und Verwertung von Altbatterien). Es besteht die Gefahr,

daß unabhängiges staatliches Handeln und Lenkung des Staates durch die Industrie schwer oder nicht mehr zu unterscheiden sind, wie sich dies z. B. bei der Behandlung sogenannter Altstoffe (Stoffe, die vor dem Inkrafttreten des →Chemikaliengesetzes bereits vermarktet wurden) abzeichnet.

Kosmetika

Mehr als 200 Millionen DM geben die Bundesbürger für Kosmetika aus. Der Umsatz steigt jährlich um etwa bis zu 6,3 Prozent. Hautpflege- und Haarpflegemittel, Zahn- und Mundpflege, dekorative Kosmetik, Herrenkosmetik, Parfums und Wässer, Bade- und Duschzusätze, Deodorantien, Seifen und sonstige Körperpflegemittel sind die gängigen Produktgruppen.
Problematisch in Kosmetika sind die eingesetzten →Konservierungsstoffe.
Insbesondere die Parabene, das Kathon CG und →Formaldehyd sind gesundheitlich bedenklich.
Einen großen Markt haben die sogenannten »Bio-Kosmetika«. Nicht immer werden nur natürliche Inhaltsstoffe eingesetzt.

Was tun?

Der beste Schutz gegen Hautschädigungen sind vorbeugende Maßnahmen:

- Ziehen Sie Produkte ohne allergisierende und hautirritierende Stoffe vor.
- Bei herkömmlichen Kosmetika empfiehlt es sich, auf Produkte zu verzichten, die →Konservierungsstoffe, →Lösungsmittel, Lanolin, reizende Substanzen wie Harnstoff und Sorbinsäure sowie →Glykole enthalten.

Was lesen?

- Verbraucherzentrale Nordrhein-Westfalen (Hrsg.): Naturkosmetik und Kosmetik zum Selbermachen. Düsseldorf 1990.
- Verbraucherzentrale Nordrhein-Westfalen (Hrsg.): Kosmetika. Was so drin und dran ist. Düsseldorf 1988.

Kraft-Wärme-Kopplung

siehe **Blockheizkraftwerk**

Kraftstoffe

Um Autos zum Fahren zu bringen, werden im wesentlichen zwei Sorten von Kraftstoffen verwendet, die aus Erdöl hergestellt werden: Benzin für Ottomotoren ist ein Gemisch aus relativ leicht flüchtigen →Kohlenwasserstoffen (Siedebereich 35 bis 200 °C), Diesel-Kraftstoff ist schwerer flüchtig (Siedebereich 200 bis 350 °C) und gehört – wie leichtes Heizöl – zum sogenannten Mitteldestillat bei der Verarbeitung von Erdöl in Raffinerien. Aber wie bei vielen anderen Produkten auch ist die Angabe der Grundstoffe für die Beurteilung des fertigen Produktes nicht ausreichend: Zur Beeinflussung der Eigenschaften der Kraftstoffe werden in mehr oder weniger großen Mengen weitere Stoffe zugesetzt (→Mineralöladditive), am bekanntesten sind das Bleitetraethyl zur Erhöhung der Klopffestigkeit (Oktanzahl) von Benzin und die Scavenger, um das Blei wiederum aus dem Motor zu befördern.

Wegen der großen Gesundheits- und Umweltgefahren, die von →Blei ausgehen, ist der Bleigehalt im Benzin durch das Benzinbleigesetz seit 1976 auf 0,15 Gramm pro Liter beschränkt. Diese Regelung hat bewirkt, daß die Bleikonzentrationen in der Luft an Hauptverkehrsstraßen stark zurückgegangen sind. Dies hat sich auch auf die Bleibelastung des Menschen ausgewirkt: Untersuchungen haben gezeigt, daß die durchschnittliche Bleikonzentration im Blut seit Anfang der achtziger Jahre deutlich gesunken ist. Seit 1987 ist bleihaltiges Normalbenzin in der Bundesrepublik ganz verboten. Für Autos mit Katalysatoren ist ohnehin die Verwendung von bleifreiem Benzin erforderlich, weil Blei die Katalysatoren »vergiften« und damit unwirksam machen würde. Scavenger sind chlor- und bromhaltige organische Verbindungen, deren Verwendung im Massenprodukt Benzin zur großflächigen Belastung mit →Dioxinen und Furanen beigetragen hat. Sie sind deshalb in Deutschland auch verboten worden.

Benzin darf nach den derzeitigen Bestimmungen noch bis zu fünf Prozent des krebserzeugenden →Benzols enthalten, in der Praxis werden Werte um zwei Prozent festgestellt. Gesetzlich soll zukünftig eine Höchstgrenze von einem Prozent festgelegt werden.

Neben den klassischen Kraftstoffen haben einige andere Produkte eine

mehr oder weniger große Bedeutung erlangt. Autogas besteht aus gasförmigen Bestandteilen des Erdöls (Propan, Butan). Sie können unter Druck verflüssigt und – in Spezialtanks mitgeführt – nach relativ einfachen Umrüstungen in normalen Ottomotoren als Treibstoff verwendet werden. Der Vorteil von Autogas besteht vor allem in den geringeren Kohlenwasserstoff- und Kohlenmonoxidemissionen. Die im wesentlichen von der Verbrennungstemperatur abhängigen Stickstoffoxidemissionen werden kaum beeinflußt.
Alternative Kraftstoffe, wie z. B. Alkohole (Methanol, Ethanol) oder Rapsöl bzw. Rapsölmethylester, haben sich bisher nicht durchgesetzt. Versuche in der Bundesrepublik mit sogenannten Methanol-Autos, die in erster Linie zur Verminderung der Abhängigkeit von Erdölimporten nach den sogenannten Energiekrisen in den siebziger Jahren gemacht wurden, sind nicht fortgeführt worden. Alkohol-Kraftstoffe werden in großem Umfang in Brasilien eingesetzt, in den USA wird ihre Einführung zur Verminderung von Umweltbelastungen in Ballungsgebieten diskutiert. Alkohol-Kraftstoffe produzieren aber nicht uneingeschränkt weniger Schadstoffe: Es können bisher eher in unbedeutenden Mengen vorhandene Schadstoffe wie z. B. →Formaldehyd in größerem Umfang entstehen.
Kraftstoff auf Rapsölbasis wird vor allem von der Landwirtschaft propagiert, die sich davon eine neue einträgliche Verdienstquelle verspricht. Argumentiert wird vor allem mit dem Beitrag zum Klimaschutz, weil der Raps beim Wachsen Kohlendioxid aus der Atmosphäre aufnimmt und bei der Verbrennung des Rapsöls nicht mehr freigesetzt werden kann, als vorher aufgenommen wurde. Unterschlagen werden bei dieser Betrachtungsweise aber die Umweltbelastungen der Landwirtschaft selbst, angefangen vom Dünger- und Pestizideinsatz mit Auswirkungen auf Grund- und Oberflächenwasser bis hin zur Freisetzung von Lachgas (Distickstoffoxid) aus Äckern, das ebenfalls erheblich zum Treibhauseffekt beiträgt. Unter dem Strich ergibt die Verwendung von Rapsöl bzw. Rapsölmethylester keine Umweltvorteile.
Auch Wasserstoff kann prinzipiell in Verbrennungsmotoren als Kraftstoff eingesetzt werden. Er verbrennt mit Sauerstoff zu Wasserdampf. Allerdings befinden sich die Versuche mit Wasserstoff-Motoren noch im Anfangsstadium. Ein völlig schadstofffreier Betrieb von Autos, wie er von einigen Befürwortern angekündigt wird, ist aber sicherlich auch damit nicht möglich. Zumindest die temperaturabhängigen Schadstoffe (Stickstoffoxide) bleiben erhalten.
Aber nicht nur die Verbrennung von Kraftstoffen belastet die Umwelt, sie sind auch selbst Schadstoffe. An Tankstellen werden jährlich ca. 45 000 Tonnen Benzin (darunter ca. 750 Tonnen →Benzol) freigesetzt, wenn die benzinhaltige Luft im leeren Tank durch neues Benzin

verdrängt wird. Eine wirksame Minderung ist durch Gaspendelanlagen möglich, die es bereits in einigen Ballungsgebieten gibt (z. B. München, Hamburg, Berlin). Dabei wird die benzinhaltige Verdrängungsluft über eine zusätzliche Leitung in den Vorratstank zurückgeführt.
Alle neuen Tankstellen in Deutschland müssen mit einer derartigen Anlage ausgerüstet sein, die bereits bestehenden müssen bis Ende 1997 entsprechend nachgerüstet werden.

Was tun?

- Bleifreies Benzin vertragen so gut wie alle alten Motoren, selbst wenn das Auto noch keinen Katalysator hat. Wenigstens diesen Beitrag zum Umweltschutz sollte jeder Autofahrer leisten!
- Tanken Sie an einer Tankstelle mit Gaspendeleinrichtung.
- Benzin enthält krebserzeugendes Benzol, sie sollten deshalb jeden Hautkontakt möglichst meiden. Verwenden Sie auf keinen Fall Autobenzin zum Reinigen.

Krebs

Krebs ist ein Sammelbegriff für bösartige Geschwulste. Krebs ist eine sich aus normalen Körperzellen ableitende Neubildung wuchernden Gewebes, die eigengesetzlich und schrankenlos wächst, die Mutter- und Nachbargewebe zerstört und sich durch Metastasierung – die Verbreitung von Krebszellen über Lymphknoten und Blutbahn – im Körper ausbreitet. Unbehandelter Krebs führt durch Auszehrung regelmäßig zum Tod.
In den letzten Jahrzehnten wurde Krebs immer häufiger als Todesursache angegeben. Heute stirbt ungefähr jeder vierte Deutsche an Krebs.
Krebs kann durch chemische oder physikalische Einflüsse verursacht werden. Zu den chemischen Einflüssen gehören eine große Zahl natürlicher und vor allem künstlicher krebserzeugender Stoffe. Der Nachweis ist oft schwierig, da einerseits die Übertragung der Ergebnisse aus Tierversuchen auf den Menschen problematisch ist, andererseits bei Feldstudien viele unterschiedliche Einflüsse sich überlagern und einander verstecken können. Viele Erkenntnisse stammen von →Berufskrankheiten.
Zu den physikalischen Ursachen gehören elektromagnetische Strahlen mit Wellenlängen, die kürzer als das sichtbare Licht sind (UV-Strahlen, Röntgenstrahlen, Gamma-Strahlen), und energiereiche Teilchenstrahlen (Alpha- und Beta-Strahlen), aber auch Fasern bestimmter Größe, die in die Lunge gelangen (→Asbest).

Häufig liegen längere Latenzzeiten zwischen dem Einwirken des schädlichen Einflusses und dem Ausbruch der Krebskrankheit. Dies erklärt zum Teil die zunehmende Gefährdung mit fortschreitendem Lebensalter. Häufige Krebsarten sind Lungenkrebs, Hautkrebs, Magen- und Darmkrebs, Brustkrebs (bei Frauen). Die wichtigste – und gleichzeitig einfach zu beeinflussende – einzelne Ursache für Krebserkrankungen dürfte das Rauchen sein.
Die Rolle von Pestizidrückständen wird von Fachleuten unterschiedlich bewertet, aufgrund der großen Verbreitung dieser Stoffe in der Umwelt ist sie sicher beträchtlich. Eine wichtige Rolle spielen außerdem Schadstoffe aus dem Straßenverkehr (Dieselruß und Benzol).
Neben krebserzeugenden Chemikalien gibt es krebsfördernde Stoffe (Tumor-Promotoren). Diese fördern das Wachstum von Krebszellen. Dazu gehören unter anderem die CKW-Insektizide →Lindan, beta-HCH, Dieldrin und DDT.
Die Zerstörung der Ozonschicht, vor allem durch Fluorchlorkohlenwasserstoffe, und die daraus resultierende Erhöhung der UV-Strahlung wird voraussichtlich zu einem weiteren Anstieg der Hautkrebserkrankungen in den nächsten Jahrzehnten führen. Krebserkrankungen werden durch Operationen, durch Bestrahlungen oder durch Chemotherapie behandelt. Der Erfolg hängt von der Art des Krebses ab, aber auch ganz wesentlich vom Zeitpunkt der Einleitung der Behandlung. Chemotherapie und Bestrahlungen haben schwere Nebenwirkungen.
Der Anstieg der Krebserkrankungen ist zum Teil auf die zunehmende Lebenserwartung zurückzuführen, zum großen Teil liegt er aber an der unüberschaubaren Zahl der neu entwickelten chemischen Verbindungen, die absichtlich oder unabsichtlich freigesetzt werden, an den vielen Verbrennungsprozessen, die weltweit Schadstoffe emittieren, und an der Vermehrung radioaktiver Substanzen durch zivile und militärische Nutzung der Atomenergie. Zur Abhilfe sind notwendig: eine vorausschauende Chemiepolitik mit Stoffverboten, eine konsequente Luft-, Wasser-, Bodenreinhaltepolitik, eine Energiepolitik, die dem rationellen Energieeinsatz Vorrang einräumt, ein besserer Verbraucherschutz und ein konsequenter Nichtraucherschutz. Eine Außenseitermeinung bestreitet die Existenz von chemischen Ursachen für Krebs. Nach dieser Auffassung soll Krebs aus der Störung der Kommunikation zwischen Körperzellen entstehen und durch Behebung dieser Störung heilbar sein.

Was tun?

- Meiden Sie krebserzeugende Einflüsse, soweit dies möglich ist.
- Gehen Sie regelmäßig zu den von den Krankenkassen kostenlos angebotenen Vorsorgeuntersuchungen.

- Suchen Sie bei verdächtigen Anzeichen frühzeitig einen Arzt auf.
- Schenken Sie bei umstrittenen Stoffen Umwelt- und Verbraucherschützern mehr Glauben als Behörden und Produzenten: Die Listen der krebserzeugenden Stoffe werden ständig ergänzt mit Namen von Mitteln, die vor wenigen Jahren noch »völlig unbedenklich« waren.
- Versuchen Sie auch dort, wo sie nicht selbst von den Folgen betroffen sind, zur Verminderung der Entstehung von krebserzeugenden Stoffen beizutragen: Jeder nichtgefahrene Autokilometer, jede nicht verbrauchte Kilowattstunde, jede nicht verbrannte Plastikverpackung kann jemanden vor Krebs schützen.

Küchenabfälle

Auch Küchenabfälle (Teeblätter, Obst- und Gemüsereste oder Eierschalen) lassen sich gut im Komposter verwerten oder in der Bio-Tonne als organischer Wertstoff sammeln. Voraussetzung ist allerdings eine gute Vorsortierung des Hausmülls, weil Kompost kein Glas, Metall oder Kunststoff enthalten darf. Aber auch Schalen von gespritzen Südfrüchten (Apfelsinen, Zitronen, Bananen) gehören nicht zu den kompostierbaren Küchenabfällen. (→Abfallerfassung, →Kompostieren)

Was tun?

- Schaffen Sie sich ein Abfalltrennungs- und Müllsammelsystem (Abfalleimer) mit mehreren integrierten Behältern an, wie ihn heute alle Möbelhäuser und Versandhändler von Umweltprodukten anbieten.
- Bei der Neueinrichtung Ihrer Küche sollten Sie eine entsprechende Spüle mit einer »Abwurfvorrichtung« für Küchenabfälle erwerben, die mit einem separaten Mülleimersystem verbunden ist.
  Inzwischen haben fast alle Küchenhersteller entsprechende Produkte im Angebot.

Was lesen?

- Umweltbundesamt (Hrsg.), Kompostfibel. Berlin (wird laufend aktualisiert).

Kühl- und Gefriergeräte

Kühl- und Gefriergeräte sind unter Umweltgesichtspunkten vor allem wegen ihres permanenten Energieverbrauchs und wegen der lange Zeit für unersetzlich gehaltenen Verwendung von →Fluorchlorkohlenwasserstoffen (FCKW) interessant. In beiden Bereichen sind in den letzten Jahren positive Entwicklungen zu verzeichnen: die Energieverbrauchsdaten konnten laufend gesenkt werden und seit kurzem sind FCKW-freie Geräte im Angebot. Beides erleichtert die Kaufentscheidung aus der Sicht der Umwelt ungemein, zumal Kühlgeräte heutzutage zur Standardausstattung von Haushalten gerechnet werden müssen.

Bei den Kühlschränken unterscheidet man die einfachen Kühlschränke von den Kühl-Gefrierkombinationen. Mit einem Sättigungsgrad von 96 Prozent verfügt in der Bundesrepublik fast jeder Haushalt über mindestens einen Kühlschrank oder eine Kühl-Gefrierkombination.

Über ein Drittel der vorhandenen Geräte ist älter als zehn Jahre. Hier stellt sich für die Verbraucher die Frage, ob sie ein altes energiefressendes Gerät behalten oder auf die neue Gerätegeneration umsteigen sollen. Diese zeichnet sich durch wesentlich geringere Verbrauchswerte aus. Seitdem die von der Liquidation bedrohte ostdeutsche Firma dkk-Scharfenstein (heute: Foron-Hausgeräte) ein Verfahren zum vollständigen Ersatz des FCKW fand, sind außerdem immer mehr Geräte auch FCKW-frei. Eine Empfehlung für die Entscheidung, ob ein neues Gerät angeschafft werden sollte, kann nicht pauschal gegeben werden.

In vielen Gemeinden der Bundesrepublik funktioniert bereits ein sinnvolles Kühlgerätrecycling. Wenn ältere Geräte im normalen Hausmüll landen, können dabei mit der Zeit bis zu 600 Gramm des Ozonkillers FCKW freigesetzt werden, die sich im Kühlmittel und in der Isolierschicht befinden. Fragen Sie im Zweifel besser nach, was mit Ihrem recycelten Gerät geschieht. Eine Liste aller kommunalen Müllentsorger, die Kühlschränke recyceln lassen, erhält man beim Deutschen Städtetag in Köln.

Bei der Kaufentscheidung über Gefriergeräte wird fast immer übersehen, daß die Anschaffungs-, Betriebs- und Reparaturkosten dieser Geräte den möglichen Ersparnissen durch den Einkauf größerer Mengen von Lebensmitteln, die eingefroren werden können, gegenübergestellt werden müssen. Insbesondere die zunehmende Zahl von kleinen 1- bis 2-Personen-Haushalten, die auf eine ausgeprägte Vorratshaltung keinen Wert legen müssen, brauchen normalerweise kein Gefriergerät oder können gut mit einer Kühl-Gefrierkombination auskommen. Gefriergeräte laufen immerhin rund um die Uhr und können in einem großzügig

ausgestatteten Haushalt über ein Viertel des Stromverbrauchs ausmachen.
In den letzten Jahren hat der Markterfolg der Mikrowellenherde mit dazu beigetragen, daß bei den Gefriergeräten in der Bundesrepublik bis 1992 im Westen eine Marktsättigung von 61 Prozent, im Osten von 65 Prozent erreicht wurde. Zu den Umweltproblemen, die mit dieser Gerätegruppe verbunden sind, gehört damit auch noch der zunehmende Verpackungsberg, der durch das immer größere Angebot an tiefgekühlten Lebensmitteln und Fertiggerichten verursacht wird.
Auch bei Gefriergeräten hat die oben beschriebene Tendenz zum FCKW-freien Gerät inzwischen gefruchtet.

Was tun?

- Wenn Sie sich nicht sicher sind, ob Sie einen Kühlschrank oder ein Gefriergerät überhaupt brauchen, und wenn Sie sich über die richtige Bauart oder Größe nicht im klaren sind, dann lassen Sie sich von Ihrer Verbraucherberatungsstelle informieren.
- Falls Sie bereits ein Gefriergerät besitzen, sollten Sie einen Kühlschrank ohne Tiefkühlfach nehmen, das spart bis zu 20 Prozent Energie.
- Eine Kühl-Gefrierkombination ist nur dann eine sinnvolle Anschaffung, wenn Sie sicher sind, daß Sie mit dem Platz in beiden Geräteteilen auskommen. Ein später zusätzlich angeschafftes Kühl- oder Gefriergerät bedeutet wiederum eine hohe Energieverschwendung.
- Achten Sie beim Kauf auf Geräte mit dem Umweltzeichen. Hier können Sie von einer (relativ) umweltfreundlichen Lösung in Hinblick auf das Kältemittel, die Schmiermittel, die Wärmedämmung und den Energieverbrauch des Gerätes ausgehen.
- Vergleichen Sie vor dem Kauf unbedingt die Energie-Verbrauchsdaten der Geräte anhand der »Produkt-Information« am Gerät oder im Herstellerprospekt.
- Beachten Sie den Aufstellungsort: Das Gerät sollte in einem kühlen, gut durchlüfteten Raum stehen. Sonnenbestrahlung und die Nähe von Heizkörpern oder wärmeabstrahlenden Geräten sind zu vermeiden.
- Öffnen Sie die Geräte nicht unnötig. Ordnung im Gerät und eine gute Beschriftung des Gefrierguts helfen, die Öffnungszeiten abzukürzen.

Was lesen?

- FCKW/FKW-freie Kühlschränke. In: test, Heft 8/93.
- Kühlschränke. In: test, Heft 10/92, 1/92 und älteren Heften, die allerdings alle noch keine FCKW-freien Geräte getestet haben.

Kunststoff-Recycling

Die Kunststoffproduktion stieg von 0,1 Millionen Tonnen im Jahr 1950 auf 9,2 Millionen Tonnen im Jahr 1989 an. Davon werden 6 Millionen Tonnen zu Kunststofferzeugnissen verarbeitet. Die wichtigsten Anwendungsbereiche sind Verpackungen (32 Prozent), der Bausektor (25 bis 30 Prozent), die Elektroindustrie (15 bis 20 Prozent), der Maschinenbau (8 bis 10 Prozent) und sonstige Bereiche (10 bis 20 Prozent). Im Verpackungssektor sind die Polyolefine mit 76 Prozent Marktführer. Polyethylen (PE) liegt bei 66 Prozent, Polypropylen (PP) bei 10 Prozent. Polystyrol (PS) schlägt mit 12 Prozent und Polyvinylchlorid (PVC) mit noch 9 Prozent zu Buche.
Der Anteil an langlebigen Kunststoffen nimmt zu: heute haben 65 Prozent aller Kunststoffe eine Gebrauchsdauer von über acht Jahren, 20 Prozent sind kurzlebig. Die Entsorgung der Kunststoffabfälle wird somit zunehmend auf die Zukunft verschoben, wenn diese Produkte zu »Abfall« werden.

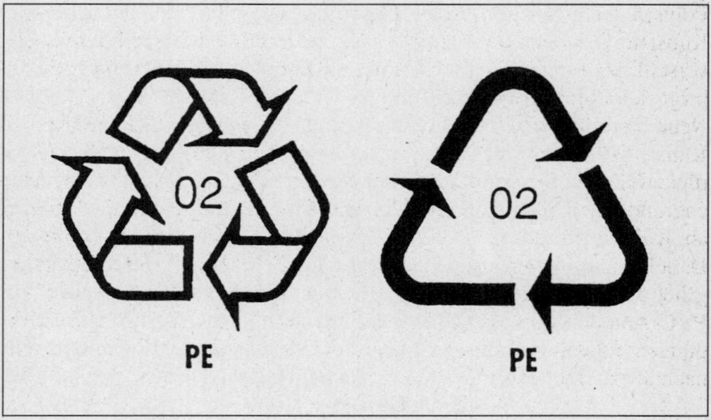

Im Jahr 1989 wanderten 1,4 Millionen Tonnen Kunststoffabfälle auf die Mülldeponien, 600 000 Tonnen in die Müllverbrennung.
Lediglich 30 000 Tonnen vermischter und verschmutzter Kunststoffabfall wurden recycelt. 1992 meldete die Verwertungsgesellschaft gebrauchter Kunststoffverpackungen (VGK) in Bad Homburg 90 000 Tonnen für gebrauchte Kunststoffverpackungen. 1993 waren es 234 200 Tonnen. In Deutschland arbeiten zur Zeit etwa 140 Betriebe als Aufbereiter von Altkunststoffen. Seit längerer Zeit funktioniert die Verarbeitung sortenreiner Plastikabfälle zu hochwertigen Regranulaten und die Verwertung gemischter Abfälle zu dickwandigen Blumenkübeln, Parkbänken, Rastergittersteinen, Verkehrsinseln oder Lärmschutzwällen. Versuchsweise stehen einige Anlagen zur Trennung einzelner Kunststofffraktionen zur Verfügung.
Die Verarbeitung von sortenreinen Kunststoff-Produktionsabfällen macht zwar nahezu keine Probleme, weil das Regranulat wieder für die Produktion eingesetzt werden kann, aber auch bei sortenrein wiederaufbereiteten Kunststoffen wird die Qualität der Neuware nicht erreicht (Downrecycling).
Bei der Verarbeitung von Gemischtkunststoffen kommt es zu extremen Formen des Downrecycling, so daß die Produkte danach in der Verbrennung oder auf der Deponie landen. Der Massenkunststoff Polyethylen verträgt sich ebenso wie Polypropylen mit keiner einzigen anderen Kunststoffsorte. Lediglich Polystyrol kann in kleinen Mengen mit Polyamiden und PET vermischt werden.
Kunststoffe werden immer öfter mit einem Recyclingsymbol teilweise verschlüsselt, teilweise offen gekennzeichnet. Hinter der Zahl 03 verbirgt sich Polyvinylchlorid (PVC).
Neue Verfahren im Versuchsstadium haben sich zum Ziel gesetzt, die Kunststoffe durch die Pyrolyse und Hydrierung in ihre Rohstoffe zurückzuführen. Der Markt für Kunststoffrecyclingprodukte ist extrem eng und unerschlossen. Deshalb zeichnet sich zunehmend die Tendenz ab, Kunststofffraktionen »thermisch zu verwerten«, also zu verbrennen. Dabei sind die freigesetzten Schwermetalle der Kunststoffadditive eine große Gefahr für Mensch und Umwelt. Durch die Verbrennung von PVC-Anteilen in Kunststoffen können komplexe giftige Chlorverbindungen entstehen. Eine Entgiftung der Kunststoffproduktion ist demnach überfällig.

Was tun?

- Kunststoffe als Einweg-Verpackungsmaterialien sind der falsche Weg.
  Nutzen Sie gerade beim Einkauf die Einkaufstasche oder den -korb. Sie sparen damit Rohstoffe und tragen zur Abfallvermeidung bei.

- Verzichten Sie grundsätzlich auf alle PVC-Produkte. Günstiger sind die chlorfreien Kunststoffe Polyethylen oder Polypropylen. Statt für PVC-Fenster sollten Sie sich für Holzfenster entscheiden.
- Lassen Sie mit FCKW geschäumte Kunststoffprodukte stehen.
- Wenn Sie Kunststoffe sammeln, verzichten Sie auf gesonderte Autotouren zum Sammelcontainer. Sie schaden damit der Umwelt mehr als Sie ihr mit Ihrem Sammeleifer nutzen.

Was lesen?

- Jean Pütz (Hrsg.): Der Plastik-Report. Schöne neue Kunststoffwelt? Köln 1989.
- Hans-Joachim Kursawa-Stucke, Volkmar Lübke: Der Supermarktführer. Von allkauf bis Tengelmann. München 1991.

Kunststoffe

Eine wichtige Säule der chemischen Industrie ist die Kunststoffherstellung. Bestimmte Grundbausteine (Monomere), die in erster Linie aus dem billigen Rohstoff Erdöl stammen, können durch verschiedene chemische Reaktionen (Polymerisation, Polykondensation, Polyaddition) zu großen Molekülketten und -netzen (Makromolekülen) zusammengesetzt werden. Die daraus entstehenden Werkstoffe haben sehr unterschiedliche Eigenschaften: Sie können weich und in der Wärme verformbar (Thermoplaste) oder hart und spröde (Duroplaste) sein. Häufig werden ihre Eigenschaften auch durch den Zusatz weiterer Stoffe verändert. Die Herstellung von Kunststoffen ist sehr energieintensiv.

Polymerisationskunststoffe werden oft nach den Grundbausteinen benannt, aus denen sie hergestellt werden. Am bekanntesten und unter Umweltgesichtspunkten auch am kritischsten einzustufen ist Polyvinylchlorid (PVC). Weniger umweltrelevant sind Kunststoffe, die ohne Chlor oder andere bedenkliche Stoffe auskommen, wie z. B. Polyethylen (PE), Polypropylen (PP), Polystyrol (PS) oder Polyethylenterephthalat (PET). Allerdings können weitere Inhaltsstoffe zur Modifizierung der Eigenschaften die Umweltauswirkungen stark beeinflussen (z. B. →Weichmacher, →Cadmium als Stabilisator, →Fluorchlorkohlenwasserstoffe zum Aufschäumen, dioxinbildende →Flammschutzmittel). Manche Kunststoffe werden aus sehr gesundheitsschädlichen Ausgangsstoffen hergestellt, die im fertigen Produkt gar nicht oder nur in sehr geringer Konzentration auftreten (z. B. das krebserzeugende Vinyl-

chlorid zur Herstellung von PVC, allergieauslösende Diisocyanate für Polyurethane (PUR). Kunststoffe werden für die unterschiedlichsten Einsatzzwecke verwendet: Gerätegehäuse, Fußbodenbeläge, Fensterrahmen, Gebrauchsgegenstände, Kochutensilien, Kleidung, Möbel, Verpackungen – die Liste ist endlos lang. Sie sind in unserem täglichen Leben allgegenwärtig. Entsprechend groß ist die jährlich hergestellte Menge (1989: 9,2 Millionen Tonnen in Deutschland). Nach ihrem Gebrauch sind Kunststoffe nur beschränkt recyclingfähig. Kein Problem ist dies bei sortenrein anfallenden Resten, z. B. aus der Produktion und der Verarbeitung. Hier ist die Wiederaufarbeitung und Weiterverwendung bereits aus wirtschaftlichen Gründen schon lange üblich.
Anders sieht dies bei gemischten Kunststoffabfällen aus, die vor allem im Verpackungsbereich in Millionen Tonnen pro Jahr entstehen. Kunststoffverpackungen sind häufig sehr voluminös und verrotten auf Deponien so gut wie gar nicht (Kunststoffolien werden sogar zur Abdichtung von Deponien gegen das Grundwasser verwendet). Wenn überhaupt, können nur relativ minderwertige Sekundärprodukte aus Altkunststoffen hergestellt werden, für die es lediglich einen beschränkten Markt gibt. Die Trennung der gemischten und häufig verunreinigten Kunststoffabfälle ist sehr aufwendig und verteuert das Recycling in einem Maße, daß es wirtschaftlich nicht mehr sinnvoll ist. Die Entsorgung von Verpackungsabfällen im Rahmen des →Grünen Punkts krankt an diesem Problem. Ein Ausweg wird in der chemischen Aufarbeitung der Kunststoffabfälle gesehen. Man versucht, Kunststoffabfälle durch verschiedene Reaktionen (Hydrierung) quasi wieder in ihre Ausgangsstoffe, ein erdölähnliches Produkt, zu zerlegen. Dieses Verfahren kann aber vermutlich auch nicht wirtschaftlich betrieben werden.
Zur Lösung des Mengenproblems bei den Kunststoffabfällen sind auch abbaubare Kunststoffe vorgeschlagen und hergestellt worden, also Produkte, die nach mehr oder weniger langer Zeit auf einer Deponie zerfallen.
Erreicht wird dies, indem in die Werkstoffstruktur verrottbare Anteile, z. B. Stärke, eingebaut werden. Ein wesentlicher Nachteil dieser Variante ist, daß der hohe Energieaufwand, der in die Herstellung der Kunststoffe gesteckt wurde und der Energieinhalt der Kunststoffe selbst dabei verlorengeht.

Was tun?

- Verwenden Sie möglichst keine Wegwerfprodukte aus Kunststoffen. Sie leisten damit einen Beitrag zur Ressourcenschonung.
- Verbrennen Sie keine Kunststoffe oder kunststoffhaltigen Produkte. Aus PVC entstehen bei der Verbrennung →Dioxine, bei anderen

Kunststoffen ist die Verbrennung unvollständig, und es entstehen wenig umwelt- und gesundheitsverträgliche Spaltprodukte.

Kurzreisen

Der Anteil der Menschen, die im Jahr lieber öfter und dafür kürzer verreisen, nimmt ständig zu. Die Umweltbilanz derartiger Reisen sieht demgemäß immer schlechter aus. Solange es nicht gelingt, dem gesellschaftlichen Klima entgegenzuwirken, in dem die Weite und die Häufigkeit der Urlaubsreisen zur sozialen Differenzierung verwendet werden, wird diese Entwicklung kaum zu stoppen sein.
Man kann die Entwicklung zu mehr Kurzreisen als Symptom dafür deuten, daß es für viele wichtiger ist, »viel zu sehen«, als intensiv zu erleben. Was dabei auf der Strecke bleibt, ist meistens der eigentliche Urlaubszweck, nämlich die physische und psychische Erholung. Mediziner weisen darauf hin, daß der eigentliche Erholungswert des Urlaubs erst in der dritten Woche beginnt und kürzere Urlaubsphasen insofern nicht gesundheitsförderlich sind. Für viele Arbeitnehmer ist die Regel, einen Urlaubsteil von mindestens drei zusammenhängenden Wochen zu nehmen, sogar tarifvertraglich festgelegt. Je weiter das Ziel eines Kurzurlaubs entfernt liegt, desto ungünstiger gestaltet sich natürlich auch das Verhältnis zwischen dem notwendigen Energieaufwand, um dort hinzugelangen, und der nutzbaren Zeit, die einem für den »Urlaubsgenuß« zur Verfügung steht.

Was tun?

- Buchen Sie einmal im Jahr einen Urlaub, der mindestens drei zusammenhängende Wochen dauert, weil erst dann der Erholungswert garantiert ist.
- Findige Zeitgenossen, die ihre Urlaubszeit verlängern wollen, sind dazu übergegangen, am Ende eines Jahres etwa bestehende Resturlaubstage schon mit Elementen des Urlaubs des neuen Jahres zu kombinieren. Das wirkt sich positiv auf die Gesundheit und auf den Geldbeutel aus (Verlängerungswochen sind am Urlaubsort meistens verhältnismäßig günstig zu bekommen).
-

Was lesen?

- Andrea Wörle und Lutz-W. Wolff: Erstes Allgemeines Nicht-Reise-Buch. München 1991.

Lacke

Lacke dienen wie andere Anstrichstoffe (→Wandfarben, Lasuren, →Holzschutz) einerseits dem Schutz des Untergrundes (Holz, Metall usw.), andererseits werden sie aus dekorativen Gründen verwendet. Lacke belasten aber auch die Umwelt: Aus den mehr als 1,4 Millionen Tonnen Anstrichmitteln und Verdünnungen (1990) werden ca. 380 000 Tonnen organische →Lösemittel freigesetzt, davon allein 115 000 Tonnen bei der handwerklichen Verarbeitung auch von Heimwerkern. Diese freigesetzten Lösemittel tragen zur Umweltverschmutzung mit leichtflüchtigen organischen Verbindungen (→Kohlenwasserstoffe) bei. Sie führen zusammen mit anderen Bestandteilen zum →Sommer-Smog und können →Innenraumluftbelastungen hervorrufen. Vor allem in früheren Jahren wurden darüber hinaus umwelt- und gesundheitsschädliche →Pigmente, wie →Cadmium- und →Bleiverbindungen, verwendet. In inländischen Produkten findet man diese Schwermetallpigmente aber heute nicht mehr. Der trockene Lackfilm wird vom Bindemittel (einem Kunst- oder Naturharz) und von Füllstoffen (z. B. Kreide oder Talkum) gebildet. Ferner enthalten Lacke eine große Zahl weiterer Zusatzstoffe (Lackadditive), die für gute Verarbeitbarkeit (Verlaufsmittel, Entschäumer, Hautverhinderer, Trockenstoffe) und für Haltbarkeit (Konservierungsstoffe, sogenannte Topfkonservierer) sorgen.

Die herkömmlichen Lacke (Kunstharzlacke, Alkydharzlacke) enthalten ca. 40 bis 50 Prozent organische Lösemittel, hauptsächlich →Kohlenwasserstoffe (Testbenzin) und die →aromatischen Kohlenwasserstoffe Toluol und Xylol. Spezialprodukte können aber auch einen wesentlich höheren Lösemittelgehalt aufweisen, Nitrolacke z. B. bis 70 Prozent. Der Lösemittelgehalt von →Bio-Lacken liegt in vergleichbarer Größenordnung wie bei konventionellen Lacken, die Lösemittel werden aber nicht aus Erdölprodukten gewonnen, sondern in der Regel aus Pflanzen hergestellt. Wesentlich weniger organische Lösemittel enthalten Dispersionslacke (Wasserlacke, Acrylharzlacke). Hauptlösemittel ist Wasser, hinzu kommen in der Regel weniger als 10 Prozent organische Lösemittel (vor allem Glykole und Glykolether). Diese in den siebziger Jahren entwickelten Produkte haben heute einen Marktanteil von etwa 20 Prozent und können beim Einhalten der Kriterien mit dem Umweltzeichen (»Blauer Engel«) ausgezeichnet werden (Logo: »Umweltzeichen – weil schadstoffarm«). Da Dispersionslacke auf wäßriger Basis hergestellt werden, enthalten sie wie Dispersionsfarben (→Wandfarben) Biozide als Konservierungsmittel.

Vor allem für den Anstrich besonders belasteter Oberflächen, wie z. B.

Fußböden, werden Reaktionslacke angeboten, bei denen das Bindemittel erst durch eine chemische Reaktion nach dem Auftragen entsteht. Diese reaktiven Bestandteile können zusätzlich zu Belastungen führen.
Aus säurehärtenden Lacken (SH-Lacken) kann auch längerfristig →Formaldehyd abgespalten werden.
Polyurethanlacke (DD-Lacke) enthalten als eine Reaktionskomponente Isocyanate, die über ein großes gesundheitsschädigendes Potential verfügen (allergisierende Wirkung, Verdacht auf Krebserzeugung).

Was tun?

- Verwenden Sie alle Mittel zur Oberflächenbehandlung sparsam. Mit ihrem Gebrauch sind immer auch Umweltbelastungen verbunden.
- Arbeiten Sie mit Lacken möglichst im Freien, allenfalls in gut gelüfteten Räumen. Auch nach Beendigung der Arbeit sollten Sie noch längere Zeit lüften.
- Tragen Sie Lacke mit dem Pinsel oder der Rolle auf. Die Materialausnutzung ist dabei am besten. Beim Spritzen ist die Lösemittelbelastung besonders hoch, darüber hinaus entstehen gesundheitsschädliche Farbnebel.
- Vermeiden Sie Hautverunreinigungen mit Lacken (Gummihandschuhe tragen). Eventuelle Spritzer auf der Haut nicht mit Lösemitteln oder Pinselreiniger, sondern nur mit Wasser und Bürste entfernen.
- Lacke mit dem Umweltzeichen (»Blauer Engel«) sind hinsichtlich ihrer Umwelt- und Gesundheitsauswirkungen am besten untersucht. Mit ihrer Verwendung gehen Sie das geringste Risiko ein.
- Vor dem Lackieren müssen die meisten Oberflächen vorbehandelt werden. Als Vorlack gibt es ebenfalls schadstoffarme Alternativen, insbesondere auch für Metalloberflächen (→Rostschutz).
- Lacke und Verdünner dürfen nicht in das Abwasser gelangen. Wenn Sie die Arbeitsgeräte mit Wasser reinigen können (bei Dispersionslacken möglich), sollten sie vorher gut ausgestrichen und mit Tüchern vorgereinigt sein. Völlig durchgetrocknete Lackreste können Sie in den Hausmüll geben, noch flüssige Restmengen gehören in die Sondermüllsammlung.
- Für viele Problemstellungen gibt es Speziallacke (z. B. Heizkörperlacke, Fensterlacke). Mit diesen Produkten erreichen Sie die besten Anstrichergebnisse auf dem betreffenden Gebiet. Sie sollten sie den sogenannten Universallacken vorziehen.
- Nicht immer wird zur Oberflächenbehandlung unbedingt eine aufwendige Lackierung benötigt. Wenig beanspruchte Holzoberflächen können z. B. auch mit einem Firnis oder mit Wachs (Bienenwachs) ausreichend geschützt werden.

Was lesen?

- Hans-Jürgen Nantke, Hans-Joachim Kursawa-Stucke, Hans-Peter Brix: Bio kontra Chemie? Farben, Lacke, Holzschutzmittel und Klebstoffe. Stiftung Verbraucherinstitut, Berlin 1993.

Landwirtschaft

Durch planmäßigen Anbau bestimmter Pflanzen (Kulturpflanzen) und durch Haltung von Haustieren werden in der Landwirtschaft Nahrungsmittel und Rohstoffe erzeugt.
Seit Beginn des Ackerbaus in der Jungsteinzeit hat die landwirtschaftliche Nutzung die Landschaft in Mitteleuropa geprägt und an Stelle der natürlichen Wälder eine Kulturlandschaft geschaffen. Bis ungefähr zur Mitte des 19. Jahrhunderts trug dies zur Erhöhung der Artenvielfalt bei. Die Erfindung des Mineraldüngers im 19. Jahrhundert, der Einsatz von mit fossiler Energie betriebenen Maschinen im 20. Jahrhundert und von synthetischen Pestiziden (Pflanzenschutzmittel) seit dem Zweiten Weltkrieg ermöglichten gewaltige Ertragssteigerungen, die dazu führten, daß ein Bauer immer mehr Menschen miternähren konnte.
Diese Entwicklung und die Agrarpolitik der letzten Jahrzehnte führten zu vielfachen Problemen:

- Gefährdung wildlebender Tier- und Pflanzenarten
- »Ausräumung« der Kulturlandschaft
- Belastung des Grund- und Trinkwassers mit →Nitrat und Pestiziden
- Belastung von Lebensmitteln – bis hin zur Muttermilch – mit Pestizidrückständen
- sinkende Einkommen klein- und mittelbäuerlicher Betriebe, »Bauernsterben«
- Produktion, Verwaltung und Vernichtung von Überschüssen.

Der ökologische Landbau kommt ohne chemisch-synthetische Pestizide und ohne leichtlösliche Mineraldünger aus. Bei der biologisch-dynamischen Wirtschaftsweise werden zusätzlich Präparate eingesetzt, die auf Rudolf Steiner zurückgehen. Die Verbände des ökologischen Landbaus sind in Deutschland zur Arbeitsgemeinschaft Ökologischer Landbau (AGÖL), international zur International Federation of Organic Agriculture Movements (IFOAM) zusammengeschlossen. Die Richtlinien der Verbände regeln außer Düngung und Pflanzenschutz auch Flächenbindung der Viehhaltung, Futterzukauf usw., geben in der Regel jedoch keine Garantien für die Produktqualität.

Integrierter Landbau bedeutet, daß biologische, technische und chemische Methoden kombiniert werden. Der Begriff ist nirgends exakt definiert. Er bedeutet aber mindestens, daß Pestizide nach dem Schadschwellenprinzip, also nicht vorbeugend, eingesetzt werden und daß nach dem durch →Bodenuntersuchungen festgestellten Bedarf gedüngt wird. Verschiedene Empfehlungen des Landwirtschaftsministeriums und des Bauernverbandes, die dem integrierten Landbau zugerechnet werden, enthalten strengere Vorschriften – z. B. Ausschluß von Herbiziden, Ausschluß von Pestiziden mit Wasserschutz-Auflage o. ä. Die Beachtung der Grundsätze des integrierten Pflanzenschutzes wird seit 1986 durch das Pflanzenschutzgesetz vorgeschrieben. Konventioneller Landbau ist die Bezeichnung für die chemisch-technische Landwirtschaft, die lediglich durch die allgemeinen gesetzlichen Vorgaben reglementiert wird. Derzeit werden zwei entgegengesetzte Auswege aus der Landwirtschaftskrise diskutiert und ansatzweise umgesetzt: einerseits die Stillegung von Flächen bei fortgesetzter Intensivproduktion auf der Restfläche, andererseits die Extensivierung auf der gesamten Fläche. Die EU-Regierungen und der Industrieverband Agrar ziehen den ersten Weg vor, die Umweltverbände den zweiten.

Was tun?

- Kaufen Sie bevorzugt Produkte aus dem ökologischem Landbau, ersatzweise Produkte aus Zwischenstufen, bei denen genau angegeben wird, was erlaubt und was verboten ist.
- Suchen Sie den Kontakt mit den Erzeugern, z. B. beim Einkauf auf dem Hof oder durch die Beteiligung an Erzeuger-Verbraucher-Gemeinschaften. Listen von Höfen, wo Sie direkt einkaufen können, gibt es bei den Bauernverbänden und bei den Verbänden des ökologischen Landbaus.

Was lesen?

- Rat der Sachverständigen für Umweltfragen: Sondergutachten »Umweltprobleme der Landwirtschaft«. Bundestagsdrucksache 10/3613, 1985.
- Lutz Ribbe u.a.: Zur Lage der Landwirtschaft – Agrarpolitisches Grundsatzprogramm. BUND-position 8, Bonn 1992.
- Rolf Diercks: Alternativen im Landbau. Stuttgart 1983.

Lärm

Lärm ist die Umweltbelastung, von der in Deutschland wahrscheinlich die meisten Personen betroffen sind. 70 Prozent fühlen sich vom Straßenverkehrslärm belästigt, 24 Prozent sogar stark. An zweiter Stelle steht der Fluglärm mit 48 Prozent (14 Prozent sind stark belästigt; alle Zahlen für 1992). Andere Lärmquellen (Schienenverkehr, Industrie, Nachbarn, Sport) treten dagegen deutlich zurück. Lärm ist auf der anderen Seite aber auch eine Frage der sozialen Akzeptanz: Laute Musik, die von manchen als quälende Belastung empfunden wird, wird von anderen als wohltuende Erholung genossen. Hohe und andauernde Lärmbelastungen können zu gesundheitlichen Beschwerden führen (Schwerhörigkeit, Herz-Kreislauf-Probleme, Nervosität). Gemessen wird die Lärmbelastung in Dezibel (dB). In reinen Wohngebieten darf die Lärmbelastung tagsüber nicht mehr als 55 dB(A), nachts nicht mehr als 40 dB(A) betragen.
An Lärm kann man sich nicht gewöhnen, man muß sich dagegen schützen. Dies gilt vor allem auch für die Arbeitswelt: Schwerhörigkeit ist die häufigste berufsbedingte Erkrankung.

Was tun?

- Vermeiden Sie Lärm. Jeder, der Lärm verursacht, ist in der Regel auch selbst davon betroffen, selbst wenn er die schädigende oder belästigende Wirkung nicht unmittelbar selbst wahrnimmt.
- Der Straßenverkehr ist Hauptverursacher von Lärmbelastungen. Durch Ihr Verhalten als motorisierter Verkehrsteilnehmer können Sie zur Verminderung dieser Belastung beitragen (→Autofahren).
- Viele technische Geräte erzeugen mehr oder weniger Lärm. Achten Sie beim Kauf auf lärmarme Geräte. Einige lärmarme Gartenmaschinen (Rasenmäher, Komposthäcksler) sowie besonders leise Mofas können mit dem Umweltzeichen (»Blauer Engel«) ausgezeichnet werden.
- Bei nicht vermeidbaren lärmintensiven Arbeiten sollten Sie auf Ihren persönlichen Gehörschutz achten.
- Falls Sie ein Haus neu bauen, sollten Sie einen erhöhten Lärmschutz bereits in der Planungsphase berücksichtigen. Er zahlt sich mit Sicherheit aus und ist wesentlich billiger als nachträgliche Schallschutzmaßnahmen.

Was lesen?

- Umweltbundesamt: Lärmfindex – Informationsführer Lärmminderung. Adressen, Vorschriften, Literatur. TEXTE 3/90

LD 50

In Tierversuchen wird ermittelt, welche Giftwirkung Stoffe haben. Eine Vergleichsmöglichkeit für die Giftigkeit verschiedener Stoffe ist die Angabe der Stoffmenge, bei der die Hälfte der Versuchstiere stirbt (letale Dosis für 50 Prozent). Dieser Wert wird als LD 50 bezeichnet. Der Wert LD 50 gibt entsprechend die Konzentration an, bei der 50 Prozent der Versuchstiere sterben.

Lebensmittelzusatzstoffe

Lebensmittelzusatzstoffe werden – im Gegensatz zu Rückständen und Verunreinigungen – Lebensmitteln in voller Absicht zugesetzt, um bestimmte Wirkungen zu erzielen. Die Verwendung von Lebensmittelzusatzstoffen muß nur dann angegeben werden, wenn diese zum Zeitpunkt des Verzehrs noch wirken. Auch davon erlaubt die Lebensmittel-Zusatzstoff-Kennzeichnungsverordnung Ausnahmen; z. B. muß die Behandlung von Bananen mit Thiabendazol nicht deklariert werden. Lebensmittelzusatzstoffe werden mit E-Nummern gekennzeichnet.

Die E-Nummern 100–200 kennzeichnen →Farbstoffe, die Nummern 200-300 →Konservierungsstoffe, 300–321 Antioxidantien, 322–375 Emulgatoren, 400–407 Verdickungs- und Geliermittel und ab 420 unterschiedliche Zusatzstoffe. Technische Hilfsstoffe, die zum Beispiel dazu dienen, Gulaschstückchen gleichmäßig in die Dosen zu bekommen oder das Schrumpfen von Keksen vor dem Abpacken zu verhindern, müssen nicht deklariert werden.

Neben gut recherchierten Listen zur Information über die E-Nummern, z. B. von der Verbraucherzentrale, sind leider auch Listen im Umlauf, die gesicherte Erkenntnisse mit Spekulationen und mit offensichtlich falschen Angaben vermengen.

Der Begriff »naturidentisch« sorgt häufig für Verwirrung. »Naturidentische« Stoffe sind nicht natürlich, sondern künstlich hergestellt. Dabei werden natürliche Stoffe – meist Aromastoffe – chemisch nachgebaut.

Diese Versuche sind immer unzulänglich, da natürliche Aromen aus Stoffgemischen bestehen, von denen lediglich der oder die wichtigsten synthetisiert werden. »Naturidentische« Stoffe können mit Beiprodukten aus der Herstellung verunreinigt sein, bei biotechnologischer Herstellung z. B. mit Stoffwechselprodukten von Bakterien oder Pilzen.

Was tun?

- Lesen Sie das Kleingedruckte auf Etiketten von Lebensmitteln aufmerksam.
- Bevorzugen Sie Produkte ohne Zusatzstoffe oder mit natürlichen (nicht »naturidentischen«) Zusatzstoffen.

Was lesen?

- Verbraucherzentrale Hamburg: Lebensmittel-Zutaten-Liste. Hamburg, 47. Auflage 1992
- Zusatzstoffe in Lebensmitteln. In: Globus-Begleitmappe 4/87. Stuttgart 1987.

Lindan

Das Insektizid Lindan (chemischer Name: Gamma-Hexachlorcyclohexan, Formel: $C_6H_6Cl_6$) gehört zur Gruppe der →chlorierten Kohlenwasserstoffe. Es wird sowohl in →Holzschutzmitteln (früher häufig in Kombination mit →Pentachlorphenol) als auch in →Pflanzenschutzmitten und zur Bekämpfung von Kopfläusen beim Menschen eingesetzt. Lindan ist in der Umwelt schwer abbaubar. Über die Nahrungskette gelangt es bis zum Menschen und lagert sich vor allem im Fettgewebe ab. In Muttermilch wurden erhöhte Werte festgestellt. Chronische Lindanbelastungen können zu Leberschäden führen, akute Vergiftungen, z. B. durch Verschlucken, können tödlich enden. Infolge der öffentlichen Diskussion um diesen Stoff wird er zunehmend durch Pyrethrum-Präparate ersetzt.

Lösemittel

Obwohl das wichtigste Lösemittel sicherlich Wasser ist, werden im eigentlichen Sinne unter diesem Begriff organische Flüssigkeiten verstanden, die in der Lage sind, andere organische Stoffe in sich aufzunehmen (zu lösen) oder zu dispergieren (»aufzuschlämmen«), ohne sie chemisch zu verändern. Lösemittel sollen bei vielen Anwendungen möglichst rasch verdunsten und gelangen dabei ganz oder teilweise in die Umwelt. Sowohl allgemeine Umweltschäden als auch direkte gesundheitliche Belastungen sind möglich.

Organische Lösemittel sind z. B. in →Lacken, Farben, Verdünnern und →Klebstoffen (→Kohlenwasserstoffe, →aromatische Kohlenwasserstoffe, →Alkohole, →Glykole), →Abbeizern (→Kohlenwasserstoffe, →Dichlormethan) und verschiedenen anderen Haushaltsprodukten, wie Reinigungsmitteln, Schuhcreme, Möbelpolitur usw. enthalten. Sie werden zum Reinigen von Textilien ebenso verwendet wie zur Entfettung von Metall- oder Kunststoffoberflächen vor einer weiteren Beschichtung (→Perchlorethen, →Trichlorethen, →Kohlenwasserstoffe).

Bei all diesen Verwendungen werden in Deutschland etwa 1,2 Millionen Tonnen Lösemittel emittiert. Sie sind Teil der Belastung der Umwelt mit flüchtigen organischen Verbindungen (englisch: Volatile Organic Compounds, VOC).

Die meisten Lösemittel sind nach ihrer Freisetzung in der Atmosphäre relativ kurzlebig. Sie werden unter Beteiligung des Sonnenlichtes über sogenannte Photooxidantien, die den →Sommer-Smog bilden (→Smog), zu Kohlendioxid und Wasser abgebaut. Allerdings gibt es auch extrem langlebige Lösemittel (→Fluorchlorkohlenwasserstoffe und bestimmte →chlorierte Kohlenwasserstoffe), die als Gas bis in die Stratosphäre aufsteigen können und dort die Ozonschicht (→Ozon) abbauen.

Eine besondere Gefahr bilden Lösemittelfreisetzungen in Innenräumen (→Innenraumluftbelastung): Eingeatmete Lösemitteldämpfe erzeugen Rauschzustände und schädigen das Zentralnervensystem, die Leber und weitere innere Organe. Bei lange anhaltenden hohen Konzentrationen wird ein typisches Krankheitsbild (Lösemittelkrankheit) beschrieben. Einige Lösemittel verursachen Krebs (z. B. →Benzol, Tetrachlorkohlenstoff, →Dichlormethan, →Perchlorethen) oder können das ungeborene Kind im Mutterleib schädigen.

Fast alle organischen Lösemittel sind brennbar. Besondere Gefahren treten deshalb bei der großflächigen Verarbeitung hoch lösemittelhaltiger Produkte in Innenräumen auf (z. B. bei der Verklebung von Fußbodenbelägen). Neben den direkten Gesundheitsgefahren (bis hin zur Bewußt-

losigkeit) können explosionsfähige Gemische in der Luft entstehen, zu deren Zündung bereits die Betätigung eines Lichtschalters ausreicht.
Für die meisten Lösemittel sind →MAK-Werte festgelegt worden, um die Belastung am Arbeitsplatz zu kontrollieren. Lösemittel freisetzende Industrieanlagen (z. B. Lackierereien, Druckereien) müssen Grenzwerte einhalten (→Bundes-Immissionsschutzgesetz, →Abwasser).

Was tun?

- Auch Privatpersonen können wesentliche Bereiche der Lösemittelemissionen – vor allem in Innenräumen – beeinflussen, wenn sie gezielt lösemittelfreie oder wenigstens lösemittelarme Produkte einsetzen. Dazu gehören viele Heimwerkerprodukte (Farben, Lacke, Klebstoffe, Abbeizer), aber auch Reinigungsmittel oder Büromaterialien wie Korrekturflüssigkeiten oder Filzschreiber.
- Manchmal kommt man um den Einsatz lösemittelhaltiger Produkte nicht herum. Machen Sie dies möglichst im Freien, oder sorgen Sie zumindest für eine ausreichende Lüftung in Innenräumen, auch nach Beendigung der Anwendung.

Luftreiniger

Luftreiniger sind elektrische Geräte, die die Innenraumluft von Staub, Bakterien, Pollen und den unterschiedlichsten gasförmigen Schadstoffen reinigen sollen. Es ist in jedem Falle effektiver, nach den Ursachen von Luftverschmutzungen zu suchen und diese abzustellen. Eine richtige Lüftung der Räume genügt fast immer, um im Inneren entstandene Belastungen hinreichend zu mindern.
Bis zu 90 Prozent ihrer Lebenszeit verbringen Menschen im Inneren von Räumen. Die Luft, die sie dabei einatmen, ist durch die unterschiedlichsten Quellen verunreinigt: Rauch, Haushaltschemikalien, Baumaterialien, Farben und vieles andere sorgen dafür, daß die Innenraumluft in manchen Haushalten stärker belastet ist als die Außenluft mitten in Industriegebieten.
Die Haushaltsgeräteindustrie bietet unterschiedliche Geräteprinzipien als Problemlösungen an: »Luftwäscher« saugen die Luft an und drücken sie durch befeuchtete Kunststoffmatten, »Luftreinigungs-Befeuchter« führen die Luft zusätzlich durch Filter, »Geruchsvernichter« arbeiten mit Aktivkohlefiltern, »Luft-Ionisatoren« erzeugen negative Ionen, die in der Luft befindliche Schmutzteilchen anziehen sollen. Den Effekt des Lüftens erreicht allerdings keines der Geräte. Wer mit belasteter Atem-

luft Probleme hat, sollte zuerst versuchen, die Belastungsquellen zu beseitigen.
Wer in fensterlosen Räumen die Luft verbessern will, ist wahrscheinlich mit Aktivkohlefilter-Geräten am besten bedient, da hier die Reinigungswirkung (bei organischen Substanzen) am höchsten ist.

Was tun?

- Suchen Sie nach den Ursachen von Luftverunreinigungen in Innenräumen und stellen Sie diese ab, bevor Sie auf einen Luftreiniger setzen. Dazu gehört sowohl das Rauchen wie auch die Verwendung von stark emittierenden Produkten (z. B. hoch lösemittelhaltige →Lacke oder →Klebstoffe). Quellen, die kontinuierlich Schadstoffe in die Raumluft entlassen (wie z. B. bestimmte →Spanplatten), sollten Sie entfernen.
- Eine Analyse Ihrer Raumluft kann Ihnen Hinweise darauf geben, woher die Schadstoffe bei Ihnen kommen.

Was lesen?

- Luftbefeuchter und -reiniger. In: test-Sonderheft Umweltschutz 1990.

Luftverbesserer

Als Geruchsverbesserer werden sie gerne in Mülleimer, WCs und Kleiderschränke und neuerdings sogar in Autos gehängt. In der Vergangenheit enthielten sie den abwasserschädigenden Stoff →Paradichlorbenzol, ein preiswertes Abfallprodukt der chemischen Industrie.

Was tun?

- Luftverbesserer sind überflüssig und sogar schädlich. Es ist besser, die Ursache des schlechten Geruchs zu beseitigen als ihn zu überdekken.
- Wer es dennoch eher duftig haben will, sollte notfalls auf bekannte ätherische Öle zurückgreifen. Diese Öle können jedoch allergieauslösend sein und in höheren Konzentrationen zu Gesundheitsstörungen führen.

Luftverschmutzung

Reine Luft – zusammengesetzt aus etwa vier Fünfteln Stickstoff, einem Fünftel Sauerstoff und Spuren von Edelgasen und Kohlendioxid – gibt es in Mitteleuropa nicht mehr. Durch unseren immensen Energieverbrauch, durch industrielle Prozesse und vor allem auch durch den Straßenverkehr werden enorme Schadstoffmengen freigesetzt. Die Hauptluftschadstoffe sind →Stickstoffoxide, →Kohlenwasserstoffe (flüchtige organische Verbindungen), →Schwefeldioxid, →Kohlenmonoxid und Staub. Vor dem Hintergrund befürchteter Klimaänderungen (→Treibhauseffekt) erlangen zunehmend auch →Kohlendioxid-Emissionen Bedeutung.

Luftverschmutzungen haben direkte und indirekte Folgen. Sie werden für das Waldsterben, für die Zerstörung von Kulturgütern und für die Versauerung von Böden und Gewässern verantwortlich gemacht (→Saurer Regen). Sie führen zu gravierenden Beeinträchtigungen der Atmung, vor allem bei geschwächten Personen und Kindern (→Smog, Pseudokrupp). Sie sind in den letzten Winkeln der Erde nachweisbar, selbst dort, wo die betreffenden Stoffe garantiert nie angewendet wurden (z. B. →chlorierte Kohlenwasserstoffe in der Antarktis). Durch den Abbau der stratosphärischen →Ozonschicht bedrohen sie sogar einen wesentlichen Teil unserer Lebensgrundlagen.

Was tun?

- Luftverschmutzungen können nur durch sehr viele Einzelmaßnahmen wirksam reduziert werden, zu denen jeder einen Teil beitragen muß. Zuallererst sind hier die Bereiche »Einsparen von Energie« und »Verminderung des →Verkehrs« zu nennen. Generell hilft die (sparsame) Verwendung emissionsarmer Produkte, die Belastung der Luft zu verringern.

MAK-Werte

Zum Schutz von Arbeitnehmern vor der Einwirkung von giftigen Stoffen am Arbeitsplatz wird von der »Senatskommission der Deutschen Forschungsgemeinschaft zur Prüfung gesundheitsschädlicher Arbeitsstoffe« jährlich eine Liste mit einzuhaltenden Maximalen Arbeitsplatz-Konzentrationen (MAK-Werten) herausgegeben. Die Liste wird regelmäßig vom für den Arbeitsschutz zuständigen Bundesarbeitsminister für verbindlich erklärt und gilt damit allgemein. Sie enthält zur Zeit etwa 500 Stoffe.

MAK-Werte werden so festgelegt, daß mit ihrer Einhaltung bei einem gesunden Arbeitnehmer durch eine täglich achtstündige Einwirkung an maximal 40 Stunden pro Woche keine gesundheitliche Schädigung durch den Stoff eintritt.

Die MAK-Werte-Liste enthält daneben Angaben zur erlaubten Überschreitungshäufigkeit der Grenzwerte, zur möglichen reizenden oder sensibilisierenden Wirkung der Stoffe und spezielle Hinweise für Schwangere (fruchtschädigendes Potential von Stoffen). In Extralisten sind Stoffe zusammengestellt, die nachgewiesenermaßen Krebs erzeugen (MAK-Werte-Listen III A 1 und III A 2) bzw. aufgrund von Tierversuchen unter dem Verdacht stehen, Krebs zu erzeugen (MAK-Werte-Liste III B).

Für eindeutig krebserzeugende Stoffe werden keine MAK-Werte festgelegt, weil man für sie keine unbedenkliche Konzentration angeben kann (lediglich die Wahrscheinlichkeit, an Krebs zu erkranken, wird mit sinkender Konzentration geringer, verschwindet jedoch nicht völlig). Für eine Reihe von krebserzeugenden Stoffen, die bei Arbeitsprozessen auftreten (z. B. →Asbest, →Benzol), sind Technische Richtkonzentrationen (TRK-Werte) aufgestellt worden, durch deren Einhaltung das Krebsrisiko minimiert werden soll.

MAK-Werte sind aufgrund ihrer Definition nicht für den allgemeinen Gesundheitsschutz oder die Beurteilung der Wirkung von Stoffen in der Umwelt geeignet.

Insbesondere für die Regelung von →Innenraumluftbelastungen im nichtgewerblichen Bereich können sie nicht verwendet werden. Allerdings gibt der MAK-Wert immer einen Hinweis auf die Giftigkeit eines Stoffes.

Die Senatskommission hat für zahlreiche von ihr bewertete Stoffe ausführliche Begründungen des MAK-Wertes veröffentlicht. Die Listen mit den krebserzeugenden oder krebsverdächtigen Stoffen sind auch für den privaten Bereich relevant.

Was lesen?

- Senatskommission zur Prüfung gesundheitsschädlicher Arbeitsstoffe: Maximale Arbeitsplatzkonzentrationen und Biologische Toleranzwerte. Erscheint jährlich aktuell in der VCH Verlagsgesellschaft, Weinheim.

Malen

Kinder malen oft mit Bunt-, Faser- und Filzstiften, mit Finger- und Plakatfarben. Deckfarben sind feste wasserlösliche Farben (Schulmalkästen). Temperafarben werden als bereits angemischte Farben mit Wasser aufgeschwemmt bzw. verdünnt.

Fingerfarben sind pastöse wasserlösliche Farben mit Konservierungsstoffen. Sie können giftige Schwermetalle und gesundheitsschädliche Azofarbstoffe enthalten.

Faser- und Filzstifte enthalten oft ein flüssiges Wachs, das in organischen Lösemitteln oder (besser) in Wasser gelöst ist. Bei Produkten auf Wasserbasis muß ein →Konservierungsstoff zugesetzt werden. Aber auch nur Pigmente und Azofarbstoffe können gesundheitlich bedenklich sein (→Farbstoffe).

Bei Filzstiften ist zu berücksichtigen, daß sie im Vergleich mit Buntstiften und Wachsmalstiften relativ viel Abfall produzieren (Kunststoff).

Plakatfarben bestehen aus wasserähnlichen und öligen Bestandteilen, die vom Bindemittel Kasein zusammengehalten werden. Teilweise können auch sie geringe organische Lösemittelanteile enthalten.

Was tun?

- Verwenden Sie möglichst nur Produkte mit geringen Anteilen von Konservierungsstoffen. Wenn sie Konservierungs- und Farbstoffe enthalten, dann sollten sie auch für Lebensmittel zugelassen sein. Angebrochene Malfarben sollten wegen eines möglichen Keimbefalls möglichst kühl gelagert werden.
- Kinder sollten nicht mit Filzstiften malen. Es gibt Alternativen.
- Kaufen Sie Filzstifte auf Wasserbasis ohne organische Lösemittel.
- Plakatfarben sollten nicht in Kinderhände gelangen.
- Verzichten Sie bei Kindern auf den großflächigen Hautkontakt mit Plakatfarben, um den Übergang der organischen Lösemittel in den Körper zu verhindern.

Was lesen?

- test, Sonderheft Kleinkind, 1992, sowie ÖKO-TEST, Sonderheft Kleinkinder (wird laufend aktualisiert).
- John Elkington, Julia Hailes u. a.: Umweltfreundlich einkaufen. Von Shampoo bis Champagner. München 1992.
- Hans-Joachim Kursawa-Stucke, Volkmar Lübke: Das Umweltbuch für Eltern. München 1993.

Meeresverschmutzung

Die Weltmeere werden heute durch zahlreiche Faktoren immer stärker belastet. Die wichtigsten Schadstoffquellen sind Schmutzfrachten der Flüsse, direkte Einbringung von Abwässern oder Abfällen, das Abregnen der in der Luft gebundenen Schadstoffe, Verschmutzungen durch die Schiffahrt sowie Transportunfälle. Der Schutz der Meere außerhalb der nationalen Hoheitsgewässer ist ein Aufgabenbereich, für den internationale Abkommen geschlossen werden müssen, deren konsequente Gestaltung häufig an den Egoismen einzelner Anrainerstaaten scheitert.

Bereits in den siebziger Jahren wurden zahlreiche internationale Abkommen geschlossen, die der immer drohender werdenden Meeresverschmutzung entgegenwirken sollten. Die Schadstofffracht von Flüssen betraf z. B. das Pariser Abkommen von 1972, das (weltweit geltende) Londoner Abkommen von 1974 befaßte sich mit dem Einbringen von Abfällen durch Schiffe und Luftfahrzeuge. Spezielle Regelungen für die Nord- und Ostsee wurden bereits 1972 (Osloer Abkommen) und 1973 (Helsinkier Abkommen) getroffen.

Trotz all dieser Vereinbarungen hat das Ausmaß der Meeresverschmutzung ständig zugenommen. Dünnsäureverklappungen, Algenpest, Chemikalientransporte, Tankerunfälle, Badeverbote und Artensterben sind Stichworte, die heute die Entwicklungstendenz der Qualität unserer Meere beschreiben.

Angesichts der irreversiblen Schäden, die in bestimmten Bereichen von Nord- und Ostsee bereits eingetreten sind, ist es höchste Zeit, wenigstens die verbleibenden ökologischen Chancen zu wahren. Dazu wären allerdings eine sofortige Verschärfung der Grenzwerte, der Aufbau eines möglichst lückenlosen Überwachungssystems und gezielte Rekultivierungsmaßnahmen notwendig, die wohl allein aus finanzieller Sicht eine Utopie bleiben müssen.

Was tun?

- Der einzelne Bürger kommt – außer vielleicht beim Badeurlaub – selten mit den Problemen der Meeresverschmutzung in Berührung und hat auch relativ wenig direkten Einfluß darauf. Abgesehen von generellen Empfehlungen, die die Qualität des häuslichen →Abwassers betreffen, kann deshalb nur geraten werden, sich – z. B. in einem der zahlreichen Umweltverbände – auch politisch dafür zu engagieren, daß mehr gegen die Verschmutzung unserer Meere getan wird.
- Achten Sie bei der Wahl Ihres Urlaubsortes darauf, daß hier die Qualität der →Badestrände auch durch eine entsprechende Umweltorientierung der Gemeinde unterstützt wird.

Was lesen?

- Greenpeace Österreich (Hrsg.): Kloake Mittelmeer. Wien o. Jg.

Metabolit

Im Stoffwechsel (Metabolismus) von Mensch und Tier werden fast alle aufgenommenen Stoffe umgewandelt, die Reaktionsprodukte nennt man Metabolite. Aufgenommene Schadstoffe können auf diesem Wege entweder unschädlich gemacht werden, wenn die Abbauprodukte weniger giftig sind, oder auch in andere, unter Umständen giftigere Stoffe umgewandelt werden (z. B. Umwandlung von →Nitrat in →Nitrit).

Metallputzmittel

Metallreiniger und Metallputztücher enthalten wasserunlösliche Polierkörper und können zusätzlich Tenside, Phosphorsäure oder Zitronensäure, bis zu 40 Prozent organische →Lösemittel und Hilfsstoffe wie Silikonöle enthalten. Gesundheitlich bedenklich und umweltbelastend sind besonders die organischen Lösemittel.

Was tun?

- Für die Metallreinigung reicht eine Mischung aus Schlämmkreide und Schmierseife aus.

- Hilfreich für die Metallreinigung ist ein weniger umweltschädliches flüssiges Scheuermittel.

Was lesen?

- Umweltbundesamt (Hrsg.): Was Sie schon immer über Wasser und Umwelt wissen wollten. Berlin 1992. Kostenlos beim ZAD, Umweltbundesamt, Bismarckplatz 1, 14193 Berlin.
- Horst Speichert, Frank Brettschneider: Öko-Rat von A bis Z. Frankfurt 1990.
- Hans-Joachim Kursawa-Stucke, Volkmar Lübke: Das Umweltbuch für Eltern. München 1993.
- Öko-test (Hrsg.): Sonderdruck »Der Öko-Putzschrank«. Frankfurt 1992.
- John Elkington, Julia Hailes u. a.: Umweltfreundlich einkaufen. Von Shampoo bis Champagner. München 1992.

Mikrowellenkochgeräte

Mikrowellenkochgeräte erzeugen elektromagnetische Wellen einer bestimmten Wellenlänge, welche die in den Nahrungsmitteln enthaltenen Wassermoleküle in Schwingungen versetzen. Da diese Schwingungen in den Lebensmitteln wieder abgebremst werden, entsteht Wärme, die zur Erhitzung führt. Bei technisch einwandfreien Geräten können gesundheitliche Gefahren für die Nutzer ausgeschlossen werden. Allerdings muß bei der Nutzung die Gebrauchsanweisung präzise beachtet werden.

In Mikrowellengeräten können Speisen in relativ kurzer Zeit erhitzt und zubereitet werden. Mikrowellenkochgeräte sind abgeschlossene Systeme, aus denen bei geschlossener Tür allenfalls eine sogenannte »Leckstrahlung« austreten darf, deren Grenzwerte als ungefährlich gelten und die von den meisten Geräten noch unterschritten werden. Mehrere Sicherheitssysteme sorgen außerdem dafür, daß die Mikrowellenkochgeräte sich beim Öffnen der Tür automatisch abschalten.

Nach den bisherigen Untersuchungen mit Mikrowellenkochgeräten werden im Lebensmittel keine wesentlich anderen Effekte erreicht als mit konventionellen Gar- oder Aufwärmmethoden.

Es ist allerdings darauf zu achten, daß keine zu kurzen Erhitzungszeiten gewählt werden, weil wegen der ungleichmäßigen Wärmeverteilung im Lebensmittel sonst eine zu geringe Keimreduktion das Ergebnis sein kann. Außerdem sollten keine ungeeigneten Plastikmaterialien oder PVC-Folien im Gerät verwendet werden, da aus ihnen bei Temperaturen

über 70 Grad gesundheitsschädliche Weichmacher abgegeben werden können.
Das Argument der Energie-Ersparnis durch Mikrowellengeräte stimmt nur für kleine Portionen. Bei großen Mengen verbraucht das Mikrowellenkochgerät schnell mehr Energie als konventionelle Herde. Die Grenze liegt, je nach dem Lebensmittel, bei etwa 250 bis 500 Gramm. Berücksichtigt man noch die Anschaffungskosten und bedenkt man den Aufwand für die Produktion und die Entsorgung der Geräte, so bleibt von ökonomischen und ökologischen Werbeargumenten für Mikrowellenkochgeräte nicht mehr viel übrig.
Was bleibt, ist der höhere Komfort und die schnellere Zubereitung bestimmter Lebensmittel (das schnellere Auftauen kann man übrigens auch sparsamer haben, wenn man das Lebensmittel rechtzeitig aus dem Tiefkühlgerät nimmt). Was auf der negativen Seite der Umweltbilanz bleibt, ist ein ständig wachsender Müllberg, der durch die Verpackung von tiefgekühlten Fertiggerichten erzeugt wird und der zusätzliche Energie- und Ressourcenverbrauch, der durch die notwendigen Tiefkühlgeräte entsteht.

Was tun?

- Überlegen Sie vor dem Kauf eines Mikrowellengerätes genau, ob Sie es wirklich benötigen. Insbesondere bei größeren Mengen ist die Zubereitung auf einer konventionellen Kochstelle vorzuziehen.
- Setzen Sie das Mikrowellengerät nur ganz gezielt ein. Tauen Sie Tiefgefrorenes vorher auf, so sparen Sie Energie.
- Falls die Tür des Gerätes nicht mehr richtig schließt oder Sie sonst Zweifel an der Sicherheit des Gerätes haben, wenden Sie sich an den Kundendienst.

Was lesen?

- Mikrowellengeräte (Kompakt-). In: test, Heft 12/92.
- Mikrowellengeräte (Kombi-). In: test, Heft 10/93.

Milch

Milch ist ein Drüsensekret von Säugetieren, das der Ernährung der Nachkommen während der ersten Lebenstage bis -monate dient. In der menschlichen Ernährung wird häufig Kuhmilch, aber auch Milch von Schafen und Ziegen, seltener von Stuten, eingesetzt.
Milch enthält viel Eiweiß, wichtige Mineralstoffe, vor allem Calcium, und Vitamine. Milch und Milchprodukte sind daher für viele Menschen

wichtige Bestandteile einer gesunden Ernährung. Nicht wenige Menschen können allerdings unvergorene Milch nicht richtig verdauen.
Fettlösliche und persistente Schadstoffe reichern sich in Milch an. Es gibt in Mitteleuropa nur sehr wenige Milchproben, in denen sich Chlorkohlenwasserstoff-Insektizide wie DDT, →Lindan und Hexachlorbenzol nicht nachweisen lassen, und vermutlich keine, in denen →Polychlorierte Biphenyle (PCB) nicht nachweisbar sind.
Seit dem Verbot von DDT und den meisten CKW-Insektiziden in der Bundesrepublik geht die Belastung langsam zurück. Heute dürfte der Import dieser Verbindungen, z. B. mit Futtermitteln, eine wichtige Rolle spielen. Über die Belastung von Milch mit polychlorierten Dibenzodioxinen und -Furanen (→Dioxine) liegen wegen der hohen Analysekosten noch nicht viele Daten vor. Da diese Stoffe persistent und fettlöslich sind, muß mit Belastungen über den Verzehr von Milch gerechnet werden. In Milchproben wurde mehrfach →Aflatoxin M1 festgestellt. Grund ist vermutlich von Schimmelpilzen befallenes Futter, z. B. Erdnuß- oder Sojaschrot. Dieses Problem scheinen die Molkereien weitgehend in den Griff bekommen zu haben.
Gerade weil Milch eine wichtige Grundlage für eine gesunde Ernährung darstellt, ist es wichtig, ihren Gehalt an Schadstoffen zu minimieren.
Ohne Erhitzung darf Milch nur als »Vorzugsmilch« von speziellen Betrieben, die strengen Auflagen unterliegen, angeboten werden. Pasteurisierte sowie homogenisierte Trinkmilch wird als Frischmilch bezeichnet. Ultrahocherhitzte Milch wird als »H-Milch« angeboten. Sie ist länger haltbar als Frischmilch, aber ihr Vitamingehalt und ihr Geschmack sind beeinträchtigt, denn sie wird bei 150 bis 170 °C für ca. 0,75 Sekunden erhitzt, und dabei denaturieren die Molkeproteine zum großen Teil. Sie eignet sich aus geschmacklichen Gründen nur für Anwendungen, bei denen die Milch sowieso erhitzt wird (Pfannkuchen, Kakao, Grießbrei, Pudding). Sterilmilch wird länger erhitzt als H-Milch.

Was tun?

- Fragen Sie den Abfüller Ihrer Milch nach Analysen auf persistente Chlorkohlenwasserstoffe. Falls Sie keine befriedigende Antwort erhalten, geben Sie selbst einmal eine Analyse in Auftrag.

Was lesen?

- W. Heeschen: Rückstände und Verunreinigungen in der Milch. Institut für Hygiene, Bundesanstalt für Milchforschung. Kiel 1986.
- Hildebrandt: Muttermilch als Bioindikator. Umweltbundesamt, Berlin 1985.

Mineralöladditive

Mineralölprodukte wie →Kraftstoffe (Benzin, Diesel) oder Heizöl werden in den meisten Fällen mit zusätzlichen Stoffen versetzt, um ihre anwendungstechnischen Eigenschaften zu verbessern (→Additive). So wurden z. B. vor der Einführung von Abgaskatalysatoren für Kraftfahrzeuge viele Jahrzehnte lang dem Benzin organische →Blei-Verbindungen zur Erhöhung der Klopffestigkeit zugesetzt. Um das Blei wieder aus den Motoren zu entfernen, wurden dem Benzin chlor- und bromhaltige Scavenger beigegeben. Diese beiden Beispiele machen deutlich, daß die zwar in kleinen Mengen zugesetzten Stoffe aufgrund der großen Verwendungsmengen von Mineralölprodukten (über 90 Millionen Tonnen pro Jahr in den alten Bundesländern) dennoch zu gravierenden Umweltbelastungen führen können: Ca. 2000 Tonnen Blei werden durch Autoabgase jährlich großflächig verteilt, die aus den Scavengern im Motor entstehenden →Dioxine und →Furane sind besonders gefährliche Stoffe. Die Verwendung von Scavengern ist deshalb bereits seit Mitte 1992 in Deutschland verboten.

Neben diesen bekannten Mineralölzusätzen wird eine Vielzahl weiterer Chemikalien eingesetzt. Da die Rezepturen von den Herstellern und Mineralölvertreibern als Betriebsgeheimnisse gehütet werden, Art und Zusammensetzung nach den geltenden Vorschriften auch nicht deklarationspflichtig sind und eine Kennzeichnung nach der Gefahrstoff-Verordnung wegen der geringen Konzentration im Produkt oft nicht erforderlich ist, kann das Schädigungspotential dieser Stoffe nur ungenügend eingeschätzt werden.

Genauer untersucht wurden im Auftrag des Umweltbundesamtes Additive, die an Tankstellen und im Autozubehörhandel als Extrazusätze für Benzin angeboten werden (sogenannte Sekundäradditive): Es werden sowohl Produkte angeboten, die nochmals die Additive enthalten, die im Benzin sowieso schon enthalten sind, als auch lediglich mit Benzin oder Lösemitteln verdünntes Motoröl, das dann eine Verbesserung der Kraftstoffqualität bewirken soll! Die Wirksamkeit dieser Produkte ist also sehr zweifelhaft.

Allerdings ist es damit nicht getan: Einige Produkte enthalten Verbindungen giftiger Metalle, wie Barium, →Nickel oder →Blei; da die Konzentration dieser Umweltschadstoffe im Kraftstoff aber in den meisten Fällen zu niedrig ist, um überhaupt eine nennenswerte Wirkung entfalten zu können, belasten sie die Umwelt auch noch ohne jeden Nutzen für den Anwender.

Was tun?

- Verbesserungen an Ihrem Fahrzeug sind durch regelmäßige Wartung und durch den Austausch verschlissener Teile viel eher und umweltfreundlicher zu erreichen als durch zusätzliche Additive im Benzin.

Was lesen?

- Die Untersuchungen zu Sekundäradditiven sind in test Heft 1/91, S. 38–43, veröffentlicht worden.

Mineralwasser

Mineralwasser muß mehr als 1000 Milligramm pro Liter gelöste Feststoffe enthalten. In Deutschland wird Mineralwasser häufig mit Kohlensäure versetzt und teilweise enteisent. Diese Bearbeitungsschritte müssen auf dem Etikett angegeben werden.
»Natürliches Mineralwasser« ist ein Begriff nach § 17 Lebensmittel- und Bedarfsgegenständegesetz, der auf Naturreinheit hindeutet. Das heißt, in derartig gekennzeichneten Wässern dürfen keine Spuren von Pestiziden nachweisbar sein, auch nicht unter dem Trinkwassergrenzwert von 0,1 Mikrogramm pro Liter. Die Analyse der gelösten Stoffe ist in der Regel auf dem Etikett angegeben. Wenn einzelne Angaben fehlen, z. B. der Nitratgehalt, so ist das verdächtig. Die Angabe der Analysewerte ermöglicht eine individuelle Auswahl: Hohe Natrium- oder Chloridwerte sind für Menschen mit hohem Blutdruck schlecht, manche Menschen vertragen keine hohen Sulfatwerte. Hohe Sulfatwerte können leicht abführend wirken, in manchen Fällen ist dies erwünscht. Manche Menschen brauchen viel Magnesium. Niedrige Nitratwerte – möglichst unter einem Milligramm pro Liter – sind immer gut. Bei der Verpakkung in Plastikflaschen können organische Stoffe aus der Packung in das Wasser übergehen.
Heilwasser gilt als Arzneimittel. Die Bestimmungen für Heilwasser sind noch strenger als für natürliches Mineralwasser, Heilwasser ist jedoch nicht für den dauernden Gebrauch ohne ärztlichen Rat gedacht.

Was tun?

- Achten Sie beim Kauf auf die Bezeichnung »Natürliches Mineralwasser« oder »Heilwasser«.
- Achten Sie beim Kauf auf die Analysewerte.
- Kaufen Sie kein Wasser in Plastikflaschen.

Möbel

Bei den Umweltauswirkungen von Möbeln steht die Freisetzung von Schadstoffen in Innenräumen im Vordergrund, an erster Stelle die Freisetzung von →Formaldeyd aus →Spanplatten, den häufigsten Materialien im Möbelbau. Formaldehyd kann darüber hinaus aber auch aus Möbellacken (»säurehärtende Lacke«), aus bestimmten Holzleimen und aus Textilien abgespalten werden. Selbst Möbel, in denen keine Spanplatten verarbeitet sind, können dadurch zu Formaldehydquellen im Innenraum werden. In niedrigeren Konzentrationen können vor allem bei neuen Möbeln viele weitere organische Stoffe aus →Lacken, →Klebstoffen und anderen Hilfsmitteln und Bestandteilen emittieren, über deren Zusammensetzung und Wirkung kaum Erkenntnisse vorliegen. Als weitere Schadstoffquelle kommen →Möbelpflegemittel in Frage, die häufig hohe Konzentrationen an organischen →Lösemitteln enthalten.

Was tun?

- Für formaldehydarme Möbel aus Holz und Holzwerkstoffen ist ein →Umweltzeichen (»Blauer Engel«) vergeben worden, bei dem neben den Spanplatten auch die eventuellen Formaldehydemissionen aus Lacken und Klebstoffen berücksichtigt werden.
- Formaldehyd aus Spanplatten wird vor allem durch nicht beschichtete Kantenflächen und offene Bohrungen freigesetzt. Beim Kauf eines neuen Möbels sollten Sie darauf achten, daß diese möglichen Formaldehydschlupflöcher verschlossen sind.
- Zur Reinigung von Möbeloberflächen reichen meistens ein trockenes Tuch oder – bei hartnäckigeren Verunreinigungen – etwas Spülmittel aus.

Mörtel

Zur Verbindung von Baustoffen (z. B. von Ziegeln), zum Schutz vor Witterungseinflüssen und aus gestalterischen Gründen werden Mörtel und Putze eingesetzt. Sie bestehen entweder aus anorganischen Bestandteilen (→Zement, →Gips oder Kalk als Bindemittel, mit Sand und Wasser angerührt), oder aus Kunststoffdispersionen und organischen →Lösemitteln, vergleichbar mit den als →Wandfarben verwendeten Dispersionsfarben. Den im Handel erhältlichen Fertigputzen auf anorganischer Basis werden heute in mehr oder

weniger großem Umfang organische Bestandteile zur Beeinflussung der Eigenschaften bei Verarbeitung und Anwendung zugesetzt. Besonders hoch ist dieser Anteil bei Spezialmörteln, z. B. für Estriche oder für Klebearbeiten.

Was tun?

- Egal, ob Sie sich Ihren Mörtel oder Putz aus Bindemitteln, Sand und Wasser selbst anmischen (Anleitungen gibt es in Baufachbüchern) oder bereits fertige Produkte kaufen, Sie sollten auf jeden Fall Haut und Augen vor dem Kontakt mit diesen aggressiven Materialien schützen. Spritzer müssen mit viel Wasser weggespült werden, bei Spritzern in die Augen sollten sie anschließend umgehend einen Augenarzt aufsuchen.
- Wenn Sie Kunstharzputze in Innenräumen verwenden, müssen Sie wie bei der Verarbeitung von →Lacken und Farben für eine gute Lüftung sorgen.

Monokultur

Der Begriff Monokultur kann in zeitlicher oder räumlicher Hinsicht verstanden werden. Monokultur in räumlicher Hinsicht heißt, daß auf großen Flächen nur eine Art, z. B. Winterweizen oder Fichten, angebaut wird. Monokultur in zeitlicher Hinsicht bedeutet, daß mehrere Jahre hintereinander dieselbe Pflanze angebaut wird.
Monokulturen bieten gute Voraussetzungen für Massenentwicklungen von Schädlingen und führen zu einseitiger Auszehrung der Böden, in manchen Fällen auch zur Anreicherung von schädlichen Stoffen im Boden. Sie sind häufig die Ursache für übertriebenes Düngen und den übermäßigen Einsatz von →Pflanzenschutzmitteln.
Auf die Artenvielfalt wirken sich Monokulturen negativ aus.

Motorräder

Neben →Autos und LKW tragen auch Motorräder zu den starken Umweltbelastungen durch den Verkehr bei. Bezogen auf die Fahrstrecke emittieren sie mehr →Kohlenmonoxid und →Kohlenwasserstoffe (beim krebserzeugenden →Benzol bis ein Gramm pro Kilometer gegenüber 0,15 Gramm pro Kilometer) als Autos, lediglich wegen des eher kleinen Bestandes (1993 standen 1,79 Millionen

mehr als 38 Millionen PKW gegenüber) ist ihr Anteil an den verkehrsbezogenen Schadstoffemissionen klein (ein bis fünf Prozent, je nach Schadstoff). »Spitze« sind sie allerdings beim →Lärm: Erst etwa zehn Autos sind so laut wie ein einziges Motorrad! Durch die Ausschöpfung von technischen Lärmminderungsmaßnahmen könnten deutliche Lärmreduzierungen erreicht werden. Selbstverständlich trägt auch die Art der Fahrweise wesentlich zu den Lärmemissionen bei.

Bei Motorrädern hat es eine vergleichbare Entwicklung hin zu niedrigen Emissionswerten für Schadstoffe wie bei Autos bisher nicht gegeben. Die Grenzwerte sind nach wie vor gewichtsbezogen, d. h. schwere Maschinen dürfen mehr emittieren als leichte, sie sind unterschiedlich für Zwei-Takt- und Vier-Takt-Motoren und werden bei niedrigen Geschwindigkeiten (bis 50 Stundenkilometer) und warmem Motor gemessen. Nur extrem hoch emittierende Motorräder brauchen zu ihrer Einhaltung einen Katalysator, der dann auch noch ein einfacher Oxidationskatalysator ist.

Technische Gründe für die unterschiedliche Behandlung von Autos und Motorrädern gibt es aber nicht. Prinzipiell könnten Motorräder auch die gleichen scharfen Grenzwerte wie Autos mit einem geregelten Dreiwegekatalysator einhalten. Einzelne Typen werden bereits mit einem geregelten Dreiwegekatalysator mit Lambda-Sonde angeboten.

Was tun?

- Für Motorradfahrer, die die Umwelt weniger belasten wollen, gelten im Prinzip die gleichen Verhaltenshinweise wie für Autofahrer (→Autofahren).
- Eine Nachrüstung von Motorrädern mit Katalysatoren ist zwar möglich, da jedoch entsprechende Grenzwerte in Deutschland fehlen, kann die Güte der angebotenen Nachrüstsätze kaum zuverlässig beurteilt werden. Für einen geregelten Dreiwegekatalysator brauchen Sie als Voraussetzung – wie auch bei Autos – eine elektronisch geregelte Benzineinspritzung oder Vergaseranlage. Allerdings können die meisten Motorradtypen ohne weiteres sofort mit bleifreiem Benzin betrieben werden.

Müllsammlung

Die getrennte Müllsammlung ist bei Altpapier, Altkleidern und Altglas eingeführt. Sie werden in separaten Mülltonnen, Containern und Säcken gesammelt. Vereinzelt wird auch die sogenannte Biotonne (»grüne Tonne«) für den organischen Abfall von Gemeinden zur Verfügung gestellt. Die getrennte Sammlung von →Kunststoffen findet heute vor allem im Rahmen der gesonderten Erfassung des Dualen Systems Deutschland (DSD) mit der Kennzeichnung durch den →»Grünen Punkt« auf dem Verpackungsmaterial statt. Ein flächendeckendes Recycling findet zur Zeit nicht statt. (→Abfall, →Abfallerfassung im Haushalt, →Abfallgesetz, →Abfallverwertung).

Was tun?

- Denken Sie in erster Linie an Abfallvermeidung, bevor Sie sich mit geeigneten Maßnahmen zum Recycling und der getrennten Sammlung beschäftigen.
- Den nicht vermeidbaren Abfall sollten Sie getrennt sammeln.
- Wenn Sie Müll zur Sammelstelle bringen, bedenken Sie die Umweltbelastung durch den Transport (Auto). Nur große Mengen sind sinnvoll.
- Weil die Müllsammlung im Haushalt anfängt, sollten Sie sich ein geeignetes Mehrkammer-Sammelsystem für Küchen zulegen, wie es heute fast alle Küchenhersteller serienmäßig anbieten.

Was lesen?

- Thilo C. Koch, Jürgen Seeberger u. a.: Ökologische Müllverwertung. Handbuch für optimale Abfall-Konzepte. Karlsruhe 1992.

Mutagenität

Mutagen wirkende Stoffe verändern die genetische Information der Zellen. Falls diese Veränderung irreversibel ist, also von den Zellen selbst nicht repariert werden kann, wird sie bei der Zellteilung weitergegeben. Aus Körperzellen können dadurch Krebszellen entstehen. Werden Keimzellen von mutagen wirkenden Stoffen betroffen (erbgutverändernde Wirkung von Stoffen), können als Folge Mißbildungen bei den Nachkommen auftreten. Ebenso wie bei krebs-

erzeugenden Stoffen können bei mutagen wirkenden Substanzen keine unbedenklichen Konzentrationen angegeben werden.

Muttermilch

Die natürliche Nahrung während der ersten Lebensmonate ist die Muttermilch. Mit der Muttermilch erhält der Säugling neben den wichtigen Nährstoffen auch Antikörper, und auch die psychologische Bedeutung des Stillens ist unumstritten.

Fatalerweise ist die Muttermilch heute in der Regel erheblich mit verschiedenen Schadstoffen belastet, vor allem mit →chlorierten Kohlenwasserstoffen wie DDT und →polychlorierten Biphenylen. Wegen der Anreicherung dieser Stoffe in der →Nahrungskette ist die Belastung der Muttermilch mit diesen Stoffen im Durchschnitt erheblich höher als die von Trinkmilch. Seit die Anwendung von DDT und den meisten chemisch verwandten Insektiziden sowie die Produktion von PCB in der Bundesrepublik verboten ist, geht die Belastung der Muttermilch langsam zurück.

Die Kommission der Deutschen Forschungsgemeinschaft zur Prüfung von Rückständen in Lebensmitteln gab 1984 folgende Empfehlung: »Eine in jedem Fall gültige Nutzen-Risiko-Abwägung spricht für eine drei- bis viermonatige Periode des Vollstillens … (Es) ist zu empfehlen, daß Mütter, die ihr Kind wesentlich länger als 6 Monate stillen wollen, überprüfen lassen, welche Mengen an persistenten Organochlorverbindungen mit der Milch ausgeschieden werden.« In vielen Bundesländern werden kostenlose Muttermilchuntersuchungen angeboten, Hinweise geben die Gesundheitsämter.

Was tun?

- Machen Sie, wenn Sie stillen, vom Angebot der Muttermilchuntersuchung Gebrauch.
- Überprüfen Sie Ihren Fleischkonsum. Die Milch von langjährigen Vegetarierinnen enthält in der Regel weniger Chlorkohlenwasserstoffe.
- Fragen Sie Fleisch- und Milcherzeuger nach Analysen auf Organochlorverbindungen (tierische Lebensmittel sind die wichtigste Quelle für diese Schadstoffe in der Muttermilch).

Was lesen?

- Karl-Heinz Hahne: Untersuchungen über Vorkommen und Eintragswege persistenter chlorierter Kohlenwasserstoffe sowie von Blei und Cadmium in Frauenmilch. Dissertation Universität Kiel 1985.
- G. Hildebrandt u. a.: Muttermilch als Bioindikator. Institut für Lebensmittelhygiene und -technologie der Freien Universität Berlin, im Auftrag des Umweltbundesamtes. Berlin 1985.
- H. Miethke u. a.: Humanmilch. Untersuchungen 1980-1989. Chemische Landesuntersuchungsanstalten und Chemische Untersuchungsämter Baden-Württemberg. Stuttgart 1991.

Nahrungskette

Nahrungskette ist eine Bezeichnung für das Fressen und Gefressenwerden in der Natur. Jede Nahrungskette beginnt mit Pflanzen, die mit Hilfe von Sonnenenergie aus Kohlendioxid, Wasser und anorganischen Pflanzennährstoffen Zucker und daraus andere organische Verbindungen aufbauen. Pflanzenfresser (Primärkonsumenten) und fleischfressende Tiere (Sekundär- und Tertiärkonsumenten) setzen die Nahrungskette fort. Da größere Fleischfresser in der Regel bei der Auswahl ihrer Beutetiere nicht zwischen Pflanzenfressern und Fleischfressern unterscheiden, wäre der Ausdruck »Nahrungsnetz« zutreffender. Tiere, die von Abfallprodukten anderer Tiere leben, stellen »Kurzschlüsse« in Nahrungsketten her.

In der Regel umfaßt eine Nahrungskette in einem Ökosystem nicht mehr als fünf Glieder. Auf jeder Stufe der Nahrungskette werden nur etwa 10 Prozent der aufgenommenen Biomasse wieder als Biomasse eingebaut. Das hat zwei wichtige Folgen:

- Der Schwund an Biomasse auf jeder Stufe der Nahrungskette führt zu Anreicherungen solcher Schadstoffe, die nicht abgebaut oder ausgeschieden werden. Dies betrifft in erster Linie chlororganische Verbindungen wie DDT oder →polychlorierte Biphenyle, aber auch manche radioaktive Isotope. Eine Folge davon ist die Anreicherung von chlorierten Kohlenwasserstoffen in der Muttermilch.
- Der Biomasseschwund auf jeder Stufe bedingt, daß um so weniger Energie bzw. Fläche benötigt wird, je weiter unten in der Nahrungskette Nahrungsmittel entnommen werden. Für die Produktion von Fleisch wird vier- bis 15mal mehr Energie bzw. Fläche benötigt wie für die Produktion pflanzlicher Nahrungsmittel mit demselben Kaloriengehalt.

Was tun?

- Überprüfen Sie Ihren Fleischkonsum. Mit pflanzlicher Nahrung können von derselben Anbaufläche wesentlich mehr Menschen ernährt werden. Außerdem sind verschiedene Schadstoffe in tierischen Nahrungsmitteln stärker angereichert, z. B. Schwermetalle in Innereien und chlorierte Kohlenwasserstoffe im Fettanteil von Fleisch und Milch.
- Wenn Sie Säuglinge stillen: Lassen Sie Ihre Muttermilch untersuchen. Da gestillte Säuglinge am Ende der Nahrungskette stehen, sind sie durch Schadstoffe, die sich anreichern, besonders gefährdet. Hinweise bekommen Sie beim Gesundheitsamt.

Was lesen?

- Günther Osche: Ökologie. Freiburg i. Br. 1973.

Nahrungsmittel

Für den umweltbewußten Verbraucher sind Erzeugung, Verarbeitung, Verpackung, Transport und Produktqualität von Nahrungsmitteln von Interesse.

Die Verbände des Ökologischen Landbaus haben umfangreiche Richtlinien zur Erzeugung ökologischer Produkte aufgestellt (→Landwirtschaft, →Naturkost).

Für die Verarbeitung gibt es noch keine anerkannten Richtlinien, es gibt aber beispielhafte Richtlinien für einzelne Produkte.

Bei der Verpackung ist wichtig, daß diese keine schädlichen Stoffe an das Nahrungsmittel abgibt, daß sie mit möglichst geringer Umweltbelastung erzeugt wird und daß sie möglichst oft wiederverwendet werden und nach Beendigung ihrer »Lebensdauer« möglichst wiederverwertet werden kann. Für Getränke und flüssige Nahrungsmittel erfüllen Mehrwegglasflaschen oder Mehrweggläser diese Bedingungen am besten.

Möglichst genaue Herkunftsangaben erlauben eine Beurteilung der Transportwege.

Zur Produktqualität gehören ein hoher Gehalt an wertgebenden Inhaltsstoffen und möglichst ein niedriger Gehalt an Schadstoffen (Rückstände, Verunreinigungen, Zusatzstoffe). Es ist nicht zweckmäßig, ganze Nahrungsmittelgruppen pauschal zu empfehlen oder vor ihnen zu warnen. Dieselbe Gemüsesorte kann höchst unterschiedliche Nitratgehalte, Milch sehr verschiedene DDT-Konzentrationen, dieselbe Fischart sehr unterschiedliche Quecksilbermengen, dieselbe Apfelsorte einen sehr unterschiedlichen Vitamin-C-Gehalt aufweisen. Daher ist es zweckmäßig, den Händler im Einzelfall nach Analysen oder Garantien zu fragen.

Was tun?

- Berücksichtigen Sie beim Kauf von Nahrungsmitteln Erzeugung, Verarbeitung, Transport, Verpackung und Produktqualität.

Was lesen?

- Marianne Ruiz u. a.: Euro-Vesper. Konzept für eine glaubwürdige Biokennzeichnung. Herausgegeben vom BUND-Landesverband Baden-Württemberg, Freiburg 1990.

Naturkost

Der Begriff Naturkost ist nicht gesetzlich definiert, wird aber in der Regel in doppelter Bedeutung gebraucht: erstens umweltfreundlich erzeugte Lebensmittel, zweitens nicht oder schonend verarbeitete, das heißt möglichst naturbelassene Lebensmittel.

Seit 1991 regelt die EU-Verordnung über den ökologischen Landbau und die entsprechende Kennzeichnung von Lebensmitteln, welche Produkte als »ökologisch erzeugt« gekennzeichnet werden dürfen. Diese Verordnung erfaßt auch Begriffe, die den Anschein erwecken, als würden sie auf eine entsprechende Erzeugung hinweisen. Diese Regelung ist dehnbar und überläßt den Gerichten die Klärung im Einzelfall.

Die EU-Verordnung bleibt bei den Anbaurichtlinien teilweise hinter den Richtlinien der deutschen Verbände des Ökologischen Landbaus zurück. Diese sind (Stand Sommer 1993): Demeter, ANOG, Bioland, Naturland, Biokreis Ostbayern, GÄA, Ökosiegel, BÖW. Alle schließen die Anwendung von chemisch-synthetischen Pestiziden und leichtlöslichen Mineraldüngern aus, binden die Viehhaltung an die Fläche, beschränken den Futterzukauf und legen Umstellungszeiten fest. Waren aus Umstellungsbetrieben werden entsprechend gekennzeichnet, bei Demeter mit dem Zeichen »biodyn«.

Der Begriff »Naturkost« ist außerdem nach § 17 Lebensmittel- und Bedarfsgegenständegesetz ein Begriff, der auf Naturreinheit hindeutet. Entsprechend gekennzeichnete Lebensmittel dürfen keine mit moderner Routineanalyse nachweisbaren Rückstände von Pestiziden enthalten.

Schließlich kann Naturkost im Sinn von »naturbelassen, wenig und schonend verarbeitet« verstanden werden. Dafür bieten sich die Kriterien der Vollwertkost (→Ernährung) an.

Der BUND und andere Umwelt- und Verbraucherverbände haben im Zug der Beratung der EG-Biokennzeichnungsverordnung einen Vorschlag für ein umfassendes Gütezeichen für ökologische Produkte vorgelegt, das Anbau, Verarbeitung, Transport, Verpackung und Produkteigenschaften berücksichtigt.

Was tun?

- Bevorzugen Sie umweltschonend erzeugte, wenig und schonend verarbeitete, sparsam und umweltschonend verpackte Lebensmittel.
- Achten Sie auf kurze Transportwege.

Was lesen?

- Marianne Ruiz u. a.: Euro-Vesper. Konzept für eine glaubwürdige Biokennzeichnung. Herausgegeben vom BUND-Landesverband Baden-Württemberg, Freiburg 1990.
- Hans-Georg Borowski-Kyhos: Naturkost – Anbauverbände. Herausgegeben vom Bundesverband Naturkost, Kelkheim, 2. Auflage o. J.

Naturschutz

Naturschutz ist nach der Definition im →Bundesnaturschutzgesetz die nachhaltige Sicherung der Leistungsfähigkeit des Naturhaushalts, der Nutzungsfähigkeit der Naturgüter, der Pflanzen- und Tierwelt sowie der Vielfalt, Eigenart und Schönheit von Natur und Landschaft als Lebensgrundlage des Menschen und als Voraussetzung für seine Erholung in Natur und Landschaft.

Historisch entwickelte sich der Naturschutz vom isolierten →Artenschutz über den Schutz bestimmter Flächen, insbesondere durch Ausweisung von Schutzgebieten, zum flächendeckenden Naturschutz in unterschiedlicher Intensität. Er ist heute zwar eine in der Fachwelt allgemein anerkannte Zielvorstellung, aber noch weit von der Verwirklichung entfernt.

Ein Problem ist, daß sich chemische Einwirkungen wie die Gefährdung von Hochmooren durch Nährstoffe, die über Luft und Niederschläge eingetragen werden, nicht mit den klassischen Naturschutzinstrumenten in den Griff bekommen lassen. Naturschützer fordern heute »Naturschutz als Wirtschaftsprinzip« in allen Wirtschafts- und Politikbereichen.

Naturschutzmaßnahmen auf konkreten Flächen lassen sich einteilen in konservierende Maßnahmen, die lediglich die Abwehr von Eingriffen zum Ziel haben, pflegende Maßnahmen, die den Erhalt eines bestimmten Sukzessionsstadiums zum Ziel haben (z. B. Entbuschung von Wachholderheiden), wiederherstellende Maßnahmen (z. B. die Renaturierung eines Baches) und gestaltende Maßnahmen (z. B. die Anlage von Feldhecken).

Was tun?

- Schaffen Sie im →Garten Lebensräume für Tiere und Pflanzen.
- Arbeiten Sie in Naturschutzverbänden, -vereinen, -initiativen mit.

Was lesen?

- Wolfgang Fremuth u. a.: Naturschutzpolitik – eine gesellschaftliche Aufgabe. BUND-Position 18, Bonn 1989.
- Hermann Remmert: Naturschutz. Ein Lehrbuch nicht nur für Planer, Politiker, Polizisten, Publizisten und Juristen. Berlin, Heidelberg 1988.
- Wolfgang Erz: Flächensicherung für den Naturschutz. Grundbegriffe und Einführung. Jahrbuch Naturschutz und Landschaftspflege 31/1981, S. 7-20.
- Harald Plachter: Naturschutz. Frankfurt a. M. 1991.

Nickel

Das →Schwermetall Nickel (chemisches Symbol: Ni) kann allergische Reaktionen der Haut und des Atemtraktes hervorrufen. Eingeatmete Nickel-Verbindungen oder -Stäube sind krebserzeugend (→MAK-Werte-Liste, Abschnitt III A 1).

Umweltbelastungen durch Nickel treten vor allem durch thermische Prozesse (Müllverbrennungsanlagen, Metallhütten, Feuerungsanlagen) auf. Haupteinsatzgebiete sind die Herstellung von Legierungen (Chrom-Nickel-Stahl), Oberflächenveredelungen und Nickel/Cadmium-Akkumulatoren.

Nickel-Cadmium-Akkumulatoren dürfen nicht in den Hausmüll gelangen. Wenn diese Akkus fest mit einem Gerät verbunden sind, wie z. B. bei manchen »schnurlosen« Heimwerkergeräten, wird das gesamte Gerät zu Sondermüll, wenn der Akku defekt ist.

Was tun?

- Nickel-Allergien werden häufig durch Modeschmuck oder vernickelte Metallteile, die direkt die Haut berühren, ausgelöst. Diesen Hautkontakt sollten Sie vermeiden.
- Kaufen Sie keine Akku-Geräte, aus denen der Akku nicht einfach entfernt werden kann.

Nitrate

Die Salze der Salpetersäure (chemische Formel: NO_3) tauchen in zunehmendem Maße in unseren Nahrungsmitteln und im Trinkwasser auf. Ursache sind die viel zu starke Anwendung stickstoffhaltiger mineralischer Dünger in der Landwirtschaft und die Ausbringung von großen Mengen →Gülle aus der Intensivtierhaltung. Obwohl Nitrate wichtige Nährstoffe für Pflanzen sind, ist das Angebot so groß, daß es von den Pflanzen nicht mehr vollständig zum Aufbau von Eiweißen genutzt werden kann. Die Folge: Nitrate bleiben einerseits in den Pflanzen zurück und werden andererseits bis in das Grundwasser geschwemmt. Aufgenommene Nitrate werden im Körper in die wesentlich gefährlicheren Nitrite umgewandelt. Kleine Kinder sind hierdurch besonders gefährdet. Für Säuglinge gilt daher eine Gefährdungsgrenze von zehn bis 20 Milligramm Nitrat pro Liter Trinkwasser, während Sie für Erwachsene bei 50 Milligramm liegt.

Der Nitrateinsatz in der Landwirtschaft ist in Deutschland besonders hoch. Bis zu 135 Kilogramm, auf Güllefeldern sogar bis zu 250 Kilogramm werden pro Jahr auf jeden Hektar ausgebracht. In den USA wird die vergleichsweise geringe Menge von 23 Kilogramm pro Hektar jährlich verwendet, ein Wert, der z. B. in Berlin schon fast durch den Nitrateintrag aus den →Stickstoffoxid-Emissionen in die Luft erreicht wird (20 Kilogramm pro Hektar bei 600 Millimeter Niederschlag pro Jahr)! Die Aufbereitung von nitrathaltigem Grundwasser zu →Trinkwasser bei Einhaltung des Nitrat-Grenzwertes der Trinkwasser-Verordnung von 50 Milligramm pro Liter ist nur in aufwendigen Verfahren mit Ionenaustauschern möglich. In ländlichen Gebieten mußten schon zahlreiche Trinkwassereigenversorgungen aus Brunnen wegen zu hoher Nitratwerte stillgelegt werden. Für verschiedene Gemüse sind vom Bundesgesundheitsamt Nitrat-Richtwerte (ZEBS-Werte) festgelegt worden.

Durch die Abschwemmung von nitrathaltigen Düngern in Oberflächengewässer und durch den Lufteintrag über →Stickstoffoxide leisten Nitrate einen wesentlichen Beitrag zur →Eutrophierung von Flüssen, Seen und Meeren.

Was tun?

- Genaue Nitratmeßwerte von Ihrem Trinkwasser sollten Sie beim zuständigen Wasserwerk erfragen. Falls Sie dort keine befriedigende Auskunft erhalten oder Sie Wasserselbstversorger mit einem eigenen Brunnen sind, ist eine Wasseruntersuchung sinnvoll. Mit Nitrat-Teststäben (Apotheke oder Chemikalienhandlung, Preis ca. 25 DM) können Sie auf einfache Weise eine erste Orientierung erhalten. Eine genaue Analyse ist wesentlich teurer.

- Bei Grenzwertüberschreitungen sollten insbesondere für Säuglinge natürliches Mineral- oder Tafelwasser für die Zubereitung von Speisen verwendet werden (→Nitrite). Im Handel angebotene spezielle →Wasserfilter sollten Sie höchstens in Ausnahmefällen benutzen.
- Die ZEBS-Richtwerte für Nitrat in Gemüse lauten (Bundesgesundheitsblatt 5/90):

Kopfsalat	3000 Milligramm pro Kilogramm
Feldsalat	2500 Milligramm pro Kilogramm
Spinat	2000 Milligramm pro Kilogramm
Rettich	3000 Milligramm pro Kilogramm
Radieschen	3000 Milligramm pro Kilogramm
Rote Rüben	3000 Milligramm pro Kilogramm

Vorsichtshalber sollten Sie eine einseitige Ernährung mit diesen Lebensmitteln vermeiden. Eine Reduzierung der Belastung ist auch durch den Verzehr von Lebensmitteln aus kontrolliertem biologischen Anbau möglich.

- Vermeiden Sie eine Überdüngung im eigenen Garten. Wenn Sie Kompost anstelle stickstoffhaltiger Mineraldünger verwenden, gehen Sie kein Risiko ein. Wenn Sie auf Nummer Sicher gehen wollen, lassen Sie eine Bodenanalyse machen.

Was lesen?

- Verbraucherzentrale Nordrhein-Westfalen: Nitrat im Wasser (Broschüre).

Nitrite

Chemisch sind Nitrite die Salze der salpetrigen Säure; die chemische Formel lautet NO_2.
Nitrite sind giftige Stickstoffverbindungen, die den Sauerstofftransport des Blutes negativ beeinflussen und zu Atemnot, Übelkeit und Magenbeschwerden führen können. Besonders gefährdet sind Säuglinge, bei denen die tödliche Blausucht auftreten kann (Säuglingen fehlen bestimmte körpereigene Stoffe, die die Blockade des Sauerstofftransportes durch Nitrite wieder aufheben).

Aber noch auf einem zweiten Weg können Nitrite den Menschen gesundheitlich schädigen: Im Körper oder bereits in Nahrungsmitteln bei der Zubereitung können aus Nitriten und bestimmten Eiweißabbauprodukten, den sekundären Aminen, die stark krebserzeugenden →Nitrosamine gebildet werden.
Nitritbelastungen sind auf zwei Wegen möglich:

- Bakterien verursachen eine chemische Reaktion, die aus in Lebensmitteln und im Trinkwasser enthaltenenen Nitraten Nitrit bildet. Deshalb sind Grenz- und Richtwerte für Nitrate erlassen worden. Besonders hohe Nitratkonzentrationen werden in Gemüsen wie z. B. Spinat, Salat und rote Bete, festgestellt, die überdüngt wurden (häufig bei Treibhausgemüse). Die Nitritbildung ist besonders hoch, wenn derartige Gemüse nach der Zubereitung nochmals aufgewärmt werden.
- Nitrite werden Fleischwaren zugesetzt, um sie zu konservieren und die rote Farbe des Fleisches zu erhalten (Nitritpökelsalz, chemischer Name: Natriumnitrit).

Was tun?

- Ihre persönliche Nitritbelastung können Sie reduzieren, wenn Sie auf gepökelte Fleischwaren verzichten. Der Zusatz von Nitrit ist deklarationspflichtig.
- Die Nitritbildung wird durch Vitamin C unterdrückt. Wenn Sie also dennoch gepökelte Speisen essen, sollten Sie wenigstens gleichzeitig einen Vitamin-C-haltigen Saft trinken.
- Achten Sie bei der Zubereitung von Nahrung für Säuglinge auf den Nitratgehalt des Wassers. Bei nachgewiesenen oder vermuteten hohen Nitrat-Werten sollten Sie lieber natürliches Mineralwasser verwenden.
- Vermeiden Sie die einseitige Ernährung mit Gemüsen, die hohe Nitrat-Gehalte aufweisen können.

Nitrosamine

Die stark krebserzeugenden Nitrosamine sind Schadstoffe, die hauptsächlich bei der Zubereitung von Speisen durch die chemische Reaktion von →Nitriten mit bestimmten Eiweißabbauprodukten, den sekundären Aminen, entstehen. Nitrosamine finden sich deshalb vor allem in eiweißreichen Nahrungsmitteln, denen Pökelsalze zugefügt wurden (z. B. geräucherte Fleischwaren). Darüber hinaus sind sie auch in Genußmitteln (Starkbier, Tabakrauch) enthalten. Die chemische Reaktion zur Nitrosaminbildung kann aber auch im

Körper selbst ablaufen, entweder wenn Nitrite direkt aufgenommen oder wenn sie aus →Nitraten im Organismus gebildet werden. Die Entstehung von Nitrosaminen wird durch Ascorbinsäure (Vitamin C) behindert.

No-effect-level

Von vielen Schadstoffen können Mensch und Tier auch bei längerfristiger Aufnahme eine gewisse Menge vertragen, ohne daß negative Auswirkungen nachweisbar sind. Die entsprechenden Konzentrationen werden in Tierversuchen ermittelt, die höchste gefundene Konzentration ohne Wirkung wird als »no effect level« bezeichnet, wenn man sich auf eine bestimmte Schädigung bezieht (z. B. Beeinträchtigung der Fortpflanzungsfähigkeit), als No-observed-effect-level, wenn jegliche schadstoffbezogene Schädigung ausgeschlossen werden kann. Diese Werte dienen der Ableitung von Grenzwerten für die Belastung des Menschen.

Verschiedene Tierarten reagieren beim gleichen Stoff in der Regel unterschiedlich empfindlich. Auf den Menschen können diese Ergebnisse meist nicht direkt übertragen werden, was den Sinn der entsprechenden Tierversuche stark in Frage stellt. Zur Ableitung von Grenzwerten für den Menschen (z. B. →ADI-Werte) werden zusätzlich Sicherheitsfaktoren von zehn bis 1000 berücksichtigt, die der nicht bekannten, aber unterstellten größeren Empfindlichkeit des Menschen gegenüber dem Versuchstier Rechnung tragen sollen. Da bei dieser Art von Untersuchung lediglich Einzelstoffe getestet werden, können Zusammenwirkungen von Stoffen, die stärker als die Summe der Einzelwirkungen sind (→Synergismus), nicht erkannt werden.

Normung und Umweltschutz

Normen sind technische, nicht rechtsverbindliche Anforderungen, die in erster Linie in Hinblick auf reibungslose und einheitliche Wirtschaftsabläufe festgelegt werden. Sie werden durch private Normausschüsse, in Deutschland durch das Deutsche Institut für Normung e.V. (DIN) in Berlin erarbeitet. Auf EU-Ebene werden technische Vorschriften unter anderem auch als Richtlinien erlassen.

Der Umweltschutz spielt bei der Normung noch eine weitgehend untergeordnete Rolle. Häufig stehen Normen sogar einem fortschrittlichen

Umweltschutz im Wege. So wurde erst 1989 für das DIN eine »Koordinierungsstelle Umweltschutz« eingerichtet, die alle neu erlassenen Normen auf ihre Umweltrelevanz überprüfen soll. Industrie, staatliche Stellen und andere Organisationen haben einen sehr starken Einfluß auf die Normenbildung.

Auf EU-Ebene vollzieht sich Normung vor allem unter dem Aspekt der Harmonisierung von nationalen Rechtsvorschriften auf der niedrigsten nationalen Ebene des Gesundheits- und Verbraucherschutzes. Umwelt- und Verbraucherinteressen stehen dabei nicht im Vordergrund.

Was tun?

- Fordern Sie den Tätigkeitsbericht des Deutschen Instituts für Normung e.V. an. Anschrift: DIN, Burggrafenstr. 6, 10787 Berlin.

Was lesen?

- Stiftung Verbraucherinstitut (Hrsg.): Normung und Umweltschutz, verschiedene Publikationen zum Thema. Anschrift: Stiftung Verbraucherinstitut, Reichpietschufer 74-76, 10785 Berlin.

Öffentlicher Personennahverkehr

Der Verbund aus U-, S- und Straßenbahnen sowie Bussen ermöglicht es, Mobilitätswünsche und -erfordernisse auch ohne unvertretbar hohe Umweltbelastungen zu erfüllen – wenn er denn vorhanden ist! In den meisten Großstädten ist der öffentliche Personennahverkehr (ÖPNV) gut ausgebaut, abseits der Ballungsgebiete auf dem Lande gibt es ihn dagegen so gut wie gar nicht. Besonders in den sechziger und siebziger Jahren ist er hier aus kurzsichtigen betriebswirtschaftlichen Kostenerwägungen stark eingeschränkt worden, so daß den dort wohnenden Menschen kaum eine Alternative zum →Auto geblieben ist, mit den heute hinlänglich bekannten schweren Umweltauswirkungen. Der ÖPNV ist im Vergleich mit der individuellen Autonutzung wesentlich sparsamer im Energieverbrauch, er verursacht gegenüber dem motorisierten Individualverkehr 75 Prozent weniger Emissionen.

Allerdings läßt die Akzeptanz des ÖPNV auch dort, wo er relativ gut ausgebaut ist, immer noch zu wünschen übrig, die mit Autos verstopften Innenstädte sind dafür ein deutliches Zeichen. Dabei ist der ÖPNV nicht langsamer als das eigene Auto: Untersuchungen haben gezeigt, daß bei der überwiegenden Mehrzahl der täglichen Wege Auto und ÖPNV etwa gleich schnell sind, wenn man den Weg »von Tür zu Tür« zugrunde legt.

Bei beiden wird in der Regel eine Reisegeschwindigkeit von 20 Stundenkilometern nicht überschritten. Allerdings fühlt sich der Durchschnittsbürger im eigenen Auto wohler als in Bussen und Bahnen. Bei objektiv gleicher Fahrtdauer wird die Zeit im ÖPNV länger als die gleiche Zeit im Auto empfunden.

Ein Zugeständnis an den schlecht ausgebauten ÖPNV auf dem Lande sind die Park-and-Ride-Angebote an den Stadträndern. Die Autos sollen von Besuchern und Pendlern dort stehen gelassen, der Weg in die Innenstadt soll mit Bussen und Bahnen fortgesetzt werden. Auf sein individuelles Gefährt braucht man beim Bike and Ride nicht zu verzichten. In vielen Gemeinden dürfen Fahrräder bereits zumindest in Bahnen mitgenommen werden (→Fahrradfahren). Wenn man die Autokosten realistisch zugrunde legt, also im Kilometerpreis auch Anschaffungs- und Reparaturkosten anteilig berücksichtigt, schneidet der ÖPNV im Vergleich ausgesprochen gut ab. Durch Umwelttickets oder die noch günstigeren Jobtickets, bei denen der Arbeitgeber einen Teil des Fahrpreises übernimmt, wird er sogar konkurrenzlos billig.

Was tun?

- Die Benutzung des ÖPNV anstelle des Autos ist ein wesentlicher Beitrag zum Umweltschutz. Sie sollten ihn soweit wie möglich für die Befriedigung Ihrer Mobilitätsbedürfnisse einsetzen. Wenn Sie über die Fahrpläne gut informiert sind, haben Sie dabei kaum einen Zeitverlust. Sie brauchen sich bei der Nutzung des ÖPNV nicht auf den Straßenverkehr zu konzentrieren und können statt dessen Ihre Zeitung lesen.

Ökobilanz

Ökobilanzen verfolgen das Ziel, alle Auswirkungen von wirtschaftlichen Betätigungen, Gütern oder Dienstleistungen auf die Umwelt zu erfassen und zu bewerten. Noch fehlt es allerdings an einer allgemein anerkannten Methodik, soliden Bezugsdaten und akzeptierten Bilanzrichtlinien für die ökologische Rechnungslegung. Im Bereich der privaten Wirtschaft macht außerdem die Erhebung und Verwertung von häufig als »Geschäftsgeheimnis« betrachteten Daten große Probleme.

So wie eine Bilanz in finanztechnischer Hinsicht eine Gegenüberstellung von Ein- und Ausgaben ist, sollen bei der Ökobilanz die Eingangs- und Ausgangsgrößen der Güterproduktion gegenübergestellt werden, die ökologisch relevant sind. Die Bilanz beginnt bei den Rohstoffen und endet bei den Abfällen. Eingangsgrößen (inputs) sind z. B. die der Umwelt entnommenen Rohstoffe, während Ausgangsgrößen (outputs) z. B. die bei der Produktion und dem Gebrauch auftretenden Abfälle und Emissionen sind. Alle in Frage kommenden Größen müssen für die Bilanz quantitativ erfaßt werden. Dies ist ein aufwendiger, komplexer und mit vielen Unsicherheiten behafteter Vorgang.

Ökobilanzen sind gegenüber regionalen Besonderheiten, eingesetzten Energiearten, unterschiedlichen Herkünften der Rohstoffe, unterschiedlichen Recyclingquoten oder Umlaufzahlen und dem jeweiligen Stand der Technik sensibel, was die Vergleichbarkeit der Bilanzergebnisse häufig in Frage stellt.

Trotz aller Probleme können Ökobilanzen bereits heute in vielen Bereichen wichtige Hinweise darauf geben, innerhalb welcher Phase des »Lebenszyklus« eines Produktes besonders hohe Umweltbelastungen auftreten und wo verfahrenstechnische Verbesserungen notwendig sind. Sie können außerdem für alternative Systeme wie z. B. Verpackungen wertvolle Entscheidungshilfen bieten. Nicht zuletzt können sie für be-

Ökosystem

Ökosystem bezeichnet die Gesamtheit der Tiere, Pflanzen und Mikroorganismen eines Großlebensraums mit ihrer unbelebten Umwelt unter besonderer Berücksichtigung ihrer Wechselwirkungen untereinander.

Da alle Ökosysteme offene Systeme sind, d. h. miteinander im Austausch stehen, ist die Abgrenzung einzelner Ökosysteme unterhalb des Groß-Ökosystems Erde schwierig. Relativ einfach ist die Abgrenzung bei Gewässern. Es ist sicher kein Zufall, daß der Begriff »Ökosystem« von dem großen Gewässerbiologen A. F. Thienemann geprägt wurde. Von Thienemann stammt die Grundregel, daß Ökosysteme unter extremen Bedingungen artenarm und individuenreich, unter ausgeglichenen Bedingungen artenreich und individuenarm sind. Artenreiche Ökosysteme sind in der Regel stabiler, d. h. sie sind in der Lage, einen vergleichbaren Zustand über längere Zeit aufrechtzuerhalten und Eingriffe auszugleichen. Alle Ökosysteme sind auf die Zufuhr von Energie angewiesen. Beim Ökosystem Erde stammt diese von der Sonne. Stabile Ökosysteme können Energie speichern, z. B. die fossilen Energierohstoffe, von denen unsere Industriegesellschaft mit ihrer negativen Energiebilanz lebt.

Was lesen?

- Hermann Remmert: Ökologie. Berlin, Heidelberg 1984.
- Frederic Vester: Der Wert eines Vogels. München 1984.

Ökotoxikologie

Ökotoxikologie ist die Wissenschaft vom Verhalten giftiger Substanzen in der Umwelt.

Sie untersucht die Verteilung in Boden, Wasser und Luft, den Abbau unter verschiedenen Bedingungen, das Verhalten der Abbauprodukte, die Anreicherung in Nahrungsketten und die Auswirkung auf Tiere, Pflanzen und deren Lebensgemeinschaften.

Viele Erkenntnisse der Ökotoxikologie beruhen auf unfreiwilligen Großversuchen. Einer der wissenschaftlich ergiebigsten Großversuche war die Freisetzung großer Mengen an chlorierten Kohlenwasserstoffen wie DDT und PCB vom Zweiten Weltkrieg bis in die achtziger Jahre. Er führte zur Verbreitung dieser Substanzen über die ganze Welt, zur Anreicherung in →Nahrungsketten bis hin zur Muttermilch sowie zur Schädigung der Reproduktion von Greifvögeln und Robben.

Öltank

Behältnis für die Lagerung von Heizöl, das entweder industriell zwischengelagert oder von privaten Haushalten in den Sommermonaten zu günstigeren Preisen eingekauft und für den Verbrauch in der Heizperiode bereitgestellt wird. Umweltgefahren bestehen vor allem aufgrund von möglichen Leckagen oder wegen des Entweichens giftiger Dämpfe.

Heizöl gehört zu den wassergefährdenden Stoffen. Bereits ein Liter kann Millionen Liter →Grundwasser verseuchen, weshalb für die Lagerung dieser Stoffe besondere gesetzliche Vorschriften gelten. Die wichtigste Regel ist, daß die Lagerbehälter doppelwandig sein oder als einfache Behälter in einem flüssigkeitsdichten Auffangbecken stehen müssen. Für große Mineralöltanklager werden außerdem emissionsmindernde technische Maßnahmen vorgeschrieben, da bei jedem Befüllen die Gefahr besteht, daß die im Tank befindlichen Dämpfe in die Atmosphäre gedrückt werden.

Was tun?

- Lassen Sie Ihren Heizöltank in regelmäßigen Abständen auf Dichtigkeit und etwa entstehende Schäden prüfen. Sollte der Ölgeruch auffällig zunehmen, ist dies ein ernstzunehmendes Alarmzeichen.
- Behalten Sie den Öltank beim Befüllen im Auge. Auch automatische Abschalteinrichtungen können einmal versagen.
- Melden Sie etwaige Ölleckagen sofort den zuständigen Behörden, da nur so größere Schäden vermieden werden können.

Was lesen?

- Umweltbundesamt (Hrsg.): Symposium Lagerung und Transport wassergefährdender Stoffe. Berlin 1983.

Ozon

Ozon, die dreiatomige Form des Sauerstoffs (chemische Formel: O_3; »normaler« Sauerstoff besteht aus zwei Atomen, Formel: O_2), ist ein natürlicher Bestandteil der Erdatmosphäre und in den letzten Jahren zu einem zentralen Begriff der nationalen wie internationalen Umweltdiskussion geworden, die man mit dem Schlagwort »Unten zuviel, oben zuwenig« charakterisieren kann.

Im oberen Bereich der Atmosphäre, der Stratosphäre (zwölf bis 40 Kilometer Höhe), wird Ozon gebraucht, um den besonders energiereichen Anteil des Sonnenlichts (UV-B-Strahlen) herauszufiltern. Durch langlebige Schadstoffe, die bis in die Stratosphäre vordringen können, wird dort die Ozonkonzentration vermindert, so daß verstärkt UV-Strahlen bis an die Erdoberfläche vordringen können (→Ozonschicht). In der bodennahen Atmosphäre, der Troposphäre (bis ca. zwölf Kilometer Höhe), ist Ozon dagegen ein für Mensch und Umwelt gefährlicher Luftschadstoff.

Als Hauptbestandteil der sogenannten Photooxidantien wird Ozon aus →Stickstoffoxiden und →Kohlenwasserstoffen unter dem Einfluß des Sonnenlichtes gebildet, vor allem in den sonnenscheinreichen Frühjahrs- und Sommermonaten.

Deshalb hat diese Form der Luftverschmutzung auch den Namen →Sommer-Smog erhalten. Die natürliche Ozonkonzentration beträgt ca. 40 bis 60 Mikrogramm pro Kubikmeter, in den Sommermonaten werden bei uns in Mitteleuropa häufig Werte um 300 Mikrogramm pro Kubikmeter gemessen. Ozon in der Troposphäre ist ein Luftschadstoff, der Auswirkungen auf den Menschen (trockener Hals, gereizte Schleimhäute, Unwohlsein, Atembeschwerden usw.), auf Pflanzen (Beeinträchtigung der Photosynthese, Waldsterben) und auf Materialien (Kunststoffe und Gummi verspröden) hat.

Hohe Ozonkonzentrationen in Innenräumen können auftreten, wenn elektrische Geräte, die mit hohen Spannungen arbeiten, unter schlechten Lüftungsbedingungen betrieben werden (z. B. Photokopierer oder Laserdrucker in kleinen Räumen).

Die Ozonisierung von Trink- und Badewasser wird als Alternative zur Behandlung mit →Chlorgas eingesetzt.

Was tun?

- Um die Ozonkonzentrationen einerseits in der Stratosphäre wieder zu erhöhen und andererseits in der Troposphäre zu vermindern, sind ganz unterschiedliche Maßnahmen und Verhaltensweisen erforderlich. Hinweise finden Sie bei den Stichworten →Ozonschicht und →Sommer-Smog.
- Hohe Ozonkonzentrationen in Innenräumen können Sie vermeiden, indem Sie beim Betrieb entsprechender Geräte für eine gute Lüftung sorgen. Moderne Geräte verfügen zum Teil bereits über einen Ozonfilter.

Ozonschicht

Ozon in der Stratosphäre (zwölf bis 40 Kilometer Höhe) ist ein bestimmender Faktor für das Leben auf der Erde: Es filtert einen großen Teil der besonders energiereichen und damit schädlichen UV-B-Strahlen aus dem Sonnenlicht heraus. Durch natürliche Einflüsse wie z. B. Vulkanausbrüche schwankt die Ozonkonzentration in der Stratosphäre in gewissen Grenzen. In Gefahr gerät der Bestand der Ozonschicht aber vor allem durch Schadstoffe, die der Mensch produziert und freisetzt: Stoffe, die langlebig genug sind, um die ca. zehnjährige Diffusionszeit bis in die Stratosphäre in nennenswertem Umfang auszuhalten, reagieren dort und zerstören in einem komplizierten Reaktionsmechanismus das Ozon schneller, als es wieder nachgebildet werden kann. Dazu gehören →Fluorchlorkohlenwasserstoffe (FCKW), Halone, einige →chlorierte Kohlenwasserstoffe (CKW) und Distickstoffmonoxid (Lachgas). Weltweit hat die Ozonkonzentration bereits deutlich abgenommen, in hohen Breitengraden (also in Richtung auf die Pole) stärker als am Äquator. Am Südpol entsteht aufgrund der besonderen meteorologischen Verhältnisse im dortigen Frühling (September bis November) regelmäßig ein Ozonloch, das bereits bis nach Südamerika sowie Australien und Neuseeland reicht. Die Ozonkonzentration ist dann um 50 und mehr Prozent vermindert. Auf der Nordhalbkugel sind die Abbauraten im Frühjahr noch geringer, steigen aber.

Hauptfolge der großen Ozonabnahme in der Stratosphäre und der damit verbundenen Intensivierung der UV-B-Stahlung an der Erdoberfläche ist eine drastische Zunahme von Hautkrebs, vor allem bei hellhäutigen Menschen.

Daneben treten verstärkt Schäden an den Augen (Star-Erkrankungen) und am Immunsystem auf. Auch Pflanzen können auf eine schnelle Veränderung der UV-Einstrahlung empfindlich reagieren. Zur Erhaltung der Ozonschicht sind eine Reihe von internationalen Vereinbarungen getroffen worden, die die Verwendung der Hauptschadstoffe FCKW und Halone in möglichst kurzer Zeit beenden sollen.

In Deutschland sollen diese Stoffe nach 1994 nicht mehr hergestellt und neu verwendet werden.

Weltweit sind vor allem finanzielle Hilfen für Entwicklungsländer erforderlich, damit sie rechtzeitig auf neue und damit teurere Technologien umsteigen können, die die Ozonschicht nicht gefährden.

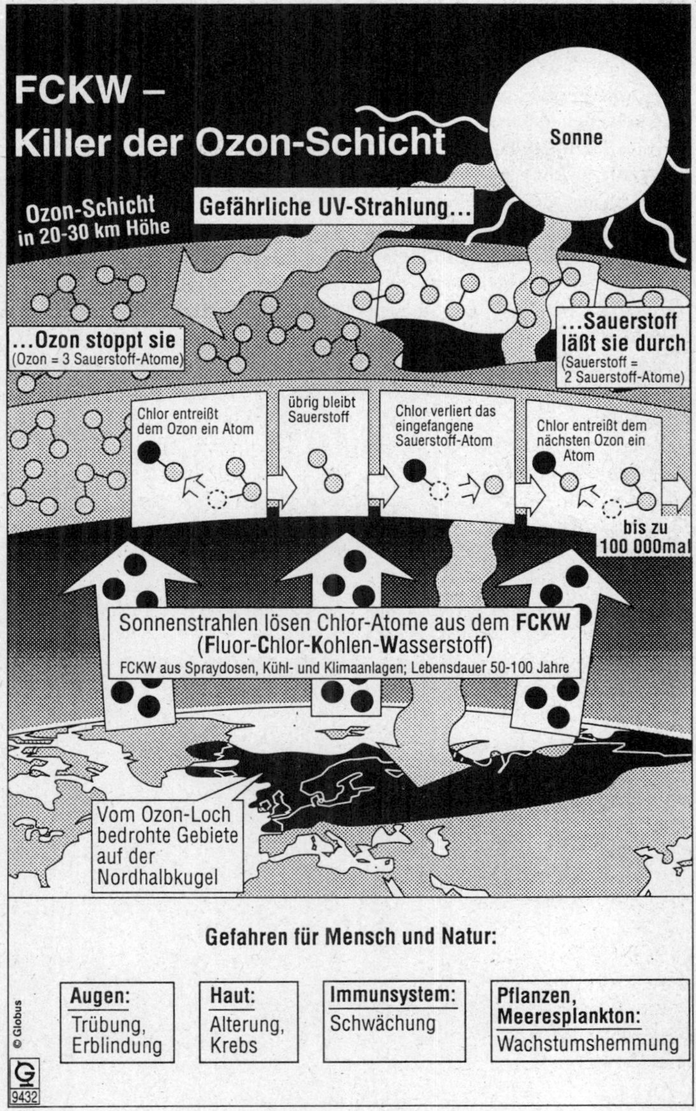
FCKW –
Killer der Ozon-Schicht
Sonne
Ozon-Schicht in 20-30 km Höhe
Gefährliche UV-Strahlung...
...Ozon stoppt sie
(Ozon = 3 Sauerstoff-Atome)
...Sauerstoff läßt sie durch
(Sauerstoff = 2 Sauerstoff-Atome)
Chlor entreißt dem Ozon ein Atom
übrig bleibt Sauerstoff
Chlor verliert das eingefangene Sauerstoff-Atom
Chlor entreißt dem nächsten Ozon ein Atom
bis zu 100 000mal
Sonnenstrahlen lösen Chlor-Atome aus dem FCKW
(Fluor-Chlor-Kohlen-Wasserstoff)
FCKW aus Spraydosen, Kühl- und Klimaanlagen; Lebensdauer 50-100 Jahre
Vom Ozon-Loch bedrohte Gebiete auf der Nordhalbkugel
Gefahren für Mensch und Natur:
Augen: Trübung, Erblindung
Haut: Alterung, Krebs
Immunsystem: Schwächung
Pflanzen, Meeresplankton: Wachstumshemmung
© Globus
9432

Was tun?

- Für alle Verbraucherprodukte, in denen FCKW verwendet werden (Kühlaggregate, Schaumstoffisolierungen, Montageschäume), gibt es inzwischen Alternativen ohne diese schädlichen Stoffe. Die sollten Sie verwenden. Halon-Feuerlöscher sind inzwischen bereits verboten.
- Ihr alter Kühl- oder Gefrierschrank enthält garantiert im Kältemittel und in der Isolation FCKW. Kümmern Sie sich beim Austausch durch ein neues Gerät deshalb um eine umweltgerechte Entsorgung.
- Zuviel Sonnenstrahlung schadet Ihrer Haut sowieso, durch den Abbau der Ozonschicht wird Sonnenbaden noch gefährlicher. Vermeiden Sie deshalb lange Aufenthalte in der Sonne mit ungeschützter Haut. Die Sonneneinstrahlung ist auch bei uns in Mitteleuropa im Frühjahr intensiver als früher.

Papier

Papier wird als holzfreies weißes, holzhaltiges weißes und Recyclingpapier angeboten. Umweltschutzpapier ist eine Untergruppe des Recyclingpapiers, das besonders umweltschonend hergestellt wird. Marktgängig sind etwa 2000 Papiersorten. 90 Prozent des Rohstoffbedarfs für die Papierherstellung werden aus der Holzproduktion unter Umweltbelastungen importiert. Der jährliche Pro-Kopf-Papierverbrauch in Deutschland lag 1990 bei 232 Kilogramm (14,6 Millionen Tonnen). Am Gesamtpapierverbrauch waren Druck- und Pressepapiere mit 40,4 Prozent, Büro- und Administrationspapiere mit 7,5 Prozent, Verpackungspapiere mit 39,7 Prozent, Hygienepapiere mit 5,5 Prozent und technische Spezialpapiere mit 6,2 Prozent beteiligt. Seit 1970 hat sich der Pro-Kopf-Verbrauch insgesamt verdoppelt. Als Rohstoffe dienen Zellstoff, Holzstoff, Altpapier und Lumpen sowie Füllstoffe.

Holzfreies Papier wird aus hochwertigem Zellstoff (Holzaufschluß) unter stark umweltbelastendem Chemikalieneinsatz (Chlor) produziert, bei dem große Mengen umweltbelastender Abwässer anfallen. Holzhaltiges Papier wird aus mechanisch aufgeschlossenem Holz (Holzschliff) hergestellt. Die Papierindustrie bevorzugt heute immer stärker umweltschonendere Verfahren: chlorarme Bleichverfahren verzichten durch den Einsatz von Sauerstoffbleiche fast vollständig auf Chlor. Diese Produktion ist aber noch immer energieaufwendig und mäßig abwasserbelastend.

Recyclingpapier besteht zu 100 Prozent aus Altpapier, aus dem die enthaltenden Fremdstoffe und die Druckfarbe durch De-inking (Entfärbung) herausgewaschen werden. Bei der Produktion von Recyclingpapieren werden der Frischwasser-, der Energieverbrauch und die Abwasserbelastung erheblich verringert. Der Einsatz von Recyclingpapier mindert zudem das Abfallvolumen.

Bei der Produktion von Umweltschutzpapier wird konsequent Altpapier unter Verzicht auf das De-inking-Verfahren verwendet, so daß keine umweltbelastenden Farbschlämme anfallen. Der Wasserkreislauf ist möglichst geschlossen, so daß die Frischwasserzufuhr und die Abwasserbelastung noch einmal verringert werden können.

Die manuelle Beschreibbarkeit von Recyclingpapieren ist bei allen üblichen Schreibmitteln ebenso gegeben wie bei Papieren auf Frischfaserbasis. Die bei einigen Produkten beobachtete Auslaufneigung bei der Beschriftung mit Tinte ist nicht dem Recyclingpapier generell zuzuschreiben, sondern abhängig vom Holzstoffanteil und dem Grad der Leimung. Auch die Kopierfähigkeit von Recyclingpapier ist heute mit

modernen Fotokopierern kein Problem, sofern das Recyclingpapier die DIN-Norm 19309 erfüllt.
Immer häufiger werden chlorfrei gebleichte Papiere auf Primärfaserbasis als umweltfreundliche Alternative zu konventionellen Papieren gepriesen. Recyclingpapiere haben gegenüber chlorfrei gebleichten Papieren auf Primärfaserbasis jedoch eindeutige Umweltvorteile: Der Energie- und Frischwasserverbrauch, die Abwasserbelastung, die Abfallbeseitigung und die Schonung von Holzvorräten sind entscheidende Umweltvorteile.
Ungebleichte oder chlorfrei gebleichte Papiere auf Primärfaserbasis sollten nur in den Bereichen eingesetzt werden, in denen Recyclingpapier nicht verwendet werden kann. Einschränkungen ergeben sich zur Zeit noch aus technischen Gründen (Reißfestigkeit im Rollendruck) bei den höherwertigen Druckpapieren für Zeitschriften und Zeitungen.

Was tun?

- Kaufen Sie Schreib- und Kopierpapier als Recyclingpapier und verwenden Sie dieses Papier in Ihrem gesamten Schriftverkehr einschließlich Briefumschläge und Versandtaschen.
- Für Schulkinder und Studenten sind Hefte, Ringbücher und Karteikarten als Recyclingpapiere meistens im Angebot.
- Überzeugen Sie Ihre Kollegen/Kolleginnen im Büro oder in der Verwaltung, daß Recyclingpapiere fast überall eingesetzt werden können.

Was lesen?

- Stiftung Verbraucherinstitut (Hrsg.): Der umweltfreundliche Schreibtisch. Berlin, München 1991.
- André Leisewitz/Klaus Pickshaus: Ökologische Spurensuche im Betrieb. Frankfurt 1992.

Pentachlorphenol

Der gegen Pilzbefall eingesetzte Wirkstoff Pentachlorphenol (PCP, chemische Formel: C_6Cl_5OH) gehörte zu den »beliebtesten« Bioziden in →Holzschutzmitteln, wurde aber auch zur Konservierung in anderen Bereichen verwendet (u. a. in Farben und bei Lederwaren, Textilien, Klebstoffen, Papier). Die Anwendung PCP-haltiger Holzschutzmittel in Innenräumen (häufig in Kombination mit dem Insektizid →Lindan) hat zu massiven Gesundheitsproblemen von Be-

wohnern geführt, die teilweise auf PCP selbst, teilweise aber auch auf den Gehalt an →Dioxinen aus der Produktion zurückgeführt wurden.

Die Wirkungen von PCP auf den Menschen reichen von Unwohlsein über Kopfschmerzen, Schwindelanfälle, Müdigkeit und Depressionen bis hin zu Herzrhythmusstörungen und Veränderungen von inneren Organen. Die Probleme treten nicht nur bei der direkten Verarbeitung auf, sondern auch noch auf Jahre danach, weil PCP relativ leicht flüchtig ist und aus behandelten Gegenständen ausgast. Auf diese Art werden auch ursprünglich nicht behandelte Ausstattungsgegenstände in Innenräumen kontaminiert (z. B. Tapeten, Teppiche, Gardinen). Aufgrund massiver Verbraucherbeschwerden wurde PCP Ende der siebziger, Anfang der achtziger Jahre aus den Produkten herausgenommen. Aber erst 1993 ist es gelungen, in einem Musterprozeß in Frankfurt/Main gerichtlich die Verantwortung der Hersteller für diesen gefährlichen Inhaltsstoff von Holzschutzmitteln feststellen zu lassen, so daß Betroffene eine Chance auf den Ausgleich der erlittenen Schäden haben. 1989 wurde die Anwendung in Deutschland per Verordnung verboten.

Was tun?

- Wenn Sie sich von den PCP-Belastungen betroffen fühlen, weil Sie in den siebziger Jahren Holzschutzmittel in Innenräumen verarbeitet haben oder in so behandelten Räumen leben, sollten Sie sich mit der Interessengemeinschaft der Holzschutzmittelgeschädigten, Unterstat 14, 51766 Engelskirchen, in Verbindung setzen und sich beraten lassen.

Perchlorethylen

Der →chlorierte Kohlenwasserstoff Perchlorethylen (weitere Bezeichnungen sind PER, Tetrachlorethen, chemische Formel: C_2Cl_4) wird vor allem als Reinigungsmittel in metallverarbeitenden Betrieben und in Chemischreinigungen zur Reinigung von Textilien (Pflegekennzeichen: P) eingesetzt. Nach Angaben des Verbandes der chemischen Industrie wurden 1992 in Deutschland 16 000 Tonnen frisches Perchlorethylen verkauft. Der unter Krebsverdacht stehende Stoff hat eine traurige Berühmtheit erlangt, weil die Freisetzungen aus Chemischreinigungen in zahlreichen Fällen zu massiven Belastungen von benachbarten Wohnungen und Betrieben geführt haben. Vor allem in fettreichen Nahrungsmitteln kam es aufgrund der hohen Raumluftkonzentrationen zu Anreicherungen.

Um diesen Gefahren zu begegnen, hat das Bundesgesundheitsamt empfohlen, daß die PER-Belastung von Lebensmitteln nicht größer als 0,1 Milligramm pro Kilogramm sein sollte. Bei Raumluftkonzentrationen über fünf Milligramm pro Kubikmeter sind umgehend Schutzmaßnahmen erforderlich (z. B. Abdichtung von Wänden und Decken, damit keine PER-Diffusionen auftreten). PER wird auch immer wieder als Schadstoff im Grundwasser gefunden, weil es wegen seiner weiten Verbreitung auch zu zahlreichen Bodenverunreinigungen mit diesem Stoff gekommen ist. Zur Gewinnung von Trinkwasser muß es aus dem Grundwasser mit aufwendigen und teuren technischen Verfahren entfernt werden.

Was tun?

- Kaufen Sie möglichst Kleidungsstücke, die gewaschen werden können.
- Auch Kleidungsstücke, bei denen nach Pflegehinweis lediglich die Chemischreinigung zulässig ist, können oft bedenkenlos gewaschen werden, wenn sie aus einem einzigen Material bestehen.
- Frisch gereinigte Kleidungsstücke müssen immer gut gelüftet werden, damit Sie kein PER in Ihre Wohnung einschleppen.
- Wenn Sie den Verdacht haben, daß Sie durch PER-Emissionen aus einer benachbarten Chemischreinigung belastet werden, sollten Sie sich an Ihre zuständige Gesundheitsbehörde wenden.

Persistenz

Viele in die Umwelt entlassene Stoffe werden durch verschiedene physikalische, chemische und biologische Prozesse abgebaut und dadurch (zumindest langfristig) unschädlich gemacht. Andere Stoffe werden gar nicht oder nur sehr langsam umgewandelt, so daß sie sich in der Umwelt anreichern können. Diese Eigenschaft der Beständigkeit eines Stoffes in der Umwelt nennt man Persistenz. Wenn diese Stoffe bioverfügbar sind, können sie in die Nahrungskette gelangen und damit letztendlich auch den Menschen belasten.

Zu den persistenten Stoffen gehören vor allem die →Schwermetalle, aber auch viele Produkte der →Chlorchemie wie →Polychlorierte Biphenyle, →Dioxine, →Pentachlorphenol oder die →Fluorchlorkohlenwasserstoffe. Da man normalerweise über das langfristige Verhalten von Stoffen in der Umwelt relativ wenig weiß, wird die Persistenz als eine unter Umweltgesichtspunkten negative Eigenschaft gewertet.

Pfandregelungen

Wesentlicher Bestandteil von Mehrwegsystemen sind Pfandregelungen, die einen finanziellen Anreiz beim Verbraucher schaffen sollen, gebrauchte Produkte oder Verpackungen an den Hersteller oder den Handel zurückzugeben. Eine Pfandregelung bei Getränkeverpackungen besteht schon seit Jahren.

Pfandsysteme entlasten die Umwelt und stützen das Mehrwegsystem. So kann eine Pfandflasche bis zu 60 Einwegflaschen ersetzen. Ein Pfandsystem kann aber auch zur getrennten Rückgabe und Erfassung von Problemstoffen eingesetzt werden (Akkumulatoren-Pfand bei Heimwerkergeräten).

Das Umweltbundesamt hat Ende 1993 erste Zwischenergebnisse einer Ökobilanz für verschiedene Verpackungssysteme vorgelegt. Eine entscheidende Rolle spielt dabei der Faktor der Transportbelastung im Umfeld.

Was tun?

- Achten Sie auf die Rückgabemöglichkeit bei Neuprodukten. Sie besteht manchmal auch dann, wenn kein Pfand erhoben wird (Batterien).
- Pfandflaschen sollten Sie stets mit aufgeschraubtem Verschluß zurückgeben, da so das Glasgewinde gegen Transportschäden gesichert ist und die Flasche wieder für einen neuen Umlauf eingesetzt werden kann.

Was lesen?

- Katalyse e.V. (Hrsg.): Kommt gar nicht in die Tüte! Lebensmittelverpackung und Müllvermeidung. Köln 1991.
- Hans-Joachim Kursawa-Stucke, Volkmar Lübke: Der Supermarktführer. Von allkauf bis Tengelmann. München 1992.
- Fordern Sie die vorläufige Zusammenfassung der Ökobilanz-Studie an beim Umweltbundesamt, ZAD, Bismarckplatz 1, 14193 Berlin.

Pflanzenschutzmittel

Nach dem Pflanzenschutzgesetz sind Pflanzenschutzmittel Stoffe, die dazu bestimmt sind, Pflanzen oder Pflanzenerzeugnisse vor Schadorganismen oder nichtparasitären Beeinträchtigungen zu schützen, die Lebensvorgänge von Pflanzen zu beeinflussen, ohne

ihrer Ernährung zu dienen (Wachstumsregler) oder das Keimen von Pflanzenerzeugnissen zu hemmen. Der aus dem Englischen entlehnte Begriff Pestizid, der Stoffe bezeichnet, die Schadorganismen ausschalten sollen, ist weitgehend, aber nicht vollständig deckungsgleich: Halmverkürzer sind Pflanzenschutzmittel, aber keine Pestizide; Haushaltsinsektizide sind Pestizide, aber keine Pflanzenschutzmittel.

Nach Zielorganismen unterscheidet man Herbizide (wirken gegen Gräser und Kräuter), Fungizide (gegen Pilze), Insektizide (gegen Insekten), Akarizide (gegen Milben), Molluskizide (gegen Schnecken), Rodentizide (gegen Nagetiere) und weitere Spezialmittel.

Die Zulassung und die Anwendung von Pflanzenschutzmitteln ist durch das Pflanzenschutzgesetz geregelt. Die Pflanzenschutzmittel nehmen unter den Umweltchemikalien dadurch eine Sonderstellung ein, daß sie in die Umwelt freigesetzt werden müssen, um wirken zu können, während bei anderen problematischen Stoffen zunehmend in möglichst geschlossenen Systemen gearbeitet wird. Alle chemischen Pestizide sind dazu bestimmt, Leben zu töten oder zu beeinträchtigen und können damit grundsätzlich gesundheitsgefährdend sein.

Viele Pflanzenschutzmittel stehen im Verdacht, krebserzeugend oder erbgutschädigend zu wirken. In Deutschland wurden bisher über 40 in Pflanzenschutzmitteln vorhandene Wirkstoffe im Grund- und Trinkwasser nachgewiesen. Da die meisten chemischen Pflanzenschutzmittel nicht sehr spezifisch wirken, tragen sie zur Gefährdung wildlebender Tier- und Pflanzenarten, auch von Nicht-Ziel-Organismen, bei.

Manche Pflanzenschutzmittelwirkstoffe reichern sich in →Nahrungsketten an. In besonderem Maß trifft dies für die Chlorkohlenwasserstoff-Insektizide zu , die heute mit Ausnahme von →Lindan in Deutschland verboten sind. Auch niedriger chlorierte Pestizidwirkstoffe wie Endosulfan oder synthetische Pyrethroide können sich in Nahrungsketten anreichern.

Der Einsatz von Pestiziden kann zur Ausbildung von Resistenzen bei den Zielorganismen führen. Dies wird dadurch begünstigt, daß Tiere, die schädlich wirken, meist kurze Generationszeiten und hohe Nachkommenzahlen haben (sonst wären sie zu Massenvermehrungen, die Schäden verursachen können, nicht in der Lage), während räuberische Tiere, die als Nützlinge wirken, häufig weniger Nachkommen und längere Generationszeiten haben.

Was tun?

- Verzichten Sie in Haus und Garten auf chemische Pflanzenschutzmittel. Das ist ohne Komfortverzicht möglich. Als Alternativen bieten

sich an: biologische Schädlingsbekämpfung, Verwendung resistenter Sorten, Pflanzenstärkungsmittel wie Jauchen und Tees aus Pflanzen, Förderung von Nützlingen. Tips erhalten Sie von den Umweltverbänden.
- Bevorzugen Sie Produkte, die ohne den Einsatz chemischer Pflanzenschutzmittel erzeugt wurden.

Was lesen?

- Ernst Hoplitschek, Bodo Tegethoff: Aktion Garten ohne Gift. Niedernhausen/Ts. 1989.
- Wolfgang Bödeker, Christa Dümmler (Hrsg.): Pestizide und Gesundheit. C. F. Müller, Karlsruhe, 1990.
- Irene Witte u. a.: Gefährdungen der Gesundheit durch Pestizide. Frankfurt a. M. 1988.

Photovoltaik

Bezeichnung für ein Verfahren, bei dem UV-Strahlung der Sonne über Solarzellen aus Silizium in elektrische Energie umgewandelt wird.
Solarzellen sind Halbleiterbauelemente, die Licht mit Wirkungsgraden von 10 bis 15 Prozent in elektrischen →Strom umwandeln.
Derzeit werden auf diese Weise weltweit über 40 Megawatt (MW) Strom erzeugt. Allerdings ist der dabei erzeugte Strom noch teurer als der in konventionellen Kraftwerken (Kohle-, Erdölkraftwerke) gewonnene.
Die Stromerzeugung mit dieser Technik lohnt sich ökonomisch bereits heute in südlichen Ländern und für eine dezentrale Versorgung, wo andernfalls hohe Kosten für lange Leitungsnetze anfallen würden.
Solarzellen bewirken während des Betriebes keine weiteren Umweltbelastungen, allerdings verursachen sie natürlich Materialaufwand, Energieverbrauch und Emissionen bei ihrer Herstellung.

Was tun?

- Heute können Sie bereits zahlreiche Kleingeräte mit einer Stromversorgung durch Solarzellen erhalten. Zum Teil sind diese Geräte bereits auch mit dem Umweltzeichen »Blauer Engel« ausgezeichnet.
- Sogar größere Solarzellenanlagen werden zum Teil öffentlich gefördert. Erkundigen Sie sich bei den zuständigen Behörden danach.

Was lesen?

• Solarzellen. In: test-Sonderheft Umweltschutz 1991.

pH-Wert

Der pH-Wert ist ein Maß für die Wasserstoffionenkonzentration in wäßrigen Lösungen und damit für die Eigenschaft, eine Säure oder eine Lauge zu sein.
Der pH-Wert wird mit dem negativen dekadischen Logarithmus der Wasserstoffionen-Aktivität angegeben. Reines Wasser oder eine neutrale Lösung haben den pH-Wert 7. Höhere pH-Werte charakterisieren ein basisches (Lauge), niedrigere ein saures Verhalten (Säure).
Regenwasser sollte gemeinhin einen pH-Wert von 4,6 bis 5,6 haben. Tatsächlich werden in Deutschland Werte zwischen 4,0 und 4,6 gemessen (→Saurer Regen). Dieses entspricht einer um bis zu vierzigfachen Säuremenge gegenüber dem Normalwert. Der Grund hierfür liegt in der hohen Luftverschmutzung mit säurebildenden Stoffen (→Schwefeldioxid, →Stickstoffoxid). Größere Schwankungen des pH-Wertes werden jedoch von den meisten Organismen nicht vertragen. Als Folge der Versauerung kommt es so zum Absterben von Mikroorganismen und manchmal der Fischbrut.
Eine weitere Folge der Versauerung ist, daß Aluminiumionen und Schwermetalle aus den Sedimenten gelöst werden und die Gewässer vergiften.
Auch die Haut des Menschen hat einen pH-Wert. Ihre Oberfläche ist leicht alkalisch eingestellt. Gute Seifen hingegen sind »neutral« bis leicht sauer. Nach kurzer Einwirkung der Seife erreicht dann die Haut wieder ihren gewöhnlichen pH-Wert.

Was tun?

• Alle Maßnahmen der Energieeinsparung, insbesondere beim →Heizen und beim →Autofahren, sind letztlich auch Beiträge zur Reduzierung der Luftbelastung und damit zur Milderung des durch den »sauren Regen« hervorgerufenen Effektes.

Was lesen?

• Umweltbundesamt (Hrsg.): Was Sie schon immer über Umweltchemikalien wissen wollten. Stuttgart, Berlin, Köln, 1990.

Pigmente

Die Buntheit der uns umgebenden Ausstattungsgegenstände, der →Kunststoffe, →Textilien, →Lacke und Druckerzeugnisse, kommt nicht von selbst, sie wird durch anorganische und organische Verbindungen, die →Pigmente und →Farbstoffe, hervorgerufen. Selbst Lebensmittel, Kosmetika und Hygieneartikel werden eingefärbt. Viele der vor allem früher verwendeten Pigmente auf der Basis von Schwermetallen haben große Umwelt- und Gesundheitsbelastungen bewirkt (→Blei, →Cadmium, →Chrom). Die Anwendung ungiftiger Pigmente wie →Titandioxid kann dennoch durch das Produktionsverfahren zu starken Umweltbeeinträchtigungen führen. Die heute vielfach verwendeten organischen Farbstoffe sind bezüglich ihres Umweltverhaltens in der Regel schlecht untersucht, von einigen Stoffgruppen, wie den Azo-Farbstoffen, weiß man, daß sie über beträchtliches gesundheitsschädigendes Potential verfügen können.

Polychlorierte Biphenyle

Polychlorierte Biphenyle (PCB) gehören zu den chlorierten Wasserstoffen und gelten als stabile organische Verbindungen. Ihre negativen Umweltauswirkungen wurden bereits in den sechziger Jahren bekannt. Bei hohen Belastungen, z. B. durch die Aufnahme von PCB mit vergifteten Nahrungsmitteln, entsteht ein typisches Krankheitsbild (»Yusho-Krankheit«). Die in der Umwelt sehr beständigen PCB reichern sich über die Nahrungskette in Organismen an und können Leber-, Milz- und Nierenschäden bewirken. Darüber hinaus stehen sie im Verdacht, Krebs zu erzeugen. Noch gefährlicher werden sie bei der Verbrennung: Dann entstehen →Dioxine.

PCB wurden aufgrund ihrer Eigenschaften (gutes Isolationsvermögen, unbrennbar, chemisch weitgehend nicht angreifbar) in vielen verschiedenen Bereichen eingesetzt: als Hydrauliköle, Isolationsflüssigkeit in Kondensatoren und Transformatoren, Weichmacher in Kunststoffen und Imprägniermittel. Aus bestimmten Produkten, mit denen auch Verbraucher heute noch in Berührung kommen können (Kondensatoren für Leuchtstofffröhren, dauerelastische Kunststoffmassen für Betonteile), können sie auch in Innenräumen freigesetzt werden. Sie finden sich dann in der Atemluft sowie an Staub gebunden.

Die Verwendung von PCB ist in Deutschland verboten. PCB-haltige Stoffe und Geräte müssen bis zum Jahre 2000 beseitigt sein.

Was tun?

- Bräunliche Verfärbungen an Lampen mit Leuchtstoffröhren können von ausgelaufenem PCB aus dem Kondensator stammen. Die gesamte Leuchte muß dann durch einen Fachmann ersetzt und umweltgerecht entsorgt werden.
- Vor allem in öffentlichen Gebäuden aus den sechziger und siebziger Jahren wurden für Fugen zwischen Betonteilen PCB-haltige Dichtungsmassen verwendet. Die Entfernung ist aufwendig und teuer, es gibt dazu aber keine Alternative.

Polycyclische Aromatische Kohlenwasserstoffe

Die kurz als PAK (im Englischen als PAH) bezeichneten Stoffe treten bei allen Verbrennungsprozessen als Produkte einer unvollständigen Verbrennung auf (Industrieprozesse, Autoabgase, Heizungsabgase, Zigarettenrauch). Es handelt sich um eine unüberschaubar große Zahl von Einzelverbindungen, die sich beim Menschen und im Tierversuch als krebserzeugend herausgestellt haben (→MAK-Werte-Liste, Abschnitt III A 1 und III A 2). Am besten untersucht ist die Einzelverbindung Benzo(a)pyren, die auch häufig als Leitsubstanz für PAK gemessen und angegeben wird. Chemisch gehören PAK zur Klasse der →aromatischen Kohlenwasserstoffe.

Was tun?

- Da für die PAK-Entstehung in einer Heizungsanlage der Wartungszustand wichtig ist, sollten Sie die entsprechenden Arbeiten unbedingt regelmäßig durchführen lassen.
- PAK-Emissionen im Verkehrsbereich werden am besten durch weniger Verkehr beschränkt. Autos mit geregelten Dreiwegekatalysatoren haben die geringsten PAK-Emissionen, bei Dieselfahrzeugen liegen sie am höchsten.

Problemstoffsammlung

In der Problemstoffsammlung des Haushalts fallen im Hausmüll gefährliche Abfälle an, die als Sonderabfall behandelt werden müssen. Sie dürfen mit dem normalen Hausmüll nicht auf die Hausmülldeponien oder in der Hausmüllverbrennungsanlage vernichtet werden. Eine Aufteilung der Problemstoffanteile ergibt, daß Pflanzenschutzmittelreste und Reste von Lacken und Farben sowie Altöl etwa die Hälfte der häuslichen Problemstoffe ausmachen. Holzschutzmittel und Batterien kommen mit etwa zehn bis 20 Prozent hinzu. Weitere Problemstoffquellen im Hausmüll sind: Medikamente, Sprühdosen, Fotochemikalien, Leuchtstoffröhren, Energiesparlampen, Quecksilberthermometer, Flaschenkapseln aus Blei und Stanniol, Bleilametta sowie lösemittelhaltige Heimwerkerchemikalien wie Klebstoffe, Fleckentferner, Rostschutzmittel und Pinselreiniger. Aus der Nutzung des Autos kommen Ölfilter, Batterien, Bremsflüssigkeit und Motorreiniger-Flüssigkeiten hinzu.

Im häuslichen Sperrmüll finden sich Giftquellen in Kühl- und Gefrierschränken (Fluorchlorkohlenwasserstoffe [FCKW]). In Geschirrspülern, Waschmaschinen und Dunstabzugshauben können giftige Kondensatoren eingebaut sein (polychlorierte Biphenyle [PCB]). Mobile (Giftmobil) oder feste Sammelstellen bieten Entsorgungsalternativen zum Hausmüll. Problemabfälle werden zum Teil aufbereitet (Altöl, Autobatterien usw.), in Spezialanlagen verbrannt oder in Sondermülldeponien gelagert.

Was tun?

- Für die meisten Produkte, die später zu Problemabfällen werden, gibt es verträglichere Produktalternativen: Diese Pflanzenschutzmittel, Lacke, Farben, Holzschutzmittel oder Klebstoffe sind oft mit dem Umweltzeichen ausgezeichnet.
- Versuchen Sie stets, ein Produkt als Problemabfall beim Fachhändler zurückzugeben (Altöl, Batterien) oder bringen Sie es in die Sondermüllsammlung.
- Erfragen Sie die Termine der Sondermüllsammlung bei Ihrer Gemeinde.
- Vermeiden Sie Autofahrten zur Sondermüllsammelstelle mit wenigen Produktresten. Schließen Sie sich mit Freunden und Nachbarn zusammen.

Was lesen?

- Stiftung Warentest (Hrsg.): Sonderheft Umweltschutz. Berlin 1992 (wird laufend aktualisiert).
- Petra Juling: Haushalt ohne Gift. Köln 1990.
- Bernhard Leiße: Holzschutzmittel im Einsatz. Bestandteile, Anwendungen, Umweltbelastungen. Wiesbaden 1992.

Produkthaftung

Die Hersteller von Produkten sind verpflichtet, das Verhalten ihres Produkts auf dem Markt zu beobachten, um bei Risiken für den Verbraucher schnell zu reagieren (siehe zum Beispiel Contergan-, Milupa- und Holzschutzmittelprozesse). Sie haften grundsätzlich für Gesundheitsschäden durch ihre Produkte.

Rechtsgrundlage für eine solche Produkthaftung ist das seit dem 1. Januar 1990 geltende Produkthaftungsgesetz, das sich auf eine entsprechende EU-Richtlinie stützt. Es gibt nun die Umkehr der Beweislast, d. h., der Produzent muß beweisen, daß die vom Verbraucher vorgebrachten Schadwirkungen durch sein Produkt nicht entstanden sein können. Konsumenten, die sich geschädigt fühlen, haben nun eine bessere Chance, zu ihrem Recht zu kommen.

Was tun?

- Wenden Sie sich zuerst an ihre nächstgelegene Verbraucherberatungsstelle oder an die Verbraucherinitiative in Bonn und lassen Sie sich einschlägig beraten, wenn Sie sich durch ein Produkt geschädigt fühlen. Erst dann sollten Sie einen entsprechend kompetenten Anwalt konsultieren.
- Wegen des hohen Prozeßrisikos – die Hersteller verfolgen das Verfahren meist über mehrere (teure) Gerichtsinstanzen – ist der vorherige Abschluß einer Rechtsschutzversicherung vorteilhaft (beachten Sie auch das Kleingedruckte, das die Übernahme von Kosten bei laufenden Verfahren ausschließt).

Putz- und Reinigungsmittel

Für den modernen Haushalt wird heute eine unübersehbare Zahl von Putz- und Reinigungsmitteln für jede Gelegenheit angeboten. Die chemische Industrie kennt inzwischen weit mehr als 5000 verschiedene Rezepturen für Putz- und Reinigungsmittel im Haushalt. Jährlich werden in Deutschland mehr als 700 000 Tonnen verputzt, versprüht und verpulvert. So setzt die Putz- und Reinigungsmittelbranche im Bereich der Haushaltsprodukte jährlich mehr als 2,2 Milliarden DM um.

Wie bei unseren Waschmitteln tritt bei Putz- und Reinigungsmitteln das Umweltproblem erst im Abwasserrohr auf: unsere Kläranlagen müssen es später »ausbaden«. Alle chemischen Putz- und Reinigungsmittel können – wie die Waschmittel auch – nicht umweltfreundlich sein. Sie sind je nach Rezeptur nur mehr oder weniger umweltverträglich. (→Abfluß- und Rohrreiniger, →Allzweckreiniger, →Bad- und Wannenreiniger, →Desinfektionsmittel, →Fleckentferner, →Fußbodenbeläge, →Glas- und Fensterreiniger, →Geschirrspülmaschinen, →Herd, →Luftverbesserer, →Metallputzmittel, →Scheuermittel, →Schmierseife, →Spülmittel, →Teppichreiniger, →Waschmittel, →WC)

Was tun?

- In den Regalen der Supermärkte finden Sie unzählige Spezialprodukte. Unter Umweltgesichtspunkten können Sie auf das allermeiste verzichten. Für Ihren Haushalt reichen ein umweltverträgliches Grundreinigungsmittel, Scheuersand und gegebenenfalls ein mildes Spülmittel sowie normaler Haushaltsessig. Sie schützen so die Umwelt und schonen dabei auch Ihre Haushaltskasse.
- Neben dem Verzicht auf bestimmte, aus ökologischer Sicht überflüssige Produkte kann man beim Hausputz erheblich zur Umweltentlastung beitragen. Dies geschieht durch:
- sparsame Dosierung
- volle Maschinennutzung
- Reinigung nur im Bedarfsfall und Verzicht auf eine überflüssige, »präventive« Reinigung
- Ablehnung eines übertriebenen »Hygienewahns« und Verzicht auf eine überflüssige Regeldesinfektion im Haushalt
- Wahl eines Produkts, das möglichst nur geringfügig die Umwelt und die eigene Gesundheit beeinträchtigt.

Was lesen?

- Umweltbundesamt (Hrsg.): Was Sie schon immer über Wasser und Umwelt wissen wollten. Berlin 1992. Kostenlos beim ZAD, Umweltbundesamt, Bismarckplatz 1, 14193 Berlin.
- Horst Speichert, Frank Brettschneider: Öko-Rat von A bis Z. Frankfurt 1990.
- Hans-Joachim Kursawa-Stucke, Volkmar Lübke: Das Umweltbuch für Eltern. München 1993.
- Öko-test (Hrsg.): Sonderdruck »Der Öko-Putzschrank«. Frankfurt 1992.
- John Elkington, Julia Hailes u. a.: Umweltfreundlich einkaufen. Von Shampoo bis Champagner. München 1992.

Quecksilber

Die Wirkungen des flüssigen, silberglänzenden →Schwermetalls Quecksilber (chemisches Symbol: Hg) auf den Menschen hängen von der Art der Aufnahme in den Körper ab: Das direkte Verschlucken des Metalls ist verhältnismäßig ungefährlich (früher wurde metallisches Quecksilber sogar löffelweise als Abführmittel verwendet!), während das Einatmen von Quecksilberdampf (Quecksilber verdampft schon bei Normaltemperatur) schwere gesundheitliche Folgen haben kann (u. a. Schädigungen des Nervensystems und der Nieren, Verhaltensstörungen). Die Aufnahme von Quecksilberverbindungen mit der Nahrung kann zu einer Anreicherung (Akkumulation) im Körper und in der Folge zu einer chronischen Vergiftung – im Extremfall bis zum Tod – führen. Besonders gefährlich sind organische Quecksilberverbindungen wie Methyl-Quecksilber, weil sie leicht im Körper resorbiert werden können.

Quecksilberbelastete Lebensmittel waren in der Vergangenheit für viele Todesfälle verantwortlich: In Japan starben mehr als 100 Menschen, die durch quecksilberhaltige Abwässer vergiftete Fische gegessen hatten, unzählige wurden chronisch geschädigt. Die zuerst unerklärlichen Symptome bekamen nach ihrem Entstehungsort den Namen Minamata-Krankheit.

Über 400 Menschen starben im Irak, weil sie Brot aus Weizen gegessen hatten, der mit einem quecksilberhaltigen Mittel gebeizt worden war. Weil auch in deutschen Lebensmitteln Quecksilberbelastungen auftreten, hat das Bundesgesundheitsamt Richtwerte (ZEBS-Werte) für die Quecksilberbelastung von Nahrungsmitteln zwischen 0,01 und 0,5 Milligramm pro Liter bzw. Kilogramm, bei bestimmten Fischprodukten von 1,0 Milligramm pro Kilogramm festgelegt.

Hauptquellen für Umweltbelastungen mit Quecksilber sind die industrielle Verwendung (z. B. Chlor-Alkali-Elektrolyse zur Gewinnung von →Chlor und Natronlauge) und die Verwendung in Produkten (z. B. quecksilberhaltige Batterien, Leuchtstoffröhren). In den alten Bundesländern werden jährlich ca. 250 Tonnen Quecksilber eingesetzt. Verbraucher kommen mit dem Schwermetall vor allem dann in Berührung, wenn sie eine Amalgam-Zahnfüllung erhalten (die Legierungen des Quecksilbers heißen Amalgame).

Luftbelastungen im Haushalt mit Quecksilberdampf können auftreten, wenn Fieberthermometer zerbrechen und dann das flüssige Metall ausläuft.

Was tun?

- Verschüttetes Quecksilber läuft zu kleinen Kügelchen zusammen, die unbedingt aufgenommen und in eine dicht schließende Flasche gefüllt werden müssen, zurückbleibende Reste können mit Aktivkohle oder Schwefelpulver gebunden werden (mehrere Stunden einwirken lassen!). Alle quecksilberhaltigen Reste sollten Sie zu den Sondermüllannahmestellen bringen.
- Achten Sie auf die Aufschrift: Quecksilber, Mercury, Hg. Quecksilberhaltige Batterien sind auch mit dem Recyclingzeichen – drei Pfeile, die einen Kreis bilden – gekennzeichnet. Geben Sie quecksilberhaltige Batterien beim Handel zurück. Kaufen Sie nach Möglichkeit quecksilberfreie Batterien.
- Geben Sie ausgediente Leuchtstoffröhren und Energiesparlampen bei den Sondermüllsammelstellen ab. Beide enthalten – wenn auch geringe Mengen – Quecksilber.

Was lesen?

Die ZEBS-Werte für die Quecksilber-Belastung von Lebensmitteln sind im Bundesgesundheitsblatt 5/90, S. 224-226, veröffentlicht.

Radioaktive Strahlung

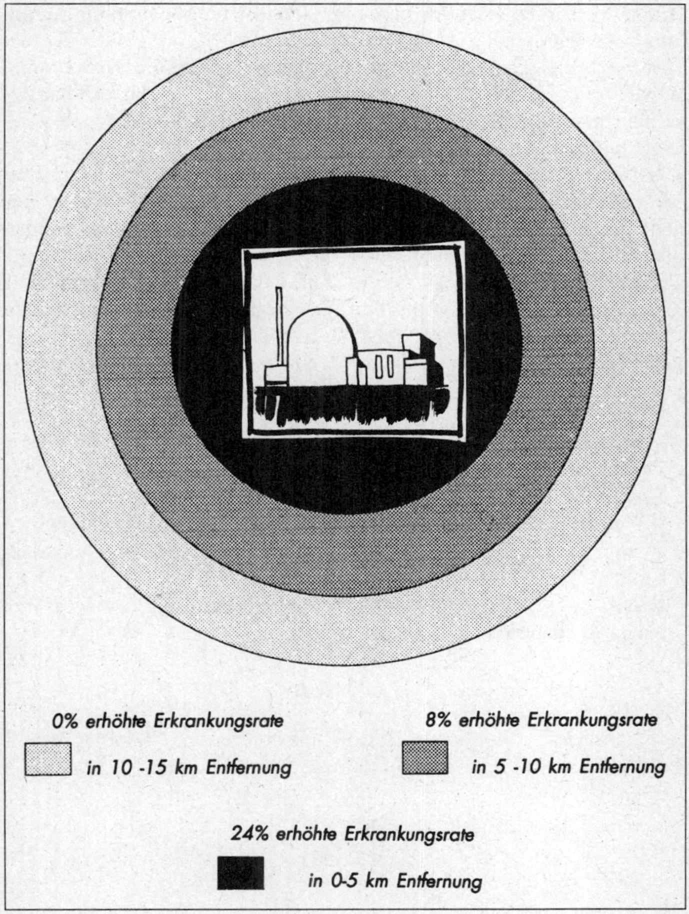

Je näher Kinder an Atomkraftwerken wohnen, um so häufiger trat 1980 bis 1990 akute Leukämie auf. Die Erkrankungsrate in den Regionen um Atomkraftwerke wurde auf den Mittelwert der gesamten Vergleichsregion bezogen (Umweltzentrum Stuttgart – Globus 4/93)

Radioaktive Strahlung entsteht durch die Eigenschaft bestimmter Atomkerne, sich ohne äußere Einwirkung in andere Atomkerne umzuwandeln und dabei eine charakteristische, von einer gewissen Stärke an für lebende Organismen schädliche bis tödliche Strahlung auszusenden.

Man unterscheidet natürliche und künstliche bzw. zivilisatorische radioaktive Strahlung. Die natürliche Strahlung entsteht dadurch, daß instabile Elemente wie etwa Radon zerfallen oder durch die einfallende kosmische Strahlung.

Künstliche Strahlung entsteht durch →Atomkraftwerke, medizinische Anwendungen und militärische Verwendung. Die Belastung in den siebziger Jahren stammte hauptsächlich von den Atombombenversuchen. Nach dem Reaktorunfall in Tschernobyl im Jahr 1986 war in der Gesamtnahrung eine erhebliche Zunahme der radioaktiven Belastung zu verzeichnen. Seit 1988 sinken die Konzentrationen wieder ab. Cäsium-134 wird seit 1990 in fast allen Gesamtnahrungsproben nicht mehr nachgewiesen. Auch beim Strontium gab es zunächst eine Steigerung der Konzentration.

Was tun?

- Sorgen Sie dafür, daß Ihre persönliche Strahlenbelastung so gering wie möglich bleibt. Vermeiden Sie unnötige Röntgenaufnahmen.
- Achten Sie bei Röntgenaufnahmen darauf, daß Strahlenschutzmaßnahmen (Bleischürzen) verwendet werden.
- Lassen Sie gegebenenfalls einen →Radon-Test in Ihrem Haus durch ein dafür eingerichtetes Labor durchführen.

Was lesen?

- Jürgen Kiefer: Zeitliches Bestrahlungsmuster und Strahlenschädigung. In: Ärzte gegen den Atomkrieg, Sondernummer 1992.

Radon

Das radioaktive Edelgas Radon (chemisches Symbol: Rn) entsteht beim natürlichen radioaktiven Zerfall (→Radioaktive Strahlung) der Elemente Uran und Thorium im Boden. Aufgrund seiner großen Mobilität kann es in Häuser und Wohnungen eindringen und sich in der Raumluft anreichern. Es wird mit der Atemluft aufgenommen und führt damit zu einer radioaktiven Belastung »von in-

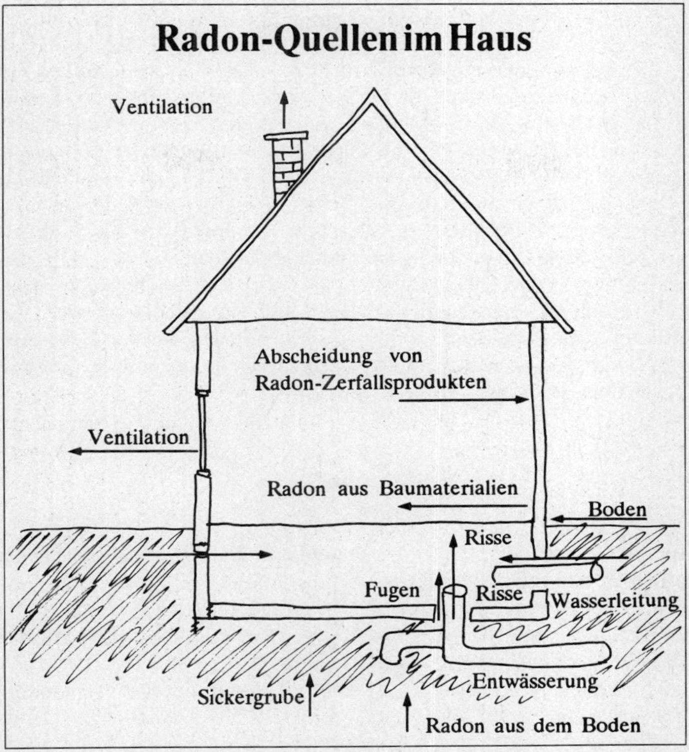

nen«. Radon selbst und seine Zerfallsprodukte sind nach Expertenmeinung für etwa zehn Prozent der Lungenkrebsfälle in Deutschland verantwortlich.

Die Radonbelastung hängt in erster Linie von der Art des Baugrundes ab, die Radioaktivität des Baustoffes spielt dagegen eine untergeordnete Rolle. Besonders große Freisetzungen treten bei Granituntergrund und im Bereich von Uranerzlagerstätten auf. Demzufolge findet man vor allem in den Mittelgebirgen und im Süden der neuen Bundesländer Thüringen, Sachsen und Sachsen-Anhalt hohe Konzentrationen in Innenräumen.

Es wurden Werte bis zu 100 000 Becquerel pro Kubikmeter gemessen, der Mittelwert, in den alten Bundesländern zwischen 1978 und 1984 ermittelt, liegt dagegen bei nur 50 Becquerel pro Kubikmeter. Da das Radon aus dem Boden in die Häuser dringt, ist die Konzentration in den Kellerräumen am größten, nach oben nimmt sie ab.

Was tun?

- Wenn Sie in einer mit Radon belasteten Gegend wohnen, sollten Sie sich bei Ihrem zuständigen Umwelt- oder Gesundheitsamt erkundigen, ob bereits entsprechende Messungen durchgeführt wurden und ob solche Messungen auch bei Ihnen nötig sein könnten. Das Eindringen von Radon hängt auch von der Art und Dichtigkeit des Kellers ab und kann daher in der gleichen Gegend von Haus zu Haus verschieden sein. 250 Becquerel pro Kubikmeter werden von der Strahlenschutzkommission noch als tolerierbar angesehen.
- Bei einer festgestellten erhöhten Radonbelastung sollten umgehend Sanierungsarbeiten (Abdichten des Kellers) durchgeführt werden. Als Sofortmaßnahmen sollten Sie verstärkt lüften, denn durch die Abdichtung von Fenstern und Türen erhöht sich in Innenräumen die Radonkonzentration.

Rasenpflege

Rasenpflege ist für den Naturgartenliebhaber ein Fremdwort. Er pflegt keinen Rasen, sondern mäht eine Wiese.
Ein Rasen ist eine artenarme, kurzwüchsige Pflanzengesellschaft aus Gräsern mit geringem Kräuteranteil. Der naturferne Extremfall des Rasens ist der Golfrasen, in dem zweikeimblättrige Pflanzen chemisch oder mechanisch entfernt werden. Die Wiese wird dagegen weniger oft gemäht, in der Regel nicht gedüngt und selbstverständlich nicht mit Herbiziden behandelt. Sie hat einen hohen Kräuteranteil, bietet einen lieblichen Anblick und ist ein wertvoller Lebensraum, vor allem für Insekten. Zum Mähen einer Wiese eignen sich die meisten Rasenmäher nicht. Wer die Ohren seiner Nachbarn schonen und seinem Rücken etwas Gutes tun will, mäht mit der Sense, ansonsten hilft ein Balkenmäher. Wer seine Wiese als Spielfläche für Kinder oder als Wäscheaufhängeplatz nutzen will, muß häufiger mähen. Bei Verzicht auf Dünger und Pflanzenschutzmittel läßt sich aber immer noch eine Kurzwiese mit Gänseblümchen, Löwenzahn und Kleiner Braunelle erreichen. In den meisten Gärten lassen sich daneben noch Inseln richtiger Wiesen anlegen, die später gemäht werden.

Was lesen?

- Bund für Umwelt und Naturschutz Deutschland (Hrsg.): Die Gartenwiese. BUND-Kampagnenbroschüre 1991.

Raumklima

Unser Wohlbefinden in Innenräumen hängt von verschiedenen Faktoren ab, wesentlich sind Temperatur und Luftfeuchtigkeit. Von den meisten Menschen werden Temperaturen um 20 °C bei einer relativen Luftfeuchtigkeit zwischen 35 und 65 Prozent als angenehm empfunden. →Innenraumluftbelastungen durch Schadstoffe sind vor allem auf das →Rauchen und auf die Verwendung bestimmter Ausstattungsgegenstände (z. B. →Spanplatten) und Produkte (→Lacke, →Klebstoffe, chemische Mittel für den →Holzschutz) zurückzuführen.

Was tun?

- Ein »Idealklima für alle« gibt es nicht. Probieren Sie Ihre Idealkombination aus Temperatur und Luftfeuchtigkeit selbst aus. Richtiges Lüften (»Stoßlüften«) hilft Ihnen, sowohl verbrauchte Luft und Schadstoffe abzuführen, als auch ein zu starkes Sinken der relativen Luftfeuchtigkeit zu verhindern.
- Nicht alle Räume müssen über die gleiche Temperatur verfügen. Schlafräume, Küchen und wenig genutzte Nebenräume können einige Grade kälter sein als Wohn- und Kinderzimmer oder Bäder.
- Kalte Wände führen zu einer negativen Beeinflussung des Raumklimas. Unter Umständen kommt es zur Kondensation von Luftfeuchtigkeit und in der Folge zur Schimmelbildung. Eine Verbesserung der Wärmeisolation hilft hier.

Regenwald

Der tropische Regenwald herrscht auf der Erde nur in einem schmalen äquatornahen Gürtel (Tropen) vor, der ausreichende Niederschläge und eine gleichbleibend hohe Temperatur bietet. Die anhaltende Abholzung der Regenwälder vernichtet unwiederbringliches und äußerst wertvolles biologisches Potential, zerstört die Lebensgrundlage ihrer Bewohner und führt überdies zu einer weltweiten Klimaänderung.

In den Jahren 1981 bis 1990 wurden nach Aussagen der »Ernährungs- und Landwirtschaftsorganisation der Vereinten Nationen« (FAO) weltweit 145 Millionen Hektar Tropenwald vernichtet. Die jährlich geschlagene Menge stieg von 11,4 Millionen Hektar (1980) auf 15,5 Millionen

Gebiete	zerstört
Ostafrika/Westafrika	72 Prozent
Zentralafrika	45 Prozent
Lateinamerika	37 Prozent
Südasien	63 Prozent
Südostasien	38 Prozent
Welt (total)	42 Prozent

Zerstörung von tropischen Wäldern (FAO)

(Ursprüngliche Fläche an tropischem Feucht- und Regenwald = 100 %)

Hektar (1990) an. Besonders stark sind die Verluste in Lateinamerika und der Karibik (jährlich 7,4 Millionen Hektar bei einem Gesamtbestand von 918 Millionen Hektar), in Afrika (4,1 Millionen Hektar bei einem Gesamtbestand von 527 Millionen Hektar) und in Asien (jährlich 3,9 Millionen Hektar bei einem Gesamtbestand von 311 Millionen Hektar).

Ursachen der Zerstörung sind (neben den Faktoren Profitgier und Ignoranz, die man nie ganz ausschließen kann) vor allem auch das →Bevölkerungwachstum in den Entwicklungsländern, die dort herrschende Armut und der dadurch entstehende zusätzliche Bedarf an Acker- und Weideland. Während in den Industrieländern Abholzungen von Wäldern durch Wiederaufforstungen weitgehend ausgeglichen wurden, sind in den Entwicklungs- und Schwellenländern in den achtziger Jahren nur etwa 26 Millionen Hektar Wald aufgeforstet worden (21 Millionen Hektar in Asien, 3,7 Millionen Hektar in Lateinamerika, 1,3 Millionen Hektar in Afrika).

Was tun?

- Kaufen Sie keine Produkte aus Tropenholz. Bisher ist es nur schwer zu überprüfen, ob die »Alternativen« aus einer sogenannten »umweltverträglichen Holzwirtschaft« wirkliche Alternativen darstellen.
- Bevorzugen Sie bei der Auswahl von Holzprodukten einheimische Holzsorten.
- Unterstützen Sie Umweltgruppen, die sich für den Erhalt des tropischen Regenwaldes einsetzen.

Was lesen?

- Umweltstiftung WWF-Deutschland (Hrsg.): Schutz des Tropenwaldes. Eine Herausforderung an die Bildung. Frankfurt 1991.
- Bund für Umwelt und Naturschutz Deutschland BUND (Hrsg.): Tropenwaldaktion. Bonn 1991.

Regenwassernutzung

Das Regenwasser nimmt nicht nur die in der Luft gelösten Schadstoffpartikel auf, sondern wird auch durch die Verunreinigungen belastet, die auf Dächern, Straßen oder landwirtschaftlichen Flächen abgelagert sind. Bei starken Regengüssen gelangen deshalb immer wieder hohe Schmutzfrachten in unsere Gewässer, die sogar

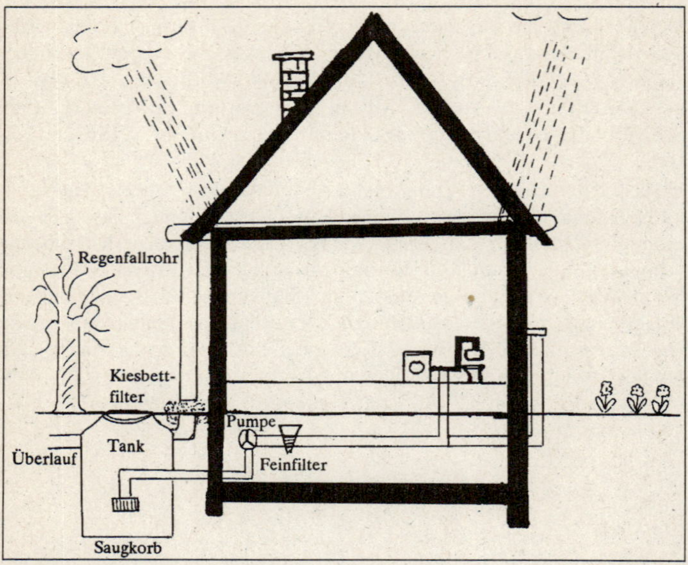

Regenwassernutzung im Haus

Fischsterben auslösen können. Inzwischen hat sich deshalb die Erkenntnis durchgesetzt, daß auch Regenwasser vor der Rückführung in den Wasserkreislauf möglichst in Regenwasserbehandlungsanlagen grob gereinigt werden sollte. Unter dieser Voraussetzung kann die Nutzung von Regenwasser auch im privaten Haushalt für Zwecke, bei denen es nicht auf →Trinkwasserqualität ankommt, empfohlen werden.

Die Nutzung von Regenwasser ist ein Beitrag zur Drosselung des →Wasserverbrauchs. . Als Einsatzbereiche kommen die Gartenbewässerung, das Gießen von Zimmerpflanzen, das Putzen, die Autowäsche, das Wäschewaschen oder die Toilettenspülung in Frage. Für die unterschiedlichen Nutzungen sind allerdings auch unterschiedlich aufwendige technische Voraussetzungen nötig: genügt für die Gartenbewässerung noch das Anzapfen des Regenfallrohres und das Sammeln in einer Tonne, so muß für die Nutzung in der Toilettenspülung ein zweiter getrennter Versorgungsstrang gebaut werden, der das Wasser aus einem Sammelbehälter mittels einer Pumpe durch einen Feinfilter zu den Wasserverbrauchern (Spülkasten oder Waschmaschine) leitet. In einigen Gemeinden sind für derartige große Anlagen Bauanzeigen oder gar -genehmigungen notwendig.

Für alle genannten Zwecke erweist sich die relativ geringe Härte des Regenwassers als ein Vorteil: Den Pflanzen bekommt derartiges Wasser sehr gut, und unter Umständen läßt sich damit sogar Waschmittel sparen. In jedem Falle werden Gebühren für das Wasser und das Abwasser gespart.

Was tun?

- Falls Sie in einem Haus mit Garten leben, sollten Sie das Regenwasser in einer Tonne sammeln, die mit einem Überlauf wieder an das Regenfallrohr angeschlossen ist, um damit (mindestens) Ihren Garten zu bewässern. Aber Achtung: Wenn es lange nicht geregnet hat, dann ist das erste Wasser, welches von den Dächern fließt, relativ stark verschmutzt.
- Für eine weitergehende Regenwassernutzung sollten Sie keine »Do-it-yourself-Lösungen« ausprobieren, sondern professionellen Rat einholen und bewährte Technik verwenden, da Sie sonst eventuell wenig Freude an Ihrem Umweltengagement haben werden.

Was lesen?

- Wolfgang Bredow: Regenwassersammelanlage, Freiburg 1988.
- Wilhelm, A. und Rustige, H.: Regenwassernutzung, Marburg 1989.
- Waschen mit Regenwasser. In: test spezial Haushalt und Umwelt, 03/93

Rostschutz

Metalloberflächen, vor allem Eisen- und Stahloberflächen, müssen gegen Witterungseinflüsse geschützt werden. Die in den dafür angebotenen Spezialmitteln (Korrosionsschutzanstriche) enthaltenen Pigmente können stark umweltbelastend sein: Im großen Umfang wird immer noch Bleimennige, eine Mischung verschiedener Bleioxide, verwendet. In manchen Mitteln ist sogar das krebserzeugende Zinkchromat (→Chrom) enthalten. Es gibt am Markt aber genügend blei- und chromatfreie Alternativen, die – bei Einhaltung der Kriterien – auch mit dem Umweltzeichen (»Blauer Engel«) ausgezeichnet werden können.

Rostumwandler, die schon verrostete Teile wieder in eine feste Konsistenz zurücküberführen sollen, bestehen aus ätzender 25prozentiger Phosphorsäure oder stark reizenden Peroxiden, die Eisenoxid in Eisenphosphat umwandeln sollen. Sie sind wenig wirksam.

Besser ist es, die verrosteten Teile mechanisch mit Drahtbürste und Schleifpapier zu entfernen.

Was tun?

- Korrosionsschutzanstriche können hohe Konzentrationen an organischen Lösemitteln enthalten. Beachten Sie deshalb die Hinweise unter dem Stichwort →»Lacke«.
- Verwenden Sie blei- und chromatfreie Korrosionsschutzmittel. Produkte mit dem Umweltzeichen sind am besten untersucht.
- Seien Sie vorsichtig beim Abschleifen alter Metallanstriche. Die Grundierungen enthalten häufig zumindest Blei.
  Tragen Sie einen geeigneten Atemschutz und entfernen Sie den Schleifstaub sorgfältig.
- Reste von Rostschutzmitteln gehören in den Sondermüll!

Was lesen?

- Hans-Jürgen Nantke, Hans-Joachim Kursawa-Stucke, Hans-Peter Brix: Bio kontra Chemie? Farben, Lacke, Holzschutzmittel und Klebstoffe. Stiftung Verbraucherinstitut, Berlin 1993.

Rote Liste

»Rote Liste der gefährdeten Tiere und Pflanzen in der Bundesrepublik Deutschland« heißt ein Werk, das 1977 zum ersten Mal veröffentlicht wurde und seither immer länger wird. In dieser Liste sind Tier- und Pflanzenarten in den Gefährdungskategorien 0 = ausgestorben oder verschollen, 1 = vom Aussterben bedroht, 2 = stark gefährdet, 3 = gefährdet, 4 = potentiell gefährdet aufgeführt. Zusätzlich gibt es bei den Tieren die Kategorien I = Vermehrungsgäste und II = Wandertiere.

Außer der Roten Liste für die Bundesrepublik gibt es Rote Listen für einzelne Bundesländer und teilweise für enger eingegrenzte Verwaltungs- oder Naturräume. Gegenwärtig sind noch nicht alle zoologischen und botanischen Gruppen erfaßt, für manche Gruppe existieren provisorische Rote Listen.

Neben den eigentlichen Listen enthalten die Roten Listen in der Regel zusammenfassende Darstellungen der Gefährdungsursachen für die betreffenden Tier- und Pflanzengruppen.

Im Gegensatz zu Artenschutzverordnungen schreiben Rote Listen keinen Schutzstatus für die aufgeführten Arten fest. Sie bieten aber Argumentationshilfen für die Abwehr von Eingriffen und für die Durchführung von Schutzmaßnahmen.

Was lesen?

- Josef Blab u. a.: Rote Liste der gefährdeten Tiere und Pflanzen in der Bundesrepublik Deutschland. Greven, 4. Auflage 1984.
- Dieter Korneck, Herbert Sukopp: Rote Liste der in der Bundesrepublik Deutschland ausgestorbenen, verschollenen und gefährdeten Farn- und Blütenpflanzen und ihre Auswertung für den Artenschutz. Schriftenreihe für Vegetationskunde, Heft 10/1988, BFANL Bonn.
- Nowak Blab: Zehn Jahre Rote Liste gefährdeter Tierarten in der BRD. Greven 1989.

Sanfter Tourismus

Aus den negativen Ergebnissen und Erfahrungen des gängigen Massentourismus heraus beschäftigten sich seit Beginn der achtziger Jahre zahlreiche Institutionen damit, wie der Tourismus umweltverträglicher und sozialverantwortlicher gestaltet werden kann. Es wurde der Sammelbegriff »sanfter Tourismus« für derartige Ansätze geprägt. Viele unterschiedliche Kriterienkataloge, Modellprojekte und Gütesiegel sind seitdem in diesem Feld entstanden, ohne daß der »sanfte Tourismus« bereits einen nennenswerten Marktanteil zu verzeichnen hätte. Seine Durchsetzung steht und fällt mit einer sozialpsychologischen Grundstruktur, in der das Reisen eine wichtige Form der Selbstbelohnung und des demonstrativen Konsums ist, die die zögernd entstehenden Angebote von »sanften« Alternativen meist nicht erfüllen können.

Was tun?

Die bisher umfassendste Anleitung für »sanfte Touristen« gab im Jahr 1992 der Arbeitskreis »Tourismus mit Einsicht«. Sie wird deshalb im folgenden zitiert:

1. Ich freue mich auf das Wochenende außerhalb meiner vier Wände, ich freue mich auf meine Ferien. Ich habe das Ausspannen nötig und auch redlich verdient. Ich weiß aber auch, daß ich (und nicht nur ich) mehr davon habe, wenn ich meine Freizeit nicht nur gedankenlos konsumiere.
2. Weg von zu Hause und frei: Die Versuchung ist groß, manchmal Dinge zu tun, die ich daheim nie täte. Ich will dieser Gefahr ausweichen, indem ich mich auf der Reise selbstkritisch beobachte und zurückhaltend auftrete.
   Ich will genießen, ohne andere zu verletzen oder ihnen Schaden zuzufügen.
3. Ich weiß: Wenn ich reise, bin ich auch Tourist wie jede/r andere, nur eine/r von Tausenden. Ich akzeptiere diese Rolle und versuche nicht, mich ständig von den anderen Touristen abzusetzen. Ich suche den Kontakt zu den Mitreisenden.
4. In den Gebieten, die ich besuche, leben Menschen mit ihrer eigenen Kultur. Ich will mehr über das Land und seine Menschen erfahren. Ich will mich der gastgebenden Bevölkerung anpassen und nicht als »König Gast« das Umgekehrte verlangen. Fragen statt antworten, suchen statt finden.
5. Ich will das Neue und Unbekannte auch selbst ausprobieren und da-

von lernen: die anderen Gepflogenheiten, das andere Essen zum Beispiel, die anderen Lebensformen, den anderen Lebensrhythmus.

6. Was für uns Touristen Freizeit und Vergnügen ist, bedeutet für die gastgebenden Menschen Belastung und Arbeit. Unser Geld ist deren Brot. Ich will mich davor hüten, diese ungleiche Situation auszunützen.
7. Ich bin bereit, auch gegenüber der bereisten Umwelt ein Stück Verantwortung zu übernehmen: Ich gebe mich mit dem zufrieden, was vorhanden ist, und verlange nicht ständig nach mehr Komfort, Luxus und Freizeiteinrichtungen aller Art; ich benütze umweltfreundliche Verkehrsmittel und gehe viel zu Fuß. Ich bin auch ohne Zweitwohnung glücklich. Natur erfahren und in Eintracht mit ihr leben – wenn schon im Alltag schwierig, dann wenigstens in den Ferien.
8. Ich will mir mehr Zeit nehmen und mich der allgemeinen Reisehektik entgegenstellen. Mehr Zeit zum Beobachten, mehr Zeit für Begegnungen, mehr Zeit füreinander. Mehr Zeit insgesamt, um mir etwas anzueignen und in den Alltag mitzunehmen.
9. Ich kaufe kritisch und hinterfrage die verführerischen Reiseversprechen. Ich wähle jene Angebote, von denen ich weiß, daß sie der einheimischen Bevölkerung den größtmöglichen Nutzen bringen. Handeln um immer tiefere Preise kann Ausbeutung bedeuten.
10. Ich bleibe auch hin und wieder bewußt zu Hause, anstatt immer einfach wegzufahren. In meiner näheren Umgebung gibt es noch viel Interessantes zu entdecken. Das Reisen soll mir nicht zur Routine werden. Die Freude auf das nächste Mal wird um so größer sein.

Was lesen?

- Klemens Ludwig u. a.: Der neue Tourismus. Rücksicht auf Land und Leute. München 1990.

Saurer Regen

Die vor allem bei Verbrennungsprozessen (Auto und Kraftwerke) freigesetzten Schadstoffe →Schwefeldioxid und →Stickstoffoxide werden in der Atmosphäre durch Sauerstoff und Wasserdampf in Schwefelsäure (H_2SO_4) bzw. Salpetersäure (HNO_3) umgewandelt, der Chloranteil flüchtiger →chlorierter Kohlenwasserstoffe wird beim atmosphärischen Abbau als Salzsäure (→Chlorwasserstoff) gebunden. Diese Gase haben eine Reichweite von über 2000 Kilometern. Saurer Regen fällt deshalb auch dort an, wo es weder Kraft-

werke noch hohes Verkehrsaufkommen gibt. Der Säuregehalt des Regens ist dadurch um das Zehn- bis Zwanzigfache angestiegen, der →pH-Wert beträgt statt normal 6,5 – 5 jetzt nur noch 4 oder sogar weniger. Die Folgen: Versauerung von Böden und Oberflächengewässern mit negativen Auswirkungen auf Flora und Fauna, →Waldsterben, Korrosionsschäden an Bauwerken und Denkmälern, Freisetzung von Bodenbestandteilen (z. B. Aluminium), die bei der Trinkwassergewinnung Probleme bereiten.

Was tun?

- Alle Maßnahmen, die Energie einsparen (= weniger Kraftwerksemissionen) und den motorisierten Verkehr beschränken (= weniger Stickstoffoxidemissionen), leisten auch indirekt einen Beitrag zur Bekämpfung des sauren Regens.

Schädlingsbekämpfung

Die Schädlingsbekämpfung umfaßt Maßnahmen, die dazu dienen, Tiere oder Pflanzen, die für den Menschen schädlich sind, indem sie mit ihm um Nahrungsmittel konkurrieren, Erträge von Kulturpflanzen mindern, Bauten oder Möbel beschädigen oder an Mensch oder an Nutztieren parasitieren oder Parasiten auf Mensch oder Nutztiere übertragen, zu töten, an der Vermehrung zu hindern oder zu vertreiben.

Die chemische Schädlingsbekämpfung hat in der Regel das Ziel, Schadorganismen zu töten. Da alles Leben verwandt ist, sind die meisten Schädlingsbekämpfungsmittel grundsätzlich auch für Mensch und Haustier schädlich. Mit der biologischen Schädlingsbekämpfung sollen dagegen die Populationen der Schadorganismen so dezimiert werden, daß sie keinen Schaden mehr verursachen.

Die Schädlingsbekämpfung in der Landwirtschaft ist durch das Pflanzenschutzgesetz geregelt, die gesetzlichen Regelungen für den häuslichen Bereich weisen Lücken auf. (→Pflanzenschutzmittel, →Biologischer Pflanzenschutz.)

Was tun?

- Verzichten Sie in Haus und Garten auf chemische Schädlingsbekämpfung.
- Geben Sie landwirtschaftlichen Produkten, die ohne chemische Schädlingsbekämpfung erzeugt wurden, den Vorzug.

Was lesen?

- Ernst Hoplitschek und Bodo Tegethoff: Garten ohne Gift. Niedernhausen/Ts. 1989.

Scheuermittel

Zur mechanischen Reinigung hartnäckiger Verschmutzungen in Küche und Bad werden Scheuermittel angeboten. Sie enthalten Putz- und Polierkörper besonders für keramische Flächen, Steine und Metalle. Scheuerpulver besteht aus fein gemahlenem Quarzmehl. Scheuermilch oder Scheueremulsion enthält bis zu 50 Prozent Marmormehl oder Kreide. Zur Entfettung der Oberflächen werden Tenside oder Seifen bis zu 50 Prozent beigesetzt.
Scheuermittel gehören heute in jeden umweltbewußten Haushalt. Neuerdings werden Nachfüllpackungen aus Papier angeboten. Scheuermilch in Kunststoffflaschen erhöht allerdings den Plastikmüllberg erheblich.

Was tun?

- Scheuermittel sind heute durchweg umweltverträglich ausgestattet, wenn man von der Kunststoffverpackung absieht.

Was lesen?

- Umweltbundesamt (Hrsg.): Was Sie schon immer über Wasser und Umwelt wissen wollten. Berlin 1992. Kostenlos beim ZAD, Umweltbundesamt, Bismarckplatz 1, 14193 Berlin.
- Horst Speichert, Frank Brettschneider: Öko-Rat von A bis Z. Frankfurt 1990.
- Hans-Joachim Kursawa-Stucke, Volkmar Lübke: Das Umweltbuch für Eltern. München 1993.
- Öko-test (Hrsg.): Sonderdruck »Der Öko-Putzschrank«. Frankfurt 1992.
- John Elkington, Julia Hailes u. a.: Umweltfreundlich einkaufen. Von Shampoo bis Champagner. München 1992.

Schiffahrt

Der Transport vor allem von Massengütern auf Schiffen gilt als umweltfreundliche Alternative zum Straßengüterverkehr – zu Recht, was die spezifischen Emissionen betrifft. Umweltbelastungen sind aber auch hierbei nicht ausgeschlossen. Sie fallen um so krasser aus, je stärker ökonomische Aspekte im Vordergrund stehen: Immer größere Schiffe transportieren immer mehr gefährliche Güter, Unfälle haben dadurch oft unüberschaubare Folgen für die Umwelt.

Spektakuläre Tankerunfälle auf allen Weltmeeren sind an der Tagesordnung und ein deutlicher Hinweis auf die nicht gelösten Probleme dieser Branche: Schlecht ausgebildete Mannschaften auf uralten Schiffen unter Billigflaggen. Vor allem die technischen Verbesserungsvorschläge – kleinere Schiffe, die manövrierfähiger sind und aufgrund ihrer kleineren Lademenge ein geringeres Schädigungspotential haben sowie Schiffe mit einer doppelten Wandung, so daß es nicht bei jedem Leck gleich zu Gewässerverunreinigungen kommt – sind international nicht durchsetzbar. Aber das ist nur die Spitze des Eisberges. Selbst ohne Unfälle werden durch den »regulären« Betrieb enorme Gewässerbelastungen verursacht (z. B. Tankreinigungen auf See), die Schiffsmotoren werden mit den schadstoffreichsten Treibstoffen betrieben und sind deshalb wahre Dreckschleudern.

Bei der Binnenschiffahrt sind derartige Umweltbelastungen im Prinzip besser zu kontrollieren. Aber auch sie kollidiert dennoch häufig mit Umweltschutzinteressen: Die Schiffsbetreiber wollen möglichst große Schiffe fahren lassen, was aber einen kanalähnlichen Ausbau der natürlichen Wasserwege erfordert und dadurch große Naturgebiete gefährdet. Die geplante Kanalisierung von Elbe und Havel in Ostdeutschland weist deutlich auf dieses Problem hin. Mindestens ebenso gravierend ist die Naturzerstörung bei Kanalneubauten. Diese als Beitrag zum Umweltschutz angepriesenen Transportwege sind häufig eher als Arbeitsbeschaffungsmaßnahmen für die Bauindustrie zu sehen: Auf dem unter Inkaufnahme großer Naturzerstörungen für Milliarden gebaggerten Rhein-Main-Donau-Kanal fahren jedenfalls so gut wie keine Binnenschiffe (im Durchschnitt weniger als zehn am Tag). Und solange die verkehrspolitischen Rahmenbedingungen nicht zugunsten eines umweltverträglicheren Verkehrs geändert werden, wird es zu einer weiteren Abnahme des Binnenschiffahrtsanteils an der Gütertransportleistung kommen. Er betrug 1993 nur noch 15,3 Prozent gegenüber 62,6 Prozent im Straßengüterverkehr.

Schimmelbefall

Feuchte Räume können leicht von Schimmel befallen werden, erkennbar zuerst durch schwarze Punkte, die sich zu großen Flecken ausweiten. Neben der damit verbundenen Geruchsbelästigung können durch Schimmelpilzsporen auch Allergien ausgelöst werden. Auch Erkrankungen des Menschen können erfolgen, wenn sich die Schimmelsporen in der Lunge festsetzen.

Ursache von zu hoher Feuchtigkeit in Räumen ist neben wirklichen Baufehlern (falsche Wärmeisolation) in erster Linie das der Nutzung nicht angepaßte Lüftungsverhalten. Vor allem in Küchen und Bädern entsteht eine hohe Luftfeuchtigkeit, die – am besten durch Stoßlüften – abgeführt werden muß. Zur Bekämpfung von akutem Schimmelbefall werden chemische Mittel angeboten, die aber wiederum selbst zu einer Innenraumluftbelastung führen können.

Was tun?

- Sorgen Sie für einen regelmäßigen Luftaustausch, vor allem in Räumen mit hoher Luftfeuchtigkeit (Küchen, Bäder). Bei gut abgedichteten Fenstern und Türen ist das Lüften besonders wichtig.
- Heizen Sie Räume ausreichend, damit sich an kalten Außenwänden kein Kondenswasser bilden kann. Halten Sie nicht benutzte kalte Räume immer geschlossen.
- Bei akutem Schimmelbefall müssen die betroffenen Teile (Tapeten, Textilien) entfernt und die Ursachen bekämpft werden. Auf Chemikalien zur Schimmelbeseitigung sollten Sie verzichten. Wenn Sie Baufehler vermuten, ist die Hinzuziehung eines Fachmannes ratsam.

Schmierseife

Umweltbewußte Hausmänner und -frauen greifen heute zur Schmierseife. Sie werden aus Fetten und Ölen sowie Kalilauge, manchmal auch auf der Basis von Pottasche (Kaliumcarbonat) hergestellt. Schmierseife muß allerdings höher dosiert werden, weil besonders bei hartem Wasser Kalkseife ausfällt. Kalkseife wird im Klärschlamm der Kläranlage allerdings gut abgebaut.

Vereinzelt treten Probleme bei der Nutzung von Schmierseife im Haushalt auf: Linoleumbeläge, eloxierte und verzinkte Teile, lackierte Oberflächen, polierte Kalksteine und PVC- sowie Gummiböden kann Schmierseife leicht angreifen.

Schmierseife sollte auch nicht in Verbindung mit säurehaltigen Produkten eingesetzt werden, weil ausgefällte Fettsäuren einen klebrigen und schwer zu entfernenden Film bilden. In diesem Fall sind alle Seifenreste erst gründlich zu entfernen.
Produkte, die Schmierseife enthalten, sollten immer einen kindersicheren Verschluß haben, denn sie haben oft einen pH-Wert über 12 und wirken dann stark ätzend.

Was tun?

- Schmierseife ist heute in umweltfreundlichen Haushalten ein gängiges Produkt. Ihr Einsatz bringt keine wesentlichen Probleme, wenn man auf oben genannte Dinge achtet.

Was lesen?

- Umweltbundesamt (Hrsg.): Was Sie schon immer über Wasser und Umwelt wissen wollten. Berlin 1992. Kostenlos beim ZAD, Umweltbundesamt, Bismarckplatz 1, 14193 Berlin.
- Horst Speichert, Frank Brettschneider: Öko-Rat von A bis Z. Frankfurt 1990.
- Hans-Joachim Kursawa-Stucke, Volkmar Lübke: Das Umweltbuch für Eltern. München 1993.
- Öko-test (Hrsg.): Sonderdruck »Der Öko-Putzschrank«. Frankfurt 1992.
- John Elkington, Julia Hailes u. a.: Umweltfreundlich einkaufen. Von Shampoo bis Champagner. München 1992.

Schwefeldioxid

Unser enormer Energiehunger hat nicht nur dazu geführt, daß wir die Erde immer schneller aufheizen (→Treibhauseffekt), sondern daß wir Jahr für Jahr Millionen Tonnen des giftigen Gases Schwefeldioxid (chemische Formel: SO_2) in die Atmosphäre blasen: 1991 waren es 4,55 Millionen Tonnen, davon 3,55 Millionen Tonnen allein aus den neuen Bundesländern. Mit über 70 Prozent sind Kraftwerke die Hauptverursacher, gefolgt von der Industrie (knapp 14 Prozent) und den Haushalten (rund 6,5 Prozent). Schwefeldioxid entsteht bei der Verbrennung aus dem Schwefelgehalt fossiler Energieträger (Kohle, Öl). Aufgrund des hohen Schwefelanteils in der ostdeutschen Braunkohle sind auch die Schwefeldioxid-Emissionen in den neuen Bundesländern besonders hoch. Das stechend riechen-

de, farblose Gas wirkt beim Menschen vor allem auf die Atmungsorgane, alte Menschen und Kinder sind besonders betroffen. Zusammen mit dem Staubgehalt der Luft bildet Schwefeldioxid den →Smog im Winter.

Die Schwefeldioxid-Belastung der Luft wird vor allem durch die Entschwefelung von Kraftwerksabgasen bekämpft (→Abgasreinigungsverfahren). Dabei entsteht als Reaktionsprodukt →Gips. In der Atmosphäre wird Schwefeldioxid teilweise zu Sulfat umgewandelt und trägt dann zum →Sauren Regen bei. Ein großer Teil der Waldschäden wird darauf zurückgeführt. Daneben kann Schwefeldioxid aber auch direkt pflanzenschädigend wirken, weil es den grünen Blattfarbstoff (Chlorophyll) angreift.

Schwermetalle

Metalle mit einer Dichte (früher: spezifisches Gewicht) größer als 3,5 Gramm pro Kubikzentimeter werden als Schwermetalle bezeichnet. Schwermetalle sind häufig für Menschen, Tiere und Pflanzen giftig (→Blei, →Cadmium, →Chrom, Eisen, →Nickel, Plutonium, →Quecksilber, Uran, →Zink, Zinn). Sie werden in der Umwelt nicht abgebaut und können sich deshalb anreichern (sie akkumulieren).

Die Belastung des Menschen erfolgt vor allem über die Nahrung (schwermetallbelastet sind häufig Pilze und Innereien), zum geringen Teil über die Atmung (gebunden an Staub).

In die Umwelt gelangen Schwermetalle über zahlreiche Wege:

- durch industrielle Prozesse (z. B. die Quecksilberbelastung der Elbe durch die Chlor-Alkali-Elektrolyse zur Gewinnung von →Chlor und Natronlauge)
- durch Emissionen in die Luft aus Produkten (z. B. Blei aus verbleitem Benzin)
- durch Verbrennungsvorgänge (z. B. Nickel aus Heizöl)
- über den Abfall (z. B. Quecksilber aus Batterien, Cadmium aus PVC)
- über den Klärschlamm aus der Abwasserreinigung bei der Verwendung als Dünger auf Feldern.

Für viele Bereiche sind Schwermetallgrenzwerte sowohl für die Emission (z. B. TA Luft, Abwasser industrieller Einleiter) als auch für die Belastung (z. B. Trinkwasser, Lebensmittel, Klärschlämme) festgelegt worden. Neuere Untersuchungen weisen darauf hin, daß Schwermetalle, die aufgrund von Emissionen in die Umwelt (und damit letztlich in Böden) eingetragen werden, kritischer zu beurteilen sind als Schwermetalle, die von vornherein in Böden vorhanden sind: sie können leichter durch die Pflanzen aufgenommen werden und gelangen dadurch in die Nahrungskette. Einige Schwermetalle sind als Spurenelemente aber auch lebensnotwendig (sie sind »essentiell«, z. B. Eisen für die Blutbildung beim Menschen). Sowohl eine Unter- wie auch eine Überversorgung führt zu gesundheitlichen Problemen.

Smog

Wie sehr wir unsere Luft mit Schadstoffen belasten, merkt man am deutlichsten bei austauscharmen Wetterlagen (sogenannten Inversionen), wenn die Luft in höheren Schichten wärmer ist als am Boden und die Schadstoffe nicht mehr großräumig verteilt werden: Wir sitzen im Smog. Der »klassische Smog« entsteht im Winter aus den Emissionen von Industrie und Kraftwerken, aber auch durch den Hausbrand und den Verkehr. Seine Hauptbestandteile sind →Schwefeldioxid und Staub. Während bis in die achtziger Jahre hinein Smog-Perioden im Winter regelmäßig in ganz Deutschland aufgetreten sind, haben seitdem verschiedene Maßnahmen in den alten Bundesländern zu einer drastischen Reduzierung vor allem der Schwefeldioxid-Emissionen geführt. Smog-Alarm wird hier »hausgemacht« nicht mehr erreicht. Allerdings können die Luftschadstoffe durch Ferntransport, vor allem aus dem Osten, trotzdem noch hohe Konzentrationen erreichen. In den neuen Bundesländern sind die lokalen Schwefeldioxid- und Staubemissionen noch hoch genug, um bei entsprechender Wetterlage einen Smog-Alarm auszulösen.

Der Smog im Winter belastet vor allem kranke und alte Menschen mit Herz-, Kreislauf- und Atmungsproblemen. Bei den großen Smog-Katastrophen (London 1952, Ruhrgebiet 1962) sind Hunderte ums Leben gekommen.

In fast allen Bundesländern sind auf der Grundlage des Bundes-Immissionsschutzgesetzes Smog-Verordnungen erlassen worden, die die Auslösung des Smog-Alarms (in mehreren Stufen) und die damit verbundenen Maßnahmen regeln (u. a. Information der Bevölkerung, Einschränkungen für Industrie, Kraftwerke und Verkehr). Im Gegensatz zum →Sommer-Smog tritt der Smog im Winter vor allem in Ballungsgebieten auf.

Was tun?

- Für Smog im Winter sind vor allem die mit dem Energieverbrauch verbundenen Emissionen verantwortlich. Auch deshalb sollten Sie Ihren Energiehunger zügeln, beim Stromverbrauch wie bei der Heizung oder im Verkehr.
- Vermeiden Sie bei Smog starke körperliche Anstrengungen, halten Sie sich möglichst in (raucherfreien) Innenräumen auf. Die aktuelle Luftbelastung wird im Winter häufig in den Nachrichten oder in Verbindung mit Wettervorhersagen angegeben.

Sommer-Smog

Unter dem Einfluß intensiver Sonnenstrahlung entstehen aus den Luftschadstoffen →Stickstoffoxide und →Kohlenwasserstoffe als neue, sogenannte sekundäre Schadstoffe Photooxidantien, deren Hauptkomponente →Ozon ist. Nach ihrem erstmaligen Auftreten in den vierziger Jahren wird diese Form der Luftverunreinigung auch Los-Angeles-Smog, nach der Art ihrer Entstehung auch Photochemischer Smog genannt. Den natürlichen Ozon-Konzentrationen von bis zu 60 Mikrogramm stehen bei Sommer-Smog-Perioden Konzentrationen von 300 pro Kubikmeter und mehr gegenüber. Die Umweltminister in Deutschland haben sich darauf geeinigt, ab Konzentrationen von 180 Mikrogramm pro Kubikmeter (gemessen als Zwei-Stunden-Mittelwert) »besonders empfindlich reagierende Personen« vor starken körperlichen Anstrengungen im Freien zu warnen (allerdings wird nicht gesagt, wer zu diesem Personenkreis gehört!). Ab 360 Mikrogramm pro Kubikmeter soll dieser Hinweis für die gesamte Bevölkerung gelten. Weitere Konsequenzen, die die Freisetzung der Vorläuferschadstoffe beschränken würden, sind damit aber nicht verbunden.

Ozon wirkt vor allem als Reizgas (Anschwellen der Schleimhäute, Rötungen der Augen, trockener Hals, Störungen des Wohlbefindens), unter Umständen kann auch Atemnot auftreten.

Aber nicht nur der Mensch ist gefährdet, auch Pflanzen (Störungen der Photosynthese) und Materialien (Versprödungen von Kunststoffen und Gummi) werden negativ beeinflußt. Hauptverursacher der Vorläuferschadstoffe und damit auch des Sommer-Smogs ist in Deutschland der motorisierte →Verkehr. Da jedoch Ozon als sehr reaktiver Luftschadstoff auch mit anderen Luftschadstoffen reagiert, treten die höchsten Sommer-Smog-Konzentrationen abseits der Ballungsgebiete, häufig sogar in sogenannten Reinluftgebieten auf, in die die Vorläuferschadstoffe verweht wurden.

Was tun?

- Regelungen wie bei →Smog im Winter gibt es für Sommer-Smog nicht, deshalb kann nur an die Vernunft appelliert werden: Sommer-Smog vermindern heißt Verkehr vermeiden!
- Wenn Sie trotzdem unbedingt ein Auto verwenden müssen, dann wenigstens eins mit geregeltem Dreiwegekatalysator. Die Vorläuferschadstoffe im Abgas werden dadurch um 90 Prozent vermindert.
- Wenn Sie sich bei schönem Wetter häufig unwohl und matt fühlen, gehören Sie vielleicht zu den geschätzten zehn Prozent der Bevölkerung, die besonders empfindlich auf hohe Ozonkonzentrationen reagieren. Beherzigen Sie dann die Tips der Umweltminister. Aktuelle Ozonkonzentrationen werden vielfach bereits in den Nachrichten oder bei den Wetterdiensten angesagt.

Sonnenenergie

Die von der Sonne aufgrund des permanenten Umwandlungsprozesses von Wasserstoff in Helium freiwerdende Energie ist die Basis für das Weltklima, für die Flora und Fauna auf der Erde schlechthin. Als erneuerbare Energiequelle wurde sie bereits von frühen Zivilisationen zur Erwärmung von Luft und Wasser technisch genutzt. Neben diesem Prinzip, das auch in modernen →Sonnenkollektoren angewandt wird, kommt heute der →Photovoltaik zunehmende Bedeutung zu.

Der Energieumwandlungsprozeß auf der Sonne läuft seit vielen Milliarden Jahren und es wird voraussichtlich noch etwa zehn Milliarden Jahre dauern, bis ihr Wasserstoffvorrat aufgebraucht ist.

Von der Erde wird allerdings nur etwa ein Milliardstel des Energieausstoßes der Sonne absorbiert. Die jährlich durch die Sonne auf die Erde eingestrahlte Energie ist 15 000mal so hoch wie unser Energiebedarf. In der Nutzung der Sonnenenergie liegen riesige, noch ungenutzte Energiepotentiale, zumal auch andere regenerative Energiequellen wie z. B. Windenergie oder Wasserkraft letztlich auf Sonnenenergie zurückzuführen sind.

Experten schätzen, daß langfristig mindestens die Hälfte des heutigen Energiebedarfs der Bundesrepublik durch die Nutzung von Sonnenenergie gedeckt werden kann.

Dies setzt allerdings entsprechende Forschungs- und Investitionsförde-

rungsmaßnahmen voraus, die bisher jedoch zu einem großen Teil der Atomenergie zuteil geworden sind.
Auch in der dritten Welt könnte die Sonnenenergie nutzbringend eingesetzt werden.

Was tun?

- Heute gibt es – insbesondere für Eigenheimbesitzer – zahlreiche Möglichkeiten der Sonnenenergienutzung – vom →Wintergarten über →Sonnenkollektoren bis zu →Solaranlagen. Erkundigen Sie sich bei Energieberatern nach den für Sie in Frage kommenden Möglichkeiten.

Was lesen?

- Der Bundesminister für Forschung und Technologie (Hrsg.): Erneuerbare Energien. Bonn 1992.

Sonnenkollektoren

Sonnenkollektoren absorbieren die Wärme der auftreffenden Sonnenstrahlen, die so zur Warmwasserversorgung oder zu Heizzwekken genutzt werden kann. Sie können – sogar in unseren Breitengraden – einen Beitrag zur Senkung des Energieverbrauchs und der Schadstoffemissionen von zehn bis 20 Prozent leisten.
Moderne Sonnenkollektoranlagen erreichen bereits Wirkungsgrade von über 40 Prozent. Sie können die Wärmestrahlung der Sonne selbst bei bedecktem Himmel nutzen. Mit ihnen kann Sonnenenergie sowohl zur Erwärmung von Brauchwasser als auch zu Heizzwecken genutzt werden. Solarkollektoranlagen arbeiten mit Ausnahme des Stromverbrauchs für die Umwälzpumpe emissionsfrei. Bei richtiger Dimensionierung kann in unseren Breitengraden im Sommerhalbjahr eine 80prozentige Deckung des Warmwasserbedarfs erreicht werden. Für die Bereitstellung der restlichen Wärmeenergie ist ein zusätzliches Heizsystem erforderlich. Solaranlagen können so helfen, Ressourcen zu schonen, zumal sie in den Zeiten den höchsten Wirkungsgrad haben, wo Gas- oder Ölzentralheizungen eher schlechter wirken.

Was tun?

- Erkundigen Sie sich nach den technischen Möglichkeiten, die bei Ihnen für die Nutzung von Sonnenkollektoren bestehen. Denken Sie auch an eventuelle Fördermöglichkeiten.

Was lesen?

- Detaillierte Informationen über Fördermöglichkeiten von Sonnenkollektoren erteilen das Bundesbauministerium und das Bundeswirtschaftsministerium.

Spachtelmassen

Zur Verfüllung von Fugen und zum Glätten von Unebenheiten der verschiedensten Untergründe werden Spachtelmassen im gebrauchsfertigen Zustand oder zum Anrühren angeboten. Für die Verwendung auf mineralischen Untergründen in Innenräumen basieren diese Produkte meistens auf →Gips, mitunter sind sie durch die Zugabe von Methylzellulose (Tapetenkleister) oder Kunststoffen veredelt. Im Außenbereich werden für diesen Zweck meist Spachtelmassen aus Zement oder Kunstharzen verwendet. Für spezielle Zwecke (z. B. als Lack- oder Holzspachtel) werden lösemittelhaltige Produkte angeboten. Auf besonders beanspruchten Flächen werden Reaktionsspachtelmassen (Polyester- und Epoxidharzspachtel) verarbeitet, deren reaktive Bestandteile (Styrol, Peroxide, Amine) vor allem zu Hautreizungen bis hin zum Auslösen von Allergien führen können.

Was tun?

- Häufig reicht als Spachtelmasse selbst angerührter →Gips oder →Mörtel aus.
- Bei der Verwendung von Fertigspachteln müssen Sie mit Lösemittelfreisetzungen rechnen. Sorgen Sie deshalb in Innenräumen für eine ausreichende Lüftung.
- Tragen Sie beim Anrühren und der Verarbeitung von Reaktionsspachtelmassen Gummihandschuhe und Schutzbrille.

Spanplatten

Spanplatten bestehen aus kleinen Holzteilchen, die von einem Klebstoff (Anteil ca. zehn Prozent) zusammengehalten werden. Das Holz stammt sowohl aus dem Schwachholzanfall der Wälder, das sonst nur noch als Brennmaterial verwendet werden kann, als auch aus

dem Holzrecycling. Dieser unter Umweltgesichtspunkten sinnvolle Einsatz sonst kaum noch verwendbarer Reststoffe für ein in großem Umfang gebrauchtes Produkt ist durch die Freisetzung von →Formaldehyd aus dem Klebstoff in Verruf geraten. Schuld war vor allem die Verwendung der relativ billigen Harnstoff-Formaldeyd-Harze (Aminoplastharze oder UF-Harze) für Spanplatten, die in Innenräumen eingesetzt und aus denen auch über längere Zeiträume ständig Formaldehyd emittiert wurde. Vor allem bei der Verwendung unbeschichteter Spanplatten (Akustikplatten, Innenausbau z. B. in Fertighäusern) kam es zu hohen Konzentrationen dieses unter Krebsverdacht stehenden Reizgases.

Im Baubereich wurde deshalb Anfang der achtziger Jahre versucht, durch Prüfung und Zulassung von Spanplatten den vom →Bundesgesundheitsamt empfohlenen Grenzwert in Innenräumen von 0,1 ppm Formaldehyd einzuhalten. Spanplatten für die Verwendung in Innenräumen werden als E-1-Spanplatten gekennzeichnet. Das Prüfverfahren hängt jedoch von einem Musterraum ab, der nur beschränkt repräsentativ für die wirkliche Situation in Wohnungen und Häusern ist. In der Praxis werden häufig größere Spanplattenmengen als beim Prüfverfahren verwendet, so daß eine höhere Formaldehydkonzentration in der Raumluft entstehen kann.

Kompliziert wird die Situation zusätzlich durch die Verwendung weiterer Prüfverfahren, die in der Anwendung einfacher und billiger sind, aber nur schlecht mit dem ursprünglichen Prüfverfahren korrespondieren und im Ergebnis die E-1-Kennzeichnung auch von Spanplatten mit relativ hohen Formaldehydemissionen zulassen. Für die seit 1986 vorgeschriebene Überprüfung und Kennzeichnung von Spanplatten nach der Gefahrstoff-Verordnung wurden die verschiedenen Prüfverfahren nur wenig modifiziert übernommen. Diese Kennzeichnung allein stellt also die Einhaltung des 0,1-ppm-Grenzwertes für Formaldehyd in Innenräumen keineswegs automatisch sicher, vor allem wenn noch weitere Formaldehydquellen hinzukommen.

Spanplatten werden auch mit formaldehydfreien Klebstoffen bzw. Bindemitteln angeboten. Dazu gehören die Gips- und Zementspanplatten, die aufgrund ihres hohen Gewichtes in erster Linie im Innenausbau verwendet werden, und Spanplatten mit formaldehydfreien organischen Klebstoffen (Isocyanatspanplatten oder MDI-Spanplatten). Phenoplaste als Klebstoff enthalten zwar Formaldehyd, setzen ihn aber wegen der stabileren Einbindung beim Gebrauch der Platten nicht frei. Für Heimwerker werden Spanplatten der Typen V 20, V 100 und V 100 G angeboten. Für eventuelle Formaldehydfreisetzungen kommen vor allem die V-20-Spanplatten in Frage. V-100-G-Spanplatten enthalten zusätzlich Holzschutzmittel.

Was tun?

- Als Alternative zu Spanplatten können für den Innenausbau Gipskartonplatten und für Möbel Vollholz verwendet werden. Bei Möbeln können aber trotzdem Formaldehydbelastungen auftreten, weil dieses Gas auch aus bestimmten Holzleimen und Lacken freigesetzt wird.
- Formaldehydarme Produkte aus Holz und Holzwerkstoffen sind mit einem Umweltzeichen (»Blauer Engel«) ausgezeichnet worden.

Was lesen?

- Verbraucherzentrale Nordrhein-Westfalen: Formaldehyd in Haus und Haut. Düsseldorf.

Sport

Mit der zunehmenden Verstädterung wuchs das Bedürfnis der Bevölkerung nach naturnaher Freizeitgestaltung, insbesondere an den Wochenenden und im Urlaub. Der vermehrten Nachfrage nach Freizeiträumen, in denen Sport getrieben werden kann, steht ein immer kleineres Raumangebot gegenüber. Mit der Kommerzialisierung der sportlichen Aktivitäten wurden auch der Zugang, die notwendige Ausrüstung und die Betreuung sportlicher Bestrebungen immer mehr zu einem ökonomischen Faktor, der häufig genug im Gegensatz zu den ökologischen Interessen steht. Zwischen einzelnen Sportarten lassen sich relevante Unterschiede in Hinblick auf den Landschaftsverbrauch, den Energiebedarf, entstehende Emissionen und andere wichtige Umweltfaktoren feststellen, die ein Maß für die spezifische Umweltbelastung der jeweiligen Aktivitäten bilden können.

Faktoren wie die zunehmende Freizeit, die Bevölkerungsentwicklung, der Wertewandel in der Gesellschaft und ein zunehmendes Gesundheitsbewußtsein haben in ihrer Kombination dazu geführt, daß sich die Freizeitsportinteressen in den letzten Jahren stark gewandelt haben. Heutzutage werden verstärkt solche Freizeitaktivitäten nachgefragt, die mit einem Minimum an Reglementierung »zwanglos« ausgeübt werden können und universell nutzbare Räume und Flächen benötigen. Im städtischen Bereich sind es deshalb vor allem Grün- und Parkanlagen sowie Grünverbindungen, im Außenbereich überwiegend naturnahe Räume, die der Nutzung durch Freizeitsportler unterliegen.

Neben diesem Trend ist allerdings eine Ausdifferenzierung und Spezia-

lisierung von Freizeitsportarten zu beobachten, wie sie früher unbekannt war. Dabei ist zu beobachten, daß die massive Medienpräsenz vor allem anlagengebundener Sportarten wie Tennis, Squash, Golf oder Kraftsport dazu führt, daß immer mehr Menschen zu früher als exklusiv geltenden Sportarten drängen, die heute zu einem Wirtschaftsfaktor mit enormen Wachstumstendenzen geworden sind.
Die beiden beschriebenen Entwicklungstendenzen führen in vielen Bereichen zu einer Verschärfung der Konflikte mit den Umweltinteressen. Bei Sportanlagen gehören inzwischen →Umweltverträglichkeitsprüfungen zu den unabdingbaren Voraussetzungen ihrer Zulassung. Bei fast allen nicht an Anlagen gebundenen Breitensportarten sind inzwischen von den zuständigen Verbänden ausführliche Verhaltensempfehlungen veröffentlicht worden, die eine möglichst umweltverträgliche Ausübung der jeweiligen Sportart zum Ziel haben. Allerdings zeigen die Erfahrungen leider, daß Information, Aufklärung und Appelle angesichts der rapide wachsenden Zahlen und der immer wieder vorkommenden Rücksichtslosigkeiten einzelner nicht ausreichen, sondern daß Gesetze und Strafen für Verstöße letztlich immer notwendiger werden.

Was tun?

- Besorgen Sie sich die von dem für Ihre Sportart zuständigen Verband erarbeiteten Regeln für eine umweltfreundliche Ausübung Ihres Sportes und beachten Sie sie.
- Sollten Sie durch die rücksichtslose Ausübung von Sportarten in Ihrem Umfeld beeinträchtigt werden, zögern Sie nicht, dies deutlich zu machen und durch die Einschaltung zuständiger Behörden unterbinden zu lassen.

Was lesen?

- Peter Hahn: Sanftes und umweltverträgliches Freizeitverhalten, Institut für Stadtforschung und Strukturpolitik. Berlin 1991.

Spülmittel

Die wasserentspannende Wirkung eines guten Handspülmittels wird bis zu 30 Prozent durch Tenside erreicht. Neben geringen Zusätzen von Zitronensäure als Duftstoff werden außerdem in kleinsten Konzentrationen →Farbstoffe und in manchen Fällen auch →Konservierungsstoffe zugesetzt.

Handspülmittel sind heute fast ausschließlich phosphatfrei. Auch bei der Auswahl der Tenside ist die chemische Industrie auf »weiche«, d. h. besser abbaubare Tenside ausgewichen.

Was tun?

- Der umweltfreundliche Haushalt hält sich an die sehr niedrige Dosierungsempfehlung der Hersteller. Mehr als »ein Spritzer« belastet unsere Kläranlagen. Eine Überdosierung führt außerdem zur unerwünschten Schaumbildung beim Spülen und erschwert den Trocknungsvorgang Ihres Geschirrs. Außerdem schonen Sie so langfristig gesehen ein wenig Ihren Geldbeutel.

Was lesen?

- Umweltbundesamt (Hrsg.): Was Sie schon immer über Wasser und Umwelt wissen wollten. Berlin 1992. Kostenlos beim ZAD, Umweltbundesamt, Bismarckplatz 1, 14193 Berlin.
- Horst Speichert, Frank Brettschneider: Öko-Rat von A bis Z. Frankfurt 1990.
- Hans-Joachim Kursawa-Stucke, Volkmar Lübke: Das Umweltbuch für Eltern. München 1993.
- Öko-test (Hrsg.): Sonderdruck »Der Öko-Putzschrank«. Frankfurt 1992.
- John Elkington, Julia Hailes u. a.: Umweltfreundlich einkaufen. Von Shampoo bis Champagner. München 1992.

Stand der Technik

In verschiedenen Umweltgesetzen (→Bundes-Immissionsschutzgesetz, →Wasserhaushaltsgesetz) wird verlangt, daß die Emissionsminderungseinrichtungen von Industrieanlagen dem Stand der Technik entsprechen müssen. Dadurch soll der Einsatz fortschrittlicher Verfahren oder Betriebsweisen bei der Zulassung neuer Anlagen (oder der Genehmigung von Änderungen an bestehenden Anlagen) sichergestellt werden. Unter Umständen kann auch die Nachrüstung alter Anlagen verlangt werden.

Bedingung ist, daß die Verfahren ihre Eignung in der Praxis bewiesen haben, deshalb kommt der staatlichen Förderung von Demonstrationsverfahren eine große Bedeutung zu. Mit dem Begriff »Stand von Wissenschaft und Technik« werden dagegen Minderungsanlagen oder -verfahrensweisen beschrieben, die zwar bereits entwickelt wurden, aber an

Industrieanlagen noch nicht erprobt sind. Anlagen, die den »anerkannten Regeln der Technik« entsprechen, sind dagegen breit eingeführt und repräsentieren normalerweise einen schlechteren Standard als nach dem »Stand der Technik«.

Staubsauger

Staubsauger gehören zur Grundausstattung heutiger Haushalte. Die Kaufentscheidung sollte unter Umweltgesichtspunkten vor allem vom Stromverbrauch, der Geräuschentwicklung und von der Möglichkeit, Feinfilter zu verwenden, abhängig gemacht werden.
Bei der Beurteilung von Staubsaugern ging man jahrelang nur von den klassischen Bewertungskriterien wie den technischen und sicherheitstechnischen Eigenschaften, der Handhabung und den Saugeigenschaften aus. Erst mit der intensiv geführten Debatte um die Ursachen von Allergien wurde deutlich, daß nicht nur Allergiker und Asthmakranke, sondern auch Gesunde durch den von vielen Geräten aufgewirbelten beziehungsweise wieder ausgeblasenen Feinstaub belastet werden. Feinstäube und damit auch die darin gebundenen Schadstoffpartikel können nämlich bis in die Lungen gelangen. Eine der Folgen dieser Erkenntnisse dürfte sein, daß sich heute bereits alle großen Staubsaugerhersteller bemühen, bei den neuen Modellen antimikrobielle Fein- oder Feinstfilter einzusetzen.
Weitere Kriterien der Umweltverträglichkeit sind natürlich der Energieverbrauch und die Geräuschbelastung. Bei aller Orientierung auf das Energiesparen muß zugestanden werden, daß es beim Vergleich mit anderen Verfahren, textile Bodenbeläge zu säubern, zum Staubsauger keine echte Alternative gibt. Da die Energieverbrauchswerte der meisten Geräte sehr ähnlich liegen, kann hier der Geräuschentwicklung die größere Aufmerksamkeit gelten. Allerdings bieten die Geräte mit einem Leistungsregler die Möglichkeit, die Wattzahl und damit auch den Stromverbrauch etwas zu drosseln.

Was tun?

- Die Wahl der richtigen Staubsaugergröße ist von der Größe der zu saugenden Fläche abhängig. Bei Flächen bis zu ca. 50 Quadratmeter genügen normalerweise Handstaubsauger, darüber sind leistungsfähigere Bodenstaubsauger angeraten.
- Achten Sie darauf, ob zu der Ausstattung des Geräts antimikrobielle Feinfilter gehören. Sie können damit die Innenraumluftbelastung entscheidend mindern.

- Verzichten Sie auf den Kauf von akkubetriebenen Kleinsaugern, da damit noch immer erhebliche Umweltbelastungen verbunden sind.
- Wenn Sie auf einen akkubetriebenen Sauger nicht verzichten wollen, müssen Geräte, und Akku zu trennen sein, danit der Akku später an den Handel zurückgegeben werden kann.

Was lesen?

- Bodenstaubsauger. In: test, Heft 5/93.
- Handstaubsauger. In: test, Heft 4/92.

Stickstoffoxide

Stickstoffoxide gehören wie →Kohlenmonoxid, →Schwefeldioxid und →Kohlenwasserstoffe zu den Massenschadstoffen, die jährlich in Millionen Tonnen in die Luft freigesetzt werden. Hauptsächlich wird bei Verbrennungsprozessen durch die Reaktion des Luftsauerstoffs und des ebenfalls in der Luft enthaltenen Stickstoffs (→Luftverschmutzung) →Stickstoffmonoxid (chemische Formel: NO) emittiert, das schnell zu Stickstoffdioxid (chemische Formel: NO_2) umgewandelt wird. Deshalb werden Stickstoffoxide auch häufig als NOx abgekürzt. Mit steigender Verbrennungstemperatur bilden sich mehr Stickstoffoxide. Daneben trägt die Oxidation von Stickstoffverbindungen in Verbrennungsmaterialien zur Stickstoffoxid-Emission bei. 3,2 Millionen Tonnen wurden 1991 in Deutschland freigesetzt, vor allem in den alten Bundesländern aufgrund der großen Straßenverkehrsdichte und der hohen gefahrenen Geschwindigkeiten (= hohe Motortemperaturen). Für fast 70 Prozent der Emissionen ist der Verkehrsbereich verantwortlich, 15 Prozent werden von Kraftwerken verursacht. Stickstoffoxide wirken sowohl direkt auf den Menschen (als Reizgas, betroffen sind vor allem die Atmungsorgane) als auch indirekt über ihre maßgebliche Beteiligung an der Bildung bodennahen →Ozons (→Sommer-Smog). In Innenräumen können durch offene Gasflammen (z. B. Gasherde) in schlecht belüfteten Räumen hohe Konzentrationen an Stickstoffoxiden auftreten.

Auch auf Pflanzen wirken Stickstoffoxide in vielfacher Weise: Sie können die Schädigung durch andere Stoffe verstärken, tragen nach der Umwandlung in Salpetersäure wesentlich zum →sauren Regen und zur Versauerung von Böden bei und bewirken eine Düngung mit stickstoffhaltigen Verbindungen in großen Bereichen (→Nitrate). Besonders

Pflanzen, die an nährstoffarme Standorte angepaßt sind, werden davon negativ beeinflußt. Die →Eutrophierung von Gewässern wird durch den Eintrag von Stickstoffverbindungen aus der Luft gefördert.
Zur Verminderung der Stickstoffoxid-Belastung werden verschiedene technische Verfahren eingesetzt (→Abgasreinigungsverfahren). In Feuerungsanlagen (Kraftwerke, Heizungen) sind die Ausbrandbedingungen entscheidend für die Emissionen. Entstickungsanlagen vermindern die Emissionen durch die Reaktion mit anderen Chemikalien oder katalytisch. Für sogenannte Großfeuerungsanlagen sind sie zwingend vorgeschrieben. Ebenfalls ein →Katalysator wird für die Verminderung des Stickstoffoxid-Gehaltes im Abgas von Autos mit Ottomotor eingesetzt. Der geregelte Dreiwegekatalysator vernichtet unter optimalen Bedingungen über 90 Prozent der Stickstoffoxide.

Was tun?

- Wenn Sie einen Gasherd benutzen, sollten Sie immer für gute Lüftung sorgen. Am besten ist ein Abzug, der die Verbrennungsluft direkt ins Freie leitet.
- Lassen Sie Ihre Heizungsanlage regelmäßig warten. Heizungsanlagen mit besonders niedrigen NOx-Emissionen sind mit dem Umweltzeichen (»Blauer Engel«) ausgezeichnet worden.
- Ein Dreiwegekatalysator im Auto reduziert den NOx-Anteil im Abgas am wirkungsvollsten bei mittlerer Geschwindigkeit. Bei hohen Geschwindigkeiten läßt die Wirksamkeit stark nach. Mitunter werden fast die Abgaswerte von Autos ohne Katalysator erreicht.

Strahlenbelastung

siehe **Radioaktive Strahlung** und **Äquivalenzdosis**

Streumittel

Streumittel dienen dazu, daß sich Menschen zu Fuß oder mit Verkehrsmitteln auch bei Glatteis sicher fortbewegen können. Weitverbreitet ist Kochsalz (NaCl), das den Vorteil hat, daß es Eis und Schnee zuverlässig auftaut und ohne sichtbare Spuren im Gully verschwindet. Gravierende Nachteile von Salz sind die Belastung von Grund- und Oberflächenwasser (es gibt keine wirtschaftlich und

energetisch vertretbare Methode zur Entfernung der Salzbelastung), die Schädigung von Pflanzen – z. B. von sowieso schon stark belasteten Straßenbäumen –, die Verletzung von Haus- und Wildtieren sowie die Förderung der Korrosion von Fahrzeugen.
Weniger umweltbelastend sind Streumittel, die mechanisch abstumpfend wirken, wie Sand oder Gesteinssplitter. Der Nachteil, daß sie sichtbar sind und gegebenenfalls aufgekehrt werden müssen, kann auch als Vorteil betrachtet werden: Die Folgen des Tuns sind sichtbar. Leider ist jedoch auch die Entsorgung von Splitt nicht ganz unproblematisch.
Versuche haben gezeigt, daß der Verzicht auf die Salzbehandlung von städtischen Straßen zwar die Zahl der Unfälle etwas steigert, aber die Schwere der Unfälle verringert – weil vorsichtiger gefahren wird.

Was tun?

- Verzichten Sie auf Streusalz.
- Setzen Sie bei Bedarf abstumpfende Mittel ein.

Was lesen?

- BUND-Jugend Baden-Württemberg: Salz tut weh. Stuttgart 1984.

Strom

Strom ist der Spannungsausgleich, der durch Leiter zwischen zwei entgegengesetzt geladenen Körpern stattfindet. Strom wird in Kraftwerken mit hohen Umwandlungsverlusten aus Primärenergieträgern erzeugt und über Fernleitungen weiträumig verteilt, wobei wiederum große Leitungsverluste auftreten. Strom sollte deshalb nur dort eingesetzt werden, wo andere Energieträger nicht in Frage kommen. Insbesondere ist das Heizen mit Strom extrem umweltbelastend.
Strom wird häufig als eine »saubere« Energiequelle bezeichnet. Dabei sollte klar sein, daß Strom von Kraftwerken produziert wird, in denen wertvolle Rohstoffe (Kohle, Öl oder Gas) verbrannt und erhebliche Mengen Abwärme, Abgase, Abwässer und Abfälle erzeugt werden. Auch die Erzeugung von Strom in →Atomkraftwerken löst diese Probleme letztlich nicht.
Die umweltfreundlichsten Lösungen für die Stromerzeugung bilden die Kraft-Wärme-Kopplung, →Blockheizkraftwerke und die Erzeugung von Strom mit Hilfe regenerativer Energiequellen wie Wind, Wasser, →Sonnenenergie oder →Bioenergie.

Was tun?

- Setzen Sie Strom so sparsam wie möglich ein. Tips dafür finden Sie vor allem unter den Stichworten zu den großen Haushaltsgeräten und zur Beleuchtung.
- Vermeiden Sie möglichst, Strom zur Erzeugung von Wärme zu nutzen.

Was lesen?

- Dieter Seifried: Gute Argumente: Energie. München 1988.

Sustainable Development

Ein Begriff, für den es nach wie vor keine überzeugende deutsche Übersetzung gibt. Er wird umschrieben mit »tragfähige«, »nachhaltige« oder »dauerhafte Entwicklung«. Der Grundgedanke besteht darin, die heutigen Bedürfnisse der Menschheit in einer Weise zu befriedigen, die es auch den kommenden Generationen ermöglicht, ihre Bedürfnisse zu erfüllen. Dazu muß vor allem ein Fließgleichgewicht der natürlichen Ressourcen gewahrt oder wiedergewonnen werden, um unserer menschlichen Kultur als einem Teil des ökologischen Systems Bestand zu geben.

Bereits in den siebziger Jahren wurden in zahlreichen Veröffentlichungen die »Grenzen des Wachstums« thematisiert. Die zugrundeliegende Idee, daß ein unbegrenztes Wachstum letztlich die Vernichtung aller Ressourcen und damit die Auslöschung unserer eigenen Lebensgrundlagen zur Folge haben müßte, wurde im 1987 erschienenen Bericht der »Weltkommission für Umwelt und Entwicklung« (Brundtland-Bericht) mit dem Konzept der »dauerhaften Entwicklung« positiv gewendet.

In der Folgezeit gab es zahllose Versuche, diesen Begriff für einzelne Handlungsbereiche (etwa für Unternehmen oder für die Landwirtschaft) zu konkretisieren und möglichst weitgehende Einigkeit über seinen Bedeutungsgehalt herzustellen, ohne daß dies gelungen wäre. Kritiker sehen bereits die Gefahr, daß der Begriff des »Sustainable Development« zu einer ebenso schwammigen und praktisch folgenlosen Worthülse werden könnte, wie in den siebziger Jahren der Begriff des »qualitativen Wachstums«.

Ein Hauptproblem der Umsetzung von Konzepten des »Sustainable Development« ist es, daß das ihm zugrundeliegende Kreislaufprinzip verlangt, einen Abbau von Ressourcen nur so lange zuzulassen, bis die Regenerationsrate erreicht ist. Die konkrete Bestimmung dieses Wertes fällt allerdings objektiv sehr schwer und unterliegt den unterschiedlichsten Manipulationsaktivitäten der jeweils betroffenen Interessengruppen.

Was tun?

- Die Durchsetzung eines »Sustainable Development« im Weltmaßstab setzte vor allem gewaltige Umschichtungen bezüglich der Lebensqualität und des Wohlstandsgefälles zwischen Industrie- und Entwicklungsländern voraus. Jedes Bemühen um eine Begrenzung unseres Konsumniveaus kommt deshalb den Grundgedanken des »Sustainable Development« entgegen.

Was lesen?

- Lester R. Brown u. a.: Zur Rettung des Planeten Erde. Strategien für eine ökologisch nachhaltige Weltwirtschaft. Frankfurt 1992.
- Al Gore: Wege zum Gleichgewicht. Ein Marshallplan für die Erde. München 1992.
- Hans-Jürgen Harborth: Dauerhafte Entwicklung statt globaler Selbstzerstörung. Eine Einführung in die Konzepte des Sustainable Development. Berlin 1991.
- Stephan Schmidheiny: Kurswechsel. Globale unternehmerische Perspektiven für Entwicklung und Umwelt. München 1992.

Synergismus

Wenn die Kombinationswirkung zweier oder mehrerer gleichzeitig auftretender Schadstoffe größer als die Summe der Einzelwirkungen ist, spricht man von einem Synergismus (im entgegengesetzten Fall von einem Antagonismus). Bekannteste Beispiele für Synergismen sind die verstärkte Wirkung von Alkohol durch bestimmte Medikamente oder das höhere Krebsrisiko durch →Asbest für Raucher im Vergleich zu Nichtrauchern. Wegen der großen Zahl möglicher Kombinationen von Schadstoffen werden Synergismen in der Regel nicht erkannt.

Tapezieren

Tapeten können aus den unterschiedlichsten Materialien bestehen. Zum Anbringen werden jeweils angepaßte →Klebstoffe benötigt. Am häufigsten werden Tapeten aus →Papier verwendet, die aber mit formaldehydhaltigen Zusatzstoffen ausgerüstet sein können. Produkte aus Altpapier (Papiertapeten, Rauhfaser) können mit dem Umweltzeichen (»Blauer Engel«) ausgezeichnet werden. Als Klebstoff reicht einfacher Tapetenkleister (Methylzellulose) aus. Vinyltapeten haben einen Überzug aus Polyvinychlorid (PVC). Zum Kleben werden Spezialkleber benötigt, die auch →Lösemittel enthalten können. Im Brandfall entstehen aus PVC →Dioxine. Metalltapeten werden mit einem hohen Energieaufwand hergestellt. Zum Ankleben ist ebenfalls ein Spezialkleber nötig.

Zum Tapezieren ist die Vorbereitung des Untergrundes erforderlich. Alte Tapeten müssen abgelöst werden. Die dafür als Fertigprodukte angebotenen Tapetenablöser enthalten neben Wasser und Tensiden häufig auch organische →Lösemittel. Als Isoliergrund zur Überdeckung von Wasser-, Rauch- und Ölflecken dienen Kunstharzprodukte mit einem hohen Gehalt an organischen Lösemitteln. Untertapeten aus Wärmeisolationsmaterial (Polystyrol, Kork) haben in der Regel nur einen geringen Nutzen und können eine ausreichende Wärmeisolation von Wänden nicht sicherstellen.

Was tun?

- Verwenden Sie möglichst Papiertapeten aus Altpapier.
- Auf fertige Tapetenablöser können Sie verzichten. Handspülmittel, eine Bürste und Wasser erfüllen den gleichen Zweck.
- Zur Isolation von Flecken können Sie vor dem Tapezieren Aluminiumfolie aufkleben. Sie vermeiden damit eine hohe Lösemittelbelastung durch Spezialprodukte.

Teppichreiniger

Heute sind weit mehr als 90 Prozent aller Haushalte mit Teppichen ausgestattet. Oftmals gelingt eine Oberflächenreinigung mit saugenden und klopfenden technischen Helfern nicht mehr.

Teppichreiniger sind von der Rezeptur her ähnlich wie Polsterreiniger aufgebaut. Tenside und →Lösemittel lösen den Schmutz und Kunststoffpolymere oder Zellulose binden ihn, so daß er anschließend abgesaugt werden kann.

Was tun?

- Eine chemische Teppichreinigung sollten Sie sich ersparen, weil die Innenraumluft erheblich und über längere Zeit belastet wird (→Innenraumluftbelastung) und Sie auf krebserregende Reinigungsmittel wie →Perchlorethylen besser verzichten sollten.
- Beim Teppichkauf sollten Sie darauf achten, daß der Teppich ausgeklopft werden kann oder zumindest lose verlegt wird.
- Langhaarteppiche sind schwerer zu reinigen.
- Naturfasern laden sich elektrostatisch nicht auf und ziehen damit auch weniger Schmutz an. Gegenüber synthetischen Bodenbelägen tragen sie zu einem gesunden Wohnklima bei.
- Gegenüber Spezialfleckenwassern für Teppiche sollten Sie äußerst mißtrauisch sein: Organische →Lösemittel sind nicht nur umwelt- und gesundheitsschädlich, sie können auch synthetische Fasern angreifen.
- Frische Flecken sollten sofort behandelt werden. Hilfreich ist eine lauwarme Feinwaschmittellösung, mit der der Fleck abgetupft bzw. ausgerieben wird.

Was lesen?

- Umweltbundesamt (Hrsg.): Was Sie schon immer über Wasser und Umwelt wissen wollten. Berlin 1992. Kostenlos beim ZAD, Umweltbundesamt, Bismarckplatz 1, 14193 Berlin.
- Horst Speichert, Frank Brettschneider: Öko-Rat von A bis Z. Frankfurt 1990.
- Hans-Joachim Kursawa-Stucke, Volkmar Lübke: Das Umweltbuch für Eltern. München 1993.
- Öko-test (Hrsg.): Sonderdruck »Der Öko-Putzschrank«. Frankfurt 1992.
- John Elkington, Julia Hailes u. a.: Umweltfreundlich einkaufen. Von Shampoo bis Champagner. München 1992.

Teratogenität

Die Eigenschaft von Stoffen, während einer Schwangerschaft das Embryo zu schädigen, wird als Teratogenität bezeichnet. Es kann dadurch zu Entwicklungsstörungen bis hin zu Mißbildungen und zum Tod des Embryos kommen. Die systematische Untersuchung von Stoffen auf teratogene Eigenschaften steckt erst in den Anfän-

gen. Erste Hinweise zu einigen Stoffen finden sich in der →MAK-Werte-Liste.

Was tun?

- Schwangere sollten sich möglichst nicht der Einwirkung von Schadstoffen aussetzen, egal ob über die teratogene Wirkung etwas bekannt ist oder nicht.

Textilien

In Textilien sind neben Farbstoffen unzählige andere Substanzen als Textilleitstoffe in der Anwendung (Textilveredlung). Fast die Hälfte der Weltproduktion an Textilfasern wird heute von den Chemiefasern gestellt.

Naturfasern lassen sich in zwei Gruppen aufteilen: die Pflanzenfasern, die überwiegend aus Zellulose bestehen (Leinen, Baumwolle und andere wie Brennessel, Ramie, Jute, Sisal und Hanf) und die sogenannten Eiweißfasern, die von Tieren stammen (Wolle, Seide). Bei der Rohstoffgewinnung wird fast ein Fünftel der Weltproduktion von Pestiziden auf Baumwollfeldern ausgebracht. Bei der Schafhaltung werden Insektizide eingesetzt. Konservierungsmittel wie →Lindan, →Pentachlorphenol und Fungizide sind für die Lagerung und den Versand notwendig. Zum Färben und Weben werden 8000 verschiedene Färbemittel, davon 2000 Azo-Farbstoffe eingesetzt, die teilweise Allergien und auch Blasenkrebs verursachen können. In der Textilveredlung werden ca. 6000 verschiedene Textilhilfsmittel wie →chlorierte Kohlenwasserstoffe, Phosphorsäureester, →Formaldehyd und Ammoniak eingesetzt. Textilveredlung bedeutet unter anderem: Antischmutzmittel, Wetter- und Flammschutz, Filz- und Bügelfreiheit, antistatische Textilien.

Um Textilien weniger schadstoffbelastet zu produzieren, hat die Industrie das Signet M.U.T. als Markenzeichen für umweltschonende Textilien für Stoffeinkäufer kreiert. Für den Verbraucher schuf sie das Zeichen M.S.T. als Markenzeichen schadstoffgeprüfte Textilien. Umweltverbände stehen diesen Zeichen kritisch gegenüber, da kein unabhängiges Gremium die Zeichenvergabe überprüft.

Was lesen?

- Christa Becktepe, Traude Strült-Bringmann (Hrsg.): Der Stoff, aus dem die Kleider sind. Bonn 1990.
- Guido Rüthemann: Zum Beispiel Textilien. Göttingen 1990.

Tierhaltung

Tierhaltung wird zur Gewinnung von Nahrungsmitteln oder als Hobby betrieben. Nutztiere sind vor allem Rind, Schwein und Huhn, aber auch andere Arten wie Pferd, Schaf, Ziege, Kaninchen (»Stallhase«), Pute, Ente, Gans usw. Nutztiere unterscheiden sich durch Domestikation und gezielte Züchtung oft erheblich von ihren freilebenden Vorfahren.

Traditionell konnten nur so viele Tiere gehalten werden, wie sich von der Fläche eines Betriebs ernähren ließen. Futterzukauf war die Ausnahme. Dabei wurden die Exkremente der Tiere wieder zur Düngung der Betriebsflächen eingesetzt.

Die Konzentration der Tierhaltung in großen Ställen und die Ernährung zum großen Teil oder ausschließlich mit zugekauftem Futter führt zu folgenden Problemen:

- Belastung von Boden und Grundwasser mit →Gülle
- häufig tierquälerische Haltung
- Zukauf von Futtermitteln, nicht selten Import aus dem Ausland, auch aus Hungerländern
- Einsatz von Leistungsförderern
- Rückstände im Fleisch.

Verschiedene Markenfleischprogramme, z. B. »neuland«, haben Richtlinien für eine artgerechte Tierhaltung.

Was tun?

- Bevorzugen Sie Fleisch aus artgerechter Tierhaltung. Fragen Sie bei Fleisch aus Programmen, die mit derartigen Argumenten werben, nach den Richtlinien.
- Unterstützen Sie die Forderung von Umwelt- und Tierschutzverbänden nach Flächenbindung der Tierhaltung.

Was lesen?

- Hans-Jörg Breitinger u. a.: Massentierhaltung. BUND-Argumente. Bonn 1989.
- Hans H. Sambraus, Engelhard Boehncke: Ökologische Tierhaltung. Karlsruhe 1988.

Titandioxid

Der Weißmacher der Nation ist eigentlich Titandioxid (»Titanweiß«; chemische Formel: TiO_2). Dieses Pigment wird für viele Dingen unseres täglichen Lebens wie z. B. Farben, Lacke, Zahncreme, Kunststoffe, Papier verwendet – nicht nur in weißen Produkten, sondern zur Einstellung des Farbtons oder als Füllstoff auch in bunten. Seine besondere Umweltrelevanz hat Titandioxid vor allem durch die bei der Produktion anfallenden Nebenprodukte Grünsalz (ein eisenhaltiges Salz) und Dünnsäure (ca. 20prozentige Schwefelsäure mit Verunreinigungen). Diese Abfallstoffe wurden bis 1985 bzw. 1989 – soweit sie aus deutscher Produktion stammten – in die Nordsee eingeleitet (»verklappt«) und haben dort nach Angaben von Experten zu ökologischen Schäden geführt. Eigentlich gilt das Einleitungsgesetz für die gesamte EU, aber einige Staaten können durch Sondergenehmigungen diese Abfälle immer noch in die Nordsee und in den Atlantik einleiten.

Durch Umstellung der Produktionsverfahren bzw. durch eine Aufarbeitung und Weiterverwendung der Nebenprodukte ist eine umweltgerechtere Titandioxid-Produktion möglich. So werden heute z. B. große Mengen an Grünsalz für die Wasseraufbereitung zur Phosphatfällung eingesetzt.

Torf

In stark vernäßten Böden wird pflanzliche Substanz nicht vollständig abgebaut. Dabei entsteht Torf, der Hauptbestandteil von Hochmoorböden.

Die wichtigsten Torfbildner sind Torfmoose der Gattung Sphagnum. Es gibt aber auch Seggentorf.

Torf wurde früher als Brennstoff eingesetzt, allerdings ist der Brennwert niedrig und die Emissionen sind hoch. Heute wird Torf im Garten- und Landschaftsbau eingesetzt. Mit Mineraldünger versetzt, wird Torf als Blumenerde verkauft. Diese Blumenerde kann erheblich mit Schwermetallen, z. B. →Cadmium aus dem Phosphatdünger, belastet sein. Torf hat eine bodenlockernde Wirkung, ist jedoch an sich nährstoffarm und →Kompost in fast jeder Beziehung (außer beim Anbau von Heidelbeeren) unterlegen. Hochmoore gehören zu den am stärksten gefährdeten Lebensräumen in Mitteleuropa, daher verbietet sich ein weiterer Abbau von Torf aus Naturschutzgründen.

Was tun?

- Verzichten Sie im Garten auf Torf und Torfprodukte. In den meisten Fällen ist →Kompost ein weit besserer Ersatz. Für spezielle Anwendungen wie den Anbau von Heidelbeeren gibt es Möglichkeiten, beispielsweise mit Hilfe von Sägemehl säuerliche Substrate ohne Torf zusammenzumischen.

Tourismus

Die Tourismusindustrie gehört heute zu den größten Industriezweigen der Welt. Etwa die Hälfte der weltweiten Verkehrsleistungen geht bereits auf den Tourismus zurück. Die immer stärkere quantitative Ausweitung touristischer Aktivitäten (»Massentourismus«) bleibt nicht ohne negative Konsequenzen. Neben problematischen sozialen Folgen für die Gastländer hat sich die Tourismuskritik der letzten Jahrzehnte vor allem an den irreversiblen ökologischen Schäden festgemacht, die durch den Massentourismus bereits entstanden sind und noch entstehen. Alternativen, zusammengefaßt unter dem Schlagwort eines →»sanften Tourismus«, stecken noch in den Anfängen, so daß mit einer baldigen Bereinigung der Probleme nicht gerechnet werden kann.

Der durchschnittliche Arbeitnehmerhaushalt gibt heute etwa ein Viertel seines Freizeitbudgets für Urlaubsreisen aus. Dabei steigt die Anzahl der →Kurzreisen, und von allen Europäern unternehmen die Deutschen die meisten Auslandsreisen.

Selbst bei Urlauben innerhalb Europas fährt nur etwa jeder zehnte Urlauber mit der relativ umweltfreundlichen Bahn. Sechs von zehn benutzen das Auto, zwei benutzen das Flugzeug. Bei →Fernreisen geht es selbstredend nie ohne umweltbelastende Anreise mit dem Flugzeug ab. Allein diese Verkehrsmittelwahl wirkt sich verheerend auf den Energieverbrauch, die Luftverschmutzung, Lärmbelästigung und andere Umweltfaktoren aus.

Im Urlaub nimmt die Zahl »exklusiver« Freizeitbetätigungen schlagartig zu. Je nachdem, welchem →Sport im Urlaub nachgegangen wird, sind die Umweltfolgen entsprechend tolerierbar oder intolerabel.

Bei der Entwicklung von Alternativen eines →sanften Tourismus stehen grundsätzlich alle Beteiligten in der Verantwortung: Die Reiseveranstalter und ihre Vertragspartner, die Touristen, politisch Verantwortliche in den Feriengebieten und die Medien, denen als Multiplikator bestimmter sozialpsychologischer Werte, die das Reisen in der Öffent-

lichkeit besetzt, ebenfalls eine nicht zu unterschätzende Bedeutung zukommt.
Von zahlreichen Verbänden sind inzwischen Gütesiegel entwickelt worden, die auf Angebote hinweisen sollen, die besonders umweltverträglich bzw. sozialverantwortlich gestaltet sind. Solche Gütezeichen sind z. B. die →Blaue Europa-Flagge, der →Grüne Koffer oder das Verbandszeichen des Deutschen Hotel- und Gaststättenverbandes für umweltfreundliche Hotels.
Die heftige Konkurrenz der Zeichenvergeber untereinander und sehr unterschiedliche Kriterienkataloge haben bisher nicht zu einer größeren Transparenz auf diesem Gebiet für die Verbraucher geführt.

Was tun?

- Lesen Sie die unter dem Stichwort →sanfter Tourismus abgedruckten »Einsichten« des Vereins »Tourismus mit Einsicht« und prüfen Sie, ob Sie nicht wenigstens teilweise auch von Ihnen übernehmbar sind.
- Prüfen Sie, ob es wirklich eine Fernreise sein muß, oder ob es nicht auch in der näheren Umgebung noch Schönes zu entdecken gäbe. Viele, die einmal bewußt einen »Urlaub zu Hause« ausprobiert haben, kommen immer wieder gern darauf zurück.
- Achten Sie bei der Auswahl eines Reiseveranstalters oder Beherbergungsbetriebes darauf, ob dieser auch auf Umweltaspekte achtet. Die zahlreichen konkurrierenden ökologischen Gütesiegel sind zwar auch keine Garantie für eine umfassende Umweltfreundlichkeit, sie deuten aber mindestens eine gewisse Selbstverpflichtung an, bei der der jeweilige Vertragspartner auch gepackt werden kann.
- Bei der Ausübung von Sportarten sollten Sie die regionalen Regeln des Naturschutzes kennen und beachten und sich vorab mit den Empfehlungen für eine umweltfreundliche Durchführung dieser Sportarten vertraut gemacht haben.
- Verzichten Sie im Zweifelsfall auf exotische Souvenirs aus dem Gastland.

Was lesen?

- Klemens Ludwig u. a.: Der neue Tourismus. Rücksicht auf Land und Leute. München 1990.
- Ernst Hoplitschek u. a.: Urlaub und Freizeit mit der Natur. Stuttgart, Wien 1991.

Treibhauseffekt

Das Leben auf der Erde wird durch viele verschiedene Faktoren in der jetzt vorhandenen Form ermöglicht. Ein ganz wesentlicher ist das →Klima, und hierbei wiederum spielt der Treibhauseffekt eine große Rolle: Spurenstoffe in der Erdatmosphäre, vor allem Kohlendioxid und Wasserdampf, sorgen dafür, daß zwar die kurzwellige Sonnenstrahlung bis auf die Erde vordringen kann, aber nicht die gesamte Wärmestrahlung von der Erdoberfläche in den Weltraum zurückgestrahlt wird, sondern daß die Atmosphäre – wie in einem Treibhaus – Wärme zurückhält. Ohne Treibhauseffekt wäre es auf der Erdoberfläche statt im Durchschnitt 15 °C warm mit –18 °C bit-

Entwicklung der atmosphärischen Kohlendioxid-Konzentration an der Meßstelle Schauinsland des Umweltbundesamtes 1972 bis 1989

Langzeittrend und jahreszeitliche Schwankungen – Tagesmittelwerte – (Extremwerte wurden nicht einbezogen)

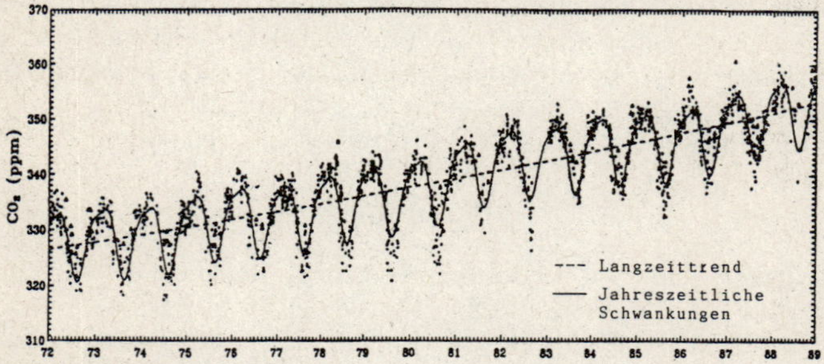

Quelle: Umweltbundesamt

Die Kohlendioxid-Konzentration steigt unaufhörlich an: Meßreihe von der Station Schauinsland (Baden-Württemberg) des Umweltbundesamtes (Umweltbundesamt: Daten zur Umwelt 1990/91)

ter kalt. Allerdings wird seit dem Beginn der Industrialisierung der Treibhauseffekt durch Emissionen in die Luft ständig verstärkt. Die Durchschnittstemperatur liegt heute um ca. 0,5 °C höher, der Meeresspiegel ist um bis zu 20 Zentimeter angestiegen. Bei gleichbleibendem Trend sagen Modellrechnungen für die nächsten 100 Jahre eine Temperaturerhöhung um im Mittel ca. 3 °C (Schwankungsbereich 1,5 bis 4,5 °C) voraus mit einem Meeresspiegelanstieg um ca. 60 Zentimeter. Die Klimazonen werden sich bei einer so starken Temperaturerhöhung verschieben, die Regenverteilung wird sich ändern, Wüsten werden sich ausdehnen, das Wettergeschehen wird stärker durch extreme Verhältnisse geprägt sein. Einen so schnellen Klimawandel hat es in der bisherigen Entwicklungsgeschichte der Erde nicht gegeben, Mensch und Natur werden kaum Zeit für eine Anpassung an die neuen Gegebenheiten haben.

Hauptverantwortlich für den vom Menschen verursachten zusätzlichen Treibhauseffekt ist unser Energiehunger. Bei jeder Verbrennung fossiler Energieträger, beim Heizen von Häusern, bei der Zubereitung von warmem Wasser, beim Autofahren, bei der Herstellung von Strom und Prozeßwärme, wird →Kohlendioxid (CO_2) freigesetzt, das bisher im Boden als Kohlenstoffgehalt in Kohle, Öl und Erdgas gespeichert war. Für etwa die Hälfte des Treibhauseffektes ist dieses an sich unschädliche Gas verantwortlich. Ein Fünftel geht auf das Konto von Methan (CH_4), das in der Landwirtschaft (Intensivtierhaltung, Reisanbau), bei der Förderung von Erdöl und Erdgas und ebenfalls bei Verbrennungsprozessen emittiert wird. Etwa 15 Prozent werden durch →Fluorchlorkohlenwasserstoffe (FCKW) verursacht, die auch für den Abbau der stratosphärischen →Ozonschicht hauptverantwortlich sind. Den Rest machen Verbindungen wie Distickstoffoxid (Lachgas) oder bodennahes →Ozon aus. Der jeweilige individuelle Beitrag zum Treibhauseffekt wird als »Treibhauspotential« bezeichnet und im Verhältnis zu Kohlendioxid = 1 angegeben (Methan = 25 bis 30, FCKW = 1000 bis 17 000, Distickstoffoxid = 200, Ozon = 2000).

Die Folgen des Treibhauseffektes werden zwar alle Menschen treffen, aber durchaus mit unterschiedlichen Auswirkungen. So ist ein Meeresspiegelanstieg von 60 Zentimeter oder mehr von den reichen Industriestaaten des Nordens sicherlich durch höheren Deichbau leicht zu verkraften, für arme Dritte-Welt-Staaten wie Bangladesch sieht das aber ganz anders aus! Ein großer Teil der jetzt besiedelten Fläche wird dann unterhalb des Meeresspiegels liegen. Inseln mit flacher Küste werden ganz von der Landkarte verschwinden. Der Norden ist damit aber nicht aus dem Schneider. Wie sich die klimatischen Änderungen auswirken werden, ist zur Zeit völlig ungewiß. Selbst wenn die direkten Wirkungen hier zunächst moderat bleiben sollten, wird der Druck durch Umweltflüchtlinge stark zunehmen. Die Emissionen von Treibhausgasen werden vor allem von den Industriestaaten verursacht. Deshalb muß in erster Linie auch hier gehandelt werden, damit die vorhergesagten Schreckensszenarien nicht Wirklichkeit werden.

Was tun?

- Jeder Beitrag zum Energiesparen, sei es durch vernünftiges Heizen, durch bessere Wärmeisolation von Gebäuden, durch den sparsamen Umgang mit Produkten, durch weniger Individualverkehr, ist ein Beitrag zur Eindämmung des Treibhauseffektes.
- Einen Energieverbrauch der zur Zeit noch weniger entwickelten Staaten nach dem »Vorbild« der heutigen Industriestaaten würde die Erde nicht verkraften. Der reiche Norden muß deshalb einerseits seine Emissionen drastisch zurückschrauben, um den Dritte-Welt-Staaten überhaupt Entwicklungsspielräume zu eröffnen, andererseits muß er im großen Umfang – aus Eigeninteresse! – Hilfe für eine möglichst umweltverträgliche Entwicklung zur Verfügung stellen.

Trichlorethylen

Das chlorhaltige →Lösemittel Trichlorethylen (weitere Bezeichnungen: TRI, Trichlorethen; chemische Formel: C_2HCl_3) hat die für →chlorierte Kohlenwasserstoffe typischen gesundheitlichen Auswirkungen: betäubende Wirkung, Leber- und Nierenschäden, Verdacht auf krebserzeugendes Potential. Bodenbelastungen, z. B. durch unachtsamen Umgang oder nach Unfällen, führen häufig auch zu Grundwasserverunreinigungen. TRI wird hauptsächlich in der Industrie für Reinigungszwecke eingesetzt (1992 nach Angaben des Verbandes der Chemischen Industrie 10 000 Tonnen Frischware).

Trinkwasser

Trinkwasser ist – da unersetzlich – das wichtigste Lebensmittel überhaupt. Um für den menschlichen Genuß und Gebrauch als geeignet zu gelten, muß es den Anforderungen zahlreicher Gesetze und Rechtsnormen genügen. Mit steigendem Verbrauch und zunehmenden Belastungsquellen wird die Gewinnung und Aufbereitung von Trinkwasser immer schwieriger und kostspieliger.

Trinkwasser ist ein Lebensmittel, das nach der DIN-Norm 2000 frei von Krankheitserregern, keimarm, appetitlich, farblos, geruchlos, geschmacklich einwandfrei und kühl, frei von gesundheitsschädigenden Eigenschaften sein und einen geringen Gehalt an gelösten Stoffen besitzen sollte. Darüber hinaus sollte Trinkwasser keine korrodierenden, das Leitungsnetz übermäßig belastenden Eigenschaften besitzen und in genügender Menge mit ausreichendem Druck zur Verfügung stehen.
Die auf der Grundlage des Bundesseuchengesetzes und des Lebensmittel- und Bedarfsgegenständegesetzes erlassene Trinkwasser-Verordnung (TVO) enthält unter anderem Bestimmungen über die Beschaffenheit des Trinkwassers, die Pflichten des Unternehmers oder sonstigen Betreibers einer Wasserversorgungsanlage, die Überwachung durch das Gesundheitsamt, Grenzwerte für gesundheitsschädliche Stoffe, Angaben über chemische und bakteriologische Untersuchungsverfahren. Die Grenzwerte für die zugelassenen Wasserinhaltsstoffe sind so festgelegt, daß auch bei lebenslanger Aufnahme keine schädlichen Folgen zu erwarten sind.
Die Trinkwasseraufbereitungsverordnung bestimmt unter anderem, welche Stoffe (Chemikalien) bei der Aufbereitung von Trinkwasser zugelassen sind und welche Höchstmengen davon nach der Aufbereitung noch im Wasser sein dürfen. Außerdem legt sie das Prinzip der Öffentlichkeit aller dieser Informationen über den Gehalt und den Zusatz von Stoffen fest.

Was tun?

- Eine Drosselung des persönlichen Wasserverbrauchs ist insofern ein Beitrag zum Umweltschutz, als der Druck auf die Wasserwerke etwas gemindert wird, in immer kürzerer Zeit immer größere Mengen von Trinkwasser aus zunehmend belastetem Grund- oder Oberflächenwasser herstellen zu müssen.
- Alle Tips zur Entlastung des →Abwassers oder des →Grundwassers tragen auch zur Qualität des Trinkwassers bei.
- Fragen Sie bei Ihrem Wasserwerk nach der Qualität des Trinkwassers. Fragen Sie vor allem auch nach dem →Nitrat- und Pestizidgehalt. Öffentliches Interesse kann die Wasserwerksbetreiber auch politisch unterstützen.
- Falls Sie sich aus eigenen Brunnen oder Einzelwasserversorgungsanlagen speisen, lassen Sie das Wasser regelmäßig untersuchen.
- Sollten Sie in einem Altbau wohnen, so klären Sie, ob Ihre Wasserversorgung noch mit →Bleirohren betrieben wird. Falls ja, sollten Sie den Austausch dieser Rohre verlangen, da sie Blei an das Trinkwassser abgeben können.
- →Wasserfilter sind im Haushalt nur in seltenen Fällen sinnvoll.

Was lesen?

- Trinkwasser – Wo es zuviel Nitrat gibt. In: test spezial Haushalt und Umwelt, 3/93.
- Thomas Kluge und Engelbert Schramm: Wassernöte: Sozial- und Umweltgeschichte des Trinkwassers. Aachen 1986.

Umweltbildung

Begriffe wie »Umweltlernen« oder »Umweltbildung« sind zu Leitbegriffen der pädagogischen Debatte des letzten Jahrzehnts geworden. Bei prinzipieller Einigkeit über die Hauptziele einer derartigen Bildung bestehen doch unterschiedliche Auffassungen über Feinziele und vor allem über die methodischen Ansätze zur Erreichung dieser Ziele. Letztlich kann nur die gelungene Integration des Prinzips des »Erfahrungslernens« und der eher kognitiv orientierten Ansätze zu einer umfassenden Umweltbildung führen, die sowohl das notwendige Handlungswissen, aber auch die handlungsmotivierenden Werte vermittelt.

Bereits 1977 einigten sich die UNESCO und das »Umweltprogramm der Vereinten Nationen« (UNEP) auf das »Internationale Umwelterziehungsprogramm« (IEEP), um langfristig auf das Umweltverhalten von Menschen Einfluß zu nehmen. Im Laufe der folgenden Jahre wurde Umwelterziehung in den alten Bundesländern zum Bestandteil des Erziehungs- und Bildungsauftrages der Schulen. Die Länder, in denen der Umweltschutz Verfassungsrang erhalten hat, übernahmen diesen Verfassungsauftrag gleichzeitig in die Schulgesetze.

Über die methodische Seite der Umweltbildung brach bald ein alter Streit auf, den man aus den Umsetzungsdebatten in anderen pädagogischen Feldern längst kannte: der Konflikt zwischen den Anhängern des »kognitiven« Lernens und denen des »Erfahrungslernens«.

Dabei haben heute aufwachsende Kinder kaum noch die Chance, direkte Naturerfahrungen zu machen, die zu frühen und tiefen emotionalen Bindungen gegenüber dem zu schützenden Gut »Umwelt« führen könnten. In Erkenntnis dieser Problematik sind bundesweit zahlreiche Initiativen entstanden, die es sich zur Aufgabe gemacht haben, Naturerfahrungen für Heranwachsende zu ermöglichen. In der idealen Kombination werden bei derartigen Einrichtungen auch noch Schonräume für die Natur geschaffen und man kommt zusätzlich den Bedürfnissen nach kognitiver Verarbeitung mit zahlreichen Vortragsveranstaltungen nach.

Was tun?

- Ihre Kinder sollten Sie schon früh zu einem umweltbewußten Verhalten erziehen. Zum Beispiel beim abfallbewußten Einkaufen: Bringen Sie ihnen frühzeitig bei, wie man Mogel- und Überverpackungen erkennt und sich nicht von bunten, aufwendig verpackten Warentäuschen läßt. Erklären Sie ihnen, wie wichtig es ist, bereits beim Einkauf über die Mühen und Kosten der Abfallbeseitigung nachzudenken. Zeigen Sie ihnen, wie man nützliche von überflüssigen Produkten unterscheidet und so Geld spart und produktionsbedingte Umweltbelastungen sowie überflüssigen Abfall vermeidet.

Was lesen?

- UNESCO-Verbindungsstelle für Umwelterziehung im Umweltbundesamt (Hrsg.): Evaluierung von Maßnahmen der Umwelterziehung. Berlin 1992.
- Gerhard de Haan: Ökologie-Handbuch Grundschule. Weinheim, Basel 1991.
- Umweltbundesamt (Hrsg.): 300 umweltschutzbezogene Kinderbücher. Berlin 1991.
- BUND-Jugend (Hrsg.): Mehr Zeit für Kinder – Das Umweltbuch. Erlangen 1993.

Umweltbundesamt

Das 1974 in Berlin gegründete Umweltbundesamt (UBA) ist die zentrale wissenschaftliche Behörde zur Beratung der Bundesregierung in Umweltfragen. Es untersteht dem Bundesumweltministerium. Weitere wichtige Aufgaben des Amtes sind die Information der Öffentlichkeit in Umweltfragen und der Vollzug verschiedener umweltrelevanter Gesetze, z. B. die Beteiligung an der Zulassung von Pflanzenschutzmitteln und neuen Chemikalien, die Registrierung von Waschmittelrezepturen sowie die Festlegung von Lärmschutzzonen an Flughäfen. Das UBA ist wesentlich an der Konzeption und Vergabe des →Umweltzeichens (»Blauer Engel«) beteiligt.

In verschiedenen Bereichen gibt es Überschneidungen mit der Arbeit des →Bundesgesundheitsamtes, die auch zu unterschiedlichen Bewertungen von Umweltproblemen durch die beiden Behörden geführt haben. Das UBA hat keine Zuständigkeit in Strahlenschutzfragen und bei der Sicherheit von kerntechnischen Anlagen. Hierfür unterhält das Bundesumweltministerium eine eigene Behörde, das Bundesamt für Strahlenschutz in Salzgitter.

Umweltinformationen

Daten über den Zustand der Umwelt und sonstige Umweltinformationen werden von zahlreichen Stellen und Institutionen veröffentlicht, unter anderem hat das →Umweltbundesamt den gesetzlichen Auftrag, die Öffentlichkeit über Fragen des Umweltschutzes zu informieren. Relativ neu ist, daß der einzelne Bürger das Recht hat, die bei Behörden vorhandenen Umweltdaten direkt einzusehen. Dieses Recht geht auf die EU-Umweltinformationsrichtlinie von 1990 zurück (90/313/EWG). Danach müssen die mit Umweltschutzfragen befaßten Behörden innerhalb von zwei Monaten jedem Bürger zu den bei ihnen vorhandenen Umweltinformationen Auskunft erteilen oder Akteneinsicht gewähren, auch ohne daß er/sie ein speziell begründetes Interesse nachweisen muß. Eingeschränkt wird dieses Recht nur durch den Schutz von Geschäfts- und Betriebsgeheimnissen und den Datenschutz (Schutz personenbez. Daten).
Allerdings müssen diese Auskünfte nicht umsonst erteilt werden. Der Staat kann eine Gebührenordnung erlassen, um die entstehenden Kosten abzudecken. Wenn bestimmte Auskünfte nicht oder nicht vollständig erteilt werden, muß die Behörde dies dem Anfragenden in einem Bescheid mitteilen, so daß dieser dagegen den Rechtsweg beschreiten kann. Wie alle EU-Richtlinien muß auch die Informationsrichtlinie in nationales Recht umgesetzt werden (z. B. durch ein eigenständiges deutsches Gesetz). Da dies in Deutschland bis zum 31. 12. 1992 nicht erfolgte, gilt die Richtlinie nunmehr direkt, jeder Bürger kann sich den Behörden gegenüber darauf berufen. Eine Gebührenordnung wurde übrigens auch noch nicht festgelegt.

Was tun?

- Wenn Sie spezielle Auskünfte zur Umweltsituation benötigen, z. B. hinsichtlich der Belastung in ihrem Wohngebiet oder nach einzelnen Verursachern von Umweltbelastungen, sollten Sie sich in Ihrer Anfrage an die zuständige Behörde ausdrücklich auf die EG-Informationsrichtlinie berufen. Formulieren Sie Ihre Frage dabei möglichst präzise, zu allgemeine Anfragen können schon deshalb abgelehnt werden.

Was lesen?

- Umweltbundesamt: Berichte 1/92: Zur Umsetzung der Richtlinie des Rates über den freien Zugang zu Informationen über die Umwelt. Berlin 1992.

Umweltrecht

Umweltvorschriften sind in einer Vielzahl von Gesetzen angesiedelt. Ein Teil der Gesetze bezieht sich auf die spezifischen Sachprobleme des Umweltschutzes:
Das →Bundes-Immissionsschutzgesetz (BImSchG) dient der Luftreinhaltung und dem Lärmschutz. Das →Bundesnaturschutzgesetz (BNatSchG) bezieht sich auf den Schutz der Natur. Das →Abfallgesetz (AbfG) regelt die ordnungsgemäße Müllbeseitigung. Das Wasserhaushaltsgesetz (WHG) sorgt für den Gewässerschutz. Das Atomgesetz (AtomG) beschäftigt sich mit dem Strahlenschutz. Das →Chemikaliengesetz (ChemG) kontrolliert das Inverkehrbringen von gefährlichen Stoffen und das Lebensmittel- und Bedarfsgegenständegesetz (LMBG) enthält u. a. eine Reihe allgemeiner Ver- und Gebote zum Schutz der Gesundheit und zum Schutz des Verbrauchers vor Täuschungen.
Die gesetzlichen Vorschriften, die sich auf die Regelung spezieller Umweltbereiche beziehen, werden zum sogenannten Umweltverwaltungsrecht gezählt, das dem Staat durch Rechtsvorschriften die Befugnis verleiht, die Beziehungen zu den Bürgern zu regeln. Das Umweltstrafrecht wurde 1980 aus den einzelnen umweltverwaltungsrechtlichen Vorschriften ausgegliedert und als eigener Abschnitt »Straftaten gegen die Umwelt« in das Strafgesetzbuch (StGB) eingefügt.
Rechtsverordnungen werden aufgrund gesetzlicher Ermächtigung erlassen, kommen zum größten Teil unter Mitwirkung von Wissenschaftlern zustande und sind für jedermann verbindliche Rechtssätze. Sie binden insbesondere die Gerichte und Behörden bei ihren Entscheidungen. (Beispiel: Rasenmäherlärmverordnung, Verordnung über den Schwefelgehalt von leichtem Heizöl.) Auf der unteren Ebene finden wir Verwaltungsvorschriften und Technische Regelwerke im Rahmen des Umweltrechts. Das Umweltrecht finden seinen Niederschlag in Bundes-, Landes- und internationalen Gesetzen.

Was tun?

- Wenn Sie sich gegen einen umweltrechtlichen Verstoß wehren wollen (z. B. Rasenmäher- oder Verkehrslärm), so wenden Sie sich zuerst an ihr Umwelttelefon in Ihrer Gemeinde.
- Sie können auch die Umwelt- und Verbraucherberatungsstelle konsultieren.
- Schließen Sie sich einer Bürgerinitiative an und helfen Sie mit, im Rahmen von Einspruchsverfahren (→Bürgerbeteiligung) und rechtlichen Problemlösungen unsere Umwelt zu schützen.

Was lesen?

- Verfolgen Sie die Tagespresse bzw. Umwelt- und Naturschutzverbandsmitteilungen zum Thema.

Umweltschutzbehörden

Der staatliche Umweltschutz verteilt sich in Deutschland auf eine Vielzahl von Behörden, die direkt oder indirekt betroffen sind. Ein einheitliches Raster der Zuständigkeiten für Fragen des Umweltschutzes läßt sich bundeseinheitlich nicht aufstellen. Die im einzelnen verantwortliche Behörde muß häufig im konkreten Fall ermittelt werden.

Der Bund ist vor allem für die Fortentwicklung des Umweltrechts verantwortlich, die einzelnen Länder wirken über den Bundesrat daran mit und können eigene Umweltgesetze verabschieden, sofern diese nicht mit dem Bundesrecht kollidieren. Die Bezirksregierungen, Landkreise und kreisfreien Städte sind für den Vollzug der (meisten) Umweltgesetze zuständig. Daneben gibt es noch eine Vielzahl von Sonderbehörden auf allen Ebenen, die die verschiedensten Aufgaben im Umweltschutz wahrnehmen (z. B. →Umweltbundesamt, Landesumweltämter, kommunale Umweltämter).

Auf Bundesebene ist in erster Linie das Bundesumweltministerium als oberste Behörde zuständig, aber auch eine ganze Reihe anderer Ministerien haben Umweltschutzaufgaben (z. B. das Landwirtschaftsministerium hinsichtlich der Zulassung von Pflanzenschutzmitteln, das Wirtschaftsministerium mit der Zuständigkeit für den Energiesektor oder das Verkehrsministerium bei der Verkehrswegeplanung). Nachgeordnete Behörden (→Umweltbundesamt, Bundesamt für Strahlenschutz, Bundesforschungsanstalt für Naturschutz und Landschaftsökologie) dienen der wissenschaftlichen Beratung und in verschiedenen Fällen auch dem Vollzug von Bundesgesetzen. In allen Bundesländern gibt es Landesumweltministerien, die in Umweltschutzfragen vorgesetzte Behörde der Bezirksregierungen sind, die ihrerseits die Aufsicht über die Kreise und kreisfreien Städte ausüben.

Was tun?

- Wenn Sie sich im Kompetenzengewirr der Behörden durchschlagen müssen, sollten Sie auf der Gemeindeebene anfangen. Speziell bei lokalen oder regionalen Umweltproblemen sind Sie hier am schnellsten an der richtigen Adresse.

Was lesen?

- Umweltbundesamt: Behördenführer – Zuständigkeiten im Umweltschutz. Berlin 1993.

Umweltverträglichkeitsprüfung

Die Umweltverträglichkeitsprüfung (UVP) untersucht Umwelteinwirkungen von öffentlichen oder privaten Maßnahmen und ob umweltverträglichere Alternativen vorhanden sind.
Sie stellt ein Hilfsmittel für die am jeweiligen Entscheidungsprozeß Beteiligten (Betroffene und Behörden) dar. Sie hat das Ziel, die Belange der Umwelt bei allen am Entscheidungsprozeß Beteiligten zur Geltung zu bringen, um schädliche Umwelteinwirkungen bereits im Planungs- bzw. Genehmigungsverfahren zu vermeiden.
Erforderlich ist eine UVP bei Genehmigungsverfahren nach dem Bundes-Immissionsschutzgesetz, bei Atomkraftwerken, Abfallentsorgungsanlagen, Bundesfernstraßen oder Neubaustrecken der Bahn.
Die EU hat 1985 eine EU-Richtlinie für die UVP für bestimmte öffentliche und private Projekte erlassen, die 1990 in nationales Recht umgesetzt worden ist.

Was tun?

- Beobachten Sie z. B. die Diskussion in der Tagespresse bei der Planung von Bundesfernstraßen.

Was lesen?

- Informieren Sie sich beim Institut für Stadt- und Regionalforschung, Schöneberger Ufer, 10785 Berlin, zum Thema. Dort liegen umfangreiche Informationen zur UVP vor.

Umweltzeichen

1977 wurde in Deutschland von den für den Umweltschutz zuständigen Ministerien beschlossen, daß Produkte, die in einem Anwendungsbereich vergleichsweise geringere Umweltbelastungen hervorrufen, besonders gekennzeichnet werden können. Als Emblem

dieses »Umweltzeichens« wurde das Umweltsymbol der Vereinten Nationen gewählt, verbunden mit einer Aussage über den Anlaß der Kennzeichnung (z. B. »Umweltzeichen, weil schadstoffarm«). Von diesem Symbol wurde auch der Name »Blauer Engel« für das Umweltzeichen abgeleitet. Umweltschützer kritisieren an dieser Kennzeichnung vor allem, daß nur relativ umweltverträglichere Produkte in Bereichen mit mehr oder weniger großen Umweltbelastungen ausgezeichnet, Produkt- oder Verhaltensalternativen aber nicht berücksichtigt werden.

Für die Vergabe des Blauen Engels wurde die »Jury Umweltzeichen« berufen, der Vertreter der verschiedensten gesellschaftlichen Gruppierungen angehören (unter anderem Umweltschutzverbände, Unternehmerverbände, Gewerkschaften, Verbraucherverbände, Wissenschaftler). Diese Jury beschließt Kriterien, nach denen in den einzelnen Produktbereichen das Umweltzeichen vergeben werden kann. Fachlich vorbereitet werden die Kriterien vom Umweltbundesamt, das Deutsche Institut für Gütesicherung und Kennzeichnung e. V. (RAL) führt hierzu eine Anhörung der an dem betreffenden Thema interessierten Kreise (in der Regel Unternehmensvertreter, Verbraucherverbände, Umweltverbände) durch und schließt die entsprechenden Verträge mit den Benutzern des Umweltzeichens ab. Die Einhaltung der Kriterien wird vom Umweltbundesamt kontrolliert. In ca. 70 verschiedenen Produktbereichen, von runderneuerten Reifen über wassersparende Spülkästen bis hin zu FCKW-freien Kühlschränken, wurden ca. 3700 verschiedene Einzelprodukte ausgezeichnet. Jedes Jahr kommen einige neue Produktbereiche hinzu.

Trotz aller möglichen Kritikpunkte ist das Umweltzeichen das einzige Öko-Zeichen in Deutschland, das von einer unabhängigen Institution ohne wirtschaftliches Eigeninteresse an der Auszeichnung vergeben wird (lediglich der RAL erhebt beim Vertragsabschluß eine niedrige, am Umsatz mit dem Umweltzeichenprodukt orientierte Gebühr). Die Kriterien können von jedermann nachvollzogen werden und bieten damit zumindest eine gewisse Orientierung für den Verbraucher.

1992 wurde vom Rat der Europäischen Gemeinschaft beschlossen, auch ein EU-Umweltzeichen einzuführen. Das Verfahren ähnelt der Vergabe des deutschen Umweltzeichens, ist aber wegen der Beteiligung aller zwölf EU-Staaten ziemlich kompliziert und bürokratisch. Bisher wurde das EU-Umweltzeichen zwar für die Produktgruppen Waschmaschinen und Geschirrspülmaschinen vergeben, konkrete Produkte wurden aber noch nicht damit ausgezeichnet. Außer Deutschland haben in der EU noch Frankreich und die Niederlande eigene nationale Umweltzeichen eingerichtet.

Was tun?

- Wenn Sie ein Produkt aus einem Bereich brauchen, in dem es auch Umweltzeichenprodukte gibt, sollten Sie darauf zurückgreifen. Klar ist aber, daß der Verzicht auf ein Produkt für die Umwelt wesentlich besser ist als das beste Umweltzeichenprodukt.
-

Was lesen?

- Informationen zum Blauen Engel (u. a. auch eine vollständige Produktübersicht und Erläuterungen der einzelnen Produktbereiche) und zum EU-Umweltzeichen gibt es beim Umweltbundesamt, ZAD, Bismarckplatz 1, 14193 Berlin.

UNCED-Kongreß

Vom 3. bis 14. 6. 1992 wurde in Rio de Janeiro (Brasilien) die »Welt-Umweltkonferenz« veranstaltet, auf der die Vertreter von 178 Staaten zusammmenkamen, um die Grundlage für eine qualitativ neue weltweite Zusammenarbeit in Fragen der Umwelt- und Entwicklungspolitik zu schaffen. Wichtigste Arbeitsergebnisse bildeten die Deklaration von Rio, die Klimakonvention, die Artenschutzkonvention sowie die Agenda 21.

Auf der UNO-Konferenz Umwelt und Entwicklung wurden Grundsätze für das Verhalten der Regierungen in allen Bereichen der Umwelt- und Entwicklungspolitik (einschließlich der Rechtspositionen von Kommunen und Bürgern) festgelegt.

Die Deklaration von Rio enthält das Recht auf Entwicklung und verankert die Bedeutung der Armutsbekämpfung und Bevölkerungspolitik sowie die Verantwortung der Industrieländer als wesentliche Verursacher der bisherigen Umweltschäden. Sie verpflichtet die Staatengemeinschaft zu wichtigen umweltpolitischen Grundsätzen wie zum →Vorsorgeprinzip und →Verursacherprinzip, zur Integration des Umweltschutzes in andere Politikbereiche, zur Durchführung von →Umweltverträglichkeitsprüfungen und zur Beteiligung der Öffentlichkeit. Weiterhin werden die Staaten zur Vorabinformation und Konsultation bei Vorhaben mit möglicherweise grenzüberschreitenden Umweltauswirkungen und zur sofortigen Unterrichtung in Notfallsituationen verpflichtet. Die Deklaration fordert eine wirksame Umweltgesetzgebung und hebt die Bedeutung des Einsatzes ökonomischer Instrumente und der Internalisierung externer Kosten hervor.

Die »Agenda 21« ist ein im Rahmen der UNO-Konferenz Umwelt und Entwicklung verabschiedetes Programm, in welchem für alle wesentlichen Bereiche der Umwelt- und Entwicklungspolitik für die kommenden Jahrzehnte detaillierte Handlungsaufträge an die internationale Staatengemeinschaft gegeben werden. Das Programm enthält wichtige Festlegungen für die Armutsbekämpfung, Bevölkerungspolitik, Abfall-, Chemikalien-, Luftreinhalte- und Energiepolitik sowie zu den Komplexen »Handel und Umwelt« sowie »Finanzen und Technologie«. Die »UN-Kommission für nachhaltige Entwicklung« soll die Umsetzung der Agenda 21 überwachen.
Die Umsetzung der Beschlüsse von Rio läßt in der Bundesrepublik Deutschland – so wie auch in anderen Industriestaaten – nach wie vor auf sich warten.

Was tun?

- Auch individuelle Anstrengungen zum Energiesparen, zur Begrenzung des Konsumniveaus oder zur Verwendung umweltfreundlicherer Materialien und Produkte sind kleine Beiträge im Sinne der Konferenz von Rio. Letztlich sind jedoch die Regierungen dadurch gefordert und stehen in der Pflicht der Umsetzung. Dafür muß noch stärkerer Druck auf Politik und Industrie ausgeübt werden.

Was lesen?

- Friedbert Pflüger: Ein Planet wird gerettet. München 1992.
- Al Gore: Wege zum Gleichgewicht. Ein Marshallplan für die Erde. Frankfurt 1992.
- Stephan Schmidheiny: Kurswechsel. München 1993.

UV-Strahlung

siehe **Heimsonnen** und **Ozonschicht**

Verbraucherorganisationen

Die sozialverpflichtete Marktwirtschaft sichert den Menschen weitgehend Konsumfreiheit und historisch gesehen steigenden Wohlstand. Für den Alltag bringt sie aber den Verbrauchern auch Belastungen und Gefährdungen, die Notwendigkeit, sich zu informieren, vieles zu vergleichen, zu verhandeln und zu reklamieren, das Geld verantwortungsvoll auszugeben und auch manchen Verlockungen zu widerstehen. Die staatlich finanzierten Verbraucherorganisationen sollen die Stellung des Verbrauchers in der sozialverpflichteten Marktwirtschaft stärken. Die Herausforderungen der ökologischen Krise haben die Verbraucherorganisationen relativ spät Anfang der achtziger Jahre erkannt. Sie entwickelten das Konzept des »qualitativen Konsums«, das die Akzeptanz ökologischer Verantwortung von Konsumenten einfordert.

Dem Verbraucher müssen diesem Konzept zufolge klare ökologische Handlungsalternativen im Konsumalltag geliefert werden. Sie reichen vom Kauf umweltverträglicher Produkte bis zum Konsumverzicht und Formen des »politischen Konsums«, zum Beispiel Boykottmaßnahmen gegen Hersteller oder einzelne Handelsunternehmen. Die Verbraucherzentralen der einzelnen Bundesländer bieten in ihren Beratungsstellen auch Umweltberatung für Verbraucher an. Energie- und Wohnberatung unter umweltrelevanten Gesichtspunkten sind Arbeitsschwerpunkte. Die Arbeitsgemeinschaft der Verbraucherverbände e.V. (AgV) in Bonn vertritt die verbraucherpolitischen Interessen zum Beispiel in Gesetzesvorhaben. Der Verbraucherschutzverein (VSV) in Berlin geht unter anderem auch gegen unzulässige Methoden der Umweltwerbung vor. Die Stiftung Verbraucherinstitut (VI) in Berlin bietet Fortbildungsmaßnahmen für Mitarbeiter der Verbraucherzentralen und andere Multiplikatoren an. Die Stiftung Warentest in Berlin testet Produkte und Dienstleistungen. Sie ist die größte Verbraucherorganisation und gibt monatlich die Zeitschriften »test« und »Finanztest« sowie weitere Sonderveröffentlichungen heraus. Die Verbraucher-Initative (VI) in Bonn ist eine staatlich unabhängige Verbraucherorganisation auf Mitgliederbasis.

Was tun?

- Besuchen Sie einmal die nächstgelegene Beratungsstelle der Verbraucherzentrale. Sie erhalten dort ein vielfältiges Angebot und praktische Broschüren und Bücher zur Lösung Ihrer täglichen Konsum- und Umweltprobleme.
- Wenn Sie meinen, daß Hersteller irreführend z. B. mit Umweltargu-

menten werben, schreiben Sie an den Verbraucherschutzverein in Berlin. Dort wird man für Sie kostenlos tätig.

- Testen Sie Ihre Beratungsstelle in Ihrer Nähe und stellen Sie die Beratungskompetenz fest (kostenlos!).
- Helfen Sie mit, daß das Beratungsangebot unter Umweltgesichtspunkten erweitert wird, indem Sie konkrete Problemlösungen zum Thema Umwelt verlangen.

Was lesen?

- Fordern Sie den letzten Jahresbericht Ihrer Verbraucherzentrale an und bitten Sie um eine Übersicht über alle umweltbezogenen Broschüren.
- Vergleichen Sie die umweltbezogenen Tests in »test«, bevor Sie sich zu einem Produktkauf entscheiden.

Verbraucherinstitutionen

Arbeitsgemeinschaft der Verbraucherverbände
Heilsbachstraße 20, 53123 Bonn, Tel.: 02 28/64 89-0

Stiftung Verbraucherinstitut
Reichpietschufer 73, 10785 Berlin, Tel.: 030/25 49 02-0

Stiftung Warentest
Lützowplatz 11-13, 10785 Berlin, Tel.: 030/25 49 92-0

Verbraucher-Initiative
Breite Straße 51, 53111 Bonn, Tel.: 02 28/26 33 93

Verein zum Schutz der Verbraucher gegen unlauteren Wettbewerb
Verbraucherschutzverein
Lützowstraße 33-36, 10785 Berlin, Tel.: 030/25 49 07-0

Verbraucherzentralen

VZ Baden-Württemberg e.V.
Paulinenstraße 47, 70178 Stuttgart 1, Tel.: 07 11/ 66 91-0

VZ Bayern e.V.
Mozartstraße 9, 80336 München, Tel.: 089/53 98 70

VZ Berlin e.V.
Bayreuther Straße 40, 10787 Berlin, Tel.: 030/2 19 07-0

VZ Brandenburg e.V.
Hegelallee 6-8, Haus 9, 14467 Potsdam, Tel.: 03 31/35 39 81
(telefonische Beratung nur über die örtlichen Beratungsstellen)

VZ des Landes Bremen e.V.
Obernstraße 38-42, 28195 Bremen, Tel.: 04 21/32 08 34

VZ Hamburg e.V.
Große Bleichen 23, 20354 Hamburg, Tel.: 040/35 00 14 85

VZ Hessen e.V.
Berliner Straße 27, 60311 Frankfurt a. M., Tel.: 069/28 82 31 oder 069/28 50 67

VZ Mecklenburg-Vorpommern e.V.
Strandstr. 98, 18055 Rostock, Tel.: 03 81/3 12 85

VZ Niedersachsen e.V.
Herrenstraße 14, 30159 Hannover, Tel.: 05 11/9 11 96 00

VZ Nordrhein-Westfalen e.V.
Mintropstraße 27, 40215 Düsseldorf, Tel.: 02 11/38 09-0

VZ Rheinland-Pfalz e.V.
Große Langgasse 16, 55116 Mainz, Tel.: 0 61 31/28 48-0

VZ des Saarlandes e.V.
Hohenzollernstr. 11, 66117 Saarbrücken, Tel.: 06 81/5 20 47-48

VZ Schleswig-Holstein e.V.
Bergstraße 24, 24103 Kiel, Tel.: 04 31/5 12 86

VZ Thüringen e.V.
Wilhelm-Külz-Straße 26, 99084 Erfurt, Tel.: 03 61/6 46 13 12

Vergiftung

Vergiftungen – also Beeinträchtigungen der Körperfunktionen – können in vielerlei Weise auftreten. Nicht nur künstlich hergestellte Stoffe, sondern auch viele Naturstoffe können eine Giftwirkung haben.

Unser Körper kann viele Stoffe verkraften, wenn sie ihm nur in kleinen Portionen zugemutet werden. Er kann sie verarbeiten (metabolisieren) oder wieder ausscheiden, ohne daß negative Folgen sichtbar werden. Die gleichen Stoffe in größeren Mengen können dagegen zu Schäden führen. Derartige Vergiftungen sind also an eine Schwelle, eine Aufnahmemenge geknüpft, die überschritten werden muß. Andere Stoffe werden im Körper angesammelt (akkumuliert), so daß durch die Aufnahme vieler an sich ungiftiger kleiner Portionen langfristig im Körper eine genügend große Menge entsteht, die eine Giftwirkung entfalten kann. Bei einer dritten Kategorie von Stoffen geht man von einer Giftwirkung in jeder Konzentration aus. Diese Stoffe bewirken nicht wieder rückgängig zu machende (irreversible) Schäden, sie wirken krebserzeugend (kanzerogen), erbgutverändernd (mutagen) oder schädigen das ungeborene Kind (teratogen).

Die Aufnahme der Gifte in den Körper kann je nach Stoffeigenschaften über verschiedene Wege erfolgen: durch die Atmung, durch Verschlukken oder über die Haut. Manche Stoffe sind bei allen Expositionsarten gefährlich (z. B. →Lösemittel).

Was tun?

- Bei dem Verdacht einer akuten Vergiftung sollten Sie sofort eine Beratungsstelle für Vergiftungen anrufen.
- Mit chemischen Produkten sollten Sie immer so vorsichtig umgehen, daß eine Vergiftung ausgeschlossen ist. Achten Sie auf eventuelle Gefahrenhinweise auf dem Etikett des Produktes.

Informations- und Behandlungszentren für Vergiftungen in der Bundesrepublik Deutschland

Die Abkürzungen bei den Adressen bedeuten:
K = Kinderklinik
I = Medizinische Klinik
* = kein 24-Stunden-Dienst

Beratungsstelle für Vergiftungserscheinungen
Pulsstraße 3-7, 14059 Berlin, Tel.: 030/302 30 22
K

Reanimationszentrum im Universitätsklinikum Rudolf Virchow
Charlottenburg, Spandauer Damm 130, 14050 Berlin
Tel.: 030/30 35-34 66 oder -22 15 oder -34 36
I

Zentrale Toxikologischer Auskunftsdienst
Große Seestr. 4, 13086 Berlin, Tel.: 030/966 94 18 oder 965 33 53
I

Informationszentrale gegen Vergiftungen
Adenauerallee 119, 53113 Bonn, Tel.: 0228/287 32 11 oder 287 33 33
K

Medizinische Klinik II des Städtischen Krankenhauses
Salzdahlumer Straße 90, 38126 Braunschweig, Tel.: 05 31/68 80
I

Kliniken der Freien Hansestadt Bremen
Zentralkrankenhaus St.-Jürgen-Straße, 28205 Bremen

Klinikum für Innere Medizin, Intensivstation
St.-Jürgen-Straße 1, 28205 Bremen
Tel.: 0421/497 52 68 oder 497 36 88
I

Universitäts-Kinderklinik Freiburg
Informationszentrale für Vergiftungen
Mathildenstraße 1, 79106 Freiburg, Tel.: 07 61/270 43 61,
Pforte: 27 04 30 01, Zentrale: 270-1
K

Giftinformationszentrale Hamburg
I. Medizinische Abteilung des Krankenhauses Barmbek
Rübenkamp 148, 22307 Hamburg, Tel.: 040/63 85-33 45 oder -33 46

Universitätskinderkliniken, Klinik für Kinder und Jugendmedizin
66424 Homburg/Saar, Tel.: 068/41/16-22 57 oder -28 46
Zentrale: 16-0
K

Zentralstelle zur Beratung bei Vergiftungsfällen an der
I. Medizinischen Universitätsklinik Kiel
Schittenhelmstraße 12, 24105 Kiel, Tel.: 04 31/597 42 68
Zentrale: 597-0
I

Städtisches Krankenhaus Kemperhof
I. Medizinische Klinik
Koblenzer Straße 115, 56073 Koblenz,
Tel.: 02 61/49 94 68(Vergiftungen bei Erwachsenen)
Tel.: 02 61/49 96 76 (Vergiftungen bei Kindern)
I

Institut für Klinische Pharmakologie
Universität Leipzig, Härtelstr. 16–18, 04107 Leipzig,
Tel.: 03 41/31 19 16

Klinikum der Stadt Ludwigshafen – Entgiftungszentrale
Medizinische Klinik C
Bremserstr. 79, 67063 Ludwigshafen, Tel.: 06 21/503-431
Zentrale: 503-0
I

Beratungsstelle bei Vergiftungen
II. Medizinische Klinik und Poliklinik der Universität
Langenbeckstraße 1, 55131 Mainz, Tel.: 061 31/23 24 66,
Zentrale: 17-1
I

Giftnotruf München – Toxikologische Abt. der II. Medizinischen
Klinik rechts der Isar der Technischen Universität München
Ismaninger Straße 22, 81675 München, Tel.: 089/41 40 22 11
I

Medizinische Klinik und Poliklinik
Albert-Schweitzer-Straße 33, 48149 Münster
Tel.: 02 51/83-62 45 oder -61 88, Zentrale: 0251/83-1

Spezielle toxikologische Fragen: Institut für Pharmakologie und Toxikologie der Westfälischen Wilhelms-Universität
Domagkstraße 12, 48149 Münster, Tel.: 02 51/83 55 10
I

II. Medizinische Klinik des Städtischen Klinikums
Toxikologische Intensivstation
Flurstraße 17, 90419 Nürnberg, Tel.: 09 11/398 24 51
I

Marienhospital, Kinderabteilung
Hauptkanal rechts 75, 26871 Papenburg, Tel.: 049 61/83-0 Zentrale
(Vermittlung an den diensthabenden Arzt)
K*

Institut für Toxikologie der Universität
Versbacher Str. 9
97078 Würzburg
Tel.: 09 31/201 39 80

Verkehr

Mobilität scheint ein Grundbedürfnis unserer Gesellschaft zu sein, vor allem was die Fortbewegung von Personen (angegeben als »Personenkilometer«) betrifft: Zwischen 1980 und 1993 stieg die Verkehrsleistung von 599 Milliarden Personenkilometer in den alten Bundesländern auf 888 Milliarden Personenkilometer in Gesamtdeutschland. Daß diese enorme Mobilitätszunahme mit ständig steigenden Umweltbelastungen erkauft wird, liegt vor allem am stetig steigenden Anteil des motorisierten Individualverkehrs, der nunmehr über 80 Prozent (Deutschland insgesamt) beträgt. Besonders kraß ist die Zunahme in den neuen Bundesländern von 51,7 Prozent (1980) auf 78,5 Prozent (1991). Entsprechend hat der Anteil des umweltverträglicheren öffentlichen Personennahverkehrs und der Eisenbahnen abgenommen.

Der gleiche Trend ist im Güterverkehr zu beobachten: Die gesamte Verkehrsleistung in diesem Bereich steigt (auf gesamtdeutsche 353 Milliarden Tonnenkilometer im Jahr 1993), die Anteile der umweltverträglichen Transportsysteme Eisenbahn und Binnenschiffahrt sinken ständig, über 60 Prozent werden auf der Straße abgewickelt (18 Prozent mit der Eisenbahn, 15,3 Prozent auf Schiffen). Auch der Zuwachs an Gefahrguttransporten findet hauptsächlich auf der Straße statt – mit entsprechend hohem Unfallrisiko. Der Straßenverkehr ist dadurch zu einem Hauptverursacher von Umweltbelastungen in Deutschland geworden (→Auto).

Natürlich kommt es zu derartigen Entwicklungen nicht von selbst, die Verkehrspolitik schafft den entsprechenden Rahmen. Ausbau der Straßen (auf inzwischen über eine halbe Million Kilometer in den alten Bundesländern, Deutschland insgesamt 639 300 Kilometer), Streckenstillegungen bei der Eisenbahn, Angebotsbeschränkungen auch im öffentlichen Personennahverkehr, direkte und indirekte Subventionen für den motorisierten Individualverkehr und den Güterverkehr auf der Straße (z. B. hohe Kilometerpauschalen für Fahrten mit dem Auto zur Arbeit, keine Wegegebühren für LKW). Folgerichtig ist der Bestand an PKW und LKW auf fast 45 Millionen (1993) gestiegen, ein Ende der Motorisierungszunahme ist nicht abzusehen.

Und auch eine Wende in der Verkehrspolitik hin zu mehr Umweltschutz ist nicht in Sicht. Selbst bei so lange geplanten politischen Vorhaben wie dem Europäischen Binnenmarkt gibt es keine Maßnahmen, um die vorhersehbaren (und auch vorhergesehenen) enormen Gütertransportsteigerungen in umweltfreundlichere (Eisen)Bahnen zu lenken. Man überläßt das Feld dem Spiel der freien Kräfte – und die drängen die zusätzliche Transportleistung auf die Straße. Kein Wunder, daß auch das Verkehrswachstum in Ost-West-Richtung nach dem Öffnen der europäischen Blockgrenzen vor allem auf der Straße stattfindet. Unsere Städte ersticken im Autoverkehr, geredet wird aber fast ausschließlich über neue Parkraumkonzepte, die eher weiteren Individualverkehr anziehen. Simple Regelungen mit positiven Auswirkungen auf den Umwelt- und Gesundheitsschutz – wie ein Tempolimit auf den Autobahnen oder die flächendeckende Einführung von Tempo 30 in allen nicht bevorrechtigten Straßen – werden nicht eingeführt, obwohl sich sowohl Mehrheiten in der Bevölkerung (Autobahn-Tempolimit) als auch unter den kommunalen Verantwortlichen (Tempo 30) dafür finden.

Was tun?

- Eine neue Verkehrspolitik fällt nicht vom Himmel. Den verantwortlichen Politikern muß klargemacht werden, daß ein Fortschritt im Umweltschutz in Deutschland zu einem guten Teil von einer Änderung in der Verkehrspolitik abhängt.

- Aber auch individuell kann natürlich jeder etwas tun. Auf umweltverträglicheres Verhalten ist schon an anderer Stelle ausführlich hingewiesen worden (→Fahrradfahren, →Autofahren). Untersuchungen haben gezeigt, daß die Hälfte aller täglich individuell zurückgelegten Wege nicht länger als drei Kilometer sind – ideal für die Benutzung des Fahrrads. Ein Viertel endet schon nach weniger als einem Kilometer. Zu Fuß ist diese Strecke für die meisten von uns kein Problem, trotzdem wird jede zehnte PKW-Fahrt auf dieser Distanz zurückgelegt.
- Für Reisen über weitere Strecken ist die Eisenbahn ein umweltverträglicheres Verkehrsmittel als Auto und Flugzeug.
- Ein →Gemeinschaftsauto (Car-Pool) wird in erster Linie benutzt, um den teuren Betrieb eines individuellen Fahrzeugs rentabler zu machen, also eher aus ökonomischen denn aus ökologischen Gründen. Allerdings führt diese Art der Autonutzung sicherlich auch zu einem bewußteren Einsatz dieses Verkehrsmittels, vor allem Kurzstreckenfahrten werden reduziert.

Verursacherprinzip

Das Verursacherprinzip ist neben dem →Vorsorge- und dem →Kooperationsprinzip die Grundlage der staatlichen deutschen Umweltpolitik. Im Idealfall sieht es vor, daß der Verursacher einer Umweltbelastung (als Betreiber einer Industrieanlage, als Autofahrer, als Verwender bestimmter Produkte) allein für die Folgen aufkommt.
In der Praxis werden aber viele Umweltbelastungen von der Gesellschaft über das Steueraufkommen oder andere Abgaben ausgeglichen (Gemeinlastprinzip) oder individuell von den Geschädigten selbst getragen (z. B. Vermögensschäden von Waldbesitzern aufgrund von Waldschäden). Grund hierfür ist teilweise der nicht zu führende Nachweis eines bestimmten Verursachers, in vielen Fällen aber auch der fehlende politische Wille, an sich bekannte Verursacher von Umweltschäden haftbar zu machen. Mitunter wird das Verursacherprinzip sogar auf den Kopf gestellt, wenn z. B. Landwirten Subventionen gezahlt werden (aus dem sogenannten »Wasserpfennig«), damit sie bestimmte umweltgefährdende Praktiken der konventionellen Intensivlandwirtschaft nicht mehr anwenden.

Was tun?

- Die konsequente Anwendung des Verursacherprinzips muß von jedem Umweltschützer eingefordert werden, damit die wirklichen Kosten von Handlungsweisen und Produkten offenliegen und dadurch umweltverträgliche Alternativen attraktiver werden.

Vorsorgeprinzip

Das Vorsorgeprinzip ist eins der Grundprinzipien der staatlichen deutschen Umweltpolitik (→Verursacherprinzip, →Kooperationsprinzip). Danach sollen Umweltbelastungen vermieden bzw. – wenn dies nicht möglich ist – auf ein technisch erreichbares Mindestmaß beschränkt werden (→Stand der Technik). Der (oft kaum zu führende) Nachweis einer konkreten Umweltbelastung oder -gefährdung ist für die Ergreifung von Minderungsmaßnahmen nicht erforderlich. Allerdings muß die Verhältnismäßigkeit von Aufwand und erzieltem Nutzen beachtet werden.

Wäschetrockner

Wäschetrockner sind Geräte, die unter Energieaufwand der gewaschenen Wäsche die Feuchtigkeit entziehen. Andere Methoden des Wäschetrocknens sind der Anwendung dieser Geräte vorzuziehen.
Wenn nasse Wäsche auf die Leine gehängt wird, trocknet sie bekanntlich früher oder später von selbst. Diese Methode erfordert vom Energie-, Geld- und Arbeitseinsatz her immer noch den geringsten Aufwand. Elektrische Wäschetrockner gelten deshalb als ausgesprochene Luxusgeräte. Trotzdem sind in der Bundesrepublik heute bereits mehr als fünf Millionen Wäschetrockner in Betrieb. Die Marktsättigung betrug 1992 im Westen 26 und im Osten zwei Prozent, was die Geräteindustrie zu weiteren optimistischen Absatzprognosen veranlaßt.
Bei den Wäschetrocknern unterscheidet man technisch die Ablufttrockner und die Kondensationstrockner. Bei den Ablufttrocknern wird die feuchte Luft nach draußen abgeführt. Der Kondensationstrockner kühlt die Luft im Gerät ab, so daß sich die kondensierte Feuchtigkeit im Gerät sammelt oder abgepumpt werden kann. Kondensationstrockner verbrauchen bis zu 20 Prozent mehr Strom als ein Ablufttrockner. Alle Geräte weisen bedeutsame Unterschiede in ihren Verbrauchswerten auf, so daß der Vergleich in jedem Falle lohnt.

Was tun?

- Wegen der hohen Betriebskosten und des Energieverbrauchs sollte die Anschaffung eines Wäschetrockners nicht unüberlegt erfolgen. Lassen Sie sich im Zweifel von Ihrer Verbraucherberatungsstelle informieren.
- Die Schleuderdrehzahl Ihrer Waschmaschine – und damit die Vorentwässerung der Wäsche durch das Schleudern – hat einen großen Einfluß auf den Stromverbrauch beim Trocknen. Die Waschmaschine sollte wenigstens mit 1000 Touren schleudern.
- Wenn Sie meinen, daß Sie wirklich einen Trockner brauchen, kaufen Sie, sofern Sie einen entsprechenden Aufstellungsort haben, einen Ablufttrockner mit geringen Verbrauchswerten. Kondensationsgeräte liegen im allgemeinen im Verbrauch höher.
- Vergleichen Sie vor dem Kauf unbedingt die Energieverbrauchswerte der unterschiedlichen Geräte anhand der »Produkt-Information« am Gerät oder im Herstellerprospekt.
- Auch beim Trocknen ist es wichtig, das Gerät ganz zu füllen. Ein halb gefülltes Gerät verbraucht nicht etwa die Hälfte an Energie, sondern immer noch zwei Drittel und damit pro Kilogramm mehr Strom.

- Reinigen Sie am Ende des Betriebs den Luftfilter, damit die Trocknungsleistung des Geräts erhalten bleibt.

Was lesen?

- Wäschetrockner. In: test, Heft 11/91.

Waldsterben

Bäume sind durch menschliche Aktivitäten schon immer geschädigt worden. Neu in unserer Zeit ist das Ausmaß, mit dem diese Schäden auch fernab jeder eigentlichen Belastung auftreten, so daß allgemein vom »Waldsterben« gesprochen wird. 1993 waren 24 Prozent der Waldbäume deutlich geschädigt (mindestens ein Viertel der Blätter und Nadeln abgestorben bis hin zu völlig toten Bäumen), 40 Prozent waren schwach geschädigt und nur ca. ein Drittel wies noch keine sichtbaren Schäden auf. Dabei ist zu berücksichtigen, daß stark geschädigte und abgestorbene Bäume regelmäßig aus den Wäldern entfernt werden und so gar nicht mehr in der Statistik auftauchen.

Die Ursachen des Waldsterbens sind vielfältig und bis heute nicht vollständig erforscht. →Schwefeldioxid und →Stickstoffoxide aus der Verbrennung von fossilen Energieträgern und aus dem motorisierten Verkehr als Hauptbestandteile des →Sauren Regens sind direkt (Schädigung der Blattfunktionen) und indirekt (Versauerung des Bodens mit Auswirkung auf die Feinwurzelstruktur, Freisetzung von giftigen Metallen im Boden) daran beteiligt. →Ozon als Sekundärschadstoff aus freigesetzten →Kohlenwasserstoffen und →Stickstoffoxiden (→Sommer-Smog) spielt eine wesentliche Rolle (Beeinträchtigung der Blattfunktionen), weitere Faktoren wie Grundwasserabsenkungen, Monokulturen und falsche Standortwahl kommen hinzu.

Der volkswirtschaftliche Verlust aufgrund des Waldsterbens wurde für die alten Bundesländer bis zum Jahr 2060 auf über 200 Milliarden DM geschätzt. Schadensbegrenzende Maßnahmen wie z. B. Kalkungen, um der Bodenversauerung entgegenzuwirken, haben kaum Erfolg gehabt. Voraussetzung für eine Wiederherstellung gesunder Waldstrukturen ist eine weitgehende Zurückführung der Luftschadstoffemissionen, nicht nur in Deutschland, sondern europaweit.

Wandfarben

Am häufigsten werden für das Streichen von Innen- und Außenwänden Dispersionsfarben eingesetzt. Sie bestehen ähnlich wie die Dispersionslacke (→Lacke) aus einer Kunstharzdispersion, Pigmenten, Wasser als Hauptlösemittel und einer relativ geringen Menge an organischen →Lösemitteln. Gegen Pilzbefall sind sie mit einem Biozid (»Topfkonservierer«) ausgerüstet. Die für den gleichen Einsatzzweck angebotenen »festen Farben« sind ähnlich aufgebaut, können aber einen höheren Gehalt an organischen Lösemitteln aufweisen. Kalkfarben für Außenanwendungen und Leimfarben für Innenräume haben heute wegen ihrer vergleichsweise aufwendigeren Verarbeitung kaum noch eine Bedeutung. Sie bestehen aus gelöschtem Kalk und Wasser bzw. pflanzlichen oder tierischen Leimen mit Kreide als →Pigment und Wasser als Lösemittel. Silikatfarben enthalten Wasserglas als Bindemittel. Wie Kalkfarben sind sie alkalisch und stark ätzend.

Dispersionsfarben werden häufig auch noch als Latexfarben bezeichnet, obwohl sie dieses natürliche Bindemittel (Saft des Gummibaums) längst nicht mehr enthalten. Die Wandfarben von Naturfarbenherstellern enthalten Naturharze als Bindemittel und neben Wasser pflanzliche Lösemittel (Citrus- und Balsamterpentinöle), ähnlich wie die →Bio-Lacke. Auch diese Produkte müssen gegen Pilzbefall mit einem Konservierungsmittel geschützt werden.

Was tun?

- Sorgen Sie bei der Verwendung von Dispersionsfarben in Innenräumen für eine ausreichende Lüftung.
- Reinigen Sie die Arbeitsgeräte sparsam mit Wasser, streichen Sie sie vorher gut aus, und reinigen Sie sie mit Lappen oder Papier vor. Farbreste dürfen nicht in das Abwasser gelangen.
- Flüssige Dispersionsfarbenreste gehören in den Sondermüll. Völlig eingetrocknete Reste können Sie in den Hausmüll geben.
- Beim Verarbeiten von Kalk- und Silikatfarben sollten Sie zum Schutz von Haut und Augen Gummihandschuhe und Schutzbrille tragen.

Was lesen?

- Hans-Jürgen Nantke, Hans-Joachim Kursawa-Stucke, Hans-Peter Brix: Bio kontra Chemie. Farben, Lacke, Holzschutzmittel und Klebstoffe. Stiftung Verbraucherinstitut, Berlin 1993.

Warmwasserbereitung

Aufgrund veränderter Komfortansprüche ist der Warmwasserverbrauch der privaten Haushalte in den letzten Jahrzehnten kontinuierlich gestiegen. Zur Warmwasserbereitung stehen im Prinzip verschiedene Energieträger zur Auswahl: Gas, Öl, Fernwärme, Sonnenenergie oder Strom konkurrieren hier miteinander. Außer der Tatsache, daß die Warmwasserbereitung mit →Strom die höchste Umweltbelastung bedeutet, hängen weitere Empfehlungen sehr stark von den jeweiligen konkreten Bedingungen ab.

Bei den Systemen zur Warmwasserversorgung müssen zunächst einmal die zentrale Warmwasserversorgung und die Einzel- oder Gruppenversorgung unterschieden werden.

Für die Einzelversorgung werden meistens Durchlauferhitzer oder Speichersysteme unterschiedlicher Größe verwendet. Durchlaufspeicher sind – wie der Name aussagt – eine Kombination aus Speicher und Durchlauferhitzer.

Am umweltfreundlichsten ist die Warmwasserbereitung mit →Sonnenkollektoren. Ungefähr gleich liegt die Nutzung der →Fernwärme. Demgegenüber fallen die gasbetriebenen Geräte bereits stark ab. Die höchsten Umweltbelastungen gehen von der Warmwasserbereitung mit Strom aus.

Was tun?

- Prüfen Sie vor der Realisierung von Wasserbereitungsanlagen die Möglichkeiten der Nutzung von →Sonnenenergie oder →Fernwärme.
- Halten Sie die Temperatur in Speichern etwa bei 45 bis 50 Grad. Wärmeverluste steigen proportional zum Temperaturunterschied, der zur Umgebung besteht.
- Stellen Sie die Warmwasserbereitung während längerer Abwesenheit ab (oder auf »Frostschutz«).

Was lesen?

- Arbeitsgemeinschaft der Verbraucherverbände (Hrsg.): Warmwasserbereitung, Bonn 1989.

Waschmaschinen

Waschmaschinen gehören wegen ihres Wasser- und Energieverbrauchs und ihres Verbrauchs an Waschmitteln zu den umweltbelastendsten Haushaltsgeräten überhaupt. Jede technische Möglichkeit zur Belastungsminderung sollte deshalb genutzt und von den Verbrauchern bei ihrer Kaufentscheidung im Interesse der Umwelt auch honoriert werden.

In mehr als 90 Prozent der bundesdeutschen Haushalte arbeitet heute eine Waschmaschine. Beim jährlichen Geräteabsatz (der wesentlich den Ersatzbedarf deckt) stehen die sogenannten »Frontlader« (bei denen die Wäsche von vorn in das Gerät gefüllt wird) mit 81 Prozent weit vor den 18 Prozent der »Toplader« (die von oben gefüllt werden). Waschkombinationen und Waschtrockner machen mit einem bzw. drei Prozent nur einen kleinen Teil des Jahresumsatzes aus.

In den letzten Jahren haben zahlreiche technische Verbesserungen an den Geräten zu erheblich geringeren Verbrauchsdaten geführt. Ermittelte die Stiftung Warentest 1978 noch einen durchschnittlichen Verbrauch von 150 Liter Wasser und über drei Kilowattstunden Strom im Kochwaschgang, so waren es zehn Jahre später etwa 100 Liter und zwei Kilowattstunden.

Die auf den letzten Haushaltsgerätemessen »Domotechnika« vorgestellten Geräte wiesen zum Teil noch einmal geringere Verbrauchswerte auf. Zusätzlich wurden durch technische Veränderungen Einsparungen von 20 bis 30 Prozent bei der Waschmittelmenge erreicht, die ebenfalls die Umweltbelastung pro Waschgang etwas vermindern. 1989 wurde das erste Waschmitteldosiersystem vorgestellt, bei dem die Waschmaschine das Waschmittel aus vier Komponenten entsprechend den Anforderungen des Waschvorgangs zusammensetzt und damit überflüssige Bestandteile einsparen helfen soll. Das gleiche Prinzip liegt auch den sogenannten Baukastensystemen alternativer Waschmittelhersteller zugrunde, bei denen man die Mischung selbst zusammenstellen muß.

Was tun?

- Vergleichen Sie vor dem Kauf unbedingt die Energie- und Wasserverbrauchsdaten der Geräte anhand der »Produkt-Information« am Gerät oder im Herstellerprospekt. Aber Achtung: für die Verbrauchsdaten ist nicht nur die Kochwäsche, sondern auch und gerade die 60-Grad-Wäsche wichtig!
- Einrichtungen wie »1/2-Spartasten« oder »Energiesparprogramme für Kochwäsche« können zwar sparen helfen, am sparsamsten ist aber

immer noch die volle Auslastung der Maschine. Also: Wäsche sortieren und sammeln, bis eine vollständige Füllung möglich ist.

- Nutzen Sie das Fassungsvermögen der Maschine voll aus und dosieren Sie das Waschmittel richtig. Angaben über den Härtebereich Ihres Wassers erhalten Sie bei Ihrem Wasserwerk.
- Das Kochen der Wäsche ist nur bei einigen ansteckenden Krankheiten notwendig. 60 Grad reichen für Sauberkeit und Hygiene vollkommen aus.
- Falls Sie etwa vorhaben sollten, einen Wäschetrockner zu nutzen (von dem wir unter dem entsprechenden Stichwort aus ökologischen Gründen eher abraten), wäre es wichtig, daß die Schleuder Ihrer Waschmaschine eine Drehzahl von mindestens 1000 Umdrehungen erreicht, damit die Wäsche bereits genügend entwässert ist.

Was lesen?

- Waschmaschinen (ab 1200 Umdrehungen pro Minute). In: test, Heft 1/93.
- Waschmaschinen (800 bis 900 Umdrehungen pro Minute). In: test, Heft 10/93.

Waschmittel

Waschmittel schädigen mit jedem Liter Waschlauge aus unserer Waschmaschine auch die Umwelt. Denn nicht alle Waschmittelreste können aus der Kläranlage herausgefiltert werden. Heute finden sie sich sogar im →Trinkwasser wieder.

Folgende Produkte sind heute auf dem Markt:

- Voll-, Alltemperatur-, Kompakt-, Koch- und Universalwaschmittel, die Bleichmittel enthalten, um stark verschmutzte Wäsche zu reinigen.
- Bunt-, Basis- und Feinwaschmittel enthalten keine Bleichmittel, aber in Pulverform Stellmittel. Die Grenzen zwischen Bunt- und Feinwaschmitteln sind fließend. Bunt- und Feinwaschmittel werden im Temperaturbereich von 0 bis 60 °C eingesetzt.
- Die neuen Kompaktwaschmittel sind Vollwaschmittel in Pulverform, aber ohne Stellmittel. Diese Konzentrate enthalten mehr waschaktive Substanzen, so daß sie niedriger dosiert werden können. Kompaktwaschmittel benötigen weniger Verpackungsmaterial.
- Flüssig-Waschmittel enthalten meistens keine Bleichmittel, aber oft-

mals optische Aufheller und organische Lösemittel. Der Tensidanteil ist höher als bei pulverförmigen Produkten. Sie haben oft eine verminderte Waschkraft bei hohen Temperaturen und hartem Wasser.
- Das klassische »Baukastensystem« als Waschmittel besteht aus einem Basiswaschmittel, dem Enthärter und dem Bleichmittel – alles in gesonderten Verpackungen. Bei mittlerem und hartem Wasser sparen Baukastensysteme bis zu 40 Prozent Waschmittel ein.

Waschtrockner

Waschtrockner sind Geräte, in denen sowohl gewaschen als auch getrocknet werden kann. Für beide Aufgaben sind sie allerdings technisch nicht optimal ausgerichtet, so daß sie jeweils wesentlich mehr Energie verbrauchen, als wenn eine Waschmaschine und ein Wäschetrockner einzeln betrieben werden. Derartige Stromfresser gehören nicht in umweltbewußte Haushalte.

Was tun?

- Verzichten Sie auf den Kauf und den Betrieb von Waschtrocknern.

Was lesen?

- Waschtrockner. In: test, Heft 11/91.

Wasserfilter

Große Wasserfilter werden in Wasserwerken und im industriellen Bereich eingesetzt, um die Wasserqualität für den jeweiligen Zweck zu verbessern. Außerdem werden zunehmend auch Anlagen zur Wasserenthärtung für Privathaushalte und Kleinfilter für den Betrieb in der Küche angeboten. Die private Nutzung von Wasserfiltern ist nur in seltenen Fällen wirklich sinnvoll, verursacht relativ hohe Kosten und kann – bei unsachgemäßem Gebrauch – die Probleme mit der Wasserqualität noch vergrößern.
Kleine Wasserfilter für den Haushalt arbeiten meistens mit Aktivkohle und mit Ionenaustauschern.
Beide Substanzen werden in Patronen geliefert, die in das Gerät eingesetzt werden und durch die das Wasser fließen muß. Nach einer gewis-

sen vom Hersteller angegebenen Zeit sind die Filter unbrauchbar und müssen entsorgt werden.
Einige der im Handel angebotenen Wasserfilter entfernen nicht nur Stoffe aus dem Wasser, sondern geben selbst Stoffe an das Wasser ab. Dies können z. B. organische Stoffe aus dem Filtermaterial sein, Chloride, Säure oder gar Silber, das zur Verhinderung einer Verkeimung beigefügt wird. Zum Teil sind diese Anreicherungen des Trinkwassers durchaus unerwünscht.

Was tun?

- Erkundigen Sie sich zunächst bei Ihrem Wasserwerk nach der Qualität des Trinkwassers. Oft wird die Anschaffung eines Wasserfilters wegen der Güte des Leitungswassers unnötig sein.
- Falls Sie weiches Wasser zum Blumengießen benutzen wollen, befolgen Sie die Tips zur →Regenwassernutzung.
- Die Nutzung von Wasserfiltern kann sehr teuer sein.
- Falls Sie doch einen Wasserfilter benutzen wollen, befolgen Sie unbedingt die Bedienungsanleitung genau, da das Gerät bei zu spätem Filterwechsel verkeimen kann oder die gespeicherten Stoffe konzentriert wieder ins Wasser abgibt.

Was lesen?

- Wasserfilter. In: test spezial Haushalt und Umwelt, 3/93.
- Kleine Wasserfilter. In: test, Heft 9/92.

Wasserhärte

Als Wasserhärte wird der Gehalt an Calcium und Magnesium im Wasser bezeichnet. Hartes Wasser ist zwar aus gesundheitlicher Sicht nicht bedenklich, kann aber aufgrund von Ablagerungen Geräte und Leitungen belasten und langsam zerstören, weshalb für zahlreiche Zwecke Verfahren zur Wasserenthärtung eingesetzt werden.
Die Wasserhärte wird in Millimol Calcium und Magnesium pro Liter (mmol/l) gemessen. Es werden vier Härtegrade unterschieden:

1 (weich):	bis zu 1,3 mmol/l
2 (mittelhart):	1,3 bis 2,5 mmol/l
3 (hart):	2,5 bis 3,8 mmol/l
4 (sehr hart):	über 3,8 mmol/l

In Deutschland wird oft noch die Einheit »deutscher Härtegrad« angegeben, wobei ein Härtegrad (dH°) 0,178 mmol/l entspricht. Wasser bis zu 4 dH° wird als weich, Wasser über 18 dH° als hart bezeichnet. In der Schweiz werden auch französische Härtegrade verwendet.
Bei der Erwärmung von hartem bzw. sehr hartem Wasser bildet Calciumkarbonat (Kalk) unerwünschte Ablagerungen, die bei Geräten mit aufwendigen Verfahren zur Entkalkung entfernt werden müssen. Calcium kann sich außerdem mit Seifen zu Kalkseife verbinden, wodurch beim Waschen ein Teil der Wirkung des Waschmittels blockiert wird.

Was tun?

- Die Kenntnis der Wasserhärte ist entscheidend für die richtige Dosierung Ihres Waschmittels. Die Wasserhärte erfahren Sie bei Ihrem Wasserwerk.
- Befolgen Sie die Hinweise zum →Entkalken verkalkter Geräte.
- Für das Blumengießen sollten Sie vor dem Einsatz von Enthärtungsanlagen auf die →Regenwassernutzung setzen.

Was lesen?

- Bundesministerium für Umwelt, Naturschutz und Reaktorsicherheit (Hrsg.): Was Sie schon immer über Wasser und Umwelt wissen wollten. Stuttgart, Berlin, Köln 1992.

Wasserhaushaltsgesetz

Rahmengesetz des Bundes zur Ordnung des Wasserhaushaltes mit grundlegenden Bestimmungen über wasserwirtschaftliche Maßnahmen.
Das Wasserhaushaltsgesetz (WHG) bezieht sich sowohl auf oberirdische Gewässer (Flüsse, Seen u. a.) wie auch auf Küstengewässer und das Grundwasser. Nach dem Gesetz bedarf jede Gewässernutzung (z. B. das Entnehmen von Wasser, das Einbringen und Einleiten von Stoffen) einer entsprechenden Erlaubnis, wobei allerdings einige die Gewässer nicht beeinträchtigende Benutzungen erlaubnisfrei sind. Weiterhin schreibt das Wasserhaushaltsgesetz bestimmten Betrieben, die größere Mengen Abwasser ableiten, die Bestellung eines Betriebsbeauftragten für Gewässerschutz vor. Weiterhin nennt das Wasserhaushaltsgesetz eine Reihe aufeinander abgestimmter Planungsinstrumente wie Abwasserbeseitigungspläne, Reinhalteordnungen, wasserwirtschaftliche Rah-

menpläne und Bewirtschaftungspläne. Der vom Wasserhaushaltsgesetz gesetzte Rahmen wird durch die Wassergesetze der Bundesländer ausgefüllt.

Was tun?

- Falls Sie in einer größeren Firma mit einem Betriebsbeauftragten für Gewässerschutz arbeiten, könnte es sich lohnen, mit diesem Kontakt aufzunehmen, um sich gemeinsam Strategien zu überlegen, wie auch in Ihrem Arbeitsbereich der Schutzgedanke des Wasserhaushaltsgesetzes zum Tragen kommen kann.
- Wenn Sie Verstöße gegen das Wasserhaushaltsgesetz vermuten, setzen Sie sich mit Ihrem Umweltamt in Verbindung und erstatten Sie Anzeige bei der Kriminalpolizei. In manchen Großstädten gibt es für solche Zwecke eine Umweltpolizei.

Was lesen?

- Bundesministerium für Umwelt, Naturschutz und Reaktorsicherheit (Hrsg.): Was Sie schon immer über Wasser und Umwelt wissen wollten. Stuttgart, Berlin, Köln 1992.

Wasserverbrauch

Der Wasserverbrauch ist in der Bundesrepublik in den letzten Jahrzehnten kontinuierlich gestiegen. Obwohl wir eher in einer wasserreichen Region leben, gibt es zahlreiche gute Gründe, auch hier Wasser zu sparen. Wassersparen muß dabei keinesfalls mit einem Komfortverlust einhergehen, wenn alles gut durchdacht wird.
Der durchschnittliche Wasserverbrauch der privaten Haushalte hat sich seit 1950 von 85 Liter pro Person und Tag auf 131 Liter (146 Liter alte Bundesländer, neue Bundesländer: 118 Liter) im Jahr 1993 gesteigert. Gründe dafür sind vor allem die Verbesserung der sanitären Verhältnisse und die zunehmende Verwendung wasserverbrauchender Maschinen in den Haushalten. Etwa 32 Prozent des Wasserverbrauchs werden für die Toilettenspülung, 30 Prozent zum Baden und Duschen, 14 Prozent zum Wäschewaschen, sechs Prozent für Körperpflege und Geschirrspülen, vier Prozent zum Gartensprengen, drei Prozent zur Wohnungsreinigung, zwei Prozent für die Autowäsche und nur drei Prozent zum Kochen und Trinken aufgewendet. Dem Wasserverbrauch der privaten Haushalte von jährlich insgesamt fünf Milliarden Kubikmeter steht ein Wasserverbrauch der Industrie in Höhe von zehn Milliarden Kubikmeter und der Wärmekraftwerke in Höhe von 30 Milliarden Kubikmeter

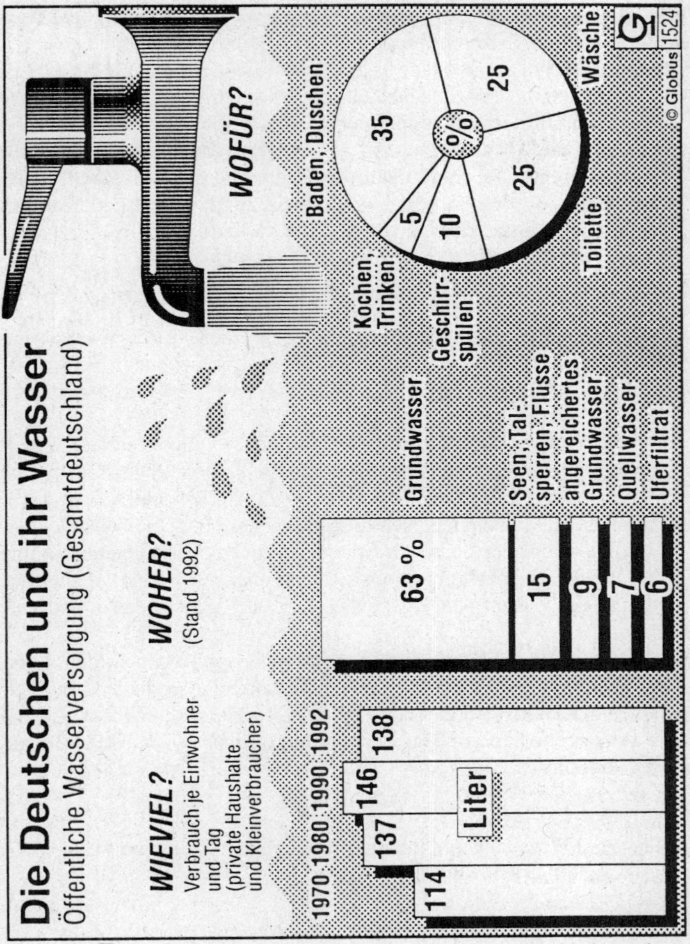
Die Deutschen und ihr Wasser
Öffentliche Wasserversorgung (Gesamtdeutschland)
WIEVIEL?
Verbrauch je Einwohner und Tag (private Haushalte und Kleinverbraucher)
1970 1980 1990 1992
114
137
146
138
Liter
WOHER?
(Stand 1992)
63 %
Grundwasser
15
Seen, Talsperren, Flüsse
9
angereichertes Grundwasser
7
Quellwasser
6
Uferfiltrat
WOFÜR?
%
Baden, Duschen
35
Wäsche
25
Toilette
25
Geschirrspülen
10
Kochen, Trinken
5
© Globus
1524

(überwiegend Kühlwasser) gegenüber. Der Wasserverbrauch der privaten Haushalte im früheren Bundesgebiet stagniert seit Beginn der achtziger Jahre auf hohem Niveau. In den neuen Ländern und Berlin-Ost ist der Verbrauch der Privathaushalte deutlich niedriger. Der gewerbliche Verbrauch ist hier jedoch immer noch deutlich höher.
Auch in unserem wasserreichen Land ist Wassersparen notwendig, da nur so die Versorgung mit ausreichend gutem Trinkwasser auf Dauer gewährleistet werden kann. Ohne Verzicht auf Hygiene und Komfort läßt sich viel Wasser, Energie und somit auch Geld sparen.

Was tun?

- Unter den Stichworten →Armaturen, →Duschen, →Regenwassernutzung und bei der Darstellung der wasserverbrauchenden Haushaltsgroßgeräte finden Sie spezielle Tips, wie Sie Ihren Wasserverbrauch reduzieren können.
- Bei der Toilettenspülung mit herkömmlichem Spülkasten laufen zwischen neun und 14 Liter Wasser durch die Toilette. Diese Menge ist nicht immer nötig. Durch Sparsysteme, die auch nachträglich eingebaut werden können, läßt sich die Spülwassermenge bei »kleinen Geschäften« geringer dosieren. Spülkästen der neuen Generation sind mit einer Unterbrechertaste ausgerüstet und ermöglichen eine Regulierung der Wassermenge zwischen drei und neun Litern je Spülvorgang.
- Tropfende Wasserhähne und laufende WC-Spülkästen sollten sofort repariert werden. Ein Tropfen alle drei Sekunden ergibt im Laufe eines Monats einen Verlust von 150 Litern Wasser. Ein dünnes Rinnsal in der Toilette kann sich zu vier Litern pro Stunde oder 100 Litern am Tag summieren.

Was lesen?

- Tips zum Wassersparen. In: test spezial Haushalt und Umwelt, 3/93.
- test Sonderheft Umweltschutz 1991.

WC

In den letzten Jahren hat sich – mitverursacht durch eine aggressive Werbung – ein weit übertriebener Hygienestandard für den WC- und Badezimmerbereich etabliert. Häufig genug wird mit entsprechenden Düften oder optischem Glanz über den tatsächlichen Zustand des WCs hinweggetäuscht, und viele der angebotenen WC-Hygieneartikel sind nicht nur absolut unnötig, sondern belasten direkt die Umwelt. Im allgemeinen genügt ein Allzweckreiniger, um die nötige Sauberkeit im WC-Bereich zu erhalten, da es vor allem auf die regelmäßige Reinigung der Flächen ankommt, mit denen die Benutzer tatsächlich in Berührung kommen.

Jährlich werden Zehntausende Tonnen Sanitär-, WC- und Abflußreiniger eingesetzt, die das Abwasser mit den in ihnen enthaltenen Säuren, Laugen, Salzen, Tensiden und keimtötenden Substanzen belasten. Abflußreiniger, die zumeist stark alkalische Mischungen enthalten, bilden, wenn sie ins Wasser gebracht werden, unter starker Wärmeentwicklung eine aggressive Lauge. Spritzer dieser konzentrierten Lauge können gefährliche und schmerzhafte Verätzungen an Augen und Haut verursachen.

Sanitärreiniger sind alkalisch eingestellt und enthalten zur Unterstützung der Reinigungswirkung Tenside und Hypochlorit. WC-Reiniger enthalten neben Tensiden und Salzen häufig auch Säuren unterschiedlicher Stärke. Wenn WC-Reiniger und Sanitärreiniger zusammengebracht werden, kann das äußerst giftige Chlorgas entstehen (→Chlor). WC-Beckensteine setzen sich im wesentlichen aus Tensiden, Sulfaten, Duft-, Farbstoffen und antibakteriellen Wirkstoffen zusammen. Ihre Reinigungswirkung ist äußerst gering und die Flächen, auf die es wirklich ankommt, erreichen sie überhaupt nicht. Sie sind also als absolut überflüssig anzusehen.

Luftverbesserer überdecken nur die unangenehmen Gerüche, ohne sie zu beseitigen. Eine tatsächliche Absorption ist nur von Geruchsabsorbern zu erwarten, die auf der Basis von Aktivkohle arbeiten.

Was tun?

- Verstopfungen im Ausgußbereich von Spüle und Waschbecken lassen sich meist problemlos mit Hilfe der altbewährten Saugglocke beseitigen.
- Verstopfungen im Rohrbereich von Spüle, Waschbecken, Badewanne und Toilette können mit Rohrreinigungsspiralen durchgefräst werden. Viele dieser umweltfreundlichen Hilfsmittel sind am Umweltzeichen

erkennbar. Sie sind wirkungsvoller und auf Dauer auch preiswerter als der Einsatz chemischer Produkte, mit denen zudem tatsächliche Rohrverstopfungen nicht beseitigt werden können.

- Um Verstopfungen zu vermeiden, sollten feste Abfälle wie Wattestäbchen, Zigarettenkippen, Tampons, Slipeinlagen und Haare nicht in die Toilette gelangen.
- Für die Reinigung im Sanitärbereich genügt im allgemeinen ein Allzweckreiniger, Scheuerpulver sowie Schmierseife.
- Für das WC reicht oft schon eine Bürste in Verbindung mit einem milden Scheuermittel.
- Gegen hartnäckige Ablagerungen von Kalk und Urinstein hilft Essig (→Entkalken).

Was lesen?

- Hygiene im Haushalt. In: test spezial Haushalt und Umwelt, 3/93.
- Test WC-Reiniger. In: test, Heft 9/89.

Weichmacher

Zur Erhöhung der Elastizität von an sich spröden Kunststoffen werden Weichmacher zugesetzt, wobei ihr Anteil größer als der des eigentlichen Kunststoffs sein kann (z. B. in bestimmten PVC-Produkten bis zu 55 Prozent). Weichmacher finden sich deshalb auch in zahlreichen anderen Produkten, die Kunststoffe enthalten (Farben und Lacke, Klebstoffe, Kautschuk). Bekanntester Weichmacher ist Diethylhexylphthalat (DEHP), ein Phthalsäureester, aber auch →polychlorierte Biphenyle (PCB) wurden als Weichmacher verwendet, vor allem für Dichtungsmassen. Noch heute führen diese Produkte zu Innenraumbelastungen.

Trotz einer gewissen Abbaubarkeit von DEHP werden in Böden, Pflanzen und insbesondere Sedimenten hohe Konzentrationen nachgewiesen.

Die akute Giftigkeit von DEHP ist gering, allerdings gibt es aufgrund von Tierversuchen Hinweise auf eine erbgutschädigende und krebserzeugende Wirkung. DEHP-haltige PVC-Folien dürfen nicht für die Verpackung von fetthaltigen Lebensmitteln verwendet werden, weil dieser fettlösliche Weichmacher aus der Folie herausgelöst und in das Lebensmittel übergehen kann. (Polyethylen-Verpackungsfolien sind dagegen weichmacherfrei!)

Wintergarten

Wintergärten sind mit großen Glasflächen versehene Anbauten an Häusern, die den »Treibhauseffekt« zur Beheizung nutzen und vor allem in der Übergangszeit eine attraktive Erweiterung der Wohnfläche bieten. Wenn Wintergärten einen Beitrag zum Energiesparen leisten sollen, müssen bestimmte Anforderungen technischer Art erfüllt sein und die Nutzungsgewohnheiten sollten sich ebenfalls diesem Ziel unterordnen.

Ein Wintergarten kann als »Energiespeicher« eingesetzt werden. Als Klimapuffer an der Außenwand von Gebäuden kann er die Temperaturunterschiede zwischen warmer Innen- und kalter Außenluft verringern und zeitweilig sogar umkehren. Isolier- und Wärmeschutzverglasungen ermöglichen eine zeitweilige Benutzung auch im Winter. Zum Ableiten überschüssiger Wärme müssen Wintergärten mit Be- und Entlüftungsklappen versehen werden.

Gegen das »Aufheizen« durch die Sonne muß im Dachbereich außen eine Beschattung vorgenommen werden. Überschüssige Warmluft kann auch zur Unterstützung der Gebäudeheizung und/oder der Warmwasseraufbereitung genutzt werden.

Was tun?

- Verlassen Sie sich bei der Planung eines Wintergartens nicht auf »Do-it-yourself«-Lösungen, sondern lassen Sie sich von Fachleuten beraten, und holen Sie möglichst mehrere Angebote ein.
- Ein Wintergarten, der auch an kalten Wintertagen vom Haus aus beheizt und intensiv genutzt wird, bewirkt das Gegenteil von Energieersparnis.

Was lesen?

- Verbraucherzentrale Niedersachsen e.V. (Hrsg.): Wintergärten. Hannover 1985.

Sonniger Wintertag: Aufheizung durch direkte und diffuse Sonneneinstrahlung

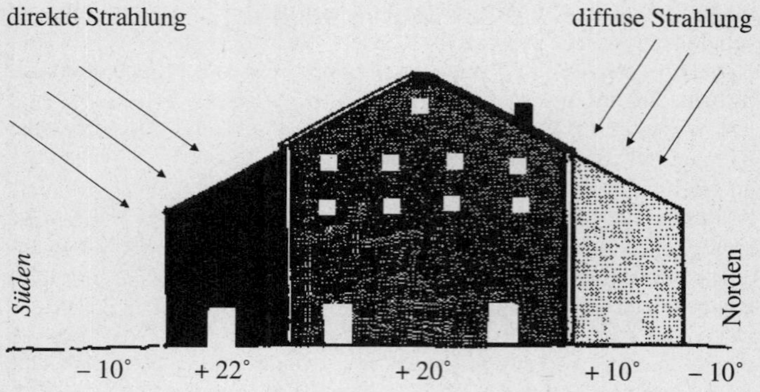

Winternacht: Verringerung der Wärmeverluste

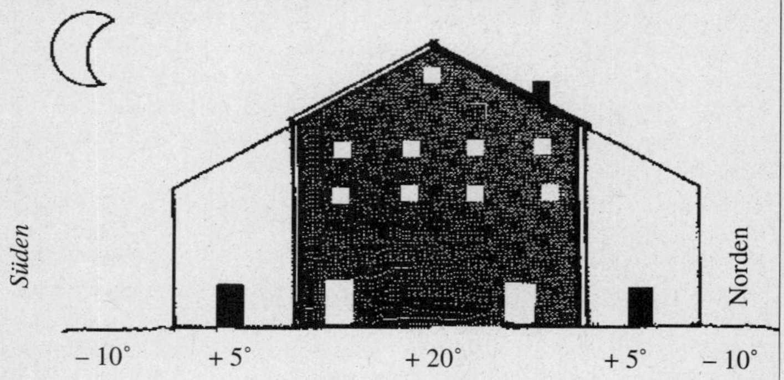

Der Wintergarten als Pufferzone

Zement

Der wichtige Baustoff Zement (chemisch: Calciumaluminiumsilikat) entsteht durch Erhitzen einer fein gemahlenen Mischung von Kalkstein und Ton bei ca. 1500 °C in sogenannten Brennöfen. Die gesinterte Masse (»Klinker«) wird gemahlen und ist dann Portlandzement.
Andere Zementsorten entstehen durch den Zusatz von Zuschlagstoffen. Zement ist Bestandteil von →Mörteln und Putzen sowie von →Beton und bindet nach dem Vermischen mit Wasser ab. Mit Wasser angesetzter Zement wirkt stark ätzend.
In Anlagen zur Herstellung von Zement dürfen auf Antrag auch bestimmte Abfallstoffe (u. a. Altreifen, Altöle) mit verbrannt werden. Es wird davon ausgegangen, daß wegen der hohen Temperatur organische Stoffe (z. B. →polychlorierte Biphenyle) zerstört und anorganische Stoffe (z. B. →Schwermetalle) fest in das Produkt eingebunden werden.

Was tun?

- Bei der Verarbeitung von angerührtem Zement sollten Sie Haut und Augen vor Spritzern schützen.
  Sollten Sie dennoch mit dem aggressiven Material in Berührung kommen, mit viel Wasser abwaschen und bei Augenverletzungen unbedingt einen Augenarzt aufsuchen.

Ziegel

Durch die Aufbereitung von Lehm und anderen tonigen Materialien, Ausformung und Brennen bis ca. 1200 °C entstehen Ziegel. Unter Zusatz von organischen Materialien (Sägespäne, Polystyrol), die beim Brennen zersetzt werden, werden poröse Leichtziegel hergestellt.
Ziegel verfügen über eine ausgezeichnete Wärmespeicherfähigkeit und gehören zu den ältesten Baumaterialien.

Zink

Das →Schwermetall Zink (chemisches Symbol: Zn) ist relativ ungiftig und in geringen Mengen für den Menschen lebensnotwendig (ein essentielles Spurenelement, normale tägliche Zinkaufnahme mit der Nahrung: zehn bis 15 Milligramm). Technisch wird Zink hauptsächlich zum Verzinken von Stahlteilen, im Baubereich (Fensterbleche, Regenrinnen), in Batterien (Zink-Alkali-Batterien), zur Herstellung von Autoreifen (Zinkoxid) und als Korrosionsschutzpigment (Zinkchromat) verwendet. Zinkchromat ist wegen des →Chromanteils krebserzeugend.

Wichtige Adressen

Zentrale Informationsstellen

Bundesministerium für Umwelt, Naturschutz und Reaktorsicherheit
Postfach 12 06 29, 53113 Bonn,
Tel.: 02 28/3 05-0, Fax: 02 28/305-32 25

Umweltbundesamt
Postfach 38 00 22, 14181 Berlin,
Tel.: 0 30/89 03-0, Fax.: 0 30/89 03-22 85
Allgemeine Auskünfte über Zentralen Antwortdienst:
Tel.: 0 30/2 31 45-5 34

Bundesamt für Naturschutz
Konstantinstr. 110, 53179 Bonn,
Tel.: 02 28/84 91-0, Fax.: 02 28/49 12 00

Bundesamt für Strahlenschutz
Albert-Schweitzer-Str., 38226 Salzgitter,
Tel.: 0 53 41/1 88-0, Fax.: 053 41/1 88-1 88

Länder

Baden-Württemberg
Zentrale Informationsstellen

Umweltministerium Baden-Württemberg
Postfach 10 34 39, 70029 Stuttgart, Tel.: 07 11/1 26-0

Landesanstalt für Umweltschutz, Baden-Württemberg
Griesbachstraße 3, 78186 Karlsruhe, Tel.: 07 21/9 83-0

Zentrale Ansprechstelle für Bürgerbeschwerden (Umwelttelefon)
Umweltmeldestelle der Landesregierung im Umweltministerium
Postfach 10 34 39, 70029 Stuttgart, Tel.: 07 11/1 25-26 26

Bayern

Zentrale Informationsstellen
Bürgerinformationsstelle des Bayerischen Staatsministeriums für Landesentwicklung und Umweltfragen
Rosenkavalierplatz 2, 81925 München, Tel.: 0 89/92 14 31 66

Bayerisches Landesamt für Umweltschutz
Rosenkavalierplatz 3, 81925 München, Tel.: 0 89/92 14-0

Zentrale Ansprechstelle für Bürgerbeschwerden (Umwelttelefon)
Umweltschutztelefon der Stadt München
Bayerstr. 28, 80335 München, Tel.: 0 89/2 33 66 66

Berlin

Zentrale Informationsstellen
Senatsverwaltung für Stadtentwicklung und Umweltschutz
Lindenstr. 20-25, 10958 Berlin, Tel.: 0 30/25 88-0

Aktionszentrum Umweltschutz
Theodor-Heuss-Platz 7, 14052 Berlin, Tel.: 0 30/3 01-58 44

Zentrale Ansprechstelle für Bürgerbeschwerden (Umwelttelefon)
Umweltschutztelefon bei der Senatsverwaltung für Stadtentwicklung und Umweltschutz
Lindenstr. 20-26, 10958 Berlin, Tel.: 0 30/25 86 21 16

Brandenburg

Zentrale Informationsstellen
Ministerium für Umwelt, Naturschutz und Raumordnung
Albert-Einstein-Str. 44-48, 14473 Potsdam, Tel.: 03 31/8 66-0

Landesumweltamt,
Berliner Straße 21-25, 14467 Potsdam, Tel.: 03 31/3 23-0

Bremen

Zentrale Informationsstellen
Senator für Umweltschutz und Stadtentwicklung,
Hanseatenhof 5, 28195 Bremen, Tel.: 04 21/3 61-0, Fax: 3 61-80 13

Ökologie-Station
Am Güthpol 9, 28757 Bremen, Tel.: 04 21/8 58-46 30, Fax: 8 58-46

Zentrale Ansprechstelle für Bürgerbeschwerden
(Umwelttelefon)
Umweltschutztelefon beim Senator für Umweltschutz
und Stadtentwicklung
Hanseatenhof 5, 28195 Bremen, Tel.: 04 21/1 38 16

Hamburg

Zentrale Informationsstelle
Umweltbehörde,
Steindamm 22, 20099 Hamburg, Tel.: 0 40/24 85-1,
Fax: 24 88-32 93

Zentrale Ansprechstelle für Bürgerbeschwerden
(Umwelttelefon)
Umweltschutztelefon, Umweltbehörde
Kreuzweg, 20009 Hamburg, Tel.: 0 40/34 35 36

Hessen

Zentrale Informationsstellen
Hessisches Ministerium für Umwelt, Energie und
Bundesangelegenheiten, Referat Presse und Öffentlichkeitsarbeit,
Mainzer Str. 80, 65189 Wiesbaden, Tel.: 06 11/8 15-0

Hessische Landesanstalt für Umwelt
Rheingauerstr. 86, 68203 Wiesbaden-Biebrich, Tel.: 06 11/ 89 83-0

Zentrale Ansprechstelle für Bürgerbeschwerden (Umwelttelefon)
Hessische Landesanstalt für Umwelt,
Rheingaustr. 186, 85203 Wiesbaden-Biebrich, Tel.: 06 11/89 39-0,
Fax: 89 39-8 55,

Mecklenburg-Vorpommern

Zentrale Informationsstelle
Umweltministerium des Landes Mecklenburg-Vorpommern
Schloßstraße 6-8, 19053 Schwerin, Tel.: 03 85/5 88-0

Niedersachsen

Zentrale Informationsstelle
Niedersächsisches Umweltministerium
Archivstraße 2, 30159 Hannover, Tel.: 05 11/1 04-0

Nordrhein-Westfalen

Zentrale Informationsstelle
Ministerium für Umwelt, Raumordnung und Landwirtschaft
Referat für Öffentlichkeitsarbeit
Schwannstr. 3, 40478 Düsseldorf, Tel.: 02 11/4 56 80,
Fax: 4 56 83 88, Teletex: 211-709-UMNW

Zentrale Ansprechstellen für Bürgerbeschwerden (Umwelttelefon)
Umweltschutztelefon
Regierungspräsident Ansberg
Tel.: 0 29 31/82 28 58

Regierungspräsident Detmold
Tel.: 0 52 31/71 11 22

Regierungspräsident Düsseldorf
Tel.: 02 11/49 77 44 44

Regierungspräsident Köln
Tel.: 02 11/10 33 22 22

Regierungspräsident Münster,
Tel.: 02 51/4 11 33 00

Nachrichten- und Bereitschaftszentrale der Landesanstalt für Immissionsschutz
Wallnayerstr. 6, 45133 Essen, Tel.: 02 01/7 99 50
(nur für den Immissionsschutzbereich bei akuten Immissionseinwirkungen oder Störfällen)

Bereitschaftszentrale Wasser und Abfall Landesamt für Wasser und Abfall NRW
Auf dem Draap 25, 40221 Düsseldorf, Tel.: 02 11/16 52 52

Rheinland-Pfalz

Zentrale Informationsstellen
Ministerium für Umwelt, Referat für Presse- und Öffentlichkeitsarbeit
Kaiser-Friedrich-Str. 7, 55118 Mainz, Tel.: 0 81 31/16-0

Landeszentrale für Umweltaufklärung
Kaiser-Friedrich-Str. 7, 66118 Mainz, Tel.: 0 63 13/16-1

Saarland

Zentrale Informationsstelle
Ministerium für Umwelt, Referat für Umweltberatung
Hardenbergstraße , 86119 Saarbrücken, Tel.: 06 81/5 01-1

Zentrale Ansprechstelle für Bürgerbeschwerden (Umwelttelefon)
(kein spezielles Umwelttelefon)
Ministerium für Umwelt
Hardenbergstraße 8, 68119 Saarbrücken, Tel.: 0 8 51/5 01-1

Sachsen

Zentrale Informationsstelle
Staatsministerium für Umwelt und Landesentwicklung
Ostra-Allee 23, 01087 Dresden, Tel.: 03 81/4 88-20

Spezielle Auskunftsstellen:
Bodenschätzung, Oberfinanzdirektion
Brückenstr. 10, 09111 Chemnitz, Tel.: 03 71/68 20

Bergbau, Oberbergamt
Kirchgasse 11, 09599 Freiberg, Tel.: 0 37 31/37 20,

Umwelt und Geologie
Landesamt für Umwelt und Geologie
Wasastr. 50, 01445 Radebeul, Tel.: 03 51/71-0,

Bereich Boden und Geologie
Helmbrücker Str. 31 a, 09599 Freiberg

Umwelt und Landesentwicklung, Regierungspräsident Chemnitz
Brückenstr. 10, 09111 Chemnitz, Tel.: 03 71/6 82-32 43

Dresden
Aug.-Bebel-Str. 19, 01219 Dresden, Tel.: 03 51/5 92-41 84

Leipzig
Karl-Liebknecht-Str. 145, 04274 Leipzig, Tel.: 03 41/3 99-22 02

Staatliche Umweltfachämter mit Gebietsgeologie Bautzen
Flugplatz Littan, 02827 Neupurschwitz,
Tel.: 0 35 91/2 77-0

Sachsen-Anhalt

Zentrale Informationsstellen
Ministerium für Umwelt und Naturschutz
Pfälzer Platz 1, 39106 Magdeburg,
Tel.: 03 91/5 87 01
Fax: 03 91/5 87 33 08

Landesamt für Umweltschutz
Reidsburger Straße 47-49, 06116 Halle
Tel.: 08 45/ 20 50, Fax: 03 45/50 52 09

Schleswig-Holstein

Zentrale Informationsstellen
Ministerium für Natur und Umwelt Schleswig-Holstein
Grenzstr. 1-5, 24149 Kiel, Tel.: 04 31/2 19-0, Fax: 2 19- 2 09

Ministerium für Ernährung, Landwirtschaft, Forsten und Fischerei, Referat Öffentlichkeitsarbeit
Düsternbrooker Weg 104-108, 24105 Kiel, Tel.: 04 31/ 5 96-1
Fax: 5-96-44 01

Kuratorium für Umweltschutz in Schleswig-Holstein
Bergstr. 11, 24103 Kiel

Thüringen

Zentrale Informationsstellen
Thüringer Ministerium für Umwelt und Landesplanung
Richard-Breslau-Straße 11 a, 90014 Erfurt, Tel.: 03 61/ 55 75-0

Thüringer Landesanstalt für Umwelt
Prüssingstraße 25, 07745 Jena-Göschwitz, Tel.: 0 36 41/5 94-0

Thüringer Landesanstalt für Bodenforschung
Carl-August-Allee 8-10, 99423 Weimar, Tel.: 0 36 43/5 55-0

Index

T